软件定义数据中心

Windows Server SDDC

技术与实践

黄利军 编著

人民邮电出版社
北京

图书在版编目（CIP）数据

软件定义数据中心 : Windows Server SDDC技术与实践 / 黄利军编著. -- 北京 : 人民邮电出版社, 2017.2
ISBN 978-7-115-44343-4

Ⅰ. ①软… Ⅱ. ①黄… Ⅲ. ①云计算 Ⅳ. ①TP393.027

中国版本图书馆CIP数据核字(2017)第003707号

内容提要

本书是国内第一本讲解微软 Windows Server 软件定义数据中心的中文图书，书中系统、全面地介绍了微软 Windows Server 软件定义数据中心各个模块的概念、技术和架构，书里凝结了作者近几年使用 Windows Server SDDC 的经验和对相关技术的思考。

本书的主要内容包含 Windows Server 软件定义的高可用群集、Windows Server SDS、Windows Server SDN 和 Windows Server 虚拟化以及 Windows Server 容器等关键模块，并剖析了微软数据中心以及混合云发展策略和现状，以及客户使用 Windows Server SDDC 的实际案例。

本书的内容强调理论性和实用性的结合，在介绍技术、架构的同时合理安排了一些精心设计的结构图、技术原理图和环境视图以及详细编排的使用命令，以帮助读者快速理解 Windows Server SDDC 技术。

本书适合广大 Windows Server 新老用户和致力于新一代软件定义数据中心研究和建设的 IT 专业人士和架构师阅读，既可作为学习 Windows Server SDDC 的入门图书，也可以作为进阶学习材料，还可作为 Windows Server SDDC 方案设计时的参考用书。

◆ 编　　著　黄利军
　责任编辑　王峰松
　责任印制　焦志炜
◆ 人民邮电出版社出版发行　　北京市丰台区成寿寺路 11 号
　邮编　100164　　电子邮件　315@ptpress.com.cn
　网址　http://www.ptpress.com.cn
　三河市海波印务有限公司印刷
◆ 开本：787×1092　1/16
　印张：20.25
　字数：479 千字　　　　2017 年 2 月第 1 版
　印数：1 – 2 500 册　　2017 年 2 月河北第 1 次印刷

定价：69.00 元

读者服务热线：(010)81055410　印装质量热线：(010)81055316
反盗版热线：(010)81055315

序

可能各位读者也感受到了，微软这几年把蕴藏了多年的科技沉淀，以一种难以置信的速度和形式推向市场，并且在改变着这个市场的游戏规则。比如，Azure 和 Office 365 之于云计算、.Net Core 之于开发体系、Surface 及 Surface Studio 之于硬件、Hololens 之于 AR/VR/MR……不仅如此，在最新的 Gartner 报告中，微软在企业级应用的魔力象限图中也已经不声不响超过了 Oracle、IBM 等传统玩家。正是因为在科技领域的这些沉淀，让微软这头传统软件"雄狮"不仅具备完善和强壮的 IT 基础架构"骨架"，同时也具备数据库、开发工具和应用及其生态链的"血肉和神经网络"，使得微软在市场上的角逐显得矫健而灵活。而 Windows Server 2016 的发布则让软件定义的数据中心触手可及，进一步完善了微软在私有云的布局，为混合云的落地推波助澜。

不久前，Windows Server 走过了它的第 20 个生日。回顾这些年的 IT 从业之路，笔者和 Windows Server 一起经历了企业信息世界的变迁，感触颇深。Windows Server 从 NT 4.0 开始到 Windows Server 2016 这 20 年里，历经了 IT 浪潮的主机时代、虚拟化时代、云计算时代、大数据及容器技术甚至是与 Linux 融合的时代。时间的锤炼，让 Windows Server 集成了很多优秀的解决方案，也获得越来越多的企业数据中心的认可。而在 Windows Server 成长所经历的各个 IT 浪潮时代中，具有里程碑意义的"软件定义数据中心"这个概念一提出来就被很多企业 CIO、CTO 所青睐，这代表着企业级数据中心管理思维的创新和改变。很高兴黄利军能够倾力写下《软件定义数据中心：Windows Server SDDC 技术与实践》这本书，因为市面上确实很难找到一本系统地讲述这一主题的资料。这本书在 Windows Server 2016 正式发布后得以面世，凝结了作者在国内多个中大型企业数据中心建设和运营过程中的经验和思考，是一本从实践角度出发对技术概念、原理、架构和解决方案作反向剖析的好书。

黄利军是个善于钻研技术和乐于分享的人，在微软工作时就写过不少关于微软私有云解决方案的产品手册并被全公司技术团队作为方案范本。这本书的价值正如他自己说的："开卷有益"，我非常推荐这本有关软件定义数据中心主题的书给所有企业 IT 管理专业人士，相信看完本书，读者会对微软在软件定义数据中心上的理念、组成、架构、技术原理有一个清晰的理解，甚至还可能具备一定的动手实践和设计 Windows Server SDDC 解决方案的能力。

管震

微软（中国）有限公司战略技术顾问

《云，就该这么玩儿》作者

哈尔滨工业大学研究生院客座讲师

2016 年 12 月

前　言

通过对自身的审视和对身边 IT 技术专家的观察，我发现对于我们来说，掌握一项新的技术或熟悉一个新的产品，大都是闻而后知，知而后学，学以致用，用以知其然。然而 Windows Server 作为一个简单的、易上手的操作系统，很多时候 Windows IT Pro 对其的认知是反其道而行的，因为我们太过于熟悉它的操作而忽略了去探索其原理。现在新技术层出不穷，过快的技术更迭让我们在学习之路上缺乏相对系统的资料。近几年有幸接触微软 Windows Server SDDC 技术并有机会参与实践，积累了一些经验。书以载道，我将有限的经验和学习笔记汇集成书，将知识传递给广大的技术人员，希望对各位有所帮助。虽然技术和水平有限，眼界也还不够开阔，但我会尽力提高本书的质量和阅读感受，力求将信息传递清晰。

为什么要起这个书名？我是怎么理解软件定义数据中心（书里提到的 SDDC 和软件定义数据中心是同一个概念）的？也许我的理解和您不同，您和您身边的人又不同。这里，我想先用一段感性的语言来说明软件定义数据中心，然后以理性的技术概念和实践开启这本书的创作之旅。

每个软件定义数据中心的建设都经历了一个精细的营造过程，软件定义数据中心不完全采用全新技术，而是新老技术相结合，老技术在软件定义数据中心里得以传承，新技术在软件定义数据中心里得以发扬。新老技术的重组和编排，辅助以优良的设计为数据中心营造出新的气象。Windows Server 作为云操作系统，跨出了服务器的管理边界，以数据中心为管理单元进行管理。Windows Server 云操作系统所驱动的三驾马车——软件定义计算、软件定义存储、软件定义网络，让 Windows Server 掌控着数据中心的网络资源、存储资源和计算资源，信息的水流在数据中心的大河里汩汩流淌，奔腾不息，流向互联网大海。

技术要回归现实才能落地，在软件定义数据中心中，所有的传统硬件资源——计算、存储、可用性、网络等通过软件对固件进行解耦合实现数据中心模块的虚拟化，再通过软件技术以自动化的方式重组实现模块的灵活拼装。SDDC 的每一个模块都像一块橡皮泥，比传统硬件固件更具有可塑性，也更加灵活自由。SDDC 以渐进式和颠覆式相结合的节奏向前推进，SDDC 不是软件取代硬件的变革过程，而是软件和传统硬件结合，相得益彰，即使在未来，发展线路亦是如此。微软作为一个老牌软件厂商，在 SDDC 发展上自然不甘落后，在写这本书的时候 Windows Server 已经 20 周岁了，微软 Windows Server 服务器虚拟化技术、会话虚拟化技术以及高可用性技术已经为广大客户所采用，软件定义存储和软件定义网络也在努力向前发展。

本书内容提纲

本书分为 7 章，每章具体内容简介如下。

第 1 章我们漫谈微软数据中心建设，先从微软公司大型数据中心发展历程和微软软件定义数据中心的发展道路给大家展现微软数据中心的一角和 SDDC 现状，然后浅谈 SDDC 所定义的模型如何改善数据中心的转变。

第 2 章讲软件定义高可用，为什么称之为软件定义高可用呢，我们首先来看数据中心的画像，在可用性这个维度，一个优秀的数据中心一定要考虑高度可用和可靠的电路、制冷设备、网络硬件及网络线路、服务器及其部件、存储及存储链路……比如 UPS、双路电路、交换机堆叠、RAID 技术、双路电源、存储 MPIO 等的高可用都是通过硬件自身来实现的。当我们聚焦在微软 Windows Server SDDC 的画像时，除了可以看到硬件高可用，系统级以上的高可用完全由 Windows Server 实现—— 一个用了十几年的技术，Windows Server 故障转移群集（通常我们简称为 Windows Server 群集）。同样，Windows Server 群集实现的高可用贯穿在 SDDC 堆栈里，因此软件定义的高可用在 SDDC 里起着重要的作用。如果说软件定义数据中心有三驾马车，那么高可用就是这些马车的轮子和车架。VMWare ESX 和 Citrix XenServer 实现虚机的实时迁移同样要用到高可用技术，在 VMWare 里称之为 HA，虽然不是群集技术，但也属于软件定义高可用的范畴。在冠以软件定义高可用的名字下，我们具体介绍的是 Windows Server 群集。因为很多读者接触过 Windows Server 群集，所以这本书里我尽量写它的工作方式和机理。如果您对 Windows Server 故障转移群集的熟悉程度需要进一步加深，希望本书的内容可以帮助您更进一步了解群集的工作方式，哪怕这种帮助只是一点点。

有了可用性做保证，我们开始第 3 章软件定义存储（书里提到的 SDS 和软件定义存储是同一个概念）的介绍，作为数据中心的心脏部分——存储，在数据中心里扮演的角色至关重要，这一节里我们将从 Windows Server 2012（R2）的第一代 SDS 开始介绍，内容覆盖 SDS 的一些关键技术，介绍 SDS 高可用结构并深入分析 SDS 可用性，帮助了解 SDS 的硬件结构以及如何安装、配置和使用 SDS。接着介绍 Windows Server 2016 引领的第二代 SDS 的新技术的突破，结构的升级变化，以及第二代 SDS 的硬件结构以及如何安装、配置和使用第二代 SDS。第二代 SDS 还有延伸的内容，包括用于数据容灾的存储复制技术，用于管理存储资源分配的存储 QoS 技术。希望这些技术能帮助您理解、深入学习 Windows Server SDS，也希望能够对您如何使用和设计 SDS 有所启发。

如果说存储作为数据中心的心脏存储数据中心的血液，那么下一部分我们开始介绍第 4 章软件定义网络（书里提到的 SDN 和软件定义网络是同一个概念），网络就像人体的动静脉，像血液一样通过动脉或静脉在心脏和各个器官之间流动，数据在存储和计算单元连接的网络里流动。在这一章里，我们将根据 Windows Server 2012 的第一代 SDN 介绍 SDN 的一些基础理论、关键技术，帮助各位了解 SDN 的结构以及如何安装、配置和使用 SDN，接着介绍 Windows Server 2016 引领的第二代 SDN 的新技术的突破和网络功能虚拟化（书里提到的 NFV 和网络功能虚拟化是同一个概念），NFV 和第二代 SDN 如何结合实现完整的软件定义网络框架，同时介绍如何通过模板配置 SDN 和 NFV 模块。

第 5 章我们介绍 Windows Server 服务器虚拟化和会话虚拟化，这两项技术对于大家来说是最为熟悉的，建议大家也不要忽略这一章，因为里面有我们用过百遍但是未必熟悉其原理的技术的详细介绍，对于大家了解原理可能有些许帮助，比如虚拟 CPU 分配、动态内存、NUMA、巨型帧、VMQ、SR-IOV 等“只闻其声不见其人”的技术。在会话虚拟化中，有一些我们之前在项目里积累的实用技巧，帮助大家学以致用。虽然大家对服务器虚拟化和 RDS 已经很面熟，但是重温或者深入学习可让你更进一步了解服务器虚拟化和 RDS 的“脾气”，从而进入知其所以然的境界。

接下来我们在第 6 章里讲解 Windows Server 2016 实现 SDDC 冲刺的最后一棒——容器技术（书里提到的 Container 和容器是同一个概念）。Windows 容器技术是微软实现类似于 Linux 容器的技术，Docker 技术来势汹汹，大有取代服务器虚拟化的架势。现在我们身边谈论 Docker 和容器技术的人越来越多，这本书关注在 Windows Server 2016 容器技术的基本概念的介绍。

由于 Windows 容器刚面市，加之笔者接触 Windows 容器时间有限，知识的广度和深度也有限，在写这一章时得到了彭爱华老师的指导和启发，彭爱华老师是最早接触 Windows Server 容器的技术专家。笔者在写作这一章时恰逢 Windows Server 2016 预发布之际，期间拜读了“华来四”（由彭爱华、黄爱华、祁清华和程尊华 4 位名字里带华的专家创建，用于分享原创的 Azure、docker 和混合云相关技术）关于 Windows 容器的引路文章。要延续并深入学习 Windows 容器技术，推荐大家关注华来四微信公众号（sysinternal）作为线上学习的渠道，保持对 Windows 容器的持续关注，了解 Windows 容器技术的动态。

最后一章我们将以案例说明 Windows Server SDDC 的实现，在这章里我们将展示部分 SDDC 技术在新的 SDDC 结构中的细节，同时展示 SDDC 架构原型，这一章我们笔墨不多，但是有用心制作的逻辑架构图，以飨读者。本章作为本书的收尾，有 Windows Server SDDC 落地之实。

本书除了 Windows Server 这个主角以外，还会在部分章节里提到 System Center Virtual Machine Manager（简称 SCVMM）和 Windows Azure Pack（简称 WAP），System Center 和 WAP 是实现 SDDC 管理模块的方案，但是本书的主题专注于 Windows Server SDDC，所以 SCVMM 和 WAP 我们并没有单独列为一章，而是穿插在虚拟化、SDS，SDN 章节里一起讨论。大家如果对 System Center 有兴趣可以去了解九叔所著的《微软 System Center 2012 R2 私有云部署实战》一书。

本书读者对象

因为 Windows Server 使用率高，所以我相信业界大部分的系统工程师对 Windows Server 都不会陌生，虽然每个专家掌握的程度有深有浅，掌握的知识点也不同。本书适用的读者较为广泛，不管您是初出茅庐的 Windows Server 系统工程师，还是已经对 Windows Server 有较为丰富的经验，这本书都有可能不同程度地帮助你学习 Windows Server SDDC 技术。如果不巧您刚好不在 Windows Server 这个圈子里，甚至都不曾了解过 Windows Server 技术，但是需要初步了解 Windows Server SDDC 技术，这本书也可以作为基础材料辅助您“半路出家”学习 Windows Server SDDC 技术，因为这些新技术的知识点对 Windows Server 传统知识点的依赖性和关联性不大。

当然我们需要了解云计算和行业中的一些关键术语，在阅读过程中才不会被一些新名词或者思路所磕绊。

致读者

既然您已经开始阅读本书，相信一定对本书有一定的期待和期望，衷心希望您能在阅读本书后有所收获和启发。如果对本书的内容有任何问题或者建议，欢迎与我联系和互动，可以把您的问题发送到我的个人邮箱 leejoneh@139.com，或者与本书的责任编辑王峰松联系，工作邮箱为 wangfengsong@ptpress.com.cn。

目　录

第 1 章　微软数据中心与 SDDC 漫谈

第 1 章包含 4 个小节，第 1 节我们将通过文字带领大家简单“参观”一下微软自己创建的数据中心，看看微软如何在海量计算背景下建设数据中心；第 2 节介绍混合云的概念、微软混合云和混合云实现；第 3 节和第 4 节介绍微软云计算和实现云计算的 SDDC 发展概况，以及微软如何与其他厂家和开源组织合作来将云计算大范围落地。

1.1　微软数据中心建设之道

微软在数据中心业务领域一直扮演改革者和先驱者的角色。目前微软自有业务和公有云数据中心在全球已经超过 30 个，物理服务器数量超过百万之巨，为全球广大客户提供 Microsoft Azure、Office 365、Bing、Xbox Live、Skype、SkyDrive、Outlook 邮箱等上百种主流云服务，微软已成为世界最顶级的数据中心运营商之一和云服务提供商之一。这些数据中心不是一朝一夕建成的，而是耗时二十多年，历经四代的优化和创新而发展起来的，每座数据中心都堪称“高大上”，不仅规模庞大，稳定可靠，而且设计优良，更是节能先锋，在数据中心建设方面首屈一指，引领潮流。

微软从 1989 年开始着手建立自己的数据中心，因为那时的数据量并不大，微软相应的第一代数据中心规模也并不大，数据中心设计也鲜有创新，但是微软仍然坚持数据中心为战略性投资，以支撑微软在数据中心不断增长的服务。2007 年微软在昆西建设的第二代数据中心彰显着微软加速向超级数据中心发展的策略，让微软加速跑进百万服务器俱乐部。昆西数据中心是微软第一个第二代数据中心，占地 70 000 多平方米，规模堪比 10 个足球场，为业界树立了数据中心新的标准。第二代数据中心追求的是高密度计算、稳定、安全和节能。该数据中心坐落在瓦纳普姆水电站旁边，充分享受着水力发电的便利和清洁能源的环保，并同时引进水冷辅助数据中心降温。通过高密度部署和综合降温方式，微软第二代数据中心的能耗 PUE（Power Usage Effectiveness，能源效率指标）为 1.5，在当时业界处于绝对领先的水平。

微软在第二代数据中心建设的基础上，使用模块化建设，同等规模数据中心建设周期大为缩短。2009 年，微软在芝加哥建成第一个第三代数据中心。芝加哥第三代数据中心使用集装箱模块存放物理服务器，服务器是定制的，设计成 1U 高和标准宽度一半的尺寸，每个集装箱容纳的物理服务器达到 2400 台之多。这些内置了高密度服务器的集装箱沉重但是不笨重，集装箱拉到数据中心后，可通过导轨轻松移动就位，只要将水电网模块接入就位的集装箱即可实现快速的组装。我们可以从图 1-1 所示看到芝加哥数据中心的缩影。

图 1-1　微软芝加哥第三代数据中心

芝加哥第三代数据中心更加环保，该数据中心采用了大型的冷水机组，布置的冷却水管长度达到 12 公里，PUE 达到 1.25，在绿色数据中心道路上迈出了关键的一步，为行业所称赞。

不仅于此，微软数据中心发展之路并未停止，2010 年在都柏林建成的第四代数据中心，具有划时代的意义。第四代数据中心采用了 IT-PAC（IT Pre-Assembled Component，IT 预装配件）模块，将 UPS、配电设备和服务器设备配置成不同的集装箱模块，在数据中心进行快速的组装，使得同规模数据中心的部署周期缩减到之前的一半。更值得一提的是，借助都柏林地理位置和气候的优势，位于都柏林的第四代数据中心采用天然冷气辅助降温，整个数据中心环绕着冷气管道，管道深入到集装箱内部，将从外部抽进来的冷空气输送到各个 IT-PAC 模块。都柏林数据中心规模庞大，号称服务器农场，但 PUE 却仅为 1.15，是真正的绿色 IT 数据中心。微软都柏林数据中心也一改以往人们对数据中心高碳排放的负面印象，并于 2010 年问鼎欧洲最佳数据中心的称号，树立了数据中心新的里程碑。我们可以从图 1-2 所示看到都柏林数据中心的缩影。

微软还在不断扩张数据中心的规模和优化数据中心的设计，面对这些恢宏的数据中心，微软并没有采用人海战术来管理，而是使用先进的技术和流程有条不紊地管理着这些服务器，数以百万计的服务器由微软全球基础服务（Global Foundation Service，GFS）集中远程监控。虽然芝加哥数据中心的服务器超过了 10 万台，但是数据中心现场包括安防人员也只不过三四十号人。

图 1-2　微软都柏林第四代数据中心

微软这些大型的数据中心及其服务器通过高速的网络为全球用户提供海量的计算和存储，不论是 Microsoft Azure 和 Office 365 这些企业级的云服务，还是 Outlook 邮箱和 Xbox Live 这些消费级服务，访问量和使用量都已达到上亿甚至十亿以上级别，并处于一个不断上升的过程。正如微软数据中心业务总经理凯文蒂蒙斯所说，身处数据中心听到的“嗡嗡”的轰鸣声正是互联网心跳的声音。

1.2　微软混合云之路

人们对混合云（Hybrid Cloud）的定义层出不穷，在笔者看来，混合云并不是什么新技术，而是一种由公有云和私有云组合成的新的表现形式。类似于现在国家重点发展的油电混合动力汽车，电动机动力不是全新的技术，内燃机动力也由来已久，二者形成新的动力组合，混合云也通过整合了私有云和公有云各自的优势资源组成新的云的形式。就像现在汽车混合动力技术发展了清洁燃料和太阳能能源技术一样，公有云也衍生了社区云、园区云和托管云等规模稍小的公有云。为了界限清晰地讲述混合云，我们暂且把社区云、园区云和托管云统统归为公有云。本质上，混合云的实现是混合必要的 IT 资源，每个用户的混合云都有不同的资源混合比，按照不同的资源混合比，笔者将混合云分为如下几类。

- **轻度混合云**。轻度混合云具体表现为，用户自己建立了自己的 SDDC 数据中心运行企业主要的业务系统，这类业务的系统和数据完全由企业自己掌控；将部分业务系统部署在公有云，客户部署在自己的私有云和公有云的系统并没有数据和消息的交换和移动，但是实现了将私有云/公有云数据离线灾难备份到公有云/私有云。轻度混合云除了可以借力公有云的各项优势，还可以使用公有云的 PaaS 和 SaaS 得天独厚的资源，比如使用微软公司 Azure 的 IoT Hub、移动服务、Hadoop、媒体服务、机器学习等用于测试和生产。轻度混合云可以使用统一的管理接口实现特定公有云和私有云的统一管理，比如统一的视图和基本的启停操作。

- **中度混合云**。中度混合云具体表现为，用户自己建立了自己的 SDDC 数据中心运行企业部分业务系统，并且将部分业务系统部署在公有云，用户将自己的 SDDC 数据中心网络和自己在公有云的私有虚拟网络通过 S2S VPN 隧道连接起来，让客户部署在自己的私有云和公有云的系统实现无缝的数据和消息的交换和移动。比方说将业务系统的前端和后端分别部署到公有云和私有云，并同步实现了将私有云/公有云数据在线异步灾备到公有云/私有云。但是受到 Internet 带宽这个硬条件的限制，在中国内地，实现大量数据和消息的交换和移动的实时性并不理想，对于一些轻量级数据和消息的应用还是可以期待的。中度混合云可以使用统一的管理接口实现特定公有云和私有云的统一管理。
- **高度混合云**。高度混合云具体表现为，在中度混合云基础之上，实现更为统一和自动化的管理，包括统一管理不同的公有云，实现全面的监控。更重要的是，私有云和公有云实现了共享类似的框架和广泛的开发语言，开发的应用可以统一部署到私有云和公有云，虚拟机可以按需迁移，形成一个融合贯通的结构。对于客户来说，无论业务运行在哪个位置，都是一样的，在他们看来是"One Cloud"。

高度混合云目前还是个理想的目标，但是现在已经有客户进入轻度混合云阶段，并向中度混合云迈进。纵观整个行业，数据中心的形式也是混合存在的，包括传统、私有云、公有云，而且这种形式会存在相当长一段时间并且呈现类似于正态分布的形态，如图 1-3 所示。对于每一个已经运营自有数据中心多年的客户来说，不需要制定 100%上云的目标，而是混合传统、私有云、公有云 3 种形式，并以渐进式的变化达到类似于正态分布的形态。

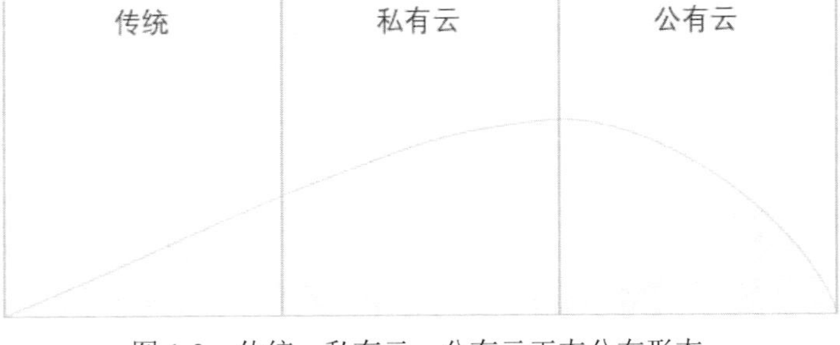

图 1-3　传统、私有云、公有云正态分布形态

混合云是微软不懈追求的目标，微软已经提供了我们早已熟悉的混合云服务，包括 Office 365 和 On-premise Office 服务（邮件、协作和 Office 程序）以及 Dynamic CRM Online 和 On-premise Dynamic CRM 等服务。几年前，微软提出了 Cloud OS 的概念，在形式上看，Cloud OS 不是一个具体的 Windows 或者 Linux 操作系统，它超越了 System OS，System OS 只能实现服务器的管理，而 Cloud OS 管理的最小量级是数据中心，Cloud OS 负责组建数据中心的网络、存储、计算和应用。Cloud OS 和 SDDC 理念高度一致，Cloud OS 兼顾了私

有云、公有云、服务商云 3 种形式，微软 SDDC 和其他厂家的 SDDC 所不同的是，Cloud OS 目标在于构建混合且一致的云平台，将用于微软自己公有云里的技术框架和设计思路传承到私有云和服务商云，如图 1-4 所示。微软在建设大型数据中心的过程中积累了丰富的 SDDC 经验和完善的 PaaS 及 SaaS 服务，Cloud OS 的重点在于指导基础结构的建设。Cloud OS 指导包含了来自微软公有云的直接的技术传承，比如用于 Azure 的虚拟化和 SDN 技术，SDS 技术以及云门户、云资源框架（Windows Azure Pack 和 Microsoft Azure Stack）等；也包含了数据中心的设计思想，比如高可用设计、Spine-Leaf（叶脊）组网结构、故障域设计等；同时辅助以一致的开发接口和 UI 风格传承，从内到外，从使用体验到界面都保持着高度的一致。

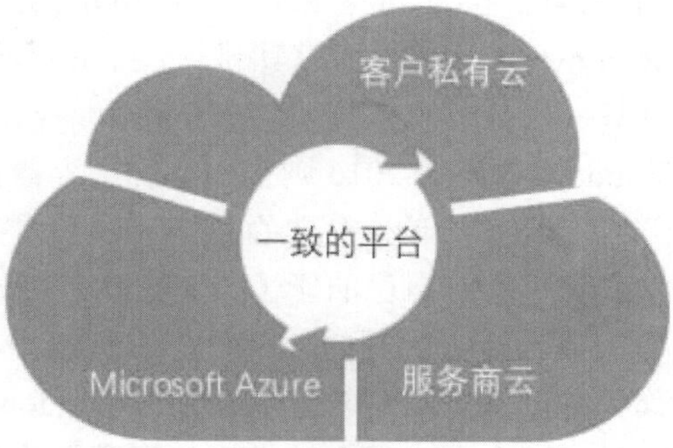

图 1-4　Cloud OS 一致的平台

Cloud OS 将微软公有云技术、框架、开发接口和 UI 风格传承到服务商云和私有云，但这只完成了混合云的第一步，在这一步，仅能实现轻度混合云。微软的混合云还不仅于此，微软公司内部通过 SDN 技术 BYON（Bring Your Own Network，自带网络上云），让用户在上云的过程中更方便。只要在 Microsoft Azure 里定义好虚拟子网，虚机便可从客户自己的数据中心迁移到 Microsoft Azure，并仍然保留着原来的 IP 地址，减少了迁移的设计和准备工作量。同时，Microsoft Azure SDN 技术包含了 HNV 网关（Hyper-V Network Virtualization，简称为 HNV，本文中 HNV 和 Hyper-V 网络虚拟化是同一个意思），用于提供 S2S VPN 服务，让客户数据中心通过 S2S VPN 隧道和自己在 Microsoft Azure 里的虚拟子网互通。连接客户自己数据中心和 Auzre 数据中心 VPN 隧道是实现中度混合云的基础，同时让混合云的管理也变得更加直接。Cloud OS 能将技术传承复制到服务商云和私有云，意味着客户私有云和服务商云同样能依靠 S2S VPN 隧道连通，因此在 Cloud OS 技术体系里构建的混合云画像也变得更加完整。如果不存在异构平台，不考虑网络带宽的问题，Cloud OS 构建的混合云已经非常接近高度混合云了。

1.3　微软 SDDC 发展之计

打开电脑，你会发现软件正在“统治”着世界，数据中心也不能例外，随着数据中心的规模越来越大，网络越来越复杂，存储量越来越膨胀，应用可用度要求越来越高，无论是云服务器提供商还是企业用户，对 SDDC 的青睐日益明显。微软在某些新技术领域属于倡导者，大家可能并不熟悉，最早的并被广泛认可的 SDN 组织 ONF（Open Networking Foundation）就是由微软、谷歌和 Facebook 联合发起的，ONF 用于定义 SDN 标准和推动 SDN 的产业化，由此可见微软在 SDN 的积极性。微软在 SDDC 概念被提出来之前，便提出了数据中心转型（Transform the Datacenter）的构想，并同时提出了 Cloud OS 云操作系统的概念。数据中心转型和 SDDC 的目标和技术实现如出一辙，微软长期实践着“Transform the Datacenter”的目标，微软众多庞大的数据中心“硬朗”的外表里通过云操作系统植入了 SDDC 这颗“柔软的芯”。数据中心设计理念和思路在不断更新迭代，所使用的软件技术也不断推陈出新。微软不仅自身在实践着数据中心转型的目标，还希望将目标带给客户。20 年磨一剑，Windows Server 锻造出了很好的数据中心基因，尤其在基础架构层面的影响力，我们可以从活动目录谈起，从文件服务器谈起，从 Windows Server 所支持的具有庞大用户群的 Exchange Server 和 SQL Server 谈起……总之，在 x86 市场占有绝对优势的 Windows Server 一直默默耕耘，紧跟技术发展趋势，Windows Server 2008 实现了软件定义计算（服务器虚拟化）的从 0 到 1，Windows Server 2012 实现了 SDS 和 SDN 的从无到有，Windows Server 2016 则初步实现了容器技术。

在 SDDC 的时代，百家争鸣，技术各有所长，然而技术本身都有相通性，我们可以从别人那里看到自己的影子。Windows Server 也完成了几次华丽的转身，Windows Server 作为构成云计算浪潮的一部分，服务器虚拟化对传统物理服务器的冲击非常明显，Hyper-V 作为微软 SDDC 的当家者，随着 Windows Server 2008 发布首度进入虚拟化领域到现在，技术越来越全面，越来越成熟，赢得了越来越多的客户的青睐。

微软 Hyper-V 不断发力，依靠成熟的功能和完善的技术获得了不错的反响。微软虚拟化表现得怎么样呢？我们不妨用 Gartner 报告进行简单的分析，Windows Server 2008 刚发布就备受关注，一举进入 Gartner 高等级象限，充分被分析师和市场所看好。Windows Server 也不负众望，凭着快速的客户增长和技术的快速更新，在 Windows Server 2008 R2 发布不久便一个健步越到了虚拟化魔力图第一象限，在之后几年时间里不断提高市场占有率，其功能不断完善和成熟，我们不妨仔细看看图 1-5。

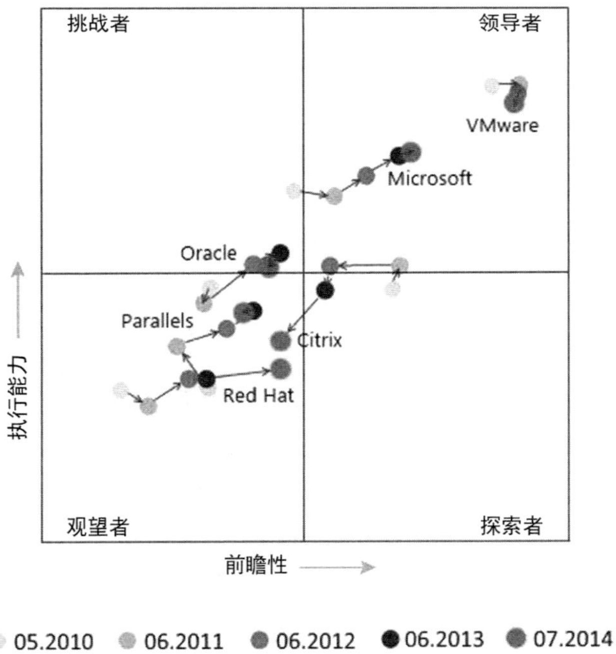

图 1-5　Gartner x86 服务器虚拟化魔力象限图

2015 到 2016 年，Windows Server 服务器虚拟化凭着不俗的表现稳稳占据着 Gartner 魔力象限的第一象限，并且不断向第一象限更具挑战性的位置攀升。在 2016 年秋季发布的 Gartner 魔力象限里微软服务器虚拟化和 VMWare 的距离进一步缩小，如图 1-6 所示。

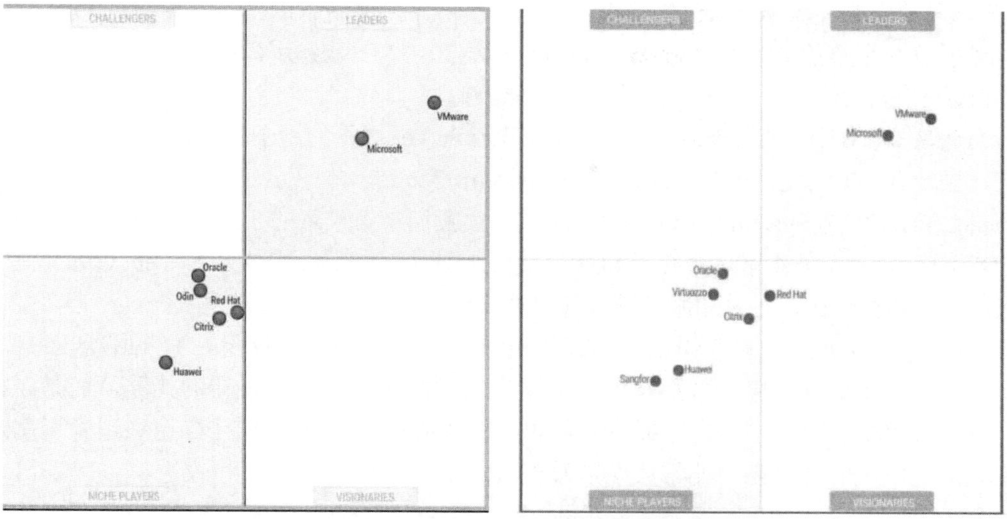

图 1-6　Gartner 2015～2016 年虚拟化魔力象限图

云时代的下一波浪潮冲击的就是存储领域，微软涉足存储领域要从 Windows Storage Server 谈起，Windows Storage Server 主打为企业提供 NAS 存储，主要通过 OEM 的渠道提供。虽然 Windows Storage Server 2003 到 2008 R2 这几年里积累了一定数量的客户，但不愠不火的市场没有表现微软在存储方面的坚定决心。21 世纪 10 年代 SDDC 的概念被提出来，传统和新兴的存储公司纷纷竖起软件定义存储的旗帜，一时热闹不已，呈现百花齐放的趋势。2012 年，微软猛然发力，在 Windows Server 2012 引入存储空间技术，正式向业界宣布其涉足软件定义的存储领域，让很多人充满了期待。和服务器虚拟化一样，一个颠覆式的变革技术总是让人踌躇不前，一边展望着新技术带来的各种惊喜，一边对新技术的能力也抱有一定的怀疑。在 Windows Server 2012 发布不久，笔者加入联想并有幸参与了微软 SDDC 私有云项目，我们大胆地摒弃了传统的 SAN 存储方案，转而使用 Windows Server 存储空间和 SMB 3.0 软件定义的存储。在实践中我们体会到 Windows Server SDS 的灵活性，以及成本上的优势，Windows Server 贯穿 SDDC 的堆栈，上至虚拟化，下到存储，一脉相承，让管理变得尤为简单。Windows Server 2016 的发布带来了新的气象，第二代 SDS 继承了 Windows Server 2012 SDS 的功能，保留了共享 SDS 结构的同时兼顾分布式结构和超融合结构，如果说 Windows Server 2012 实现了 SDS 的 0 到 1，那么 Windows Server 2016 正努力走在实现 1 到 100 的路上。

只要接触过 Windows Server，对微软在终端网络方面的技术应该不会陌生，将 Windows Server DNS 和 DHCP 作为企业解析服务和 IP 地址分发服务的企业不胜枚举。而微软在这一亩三分地里一耕耘就是十几年，除了不断改善 DNS 和 DHCP 服务之外，Windows Server 还在网络其他方面不断地探索——RRAS 服务提供路由和 VPN 服务，并在 RRAS 基础上使用 Direct Access 构建无缝的 VPN 体验；IP 地址管理（IPAM）功能，用于发现、监控、审计以及管理企业网络 IP 地址空间和相关基础架构服务器的框架。Windows Server 除了正在不断扩展网络能力，为了完善服务器虚拟化还在和网络硬件厂家就某些技术点展开深度合作，SR-IOV，VMQ，vRSS，IPSec 任务卸载、QoS 等虚拟化网络加速技术正逐渐集成在服务器虚拟化里。微软在 Windows Server 2012 上第一次开始了 SDN 技术的尝试，并联合 Intel、

HP 等公司共同开发了 NVGRE Overlay 隧道封装协议，结合 RRAS 网关技术和硬件网关技术实现了较为完整的 SDN 服务。Windows Server 2016 SDN 使用了使用更为广泛的 Overlay 隧道协议——VXLAN，并同时新增了 NFV 投资。

当然，作为 SDDC 的管理层面，除了 Windows Server 提供的用于自动化管理的 PowerShell 工具，微软还有由来已久的成熟方案——System Center。本书虽然没有用单独的章节介绍 System Center，但是 System Center 是不可或缺的，我们在第 3 章的 3.1.7 节里介绍了 SCVMM 对 SDS 的管理，在第 4 章里介绍了 SCVMM SDN 的管理。除此以外，System Center 还提供了监控、自动化编排、备份和服务管理等组件，这里我们不再详细描述。

可以说，SDDC 是一个逐渐拿走别人奶酪的过程，拿走的不仅仅有 IT 硬件设备厂家的奶酪，还有传统软件厂家的奶酪，奶酪的主人要做的不是去维持现在的奶酪，而是积极地去创新，去挖掘，以适应这个不断变化的世界。Windows Server SDDC 已经迈开了坚定的一步，某些模块的技术已经非常成熟，某些模块仍需要进一步提高和改进。

1.4　微软 SDDC 云落地之策

如果说云计算带来了信息时代的战国争雄的局面，那么合纵连横将是一个战略制高点，合纵连横的策略的推手就是 SDDC，SDDC 打破了传统数据中心软硬件各自维护自己阵营的局面。在信息时代，合纵连横的目的不是为了一家独大，而是互通有无，整合资源，形成一个完善的云生态。作为 x86 主流操作系统的厂家，微软最初和 Intel 形成了坚固的 Wintel 联盟，也不乏和 AMD、Lenovo、HP、DELL、LSI、Broadcom 等硬件厂家的深度合作。

在 SDDC 发展的道路上需要有更加深远的视野，在合纵方面微软的表现有：加紧和各大服务器厂家紧密协作，让 Intel-VT 和 AMD-V 技术加速 Windows Server 虚拟化的普及；Cisco Nexus、5Nine、NEC、InMon 等网络技术厂家实现了 Hyper-V 虚拟交换机的扩展能力；在网络层面起草并联合 Intel、HP 和 DELL 正式提议 NVGRE Overlay 隧道协议帮助实现 SDN；微软和 JBOD 厂家、x86 服务器厂家以及存储控制器厂家合作进一步实现 I/O 虚拟化，推进 SDS 的发展。

在 SDDC 发展的道路上也需要有更加广阔的视野，微软公司在连横方面表现有：微软跨平台的策略，微软在全面进军云时代的同时，以更加开放的姿态迎接云计算的发展，积极拥抱开源和异构，并努力在以下 3 个维度做好落实。在云的维度，Microsoft Azure 平台不仅有 Windows Server 虚机，还有 Linux 虚机 on Azure，Microsoft Azure 不仅支持.NET，还支持 JAVA、PHP、NodeJS 等开发语言，Azure 所支持的关系型数据服务不止 SQL Server，还有 Oracle 和 MySQL；在操作系统维度，Ubuntu on Windows 和 PowerShell in Linux 的消息一个接一个；在数据库维度，SQL Server 不再只运行于 Windows Server 之上，还能运行在 Linux 操作系统之上。

当然，除了从深度和广度合作，微软也在努力锻炼内力，不断更新技术的同时也在加强和伙伴的合作，合作伙伴也不仅限于前面所列的软硬件厂家，还包括微软原有的合作生态圈，这些生态圈通过整合或者二次开发为满足客户的需求走完最后一公里。在 SDDC 方面，微软通过和国内外大量的合作伙伴构成 Cloud OS Network（COSN）生态圈来帮助 SDDC 架构设计和落地，而构建在 SDDC 基础上的新兴的大数据、机器学习以及 IoT 等方面也涌现出大量的合作伙伴。

第2章 软件定义高可用

不管 SDDC 技术多么华丽，基础一定要牢靠，以保证必要的可靠和可用度。我们把 SDDC 的 3 个核心模块比喻成 3 驾马车，那么软件定义高可用就意味着我们要先铺平道路。如果您在浏览目录时发现我们在本章讨论的是一个已经被广泛使用的“陈旧”的 Windows Server 群集技术时，不要急着跳过这一章，因为这一章我们将在讲解日常使用 Windows Server 群集的基础上稍微拓展一点儿介绍 Windows Server 群集的原理。当然，如果您已经掌握的知识比本章介绍的更深入，那么请忽略这一章。

在这一章里，我们将在第 2 节介绍构成群集资源和数据库等的群集组件；在第 3 节介绍驱动群集和管理群集的群集服务；在第4、5、6 节简单介绍群集仲裁原理和 Windows Server 升级带来的仲裁的变化以及如何设置群集仲裁；从第 7 节开始讲解群集网络角色及其配置，群集网络流量及其配置，群集网络角色和流量之间的匹配关系，群集网络的 QoS 和带宽控制等；第 8 节和第 9 节讲述群集节点的健康监控以及群集资源的监控和管理。

2.1 实现技术

无高可用不成数据中心，可用性是数据中心设计时第一要考虑的因素。Windows Server 故障转移群集作为应用的高可用基础，在数据中心里支撑着基础架构平台及应用的平稳和持续运行，对数据中心的稳定起到举足轻重的作用。具体来说，软件定义高可用可以在服务器虚拟化中实现虚机实时迁移，在 SDS 中实现故障域和存储控制器容错，在上层实现 SQL/Exchange 等应用故障切换。之所以把 Windows Server 故障转移群集放在第一章，是因为群集不是独立的，群集和后续章节的内容也有紧密的关联。我们以软件定义高可用之名，以 Windows Server 群集之实讲解 Windows Server SDDC 高可用的实现和运行机制。

2.2 群集组件

Windows Server 群集组件可以从图 2-1 所示的提纲式的结构图说起，然后在后面的章节逐一展开，详细介绍。Windows Server 群集组件由多个组件组成，很多用户都觉得 Windows Server 群集比较复杂，希望能够变得简单，但是我一直认为复杂的另外一层含义就是全面，作为高可用基础系统，群集的全面性是维系整个系统可用的根基。Windows Server 群集组件虽然多，但可粗分为 3 个核心部分——群集服务、群集资源和群集管理，外加各自的附属组件，共同组成完整的群集。在群集里我们最关心的是群集应用，而群集应用由群集资源组成，群集资源是构成群集和应用的基本元素，是群集和应用的一砖一瓦，所以群集资源和资源监视可以归为一组。构成群集最核心的组件是群集服务，群集服务就是群集这部“汽车”的发动机和变速机构，维持着群集体系的启动、运转及停止。群集服务在每个节点里有很高的优先级，起到控制群集活动、维持群集数据库、组织节点通信、操作故障转移和配置群集等作用，群集服务连同其云宿主节点、群集数据库、磁盘和网络驱动可归为另一组。但是群集服务深入于后台，往往不容易了解和操控，因此群集为我们提供了方便的管理工具，包括群集管理器和 PowerShell 群集模块，群集管理工具提供友好的操作窗口，就像汽车的方向盘和档位以及各种控制按钮，让我们操作起来得心应手。

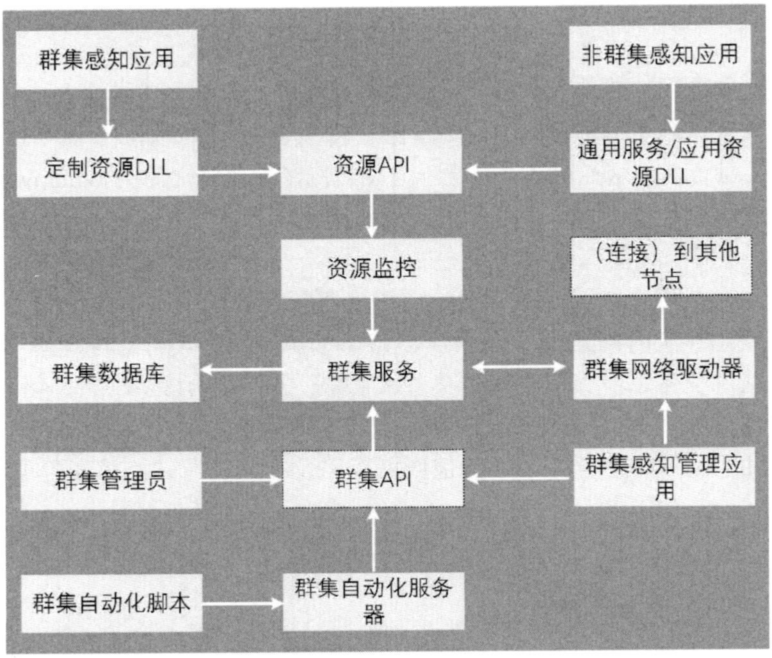

图 2-1 Windows Server 群集组件

2.2.1 群集资源

要了解群集和应用构成的元素，我们需要知道什么是群集资源，群集资源指的是构成群集和被群集管理的资源，笔者喜欢将群集资源分为 3 大类：第一类是构建群集自身的资源，包括群集名称、群集 IP 地址、仲裁见证等，这些资源在群集和仲裁的配置同时进行初始化；第二类资源是群集的标准资源，包括文件服务、虚机、DHCP 等，这类群集资源已经集成在群集资源库里，可以在群集管理控制台的角色里进行配置；第三类是非标准群集资源，非标准资源构成两种不同的群集应用，一种是群集感知的应用（比如 SQL Server，Exchange Server 等），另一种是非群集感知的应用（第三方应用）。下面以 Hyper-V 和 SQL Server 数据库两个常用的应用为例，简单介绍一下群集资源的构成。

先来看看 Hyper-V 群集，要查看 Hyper-V 群集里面有哪些资源，可以在 Hyper-V 群集的节点上运行以下 Get-ClusterResource PowerShell 示例命令。

```
PS C:\> Get-ClusterResource |select Name, ResourceType, OwnerGroup| Sort-Object
OwnerGroup
Name                          ResourceType                        OwnerGroup
```

```
----                          ------------                         ----------
Cluster IP Address            IP Address                           Cluster Group
Cluster Name                  Network Name                         Cluster Group
File Share Witness            File Share Witness                   Cluster Group
Cluster-HRB                   Network Name                         Cluster-HRB
IP Address 192.168.1.5        IP Address                           Cluster-HRB
Hyper-V Replica Broker
Cluster-HRB                   Virtual Machine Replication Broker Cluster-HRB
VM01                          Virtual Machine                      VM01 Resources
VM01 Configuration            Virtual Machine Configuration        VM01 Resources
```

在 Hyper-V 群集里除了有群集名称、群集 IP 地址和仲裁见证等第一类群集资源以外，还有两个第二类资源——一个是虚拟机资源，另外一个是虚机复制代理（Hyper-V 虚机复制功能，我们将在 5.1.7.5 节详细介绍）。如果在 Hyper-V 故障转移群集里删除一台高可用虚机（只是将虚机从高可用角色里排除，并非从 Hyper-V 里删除虚机），会发现群集弹出提示，表明我们要删除的虚机包含了两个资源，这两个资源就是虚机和虚机配置。

同样，可以在 SQL Server 群集的节点上运行命令查看 SQL Server 群集的群集资源类型，示例如下。

```
Name                     ResourceType             OwnerGroup
----                     ------------             ----------
File Share Witness       File Share Witness       Cluster Group
Cluster Name             Network Name             Cluster Group
Cluster IP Address       IP Address               Cluster Group
Cluster Disk             Physical Disk            SQL Server(MSSQLSERVER)
SQL Server Agent         SQL Server Agent         SQL Server(MSSQLSERVER)
SQL IP Address           IP Address               SQL Server(MSSQLSERVER)
SQL Network Name         Network Name             SQL Server(MSSQLSERVER)
SQL Server               SQL Server               SQL Server(MSSQLSERVER)
```

在 SQL Server 服务器群集里除了群集名称、群集 IP 地址和仲裁见证等第一类群集资源以外，还有 SQL Server 相关的第三类群集资源。

和群集资源并行存在的还有群集资源 DLL，群集资源 DLL 包含管理各种群集资源的指令和说明，其最重要的职责是检测应用程序故障。资源 DLL 由应用程序提供并最终群集化，它是应用程序和群集之间的代理。当群集服务提交请求给群集资源时，请求传递给资源监视器，资源监视器为群集资源调用资源 DLL 入口，群集要停止或者启动应用程序，群集会通知资源 DLL，DLL 再向应用程序转达信息。比如群集里配置高可用虚机后，虚机资源和相关的 DLL 和 VMMS 服务通信，控制虚机启动、停止，并定期检查虚机的健康状态。

2.2.2　群集资源组

在 2.2.1 节提到查询群集资源的时候，使用 Sort-Object 对群集资源按照所有者组进行归类排序，可以看到多个资源属于同一个“所有者”组，这个所有者组对应的就是群集资源组。群集资源组是一个或者多个相互依赖的群集资源集合，因为群集资源组里面的资源是相互依赖的整体，所以群集通常以资源组为单元进行管理和监控。资源组资源这种密不可分的特性，意味着同属于一个群集资源组的原生资源（比如同一个实例里的 SQL Server 组件，为 SQL Server 实例分配的群集磁盘不属于群集实例）总是在同一个群集节点上运行，而不会分开运行在不同的群集节点上，在故障转移时，整个群集资源组同时转移到其他节点。因为群集资源组之间没有依赖关系，各个群集资源组可以独立启动或停止，当某个资源组停止时，群集资源组里面的资源全部停止。

举个 SQL Server 数据库的例子，在故障转移群集部署一个高可用 SQL Server 实例后，在 SQL Server 故障转移群集里会生成一个名为 SQL Server 的资源组。使用 PowerShell 查询到 SQL Server 的资源组信息示例如下。

```
Name                      ResourceType          OwnerGroup
----                      ------------          ----------
.........                 ..................    ..................
Cluster Disk              Physical Disk         SQL Server(MSSQLSERVER)
SQL Server Agent          SQL Server Agent      SQL Server(MSSQLSERVER)
SQL IP Address            IP Address            SQL Server(MSSQLSERVER)
SQL Network Name          Network Name          SQL Server(MSSQLSERVER)
SQL Server                SQL Server            SQL Server(MSSQLSERVER)
```

SQL Server 群集资源组里包含 5 个资源，分别如下。

- **群集磁盘**。即使在单机环境，SQL Server 也必须要有磁盘存储数据库相关文件，而群集磁盘资源用于保存群集 SQL Server 实例文件、数据库和日志等文件。在群集上创建 SQL Server 高可用实例时可以指定群集磁盘，也可以给 SQL Server 实例指派群集磁盘（比如在故障恢复后群集卷脱离了 SQL Server 实例）。当然，在新的 Windows Server SDDC 结构里，群集磁盘不再是唯一的存储资源，CSV（详见 3.1.2.12 节）和 SOFS SMB（详见 3.1.2.15 节）都可以作为 SQL Server 存储资源。
- **SQL Server 实例**。默认或者命名实例，一个示例实际上是一个 SQL Server 引擎，这个实例同时只能归一个群集节点所有。
- **SQL Server 代理**。和 SQL Server 实例成对存在。
- **SQL IP 地址**。用于应用访问和连接 SQL Server 的 IP 地址。
- **SQL 网络名称**。用于应用访问和连接的网络名称，这个名称和 SQL IP 是成对存在的。

资源组里面的资源存在相互依赖的关系，SQL Server 群集资源组资源之间的关系如图 2-2 所示，SQL Server 群集实例必须具备实例网络名称和群集磁盘，而实例网络名称又需要解析成 IP 地址才能被应用访问。

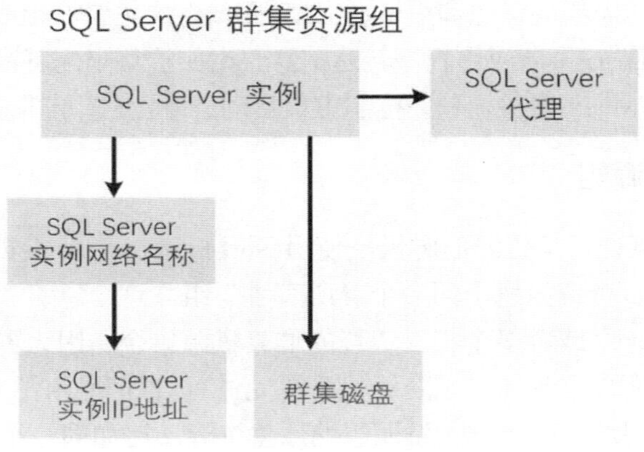

图 2-2　SQL Server 群集资源组

比如因为某些原因，我们要为 SQL Server 实例角色分配新的群集磁盘，那么在添加完群集磁盘以后，这个群集磁盘并不属于 SQL Server 资源组，而是单独归为“Available Storage，如以下示例所示。

```
Name                        ResourceType               OwnerGroup
----                        ------------               ----------
.........                   ..................         ..................
Cluster Disk                Physical Disk              Available Storage
SQL Server Agent            SQL Server Agent           SQL Server(MSSQLSERVER)
```

只有将这个磁盘指派给 SQL Server 实例角色后（在群集里右击 SQL Server 实例角色，然后添加可用存储即可），才会将该群集磁盘归在 SQL Server 资源组里，如以下示例所示。

```
Name                        ResourceType               OwnerGroup
----                        ------------               ----------
.........                     ..................       ..................
Cluster Disk                Physical Disk              SQL Server(MSSQLSERVER)
SQL Server Agen             SQL Server Agent           SQL Server(MSSQLSERVER)
```

不同版本的 Windows Server 的资源组也不尽相同，比如在 Windows Server 2016 里，群集自身资源除了群集名称、群集 IP 地址和群集仲裁见证资源以外，还多出了一个用于管理存储空间存储 QoS 的资源管理器——Storage QoS 资源（存储 QoS 详见 3.2.7 节）。

2.2.3　群集应用

按照用途和与群集的集成程度，Windows Server 群集的应用可分为 4 类。

- **非群集感知应用**。这类应用和群集服务器“亲密”程度很低，应用和群集服务器没有互动。群集对这类应用监视的颗粒度粗，虽然可以借助群集实现故障转移，但是仅仅在出现硬件级故障时才发生故障转移。
- **群集感知应用**。这类应用和群集服务器“亲密”程度高，这类应用对故障检测具有较高优先级和资源监控粒度，不限于硬件发生故障，在软件发生故障的时候也能实现故障转移。
- **群集管理应用**。用来管理群集的应用，包括群集管理员和 Cluster.exe 进程，使用群集管理应用可完成群集创建、节点加入和退出、配置仲裁、执行维护、执行故障转移等操作。Windows Server 在安装群集的同时会配置好群集管理程序。
- **自定义群集应用**。开发者自定义为应用、服务和设备开发的管理和工具。很多用户都关心 Windows Server 群集是否支持非微软应用，其实用户是可以通过自定义的应用 DLL 实现第三方应用的高可用。

2.2.4　群集数据库

维持群集这个复杂机构，必须要有存储群集不断更新的信息的机制，这个机制就是群集数据库，群集数据库存储群集注册表、群集对象、属性和配置数据等物理和逻辑组件信息， 包含群集信息、群集节点成员关系、资源组、资源类型和特定资源的描述（特定资源描述指的是磁盘和 IP 地址等信息）。每个群集节点本地都保留着一份群集数据库副本，数据库存储在%systemroot%\Cluster\CLUSDB。如果使用仲裁磁盘见证机制，在仲裁磁盘里也会存储一份群集注册表副本，由仲裁日志维护群集注册表的一致性。各个节点的群集服务通过以下 3 种方式来维持群集数据库副本的一致，并保持节点具有最新的群集数据库。

- **全局更新**。由群集服务统一复制变更到所有群集节点，群集的变更默认每 4 个小时复制一次到所有节点，在发生以下情况时，也会触发复制。
  - 资源设置为在线状态。
  - 资源设置为离线状态。
  - 资源监视器检测到注册表键值发生修改。
- **周期性检查**。磁盘仲裁资源所有者节点使用群集服务定期保存群集数据库副本来确保数据库一致性。
- **仲裁资源**。群集仲裁资源的恢复日志包含最新群集数据库信息，当群集服务无法复制群集数据库的所有节点时，任何在检查点发生的变更被记录到仲裁磁盘，以便在节点恢复时向仲裁资源获取最新的群集数据库副本。

2.2.5　群集网络驱动器

群集节点内外通信都不能缺乏网络，因此每个群集节点都有一个群集网络驱动器 Clusnet.sys。群集网络驱动器的作用如下。

- **内部通信**。群集使用网络提供群集内部通信，用于群集节点之间交换群集节点和状态信息、节点和配置信息，资源和资源组配置信息等。
- **群集服务**。提供群集管理网络连接以及对外提供或对内接收存储服务、应用服务和备份服务等网络连接。
- **网络心跳检测**。每个节点的群集网络驱动器周期性地交换信息，即我们通常所说的心跳。如果某个节点没有返回心跳信息给其他节点时，群集网络驱动器判定该节点心跳失败，接着报告群集服务该节点的网络接口出现了故障。如果这个群集节点其他所有内部网卡心跳都失败了，群集服务则会故障转移该节点所运行的资源。

2.3　群集服务及组件

群集服务管理所有群集事务，群集服务内置于 Windows Server 操作系统，群集服务包括如下 4 个基础的组件，这几个组件通过紧密协作实现群集事务处理。

- 数据库管理器。
- 节点管理器。
- 故障转移管理器。
- 全局更新管理器。

群集节点都运行着一个群集服务实例，群集服务负责的具体事务如下。

- 管理群集和配置。
- 管理本地重启策略。
- 协调群集其他群集服务实例。
- 处理事件通知。
- 在其他软件组件之间发起通信。

- 执行故障转移操作。

群集服务的 4 个主要组件的主要任务和组件之间的相互协作情况如图 2-3 所示。

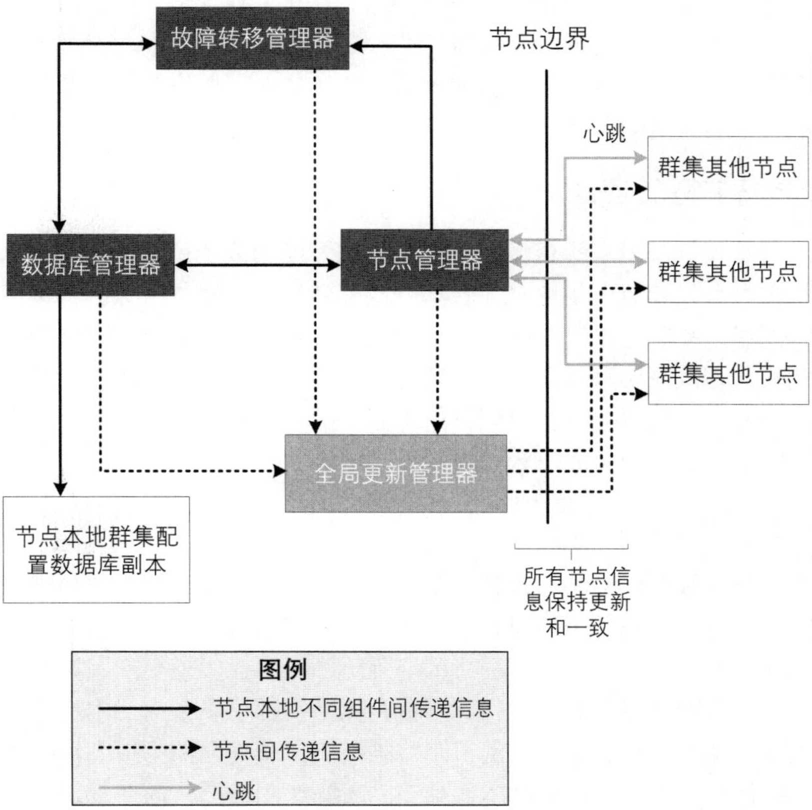

图 2-3　群集服务 4 个主要角色的工作

2.3.1　数据库管理器

每个节点都运行着数据库管理器，数据库管理器为节点维护群集配置数据库副本。数据库管理器使用全局更新管理器定期复制变更到群集里的所有节点，以保证群集内的配置信息始终一致。当添加删除资源或者资源发生变更时，故障转移管理器定期把交换资源和资源组配置信息发送给数据库管理器，同样，数据库管理器和节点管理器定期交换群集节点和网络配置信息。

2.3.2　节点管理器

节点管理器运行在每个节点上，维护着群集节点、群集网络和群集网卡列表，节点管理器定期与其他节点通过心跳判断节点状态来确保所有节点具有一致的节点状态列表。当新增或者删除节点时，节点管理器使用群集配置数据库信息判断是新增了节点还是逐出了节点。每个节点上的节点管理器实例采用心跳方式监控其他节点是否发生故障，一旦发现其中一个节点发生故障便会“广播”给所有其他节点，其他节点接收到信息后立即对故障节点进行验证，并根据检验结果更新节点状态列表。

节点管理器对故障节点和逐出节点的处理方式不一样，如果节点被逐出，节点管理器在可用节点列表里删除这个节点。但是节点如果只是发生故障，节点管理器并不会把这个节点从可用节点列表里删除，这个故障节点仍然会存在于列表里。逐出的节点再次被添加到群集以后，才能重新添加到可用节点列表里。

节点管理器同时负责处理向群集新加入节点，新加入到群集的节点的节点管理器组件随即建立和群集里其他活动节点的节点管理器之间的验证通信。

2.3.3　故障转移管理器

故障转移管理器管理着群集资源和资源组，负责停止或者启动群集资源，同时负责管理资源的依赖关系并发起资源组的故障转移。故障转移管理器从节点的群集组件和资源监视器里检索资源和系统状态来判断是否要执行故障转移操作。故障转移管理器为节点分配资源组的控制权，在故障转移资源组时，所有节点的故障转移管理器协同工作完成资源组的所有者重新分配。根据群集资源组配置的不同，故障转移管理器可以重启本地资源，或将故障资源连同依赖资源一起关闭然后执行故障转移。

2.3.4　全局更新管理器

全局更新管理器被故障转移管理器、节点管理器或者数据库管理器用来执行将更新复制到各个节点。当有节点发起更新时，其他的节点则担负起监视更新状态的职责并确保在所有节点上成功更新。如果担负监视职责的节点无法在自己本地更新，则会把更新失败的消息发送给发起更新的节点。如果被指定为监视的节点都可以在自己本地更新，但只有一个节点无法更新，那么这个无法更新的节点将被从节点管理器的可用节点列表里移除。因为磁盘见证仲裁保存着群集数据库副本，被在列表里移除的节点恢复后，将从见证磁盘里同步最新的配置信息。

2.4　群集仲裁原理

2.4.1　举例说明

群集仲裁的意思和我们日常工作生活中的投票表决意思相近。比如在一个班里，对于下周末班级户外活动时，是去公园还是爬山出现了意见分歧，这时候班主任决定采用投票表决的方法，每个同学只能投一票，遵守少数服从多数的原则。只要有过半同学同意某个决定就能定下来去哪，如果班里有 41 位同学且要求每一位必须投票时，无论什么样的投票结果，总会有一个多数票和一个少数票。那么问题来了，如果班里刚好 40 个同学，刚好有 20 位同学赞成去爬山，20 位同学赞成去公园，这时候班主任该怎么办？这时候，可以在投票前加一个规则，这个规则就是在投票结果一样的时候，可以再增加一个投票名额来决出胜负，这个投票权可以给班主任自己，也可以给某位老师，这样问题就得到了解决。

这种通过调整投票名额来区分出多数和少数的原理就叫作仲裁。群集节点里面运行着群集的关键组件——群集服务和群集资源，节点之间共同维系着群集的可用性，群集的可用性又直接决定了应用的可用性，而群集要在超过一半的节点处于运行状态的时候才可用，群集可用性的这个规则就称为群集仲裁。

2.4.2　仲裁的目的

群集仲裁的目的之一是防止群集出现网络分区的时候导致群集脑裂，脑裂是群集出现分区（或者叫分组）的结果，群集分区意味着两个分区都认为对方已经不存在或者失效，于是会争夺群集资源的控制权。脑裂的后果是两个分区各自同时且独立读写共享磁盘而导致磁盘数据混乱。

仲裁的目的之二是限制群集所能承受的最大故障数，仲裁要求群集有多数投票存在，否则群集将失效，比如一个 5 节点的群集可以忍受最多两个节点同时发生故障。

2.4.3　群集投票

如 2.4.1 提到的例子，投票算法基于投票结果少数服从多数的原则，群集中各个节点需要心跳机制来通报彼此的"健康状态”，每收到一个节点的"通报"代表一票。对于 3 个节点（假设 3 个节点为 A、B、C）的群集，正常运行时，每个节点都会有 3 票。当节点 A 心跳出现故障但仍在运行，B 和 C 心跳正常，这时整个群集就会分裂成两个分区。节点 A 在一个分区，B 和 C 在另外一个分区。这时必须剔除一个分区才能保障群集的健康运行。按照投票算法，B 和 C 在一个分区，有两票，A 只有一票，B 和 C 组成的群集获得控制权，A 被剔除。

群集节点、磁盘见证资源、文件共享资源都可以分配投票权，可以在群集管理器里进行投票权的分配。一个群集节点可以分配一个投票权，同样，一个磁盘见证或者文件共享见证资源也可以分配一个投票权。

拥有投票权不代表就能参与投票仲裁，必须要确保投票的有效性。在群集管理器里可以查看到是否分配投票权以及是否具有有效的投票，只有已分配的投票才有效，如图 2-4 所示。

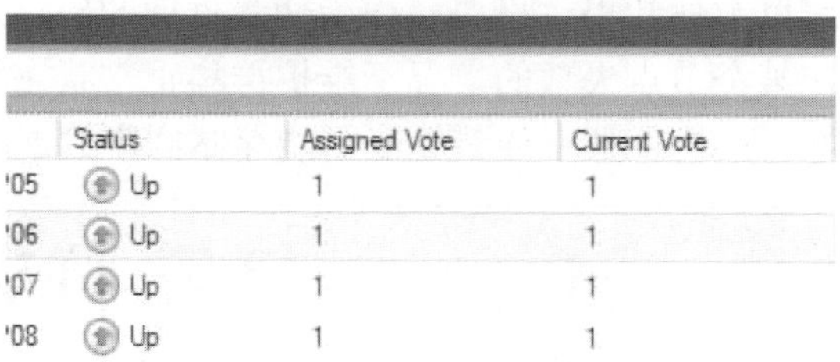

	Status	Assigned Vote	Current Vote
'05	Up	1	1
'06	Up	1	1
'07	Up	1	1
'08	Up	1	1

图 2-4　群集投票权和有效投票

2.4.4　仲裁见证

如果群集只有两个节点，因为每个节点上都只有一票，所以投票算法就起不了作用，群集分区后每个区都各有一个有效投票会导致群集脑裂。同理，如果群集节点是偶数，而且刚好群集分区后遇到刚好各占半数节点的情况时也会导致群集脑裂。为了防止此类情况的发生，需要引入第三个设备——仲裁见证。仲裁见证的目的和生活中的增加投票名额的例子类似，共享磁盘和共享文件夹资源都可以充当仲裁见证，共享磁盘被用于仲裁时也叫作仲裁磁盘。用于仲裁见证的磁盘和共享文件也能分配一个投票权，在两节点的群集里，节点间心跳出现问题时，两个节点同时去争取仲裁见证这一票，最早到达的请求先被满足。在分区后偶数节点对半分的群集也是如此，所以先获得仲裁见证的节点和分区就获得超过半数的投票，另一个节点或者分区就会被剔除。

在 Windows Server 群集里，默认为每个节点分配投票权，当群集服务器节点为奇数且不巧出现网络分区时，因为投票结果可以形成多数节点分区，因此群集会剔除少数节点分区的节点。但是如果群集节点为偶数且出现网络分区时，群集可能出现节点对半分的情况，这时候最好能为群集配置仲裁见证。

2.4.5 仲裁模型

目前，群集支持 4 种仲裁模型，包括节点多数、节点和磁盘多数、节点和文件共享多数以及仅磁盘（传统模型）。节点多数模型只为群集节点分配投票权，节点和磁盘（文件共享）多数模型既为群集节点也为群集磁盘（文件共享）分配投票权，仅磁盘这种模型是传统的模型。这 4 种仲裁模型的投票数和仲裁说明的对应关系如表 2-1 所示。

表 2-1　仲裁模型的投票数和仲裁说明

仲裁模型	有投票权的组件（投票数）	仲裁（v 是投票数，v/2 向下取整）
节点多数	节点（节点数）	v/2 + 1
节点和磁盘多数	节点和磁盘（节点数+1）	v/2 + 1
节点和文件共享多数	节点文件共享（节点数+1）	v/2 + 1
仅磁盘（传统）	磁盘见证资源（1）	v

2.4.6 见证资源

共享磁盘和共享文件夹都可以作为仲裁见证资源，但是两者略有不同，磁盘见证除了可以为仲裁提供投票，作为仲裁见证的磁盘还存储持续更新的群集数据库副本，帮助群集在某个节点失效的情况下维护群集正常状态和配置信息，确保各节点保存最新的数据库副本；而文件共享仲裁见证不能存储群集数据库。

2.5 群集仲裁演进

仲裁技术随着 Windows Server 的迭代更新和环境的复杂程度不断发展，从最初的群集开始到 Windows Server 2016 群集，仲裁模型发生了不小的变化。接下来简单说明 Windows Server 群集仲裁方式的演进。

2.5.1 仅磁盘仲裁

早期的 Windows Server 群集仲裁里，磁盘具有唯一的仲裁投票，如果磁盘见证资源失败，群集也会失败，这种仲裁模型对群集磁盘依赖过大，已经很少被采纳。虽然现在在群集里面还保留了磁盘仲裁机制，但是这种仲裁机制逐渐被放弃了。只有在磁盘网络很稳定，但是节点之间的网络不稳定而导致网络和节点通信间歇性失败的时候才会考虑用这种仲裁机制，这种情况已经非常鲜见。

2.5.2 见证和节点仲裁

Windows Server 群集开发组发现仅采用磁盘仲裁无法适应大多数环境，于是开始着手研究新的仲裁机制。从 Windows Server 2008 开始，群集节点也具有了投票权，可以按照需要选择为节点分配投票权，不仅如此，节点和资源见证还可以组合成更加灵活的投票模型。节点投票和磁盘投票组合成节点多数、节点和磁盘多数、节点和文件共享多数等几种仲裁选项。

2.5.3　动态仲裁

在 Windows Server 2012 R2 中引入了动态见证仲裁，群集默认配置为动态仲裁，群集基于当前群集投票节点数量进行动态投票调整。动态仲裁意味着群集在增加、删除、关闭、开启群集节点，或者增加删除见证资源时，群集会动态调整投票数和投票的有效性，让自己的有效投票数始终保持为奇数。仲裁见证投票还会基于见证资源状态进行动态调整，如果见证资源离线或者失败，群集会把该见证投票设置为 0，意味着该见证不再参与投票。

比如在一个 4 节点群集里，虽然 4 个节点都分配了投票权，但是群集为了让自己的投票数保持为奇数，“拿走”了一个节点的投票，剩下 3 个有效投票，如图 2-5 所示。

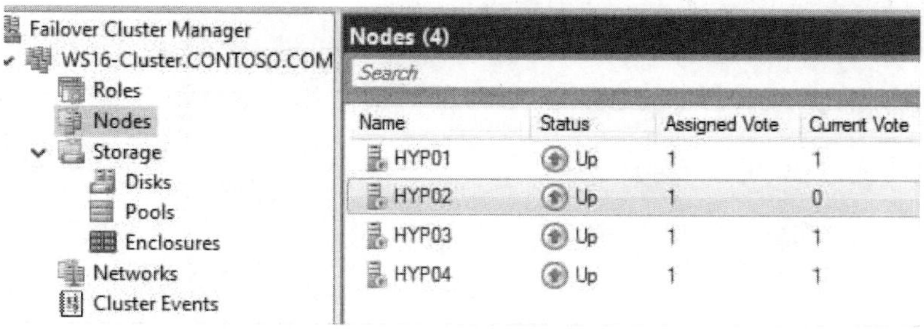

图 2-5　动态仲裁中的投票数和有效投票数

如果这时为群集配置磁盘见证或者文件共享见证仲裁，如图 2-6 所示，那么群集里分配的投票将达到 5 个，有效的投票为 4 个，这时候群集为了让自己的有效投票数保持为奇数，于是将之前“拿走”的投票“归还”给节点。这时候 4 个节点加上 1 个见证资源仲裁，一共有 5 个投票，如图 2-7 所示。

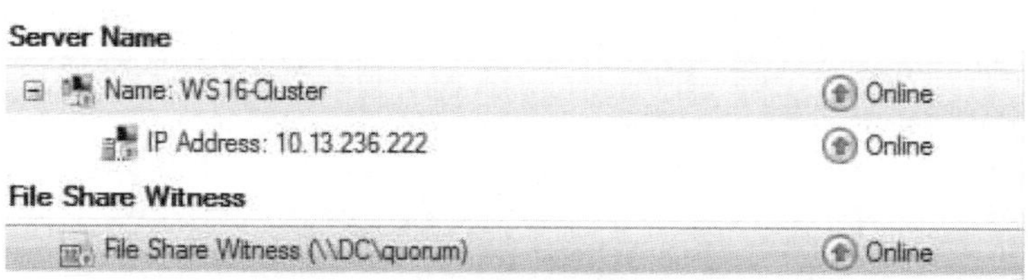

图 2-6　群集增加共享见证

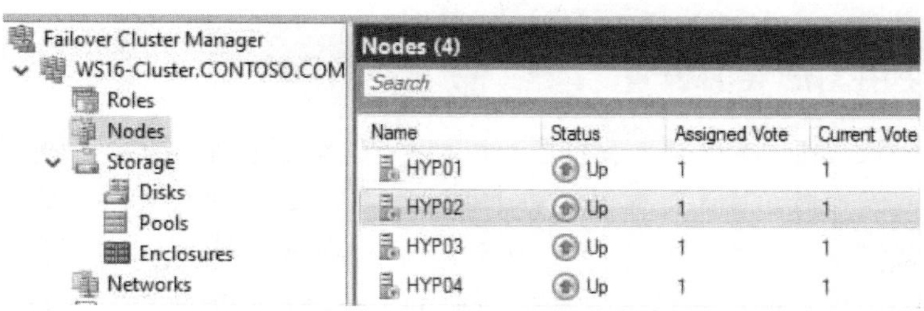

图 2-7　动态仲裁中重新调整的投票数

如果这时手动关闭一个节点，那么群集里分配的有效投票将剩下 4 个，这时候群集为了让自己的有效投票数保持为奇数，于是再“拿走”一个节点的投票，只剩下两个节点具有有效投票。这时候两个节点加上一个见证资源仲裁，一共有 3 个投票，如图 2-8 所示。

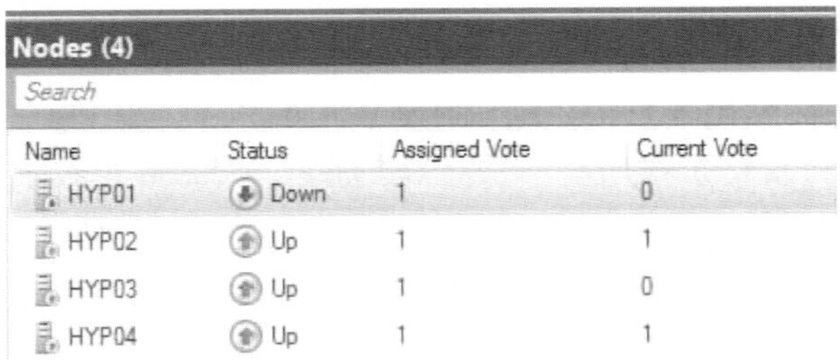

图 2-8　关闭节点动态仲裁重新调整的投票数

2.5.4　云仲裁

在 Windows Server 2016 中引入了云仲裁模型，如图 2-9 所示。云仲裁模型可以使用 Azure 的 Blob 存储作为 Windows Server 2016 的群集仲裁见证资源，如图 2-10 所示。

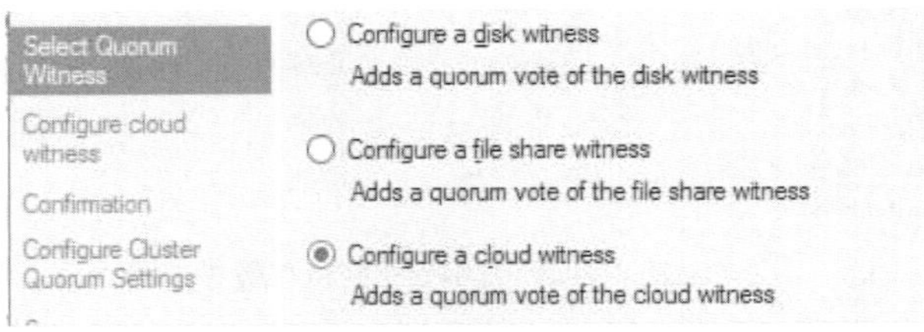

图 2-9　新增云仲裁见证

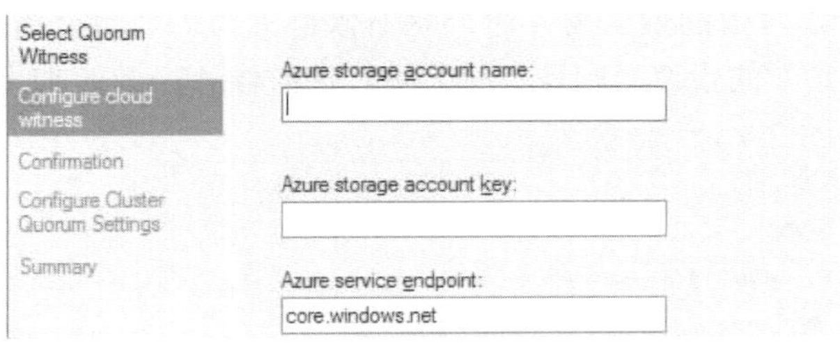

图 2-10　配置云仲裁见证

2.6　群集仲裁设置

2.6.1　使用图形界面设置

可以使用图形界面和命令行完成群集仲裁设置，如果使用图形界面配置，进入到故障转移群集控制台，右键单击群集名称，选择更多操作，再选择配置群集仲裁设置。

在选择仲裁配置选项里，有 3 个选项，第一项使用默认仲裁配置，这一项将根据实际情况配置适合当前环境的仲裁模型。默认情况下，如果没有群集磁盘，将会使用节点多数仲裁模型，如果群集里面有可用的群集磁盘，将使用节点和磁盘多数仲裁模型。

第二项可选择使用仲裁见证，如图 2-11 所示，选择这一项之后，就可以选择使用节点和磁盘见证或者节点和文件共享见证仲裁模型，如图 2-12 所示。如果要使用节点和磁盘见证模型，首先要保证群集里具有可用群集磁盘。

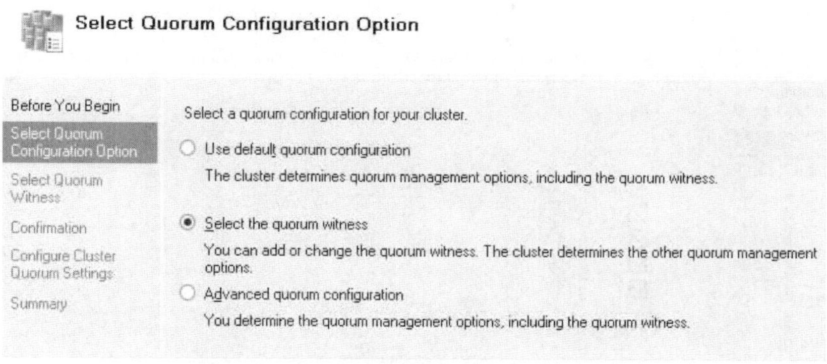

图 2-11　选择仲裁见证

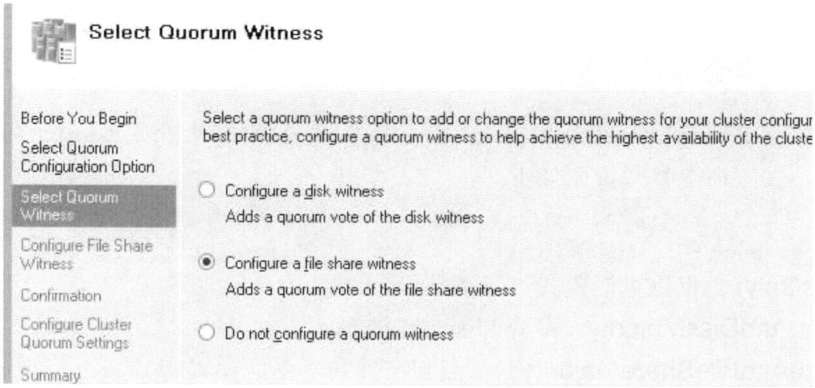

图 2-12　配置文件共享见证

如果选择节点和文件共享仲裁模型，则先要配置一个 SMB 共享文件夹，所有节点都能访问该 SMB 共享文件夹并且节点和群集账号对该共享文件夹具备读取和写入权限。在具备 SMB 共享和适当的权限后可以为群集设置共享文件仲裁见证，如图 2-13 所示。

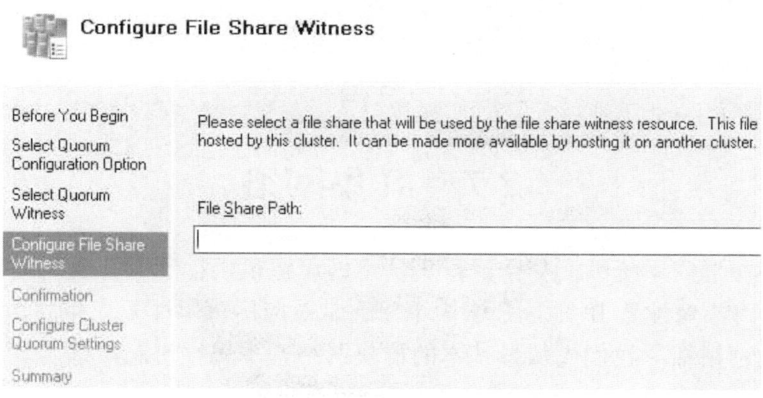

图 2-13　选择文件共享路径

第三项是高级仲裁设置，这一项里可以设置节点多数以及仅磁盘这两项仲裁模型。选择高级仲裁设置后，在选择投票配置里，既可以选择所有节点，选择所有节点将为所有群集节点分配一个投票，也可以选择排除一个或者某几个节点不分配投票，如图 2-14 所示。

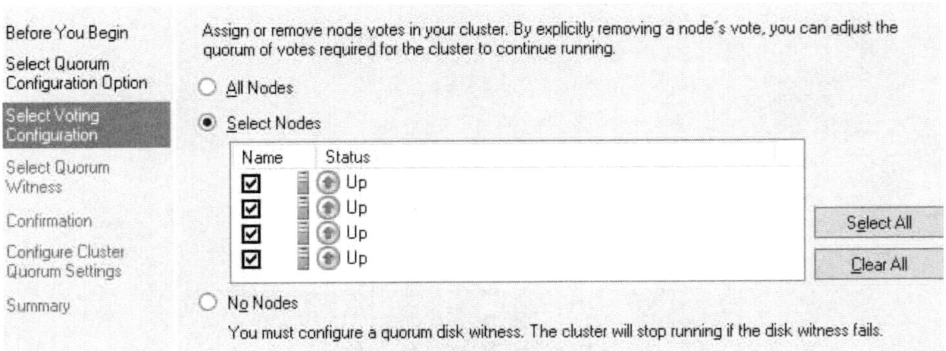

图 2-14　选择具有有效投票的节点

2.6.2　使用命令行设置

可使用如下 PowerShell 命令和相关参数配置仲裁模型，需要指定 Cluster 名称和 4 种仲裁模型之一，配置命令参数说明如下。

```
Set-ClusterQuorum[-Cluster <string>] [-DiskOnly <string>] [-NodeAndDiskMajority <string>] [-NodeAndFileShareMajority <string>] [-NodeMajority] [<CommonParameters>]
```

- DiskOnly：“仅磁盘”模式。
- NodeAndDiskMajority：节点和磁盘见证模式。
- NodeAndFileShareMajority：节点和文件共享见证模式。
- NodeMajority：节点多数模式。

使用以下示例命令可将群集仲裁配置成节点和文件共享多数模式，共享文件路径为\\fileserver\quorom。

```
PS C:\> Set-ClusterQuorum -NodeAndFileShareMajority \\fileserver\quorom

Cluster              QuorumResource           QuorumType
-------              ---------------          ----------
TestCluster          File Share Witness       NodeAndFileShareMajority
```

2.7　群集网络

群集网络在群集系统纵横交错，群集网络即可提供内部通信，又可提供对外服务。群集网络配置可不像配置 IP 地址那么简单，通常对应用可用性要求越高，对群集网络的设置要求也就越精细。我们先从最基本的群集网络基本属性讲起，逐步深入到群集网络的配置。

2.7.1 群集网卡绑定顺序

在超过一个群集网络的时候，通常建议设置群集网卡顺序绑定，为不同的网卡提供不等的连接优先级，网卡绑定顺序反映 TCP/IP 调用和数据包发送到网络的顺序。群集网络有不同的角色（详见 2.7.3 节），不同角色的网络所在的网卡需要不同的连接优先级。通常，群集客户端连接网络对应的网卡应该置于列表顺序的最顶端，无路由的心跳网络等对应的网卡应放置于靠后的位置。要设置网卡绑定顺序，需要登录群集节点服务器，在服务器网络和共享中心进行更改，如图 2-15 所示。

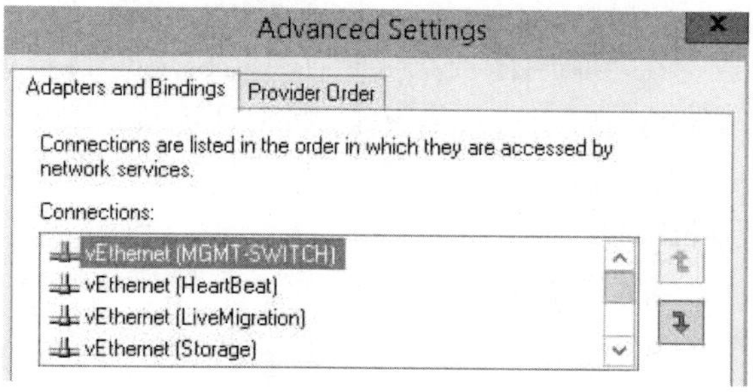

图 2-15　群集网卡绑定顺序

2.7.2 群集网络命名

Windows Server 群集创建好以后，所有可用的网卡都会命名为群集网络 X，这个 X 代表着从 1 开始到可用的网卡数，分配相同子网的网卡归属在同一个群集网络里，比如分配了 192.168.10.0 子网的网卡都归属在“群集网络 1”。群集里某些网卡往往会承载复合网络流量的功能，意味着一块网卡可能用于多种用途，所以网卡命名只是用于方便管理做的标识，群集网卡命名具有随意性，如图 2-16 所示。网卡命名并不能设置网卡的角色和流量类型（群集网络流量和用途详见 2.7.5 节），即使一块群集网卡命名为 HeartBeat，也不能理解为这块网卡将专门用于心跳流量。很多用户在初次使用 Windows Server 群集时都会陷入到这个错误的理解里。

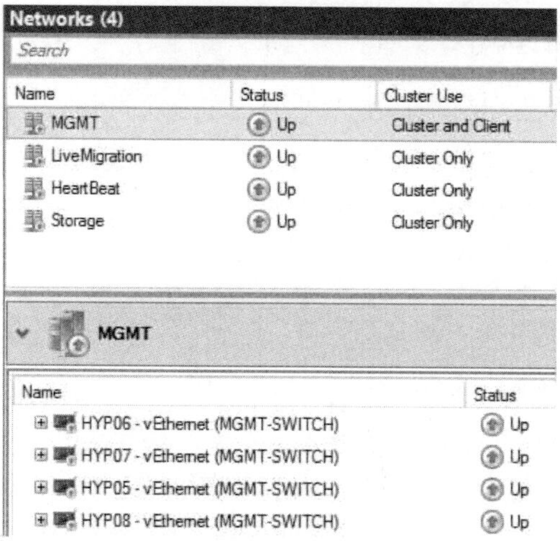

图 2-16　群集网卡命名

2.7.3　群集网络角色

网络结构里有东西南北流量的定义，如果我们给 Windows Server 群集网络一个相似的定义，那么群集网络角色的目标之一就是定义群集网络的流向，群集节点之间的流量称之为东西流量，而对外提供服务的称之为北向流量，对内接收服务的称之为南向流量，按照不同的流量方向我们可将群集网络分为 3 个不同的角色。

- **用于群集通信的网络**。可以理解为处理发生在节点之间的东西流量。
- **用于群集和客户端访问的网络**。可以理解为处理应用对外的北向流量。
- **不用于群集通信的网络**。可以理解为不处理任何流量，或者处理对内的南向流量。我们以 iSCSI 存储客户端群集存储为例，在 iSCSI 存储群集里，如果是 iSCSI Target 群集，那么使用的是北向流量；如果是 iSCSI Initiator 群集，那么使用的是南向流量。无论南向还是北向流量，所处理的网络都应该设置成不用于群集通信的角色。

在创建群集时按照默认规则初始化群集网络角色，也可以鉴于实际情况手动在群集管理器里对单个群集网络进行角色设置，如图 2-17 所示。

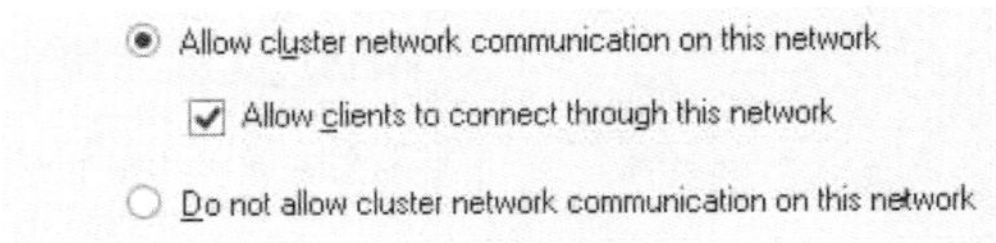

图 2-17　设置群集网络角色

不同的群集对网络角色的要求也有差别，但是通常需要至少两个角色。一个是用于群集通信的网络角色，一个是用于群集和客户端访问的网络角色。每个群集网络角色对应了一个属性值，这个值可用于 PowerShell 命令设置网络角色。3 个群集网络角色的用途说明和属性值如表 2-2 所示。

表 2-2　群集网络角色的用途说明和属性值

名称	值	描述
无	0	不允许群集使用该网络通信
仅群集	1	群集内部通信使用该网络
群集和客户端	3	群集 IP 使用这个网络，客户端也通过这个网络访问群集资源

2.7.4　网络角色配置

创建群集时，通常群集会自动按照以下场景将各个群集网络初始化为合适的角色，大致的原则如下。

- 如果存在 iSCSI 存储网络，不管是 iSCSI Target 还是 iSCSI Initiator 群集（比如 Hyper-V 群集使用 iSCSI Target 作为存储时），用于 iSCSI 通信的网络自动设置为禁止群集通信。
- 没有网关配置的网卡自动配置为仅群集，这些仅仅需要处理群集的东西流量。
- 配置有网关的网卡配置为群集和客户端，因此网络需要处理群集应用的北向流量。

要在界面配置群集网络角色，打开群集管理器，展开群集服务器名称节点，点击网络，在右侧选择网卡，可以先给网卡命名，再选择网络对应的角色。

同样，可使用 PowerShell 命令进行配置，比如要配置一个名为“HeartBeat”的网络为仅群集角色，那么只要运行以下命令即可。

```
PS C:\> (Get-ClusterNetwork "HeartBeat").Role =1
```

2.7.5　网络流量类型

不管是东西流量还是南北流量，为了满足群集资源不同的通信和访问要求，群集流量可以再次细分，不同的通信和访问数据构成了不同的群集网络流量类型，流量由不同或相同的群集网络负责处理。一个群集网络可能处理多种网络流量，而一种网络流量也可能由多个群集网络处理。群集网络的角色大致决定了其能处理的网络流量类型，因此在了解了群集网络角色的基础上，我们再来了解一下群集网络流量类型以及二者的关联关系。网络流量类型和网络角色存在一定的匹配而非绑定关系，比如群集心跳网络最匹配的是仅群集网络角色，但是仅群集角色的网络不会绑定给心跳流量；客户端连接流量一定要匹配到角色为群集和客户端的群集网络，但是角色为群集和客户端的群集网络也并非绑定给客户端连接流量。下面简单介绍几种常用的群集网络流量类型以及网络对应的角色。

- **客户端连接**。客户端连接网络既可用于群集管理，如群集节点和域控以及 DNS 服务器通信流量，也可用于应用客户端和管理客户端访问群集资源，比如用于 Web 服务器访问 SQL Server 群集实例，群集管理控制台连接和管理群集也使用客户端连接网络。客户端网络用于应用连接时对网络延迟比较敏感，比如 Web 服务器通过客户端连接网络连接 SQL Server 群集实例时；再比如 Hyper-V 服务器连接群集 SOFS SMB 文件共享时（群集 SOFS SMB 共享文件详见 3.1.2.15 节）。因为要提供连续服务给客户端，就要求使用低延迟的网络。客户端连接网络必须要初始化为群集和客户端角色。
- **群集心跳**。用于群集内部通信网络，用于更新节点之间的数据库信息和心跳检测。心跳网络用于节点之间发送检测信号和接收反馈信号以确定群集节点是否正常。通过心跳网络发送的检测数据包是非常轻量级的（134 字节），要求响应速度足够快，所以心跳网络对带宽要求不高，对延迟要求却很低。群集和心跳网络应设置为仅群集角色。
- **实时迁移**。实时迁移是虚机在群集节点间在线不停机迁移（详见 5.1.7.1 节），只有 Hyper-V 群集才会需要实时迁移网络，用于实时迁移的网络应该设置为仅群集角色。一个或者多个群集网络都可以处理实时迁移流量，可在 Hyper-V 群集控制台选择承担实时迁移网络的群集网络，如图 2-18 所示。

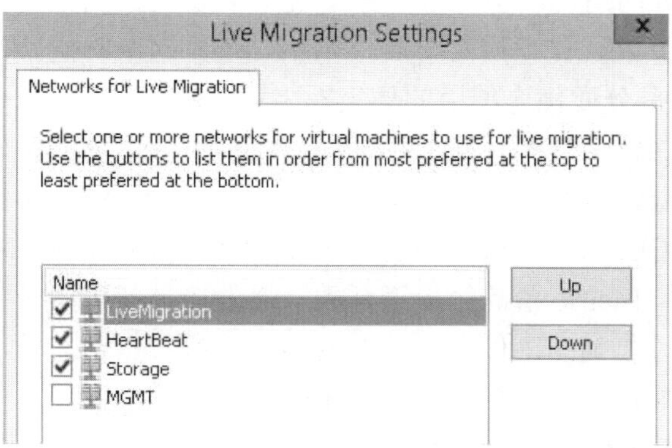

图 2-18　设置实时迁移网络

Hyper-V 群集的高可用虚机的虚拟磁盘都保存在共享存储中，虚机在实时迁移过程中并不需要迁移存储，实际上是将虚机配置、内存和状态从虚机当前运行的 Hyper-V 群集节点快速迁移数据到另外一个 Hyper-V 群集节点，所以实时迁移网络带宽越高则迁移速度越快。

- **CSV 网络**。CSV 网络的使用场景有两个，一个是用于更新 NTFS/ReFS 元数据到 CSV，不过这种场景的流量是轻量级的，对网络速度和延迟要求不高，通常不需要花费我们过多的精力去设计探讨。第二个场景是用于 CSV 重定向，在介绍 CSV 重定向网络之前，我们需要先了解群集共享卷的 4 种状态。
  - **直接访问**。CSV 作为 ClusterStorage 命名空间的一部分，对群集中所有节点都是可用的。此时，虽然每个 CSV 可能有不同的所有者，但是每个节点都通过存储链路直接访问 CSV 的 I/O。
  - **重定向访问**。群集里面 CSV 所有者节点使用直接访问方式访问 CSV，而其他节点都通过所有者节点间接定向访问 CSV，这种模式称之为重定向访问模式。I/O 通过 SMB 从使用重定向模式的节点传输到 CSV 所有者节点，所有者节点仍然使用直接访问的模式。在某个节点丢失了直接访问 CSV 的能力后，这个节点会切换到重定向访问的模式，使其能够继续访问 CSV。
  - **维护模式**。当把 CSV 设置为维护模式后，群集节点会找出正在使用 CSV 的资源，并按照设定的行为暂停服务，如保存状态或关机。这意味着启用了维护模式的 CSV 将不被任何资源使用。处于维护模式的 CSV 也将从 ClusterStorage 命名空间中删除。
  - **离线**。当 CSV 为离线状态时，在 ClusterStorage 命名空间下，不会提供服务给任何节点。

  CSV 这 4 种状态中，如果使用重定向模式，则会用到 CSV 网络用来传输节点之间的 SMB 数据块。CSV 网络应设置为仅群集模式。
- **SMB 网络**。文件服务器群集独有的网络流量类型，在群集作为 SMB 存储时，存储客户端在读写数据到存储时使用 SMB 流量。（SMB 文件存储详见 3.1.2.13 节。）

2.7.6　配置流量优先使用的网络

群集有自动为某些群集流量选择处理的群集网络的能力，因此通常保持群集自动选择的网络能够适应大部分的情况。但是在某些情况下需要略做调整，比如有些环境可能要求 CSV 或者群集心跳流量能优先使用某个群集网络处理，这个时候就需要干预群集的初始化配置，手动为 CSV 流量分配优先使用的群集网络。

群集流量通过 Metric 值选择优先使用的网卡，要为流量分配优先使用的群集网络，可以指派群集网络的 Metric 属性，通常 CSV 网络和群集内部通信网络指派低的 Metric 值，实时迁移网络指派较高的 Metric 值。还有一个和 Metric 属性对应的属性叫作 AutoMetric，AutoMetric 是设置网卡 Metric 值的第一道开关，后面接是或否两个参数，这两个参数决定是否由群集自动指派网卡 Metric 值，如果 AutoMetric 参数指定为是，那么网卡 Metric 值由群集自动指派，否则将启用手动指派网卡 Metric 值。

可使用如下示例 PowerShell 命令查看群集网卡的 Metric 值。

```
PS C:\> Get-ClusterNetwork | ft Name,Metric,AutoMetric,Role
```

使用如下示例 PowerShell 命令设置群集名为 HeartBeat 网卡的 Metric 值为 900，设置完毕后查看 Metric 值，AutoMetric 自动设置为否。

```
PS C:\> (Get-ClusterNetwork "HeartBeat").Metric=900

Name              Metric          AutoMetric            Role
----              ----            ----------            ----
HeartBeat         900             False                 1
......            ......          ......                ......
```

要取消为特定流量指派网卡时可以将 AutoMetric 的值设置为是，后接$True 参数即可。可使用如下示例命令将名为 HeartBeat 网络的 AutoMetric 设置为 1。

```
PS C:\> (Get-ClusterNetwork "HeartBeat").AutoMetric = $true
```

2.7.7　群集网络服务优先级

据前面的介绍，在群集里有 3 类网络角色和 5 种常用网络流量。尽管可以为实时迁移网络指定某个或某几个网卡，也可以流量分配优先使用的网卡，但是没办法把某类流量负载指派给特定的网络处理。比如一个名为“Cluster Network 1”的网卡配置为仅群集，并且设置为实时迁移网络，那么这个网络既可能处理实时迁移流量，也可能处理心跳流量和 CSV 流量。既然一个网络可以同时处理多个网络流量，我们可以使用网络流量 QoS 优先级来为不同的流量分配同一个网络下的服务优先级，优先级策略作用在流量类型并跟随流量类型应用到处理该流量的网络上。

群集内置了各种网络流量模板，比如 SMB、Cluster 和 Live Migration 等，网络服务优先级使用数字定义，有效的优先级为 0～6，0 的优先级最低，6 的优先级最高。要让网络 QoS 设置生效，必须在所有的群集节点上为相同的网络设置同样的优先级。如果不给网络定义优先级，那么默认的优先级为 0。

在确定了网络流量优先级后，我们可使用 PowerShell 命令配置网络的 QoS 优先级。比如要给群集流量设置较高的优先级，SMB 流量设置稍低的优先级，可以使用如下示例命令新建两个名为 Cluster 和 SMB 的 QoS 策略，策略将应用到同名的网络流量模板。

```
PS C:\> New-NetQosPolicy "Cluster" -Cluster -Priority 6
Name              : Cluster
Owner             : Group Policy (Machine)
NetworkProfile    : All
Precedence        : 127
Template          : Cluster
JobObject         :
PriorityValue     : 6

PS C:\ > New-NetQosPolicy "SMB" -SMB -Priority 5
Name              : SMB
Owner             : Group Policy (Machine)
NetworkProfile    : All
Precedence        : 127
Template          : SMB
JobObject         :
PriorityValue     : 5
```

2.7.8 群集网络带宽控制

在一个群集网络处理多个网络流量时，除了可以给群集不同的网络流量设置 QoS 优先级策略，还可以配置同一个群集网络里带宽使用比例策略。群集内部的通信网络和心跳网络对延迟要求高，但是数据包是轻量级的，所以不需要分配过高的带宽。而 SMB 网络和实时迁移网络往往需要比较大的带宽。带宽的配置以百分比为单位，使用的命令和网络 QoS 一致，需要针对不同的网络流量设置带宽，带宽策略作用在流量类型并跟随网络流量类型应用到处理该流量的网络上。比如要为 SMB 网络设置最多 70%的带宽，实时迁移网络设置为 15%，而群集内部通信网络带宽为 5%，可以逐条执行如下示例 PowerShell 命令完成配置。

```
PS C:\> New-NetQosPolicy "SMB" -SMB -MinBandwidthWeightAction 70
PS C:\> New-NetQosPolicy "Cluster" -Cluster -MinBandwidthWeightAction 5
PS C:\> New-NetQosPolicy "Live Migration" -LiveMigration -MinBandwidthWeigh
tAction 15
```

2.8 群集节点监视

2.8.1 节点心跳检测

如果将群集资源类比为鸡蛋，那么群集节点类似于装有鸡蛋的篮子，篮子本身的完整决定着里面所装的鸡蛋的安全性。群集节点首先要决定自己是否存活，所以群集节点之间定期使用心跳来判断所有群集节点是否处于健康状态。群集的可用性目标因提供的服务的要求而异，不同服务等级要求的应用对故障恢复时间要求也不同，对健康检测严格要求也不同。同理，可用性要求越高的服务，对检测节点故障和采取后续行动进行恢复的速度越快；可用性要求不高的服务，对于故障恢复时间的容忍也相对要长。鉴于此，Windows Server 群集初始具有两类严格程度不同的默认检测策略。

- **严格监控（Aggressive Monitoring）**。提供最快速的检测和恢复策略，保障最大的可用性。群集故障容忍度低，即使短暂的故障也要避免，以至于群集节点出现短暂的网络故障时，群集也会将该节点上的应用迁出到正常的节点。
- **宽松监控（Relaxed Monitoring）**。提供相对宽松的检查策略，群集故障容忍度相对严格，监控度要高，允许短暂的群集节点故障。

严格监控和宽松监控都是相对的，可以使用两个具体的参数来测量，一个参数是心跳频率（Delay），一个参数是心跳失败阈值（Threshold）。

- **心跳间隔（Delay）**。定义在节点之间发送心跳检测信号的时间间隔，以秒为单位。
- **心跳失败阈值（Threshold）**。定义在群集采取恢复动作之前能容忍的心跳失败的次数，比如心跳检测失败一次，群集不会立即采取恢复措施，而是继续发送下一个心跳检测信号，直到发送的次数达到设定值。

Windows Server 不同版本的群集默认心跳频率和心跳失败阈值如表 2-3 所示。

表 2-3 群集默认心跳频率和心跳失败阈值

参数	Windows Server 2012 R2	Windows Server 2016	最大
SameSubnetDelay	1 秒	1 秒	2 秒
SameSubnetThreshold	5 次心跳	10 次心跳	120 次心跳
CrossSubnetDelay	1 秒	1 秒	4 秒
CrossSubnetThreshold	5 次心跳	20 次心跳	120 次心跳
CrossSiteDelay	N/A	1 秒	4 秒
CrossSiteThreshold	N/A	20 次心跳	120 次心跳

可使用命令 PS C:\>Get-Cluster |fl *Subnet*查询跨子网和相同子网的心跳间隔和尝试阈值，命令输出结果的心跳间隔的单位为毫秒，结果如下所示。

```
PS C:\> Get-Cluster |fl *subnet*

CrossSubnetDealy                    : 1000
CrossSubnetThreshold                : 20
PlumbAllCrossSubnetRoutes           : 0
SameSubnetDelay                     : 1000
SameSubnetThreshold                 : 10
```

2.8.2 调整心跳检测

严格的检查手段适用于一些高服务等级要求的应用，这些群集通常在一个高速连接的子网内。由于 Windows Server 群集支持节点跨子网和站点部署，在群集节点相隔数公里而且连接不怎么稳定的子网里，可以考虑稍微宽松的设置。同样，服务器硬件的冗余程度不断提高，操作系统也逐渐成熟，服务器节点本身的可用性已经非常可靠，服务器整体故障几率大为降低，这种情况下也可以按照实际情况将检测策调整得宽松点儿。

可以使用如下 PowerShell 命令调整相同子网的心跳间隔，如下示例将心跳间隔时间调整为 2 秒。

```
PS C:\> (get-cluster).SameSubnetDelay=2000
```

使用如下 PowerShell 命令调整相同子网的心跳失败阈值，如下示例将心跳失败阈值设置为 20 次。

```
PS C:\> (get-cluster).SameSubnetThreshold=20
```

2.9 群集资源监视

除了要保证装鸡蛋的篮子的完整性和可靠性，鸡蛋自身也会因各种因素变坏，因此群集除了要监视群集节点的健康状态，还需要监控构成群集及应用的资源的健康状况。我们在 2.2.1 和 2.2.2 节里介绍过，群集里通常有若干资源和资源组，群集运行并处理着不同的资源，有时候群集资源发生故障，虽然可以通过群集事件进行分析，但是对于深入的问题，必须通过分析 DUMP 日志这个“黑匣子”才能找到根本原因。如果你对群集资源故障了解不够深入，解决起来会无从下手，但是作为维护人员，无论如何，需要为你的群集资源故障分析留一道门，这道门通往更加深入的资源监视通道，这个监视通道将帮助我们获取深入故障分析报告，将故障分析报告提交给微软，让微软帮助定位问题所在。那么群集是怎样检测群集资源并报告事件给系统呢？接下来，让我们带着这个疑问来了解群集的资源管理系统以及工作方式。

2.9.1　资源主机子系统

群集资源主机子系统（Resources Host Subsystem-RHS）负责监视群集资源，在 2.2.2 节介绍过一个群集化的应用是以资源组形式存在的。群集里可以运行多个资源，这些资源同时被群集监视系统监控，群集监视系统除了 RHS，还有资源控制管理器（Resource Control Manager，RCM），RHS 和 RCM 协调工作，以完成群集资源的监视和操作，如图 2-19 所示。RHS 和 RCM 都是群集服务的一部分，主要职责就是监视群集资源的状态。

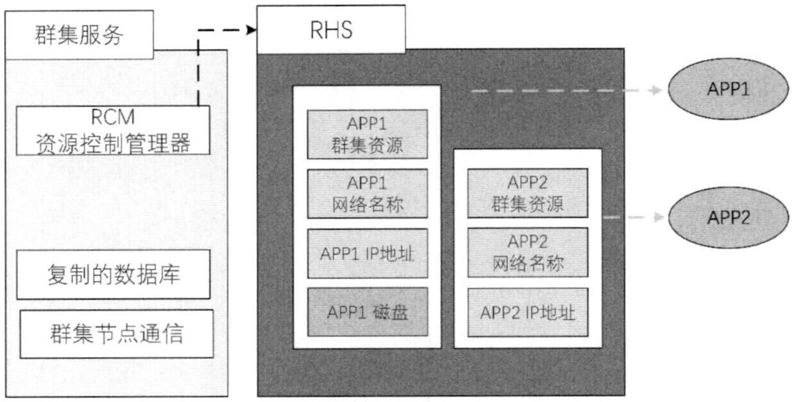

图 2-19　RHS 和 RCM

2.9.2　资源控制管理器

具体来说，RCM 具有两个关键职责：一个是为群集服务执行故障转移机制和策略；另一个职责是建立和维护每个资源的依赖关系。以高可用文件服务器为例（详见 3.1.2 节）说明，群集文件服务器资源和磁盘以及访问名称、访问 IP 地址处于同一个资源组的依赖关系树，这个依赖关系树由 RCM 维护着，如图 2-20 所示。RCM 维持单个资源和资源组的在线、离线、失败、在线挂起、离线挂起等状态，并负责资源组的移动和故障转移的操作。

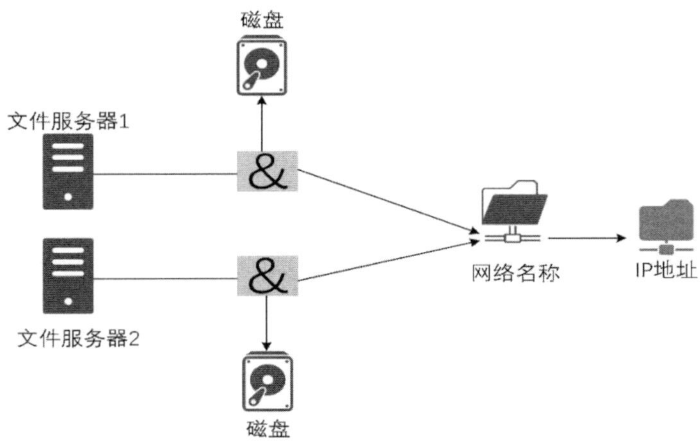

图 2-20　文件服务器资源依赖关系

2.9.3　资源监视器检测

为了保证群集应用正常工作，RHS 时刻监视着资源情况并定期检查群集资源的健康状态。每个不同的资源的检查频率略有不同，检查频率由不同的群集资源 DLL 定义。RHS 采用 IsAlive 和 LooksAlive 两个探测器进行周期性资源健康检测，LooksAlive 检查比较粗糙，但是检查频率较高，默认情况下每 5 秒钟进行一次检查；IsAlive 检查比较仔细，但是检查频率较低，默认情况下每 60 秒检查一次。LooksAlive 不停检查资源健康情况，一旦资源返回失败结果给 LooksAlive，考虑到资源会出现“假死”状态，这时候，RHS 会立即启用更全面的检查并调用 IsAlive 检查资源是否真正出现问题。

在检测到群集资源故障后，RHS 便会等待资源响应，如果在既定时间内没有响应，则会按照策略执行恢复操作。由于 RHS 只能判断资源不响应但是不能判断具体发生了什么故障，唯一的办法就是通过重启 RHS 进程尝试恢复资源。这个等待时间在群集资源的 DeadlockTimeout 属性里定义，等待一次为 300000 毫秒，也就是 5 分钟，可以使用 PowerShell 命令查看和修改 DeadlockTimeout 值。

使用以下 PowerShell 命令查看群集资源的 RHS 等待时间。下面以 Hyper-V 群集（配置了群集复制代理角色）为例，命令输出的结果如下。

```
PS C:\> Get-ClusterResource |ft Name, ResourceType, DeadlockTimeOut
Name                          ResourceType                  DeadLockTimeout
----                          ------------                  ----------
Cluster IP Address            IP Address                    300000
Cluster Name                  Network Name                  300000
File Share Witness            File Share Witness            300000
Cluster-HRB                   Network Name                  300000
IP Address 192.168.1.5        IP Address                    300000
Hyper-V  Replica  Broker      Virtual              Machine  300000
Cluster-HRB                   Replication Broker
```

要修改某个群集资源的 DeadlockTimeout 时间可以参考如下命令，这个命令修改类型为 Network Name 的 DeadlockTimeout 为 10 分钟。

```
PS C:\> (Get-ClusterResourceType "Network Name").DeadlockTimeout = 1000000
```

虽然可以任意定义 DeadlockTimeout 时间，但是不建议将这个值改得比 5 分钟更大，试想 IsAlive 和 LooksAlive 检查时间往往在几百毫秒内完成，而 DeadlockTimeout 的时间为 5 分钟，已经大大超出了 IsAlive 和 LooksAlive 检查时间。

除此以外，群集为了做到准确监控，默认启用了一层保护机制，当群集发送结束 RHS 指令时，不会立即重启 RHS 进程，而是等待 4 次 DeadlockTimeout 时间（20 分钟），如果资源仍然没有响应才采取结束 RHS 进程的措施。如果 RHS 进程在等待 4 次（20 分钟）资源仍未响应，群集判断服务器可能出现严重的问题，进而强制重启群集节点。

最重要的是，RHS 产生 Windows 错误报告给群集系统并把错误写入 DUMP 文件，因为不同应用的群集涉及的群集资源也是千变万化的，一般出现严重的问题需要进一步分析。笔者曾经遇到群集节点发生 I/O Request Packet 队列过多导致服务器使用 Bugcheck 自动重启的情况，最后通过分析 DUMP 发现了问题的根本原因。因此，RHS 打开了一扇通往深入分析群集的门。

2.9.4　资源监视器调整

群集将资源 DLL 加载到资源主机监控进程（RHS.exe），RHS 进程是循环使用的。早期的设计里，默认情况下，所有的资源在一个 RHS 进程里运行，这种情况的问题是如果一个资源故障，那么整个 RHS 进程和所有由这个 RHS 加载的资源都会出现故障。考虑到这种设计的不足，在后期 Windows Server 群集里做了改良，重要的资源都加载到各自独立的 RHS 进程里。但是仍然有可能不同的群集资源加载到了同一个 RHS 进程里，如果多个资源共享一个 RHS 进程，那么某个资源出现故障时，群集会重启 RHS 进程，这样其他加载到 RHS 进程的正常资源也会跟着重启。

为了避免这类问题发生，可以酌情为不同的资源分配独立的资源监视器 RHS 进程。在群集资源里，有一个属性代表着是使用独立的还是共享的 RHS 进程，这个属性是 Separate Monitor。该属性定义为 0 或者 1，0 和 1 代表 False 和 True，定义为 0，代表群集资源使用共享的 RHS 进程，定义为 1，代表群集资源使用独立的 RHS 进程。

可使用 Get-ClusterResource 查看哪些资源使用独立的 RHS 进程监控。下面以两个 SQL Server 数据库群集为例，运行如下命令查看 RHS 监视器情况。

```
PS C:\> Get-ClusterResource | ft name, SeparateMonitor, MonitorProcessID

Name                                SeparateMonitor     MonitorProcessID
----                                ------------        ----------
Cluster Disk 1                      False               3144
Cluster Disk 2                      False               3144
Cluster IP Address                  False               3020
Cluster Name                        False               3020
File Share Witness                  False               3020
SQL IP Address 1(MSSQLSERVER)       False               3020
SQL IP Address 2(Test)              False               3020
SQL Network Name(MSSQLSERVER)       False               3020
SQL Network Name(Test)              False               3020
SQL Server                          True                3188
SQL Server(Test)                    True                3224
SQL Server Agent                    True                3272
SQL Server Agent(Test)              True                3308
```

可以使用 Get-ClusterResource 修改资源使用独立的 RHS 进程监控。下面以数据库群集磁盘资源为例，将群集磁盘 Cluster Disk1 设置为使用独立的监视器，运行如下命令设置 Cluster Disk 1 使用独立的 RHS 监视器。

```
PS C:\> (Get-ClusterResource "Cluster Disk 1").SeparateMonitor = 1
```

再次运行如下命令查看群集资源监视器情况。

```
Name                                    SeparateMonitor
----                                    ------------
Cluster Disk 1                          True
Cluster Disk 2                          False
Cluster IP Address                      False
Cluster Name                            False
```

```
File Share Witness                      False
SQL IP Address 1(MSSQLSERVER)           False
SQL IP Address 2(Test)                  False
SQL Network Name(MSSQLSERVER)           False
SQL Network Name(Test)                  False
SQL Server                              True
SQL Server(Test)                        True
SQL Server Agent                        True
SQL Server Agent(Test)                  True
```

要注意的是，如果群集资源过多的情况下启用为每个资源配置独立的 RHS 进程，将会导致系统里同时运行多个 RHS 进程，因此会过多开销系统内存和 CPU 资源。而且群集已经可以把有问题的资源隔离加载到独立的 RHS 进程，从而避免有问题的资源影响到其他健康的资源，通常建议为群集资源保持默认设置。

第 3 章　软件定义存储

我们将在第 3 章进入 SDDC 的第一个模块——SDS，这一章我们把内容分为两个大节，第一个大节介绍 Windows Server 2012（R2）的第一代 SDS，第二个大节介绍 Windows Server 2016 的第二代 SDS。第一大节包括了 7 个小节，帮助我们初步了解 SDS 的技术和结构，以及如何配置和使用 SDS。

- Windows Server SDS 概述。
- 构成 SDS 的关键技术。
- 第一代 SDS 的 3 种常见结构。
- 第一代 SDS 的可用性浅析。
- 第一代 SDS 的常用物理结构。
- 逐步使用图形界面和命令配置 SDS 的方法。
- Hyper-V 和 SQL Server 是如何使用 SDS 存储的。

第二大节同样包括了 7 个小节，帮助我们去探索以下 7 个话题。

- Windows Server 第二代 SDS 概述。
- 构成第二代 SDS 的关键技术。
- 第二代 SDS 的 3 种常见结构。
- 第二代和第一代 SDS 的异同。
- 配置 SDS 的方法。
- 存储复制技术是如何实现底层存储容灾的。
- 超融合架构下是如何使用存储 QoS 为虚机虚拟硬盘分配性能阈值的。

3.1　第一代 SDS

3.1.1　概况

Windows Server 2012 定义的存储算是真正意义上的第一代 SDS，并且在随后发布的 Windows Server 2012 R2 升级到 1.5 版本，1.0 和 1.5 版本的 SDS 使用共享 SAS 结构。近几年，超融合结构备受关注，Windows Server 2016 发布的 SDS 2.0 版本里引入了超融合结构，但是一些在 Windows Server 2012（R2）中使用的经典技术依然传承了下来，继续沿用在 Windows Server 2016 第二代 SDS 中。我们按照时间轴，跟随 Windows Server 的发展脚步，分为两个部分逐渐揭开 SDS 的面纱，先介绍由 Windows Server 2012（R2）实现的第一代 SDS，再揭开由 Windows Server 2016 实现的第二代 SDS。

3.1.2 关键技术

Windows Server 2012（R2）软件定义存储使用的技术统称为存储空间，Windows Server 扮演存储控制平面的角色，存储空间包含若干关键功能和特性。在理解 Windows Server 存储空间之前，有必要了解这些技术概念，下面选择了几个重要的概念进行简单介绍。

3.1.2.1 存储池

和服务器虚拟化一样，构建 SDS 首先要池化硬盘资源，让硬盘处于同一个数据平面。存储池的本质是物理硬盘的集合，存储池的功能在于聚合服务器本地或者来自外部存储的多块硬盘，以在 Windows Server 上进行统一存储硬盘的管理和分配。有了原始存储池硬盘集合，才能创建存储池，在给定的一组物理磁盘中，可以创建一个池（使用所有可用的物理磁盘）或多个池（根据需要划分物理硬盘）。此外，在同一池中可包含机械硬盘与固态硬盘（SSD），使用存储分层（分层存储详见 3.1.2.5）将经常访问的文件（热数据）部分存储在 SSD 层，并使用回写式缓存来缓冲对 SSD 存储的小规模随机写入操作。存储池具有动态扩展的特性，因此可进行无缝扩展以应对数据的增加。在 Windows Server 2012（R2）里，一个高可用群集里可以创建 4 个存储池，每个存储池最多包含 80 块硬盘；独立的 Windows Server 2012（R2），一个存储池可以包含多达 240 块硬盘。无论是高可用群集还是独立的 Windows Server 存储控制服务器（我们俗称为文件服务器，本书中文件服务器和存储控制服务器是一个意思），一个存储池的大小最大为 480TB。

3.1.2.2 存储空间

存储空间也即虚拟磁盘（Virtual Disk），我们在本书里提到的 SDS 存储空间和 SDS 虚拟磁盘是一个意思。这里的虚拟磁盘和 Hyper-V 虚机虚拟硬盘并不是一回事。虚拟磁盘类似于我们在服务器里做 RAID 时创建的磁盘组，但是比服务器虚拟磁盘组具备更多可定义的属性。存储空间的冗余级别、分层能力等属性可在初始化虚拟磁盘的时候定义。虚拟磁盘在存储池里创建，一个存储池可以具备多个虚拟磁盘，虚拟磁盘也可以按照要求配置成不同的冗余级别。在 Windows Server 2012（R2）里，一个存储池可以创建多达 64 个存储空间。

3.1.2.3 存储空间布局

存储空间布局决定着存储的冗余方式，存储空间提供 3 种存储布局（又称为冗余类型）。

- **镜像**。在多个磁盘的条带中写入数据，同时通过 I/O 镜像功能为条带数据写入 1 个或 2 个额外的副本，镜像和磁盘阵列的 RAID 1 具有相似的原理，但是存储空间的镜像可具有 2 个或者 3 个副本，具有 2 个或 3 个副本的镜像称之为双重镜像（Two-way Mirror）或者三重镜像（Three-way Mirror）。镜像存储空间布局侧重于冗余最大程度保护数据免受磁盘故障的影响，并同时兼顾性能，尤其是在存储池里添加了 SSD 硬盘并启用存储分层的时候可以得到显著的提升。镜像布局的存储空间，存储读 I/O 性能发挥得更好，因为数据具备多个副本，应用可从具备数据副本且空闲的硬盘读取数据。此外，如果镜像存储空间使用 ReFS 文件系统（Resilient File System，Windows Server 2012 引入的一种全新的文件系统）还能借助 ReFS 文件系统保证数据完整性的自动维护。

- **奇偶校验**。在所有物理磁盘的条带中写入数据，同时写入数据的一个或两个奇偶校验信息副本。奇偶校验分为单奇偶校验和双奇偶校验，奇偶校验部署适合存档和流式处理媒体工作负载，奇偶校验类似于磁盘阵列的 RAID 5/6，可同时兼顾容量和冗余。
- **简单**（不具备冗余）。简单布局侧重于性能，在所有物理磁盘的条带中写入数据，简单布局和 RAID 0 具有相似的原理，无需任何额外的副本或奇偶校验信息。因为简单布局不对磁盘故障提供任何保护，因此仅当需要最高性能且不考虑冗余的前提下可以使用简单布局的存储空间。

此外，存储空间还具备重构功能，既可使用存储池中未分配容量快速地重构数据（存储空间数据重构详见 3.1.4.3 节），也可使用保留的专用磁盘（热备用磁盘，用于更换有故障的磁盘）自动修复硬盘故障的镜像和奇偶校验空间。存储空间还包含后台清理和智能纠错功能，即使发生存储组件故障，也能维持服务连续性。

3.1.2.4　高可用存储控制器

Windows Server 作为 SDS 控制平面，扮演着存储控制器角色，在存储逻辑结构里作为存储结构的 I/O 调度枢纽起到的作用非常关键，因此企业级存储通常使用双存储控制器或者多存储控制器，借用其可靠性设计提高企业级数据的可靠性。在 Windows Server SDS 组件里，存储控制器由运行 2012 或更高版本的 Windows Server 的 x86 服务器承担，下文所提到的存储控制器服务器即运行 Windows Server 的 x86 服务器。可以使用 Windows Server 故障转移群集构建高可用存储空间，我们知道 Windows Server 2012 开始群集的节点数已经达到了 64 个之多，但是在实际生产部署中，由于共享 JBOD 存储箱（Enclosure，也可译成机箱，本书中 Enclosure、机箱和存储箱是同一个意思）的 SAS 端口数的限制、成本和维护便捷程度的考虑，一般采用 2～4 个存储控制器节点为宜。

3.1.2.5　存储分层

在谈到存储分层之前，我们需要了解 Windows Server 存储空间里面包含了多少层以及如何定义每一个分层。基于读写性能快慢的相对值，存储空间分为两个数据存储层：一个存储层为快速层，通常由 SSD 硬盘提供，用于存储热数据，也即经常访问的数据；另一个存储层为慢速层，通常由 HDD 硬盘提供，用于存储冷数据，也即不经常访问的数据。默认情况下，存储空间具有这两个存储速率不同的存储层的虚拟磁盘，存储分层目的在于平衡 SSD 性能和硬盘驱动器（HDD）容量。在存储层都有可用空间时，新的数据通常往慢速层写入，然后存储空间将会根据访问数据的频率，以透明方式在两个层之间移动子文件级的数据。存储层可以通过将最常用的热数据移到 SSD 存储来满足热数据的性能要求，将冷数据移动到 HDD 层来满足普通数据的容量要求。存储分层工作原理如图 3-1 所示。

存储控制器服务器操作系统 Windows Server 2012 和 Windows 8 及后续版本内置了存储分层管理服务（Storage Tiers Management Service），该服务在安装 Windows Server 文件服务器角色后被激活处于运行状态。存储分层管理服务可以自动计算数据热度并按照默认策略在每天凌晨 1 点启动冷热数据移动。要观察存储分层任务和行为，可以登录存储控制器服务器，打开服务器的控制面板，找到计划任务程序，在计划任务程序里依次展开“计划任务程序”—“微软公司”—“Windows”，找到名为“Storage Tiers Management”的项目，打开 Storage Tiers Optimization 属性，在触发器选项卡里，我们就能看到存储分层管理服务在每天凌晨 1 点触发冷热数据迁移的计划任务，如图 3-2 所示。这个默认设置不是一成不变的，可按照需求和实际情况修改触发分层任务的时间。

除了可以修改分层操作任务的触发时间，还可以不依赖计划任务程序完成存储分层。为了搞清 Storage Tiers Management Service 如何实现存储分层，我们可以从预置的计划任务里找到分层操作相关的命令和参数。点击 Storage Tiers Optimization 属性窗口的操作选项卡，在详细信息栏可看到 Storage Tiers Management Service 所执行的具体任务和相关参数，事实上存储分层使用 defrage 命令和-c-h-g-#这 4 个参数完成，如图 3-3 所示。

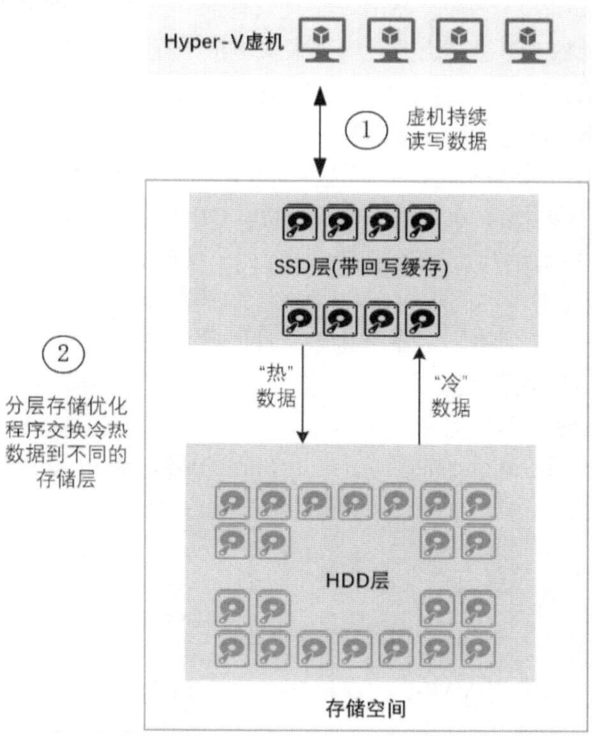

图 3-1　存储空间分层技术

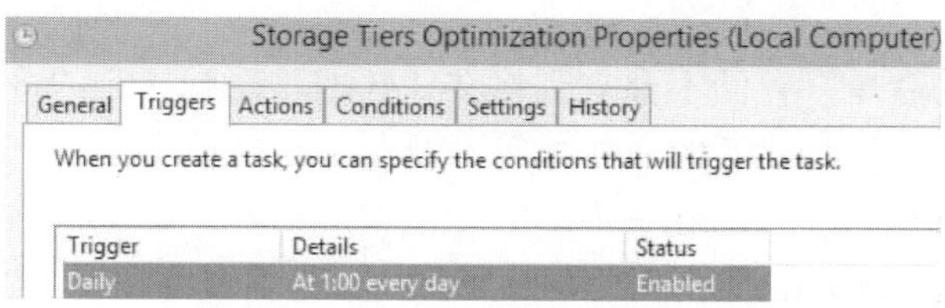

图 3-2　存储空间自动分层任务

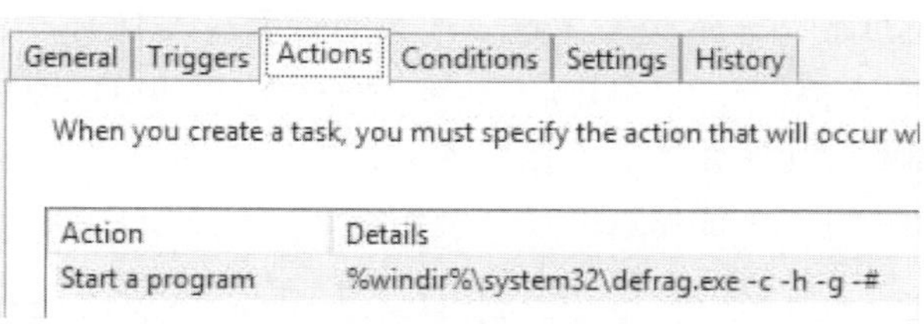

图 3-3　存储空间分层调度操作

获取到分层存储命令及参数后，我们就可以使用命令手动触发冷热数据迁移了，只要在命令提示符里输入 C:\ Windows\system32\ defrag.exe -c -h -g -#即可。

如果熟悉 Windows 的磁盘优化（碎片整理）命令，会发现做存储分层移动的命令和磁盘碎片整理的命令一样，只是参数不同。在 Windows Server 2012/Windows 8 之前的版本里，微软并没有引入存储空间，也没有存储分层这个技术，所以使用 defrag.exe/? 命令获取帮助后，在 Windows Server 2012 R2/Windows 8.1 系统里面会多出-g 这个参数。这个参数非常重要，其意义在于优化存储层，按照数据热度为数据找到合适的存储层。

需要强调的是，存储分层基于数据的粒度而非文件的粒度，存储分层服务按照 1MB 的单位分析和移动数据。如果文件大于 1MB，而且只有部分"热"数据，那么一个文件只有一定比例的数据会被移动到 SSD 层。比如有一个虚机虚拟磁盘上面的数据只有 20%热数据，只有这 20%的数据会被移动到 SSD 分区，而不会把整个虚拟磁盘文件移动到 SSD 分区。举个实际的例子，一台虚机的 VHDX 大小一共 100GB，里面安装了 SQL Server 实例，在实例下，20GB 的数据库和日志文件用于交易系统，该交易系统每天产生过万条交易，那么这 20GB 的数据将会移动到 SSD 分区，而剩余的 80GB 系统文件和其他文件的数据则不一定会移动到 SSD 分区。

存储分层是后台自动运行数据迁移的过程，如果某些特定的虚机需要持续运行在高速的 SSD 层，或者对性能要求不高的虚机需要固定在大容量的 HDD 层来为其他虚机提供更多的快速 SSD 层，则可以考虑使用固定命令将该文件固定到某个磁盘层。固定和分层不同的是，分层是数据级别操作的，而固定是文件级别操作的。比如要将\\FileServer\Share\VM01.VHDX 固定在 SSD 层，可按照如下步骤完成。

- 运行 PS C:\>Get-StorageTier|ft FriendlyName PowerShell 命令获取已有分层友好名。
- 返回如下结果，根据 MediaType 选择类型为 SSD 的层。

```
FriendlyName                                MediaType
------------                                ---------
SSDTier                                     SSD
HDDTier                                     HDD
```

- 运行以下示例命令将 VM01 的虚拟磁盘固定到 SSD 层，使用 Clear-FileStorageTier 解除将文件固定到某一层。

```
PS C:\> Set-FileStorageTier -FilePath "\\FileServer\Share\VM01.VHDX " -Desir
edStorageTierFriendlyName "SSDTier" SSD
```

运行固定文件的命令，存储不会立刻将文件数据移动到指定的分层，而是等待下一次磁盘分层优化运行任务开始才开始，如果等不及，那么就按上面提到的方法，在计划任务程序、命令提示符或者 PowerShell 里手动触发数据移动操作。

3.1.2.6　回写缓存和 Journal

应用通常都是以小数据随机写入到存储，作为 SSD 硬盘重要属性，回写缓存可以将小的随机写入缓存到 SSD 硬盘，避免发生过多次数的磁盘写入 I/O。从 Windows Server 2012（R2）开始，存储空间支持创建回写式缓存，缓存使用池中 SSD 上的少量空间来缓冲小规模随机写入操作并减小对其他并行的数据写入的影响，并通过降低随机写入的延迟来提高存储的写入性能。常见的工作负载随机写入操作将定向到 SSD 缓存，稍后再写入 HDD。回写缓存另外的用途在于对数据进行掉电保护。存储空间如果存在 SSD 硬盘，虚拟磁盘会默认创建大小为 1GB 的回写缓存空间，如图 3-4 所示。

回写缓存对管理员来说是透明的，存储空间在有足够数量的 SSD 的前提下，新建虚拟磁盘的同时将创建好回写缓存。磁盘布局和对 SSD 数量的要求说明如下。

图 3-4　回写缓存

- 简单布局要求具有 1 块 SSD 硬盘。
- 双重镜像和单奇偶校验要求具有 2 块 SSD 硬盘。
- 三重镜像和双奇偶校验要求具有 3 块 SSD 硬盘。

我们在设置硬盘用途的时候，硬盘的 Usage 参数里有个 Journal 值，Journal 和回写缓存有着类似的作用，都是负责处理重新组织路径上活动的 I/O，但是在存储空间里，二者的作用和设置有明显的区别。Journal 只能用于奇偶校验布局的存储空间，回写缓存适用于所有的存储空间布局，并能支持分层存储。我们可以为奇偶校验的存储空间设置专用的 Journal 硬盘，通常使用快速的 SSD 硬盘，配置了专用 Journal 硬盘的奇偶校验存储空间能在很大程度上提高存储写入性能，尤其是顺序写入的时候，此外，使用两块以上的 Journal 硬盘可以实现自身的镜像，保证 I/O 的冗余。

3.1.2.7　存储管理接口

SDS 除了具备资源池化的特性，还要求一定的自定义和自动化能力，SDS 使用可编程接口实现自定义。Windows Server 作为存储控制器服务器操作系统，存储空间可以使用我们熟悉的 Windows Server 的管理接口，包括使用内置于 Windows Server 的 Windows 存储管理 API、WMI 和 Windows PowerShell 进行脚本编写和管理，其中 PowerShell 还是实现 SDS 自动化能力的关键。除此之外，我们还可以通过服务器管理器中的文件和存储服务角色以及 SCVMM 管理 Windows Server 存储空间。

3.1.2.8　条带交错

虚拟磁盘条带交错（本书里 Interleave 和条带交错是一个意思）类似于条带大小，和写入列（Column）数相结合的机制来提供更多的数据读写管道和读写带宽以提高数据读写速率。Interleave 和 RAID 的 strip size 相似，每个 Interleave 有固定的大小，即物理层面每次写进单个硬盘的数据大小，默认情况下 Interleave 大小为 256KB。如果需要修改 Interleave 默认大小，需要使用 PowerShell 命令在创建虚拟磁盘的时候指定 Interleave 大小，建议这个大小不能小于应用的 Block Size。Interleave 乘以 Column 可以得出数据的单个条带宽度。

3.1.2.9　列

条带交错和列（Column）数决定着条带宽度，列类似于一个虚拟的硬盘容器，列这个虚拟的硬盘容器里包含了 1～3 块不等的硬盘，因此和 RAID 条带后一个 Block 写到一块硬盘不同，每个 Interleave 数据先找到列这个逻辑容器，再写到列里的硬盘。不等的硬盘数称之为列和硬盘数比例。列和硬盘数比例以及最大和最小列数因存储空间布局不同而不同，如表 3-1 所示。

表 3-1　不同虚拟磁盘布局的最小和最大列数

虚拟磁盘布局	最小列数	列和硬盘比	最大列数
简单	1	1:1	N/A
双重镜像	1	1:2	N/A

续表

虚拟磁盘布局	最小列数	列和硬盘比	最大列数
三重镜像	1	1:3	N/A
单奇偶校验	3	1:1	8
双奇偶校验	7	1:1	17

列数并非一成不变，在构建存储池以后，存储池根据实际情况将列数调整为自动或者固定值，我们可以使用如下示例 PowerShell 命令查看列数。

```
PS C:\> Get-StoragePool -FriendlyName CloudStorage | Get-ResiliencySetting
-Name Mirror |ft Name, NumberofColumnsDefault

Name                                      NumberofColumnsDefault
------------                              -------
Mirror                                    Auto
```

也可以使用如下示例 PowerShell 命令设置列数，比如将列数设置为 2。

```
PS C:\> Get-StoragePool -FriendlyName CloudStorage | Get-ResiliencySetting
-Name Mirror | Set-ResiliencySetting -NumberofColumnsDefault 2

Name                                      NumberofColumnsDefult
------------                              -------
Mirror                                    2
```

增加列数可提高虚拟磁盘的吞吐能力和 IOPS，但是过多的列数反而会增加虚拟磁盘的写入延迟，如果虚拟磁盘启用了 JBOD 存储箱感知，而且 SSD 数量没有 HDD 多的时候，要达到存储空间自动数据重构的效果，存储空间的列数不能大于每个存储池中每个 JBOD 存储箱的 SSD 数量。表 3-2 所示为推荐列数的计算公式。

表 3-2　　推荐列数的计算公式

冗余级别	启用存储箱感知（Enclosure Aware）	关闭存储箱感知
镜像	SSD 数量/存储池数量/存储箱数量–用于自动修复的硬盘	SSD 数量/存储池数量/数据副本数量–用于自动修复的硬盘
奇偶校验	（存储箱数量* 2）–1	（SSD 数量/存储池数量）–用于自动修复的硬盘

3.1.2.10　条带宽度

条带宽度等于列数乘以 Interleave，如果应用的 Block Size 比设置的 Interleave 大，则会发生每个 I/O 的数据被分割成多个条带的情况。条带宽度决定着存储空间写入数据的吞吐性能，因为增加列数意味着更大的条带宽度，因而虚拟磁盘条带将写入到更多的物理硬盘，虚拟磁盘的吞吐率提高了，但延迟也随之增大了。以一个简单布局的存储空间为例，存储空间的列数为 4，那么条带宽度为 1024KB，如图 3-5 所示。

3.1.2.11　写入列详解

下面介绍几种常用的存储空间布局和列数组成的条带宽度的计算。

- **两列+简单布局**。每个列虚拟容器里包含一块硬盘，数据被条带化后，分别写入两个列，那么条带宽度=2*256=512KB，如图 3-6 所示。

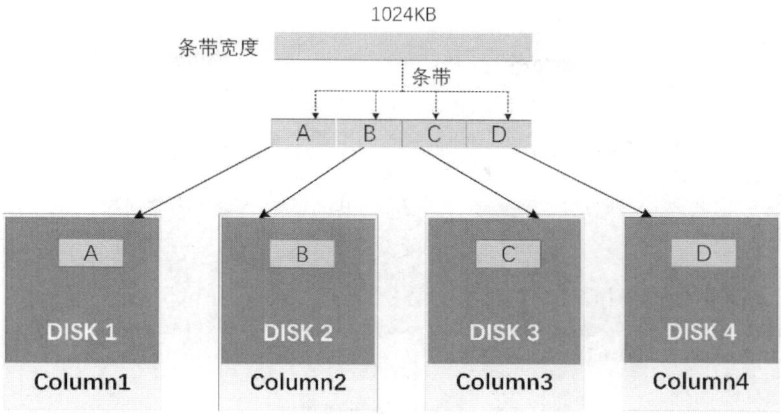

图 3-5　条带宽度

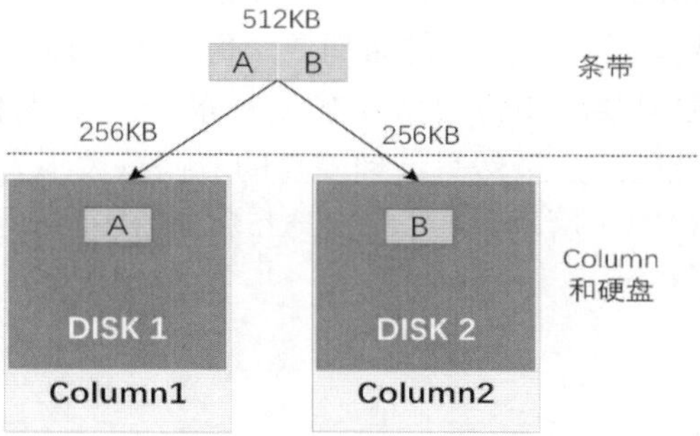

图 3-6　简单布局两列数据写入

- **3 列+单奇偶校验布局**。每个列虚拟容器里包含一块硬盘，数据被条带化后，两个列写入 256KB 数据，一个列写入校验数据，那么条带宽度=3*256=768KB，如图 3-7 所示。

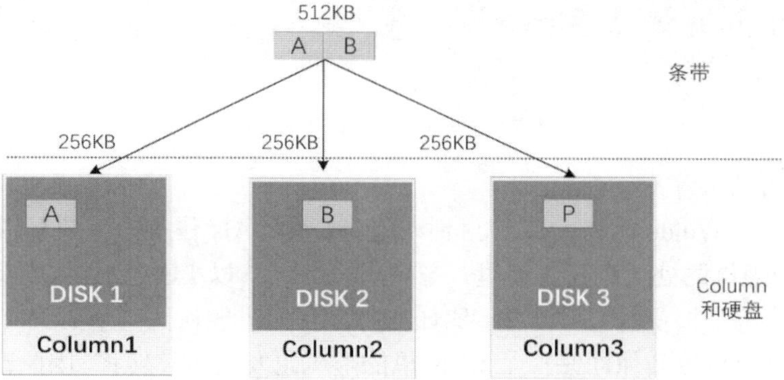

图 3-7　奇偶校验 3 列数据写入

- **两列+双重镜像布局**。镜像布局和简单、奇偶校验布局不同的一点是在条带层底下添加了 I/O 镜像层，也即数据复制层，所以双重镜像布局要求每个列必须包含两块硬盘。条带后的数据写入列之前在复制层将一份数据复制成两份，然后将两份数据分别写入列的两块硬盘。数据被条带化后，虽然写入硬盘的数据总大小为 1024KB，但是写到两个列的数据都是 256KB，所以条带宽度=2*256=512KB，如图 3-8 所示。

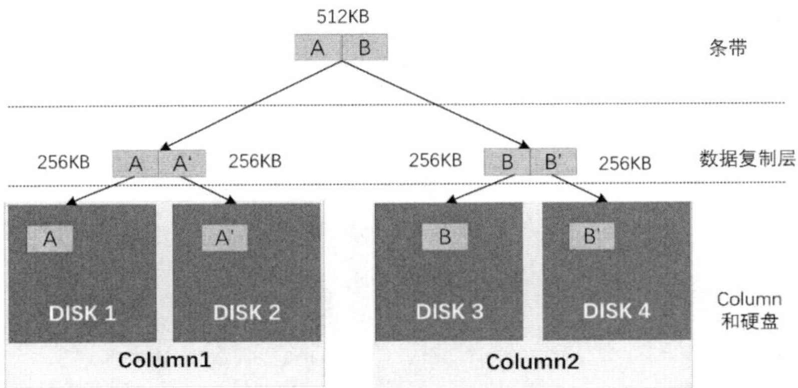

图 3-8 双重镜像两列数据写入

- **两列的三重镜像布局**。镜像布局和简单、奇偶校验布局不同的一点是在条带层底下添加了数据复制层，所以三重镜像布局要求每个列必须包含 3 块磁盘。条带后的数据写入列之前在复制层将 1 份数据复制成 3 份，然后将两份数据分别写入列的 3 块硬盘。数据被条带化后，虽然写入到硬盘的数据总大小为 1536KB，但是写到两个列的数据都是 256KB，所以条带宽度=2*256=512KB，如图 3-9 所示。

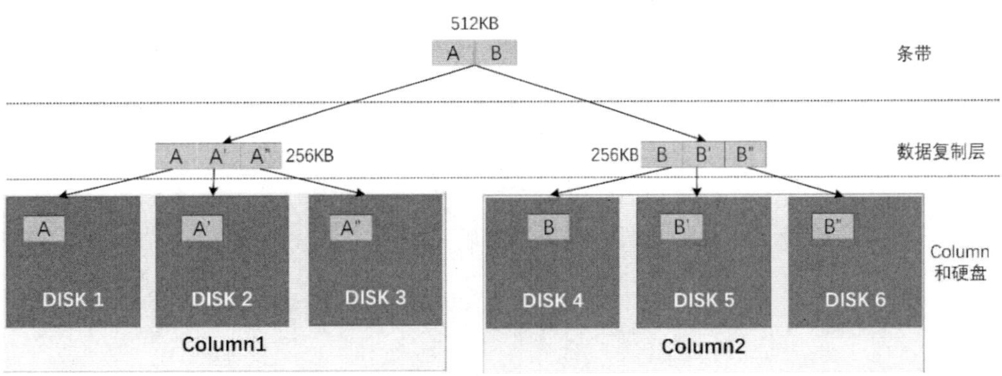

图 3-9 三重镜像两列数据写入

3.1.2.12 群集共享卷（CSV）

在微软刚发布 Windows Server 2008 时，支持使用 SAN 作为虚机共享存储，但是 LUN 和该 LUN 上的虚机同处一个资源组里，导致虚机的迁移以 LUN 为单位，这种以 LUN 为粒度的迁移让虚机维护变得极不方便。比如在将多台虚机放在同一个 LUN 里时，一台虚机发生故障转移时会导致其他同在一个 LUN 里的虚机也发生故障转移。因此在为虚机分配存储时，需要给每个虚机分配一个 LUN，这种设计导致了过多 LUN 的数量，不便于管理。从 Windows Server 2008（R2）开始引入群集共享卷（Cluster Shared Volume，简称为 CSV）的设计，CSV 允许故障转移群集中多个节点同时具有同一磁盘（比如 LUN 或其他存储磁盘）的读写访问权限，群集中的节点可以同时写这个磁盘而不会发生读写冲突。借助 CSV，群集角色可以从一个节点快速故障转移到另一个节点，而无需对驱动器所有权进行更改，或卸载和重新装载卷。

如同使用 SAN 存储的 LUN 一样，存储空间的虚拟磁盘是群集共享卷的候选者，在创建虚拟磁盘并且配置成 NFTS 或者 ReFS 卷以后，CSV 在 NTFS/ReFS 非群集文件系统之上叠加了一层编排层，将这个群集磁盘设置为群集共享卷，保证多台服务器可同时访问这个磁盘。同样，如果这个虚拟磁盘不再需要作为群集共享卷，也可以从群集共享卷里删除这个磁盘。群集使用 SCSI-3 协议保证永久保留权在各个节点之间协调，CSV 提供统一的访问命名空间，在每个存储控制器服务器系统里使用的访问命名空间为%SystemDrive%\ClusterStorage，当然，大部分用户的习惯都是将系统安装在 C 盘，因此我们看到的访问命名空间大都是 C:\ClusterStorage，群集共享卷依次挂载到 C:\ClusterStorage 路径下，按照添加的先后顺序依次被命名为 Volume1、Volume2……，如图 3-10 所示。

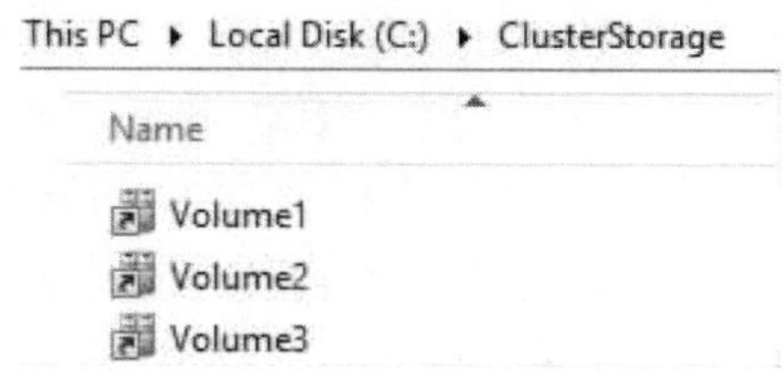

图 3-10　CSV 统一访问命名空间

3.1.2.13　SMB 3.0

服务器信息块（SMB）是网络文件共享协议，允许客户端通过以太网访问文件服务器资源。SMB 和 Windows Server 2008 和 Vista 系统中通用互联网文件系统（CIFS）是同一回事，访问 Windows 共享文件夹使用的就是 SMB 协议，只不过 SMB 这个名字传递的信息更直观，更容易被理解，所以 CIFS 这个名字逐渐被推到幕后。在历代 SMB 版本中，SMB 1.0/2.0 最初适用于常规的文件服务器，SMB 共享被大多数用户所使用，却鲜有人感到它的存在。在发展到第 3 个版本以后，SMB 协议从各方面得到了提升，最新版本的 SMB 3.0 内置于 Windows Server 2012 与 Windows 8 及后续版本操作系统。

SMB 3.0 极大地提升了性能、可靠性和安全性，SMB 3.0 可以结合相对低成本的直连存储（DAS）和 JBOD 非常方便地构建 NAS 存储。而 SMB 3.0 最大的突破是能够很好地支持一些以前只在块存储环境下才可以使用的应用程序，比如 Hyper-V 虚机和 SQL Server。接下来我们简单说明 SMB 3.0 的关键特性。

- **SMB 透明故障转移**。之所以称之为透明故障转移，是因为 SMB 共享在发生故障时，共享从故障控制节点切换到正常控制节点过程中，用户和应用毫无感知，这个切换过程对于应用程序来说是透明的。SMB 使用高可用群集特点和自身的透明切换能力允许客户端在一个 SMB 文件服务器集群中的节点发生故障时继续工作。
- **SMB 横向扩展**。在 SMB 2.0 及更早的高可用共享群集里，一直采用的是 Active-Standby 的高可用机制，期间共享文件的访问控制都由主控节点完成，只有主控在发生故障时才切换到备用控制节点继续工作。将 SMB 3.0 共享创建在集群共享卷之上，激活了 SMB 横向扩展特性以允许 SMB 3.0 在同一个命名空间内以双活（active-active）的形式进行共享，也称之为横向扩展文件服务器——SOFS（详见 3.1.2.15 节）。
- **SMB 多通道**。允许 SMB 3.0 客户端同时使用多个网络连接和 SMB 服务器进行数据传输来提升存储的性能和可用性。数据通过多块高速网卡经过多条网络连接进行传输以达到网络聚合的性能，详细介绍参考 3.1.2.16 节。
- **SMB 直接内存访问**。允许网卡使用远程直接内存访问（RDMA）功能，减少消耗 CPU 计算周期、降低延迟、提升性能。应用程序可以用类似 DAS 的速度来访问 SMB 3.0 共享存储，详细介绍参考 3.1.2.17 节。

- **SMB 加密**。SMB 3.0 将数据加密设置简单化，SMB 加密密钥来源于已有的会话密钥，所以密钥或证书不需要通过网络进行传输。客户端也不需要参与其中，并且加密方法利用了 Core i5 和 Core i7 处理器内建的加速功能。
- **VSS 支持**。SMB 3.0 作为关键应用数据存储，备份必不可少，而且通常要求备份过程中不影响正在运行的应用。Windows Server 系统本地卷早就做到了支持 VSS 技术来实现在线数据备份，同样，SMB 3.0 共享文件也具备了 VSS 功能，如图 3-11 所示。在使用 SMB 3.0 文件共享作为 Hyper-V 虚机存储时，可以使用微软 System Center Data Protection Manager（简称为 SCDPM，书中将使用这个简称）备份虚机并保证被备份的虚机的数据一致性。

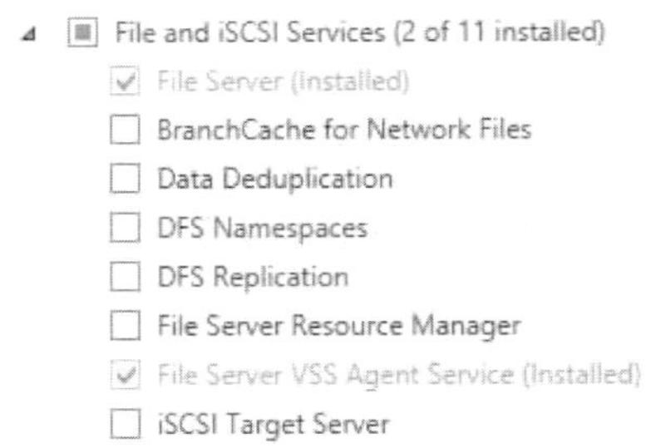

图 3-11　安装文件服务器 VSS 代理服务

3.1.2.14　SMB 与 NAS 存储

SAN 存储一直是虚拟化存储的主流，而几年前 NAS 作为虚拟化存储并不被业界重视，但是随着万兆以太网逐渐进入市场，NAS 存储的性能得到大大的提升，加之 NAS 良好的扩展性，使用 NAS 存储支持虚拟化逐渐让更多人接受，相比 SAN 存储，NAS 存储更加低成本和更加易于管理。SAN 存储需要管理后端存储、SAN 交换机以及 HBA、LUN 和 WWN 等资源，配置也相对复杂些，对管理员的水平提出了一定的要求，而 NAS 相对简单的结构管理起来比 SAN 要容易。从文件协议一致性考虑，NAS 存储本身是文件级存储，虚机虚拟硬盘本质上也是文件，虚机虚拟硬盘文件可以更加容易被主机系统文件级协议管理。

CIFS 作为 NAS 存储协议分支之一，其最新版本 SMB 3.0 具有划时代的意义，使用 SMB 3.0 构建的 NAS 使用范围不再局限于常规文件的存储，而是可以使用 SMB 3.0 文件级存储来支持核心应用和虚拟化应用程序，并兼顾可用性、性能及灵活性。相信 SMB 3.0 文件存储会逐渐部分替代 SAN，鉴于 EMC 和 NetApp 已部分支持 SMB 3.0，未来大部分 NAS 厂商将完全支持 SMB 3.0 的特性。

3.1.2.15　横向扩展文件服务器（SOFS）

SOFS 是 Scale-Out File Server 的缩写，本书中 SOFS、Scale-Out File Server 和横向扩展文件服务器是同一个概念。SOFS 为 SMB 客户端提供客户端访问点（Client Access Point，简称为 CAP）。SOFS CAP 和我们日常访问共享文件非常相似，我们在访问\\fileserver\share 的时候，服务器首先处理 fileserver 这个服务器名的解析再处理共享路径，同样，SOFS CAP 为客户端提供访问服务器名。SOFS 同时在 SMB 客户端访问 SMB 服务器时作为中间代理，SOFS 将客户端的访问请求指向 SMB 共享所在的 CSV 所有者节点，由 CSV 所有者节点处理 I/O。SOFS 作为群集第二类资源（群集资源详见 2.2.1）又是故障转移群集的标准角色之一，具备 Active/Active 模式，保证在 SOFS 和 CSV 下构建的 SMB 共享具有统一的访问命名空间，并具备透明故障转移能力。

虽然 SMB 3.0 已经可以支持高密度计算的应用，但也只有在 SOFS 角色上创建的 SMB 3.0 共享才具备存储应用程序（SQL Server 和 Hyper-V 虚机）的特性，在普通文件服务器上创建的 SMB 共享即使使用 SMB 3.0 协议也不适用于存储 SQL Server 和 Hyper-V 虚机。

因为 SOFS 和存储空间是同期在 Windows Server 里发布的，在初次接触存储空间和 SOFS 时可能误解 SOFS 和存储空间的关系，认为 SOFS 必须依赖于存储空间。其实不然，SOFS 和存储空间没有依赖的关系，SOFS 只依赖于 CSV，而 SAN 存储的 LUN 也可以设置为故障转移群集的 CSV，通过在 CSV 上创建 Active/Active 模式的 SMB 共享。

访问 SOFS SMB 共享时使用的是\\sofsrolename\sharename 路径，而不是\\clustername\sharename 路径。SOFS CAP 名称与数据库实例资源一样，需要分配与群集资源不同的 IP 地址用于客户端或者应用连接访问，SOFS CAP 的 DNS 名称并不会单独注册 IP 地址，而是注册为所有 Windows Server 存储群集节点的 IP 地址。

需要注意的是，Windows Server 2012（R2）CSV 支持 NTFS 和 ReFS 文件系统，但是 Windows Server 2012（R2）的 SOFS 并不支持 ReFS 文件系统的 CSV 卷，但 Windows Server 2016 的 SOFS 可以支持 ReFS 文件系统的 CSV 卷。

3.1.2.16　SMB 多通道

SMB Multichannel（本书中，SMB Multichannel 和 SMB 多通道是同一个意思）是 SMB 存储客户端到 SMB 存储服务器的 MPIO 机制，指的是在 SMB 客户端和 SMB 服务器之间具有多个网络作为 SMB 流量传输通道，而且这些网络通常不在一个子网里。SMB 多通道既可以增加 SMB 客户端到 SMB 服务器的网络带宽，又可以提供 SMB 通道的冗余和负载均衡。

虽然在 SMB 客户端和 SMB 服务器端可以使用网卡组合（网卡组合详见 4.1 节）的方法来增加网络带宽和提高网络可用性，但因为组合网卡链路都在一个子网里，而 SMB 多通道具备多个子网，因此从这个维度来说，网卡组合在网络通道的冗余度不如 SMB 多通道好。而且 SMB 多通道因为不改变网卡属性，所以可以保留一些网卡的重要特性，比如 RDMA，组合后的网卡将不再具备 RDMA 特性。SMB 多通道可支持千兆网卡和万兆网卡。

SMB 多通道需要按照实际情况来设计，Windows Server 群集通常有多个群集网络，常用的包括管理网络、心跳网络、存储网络等，如图 3-12 所示。这些网络默认都会传输 SMB 流量，但实际上，这些网络不一定都适用于 SMB 数据通道，接下来，我们来说明 SMB 多通道的限制和开放。

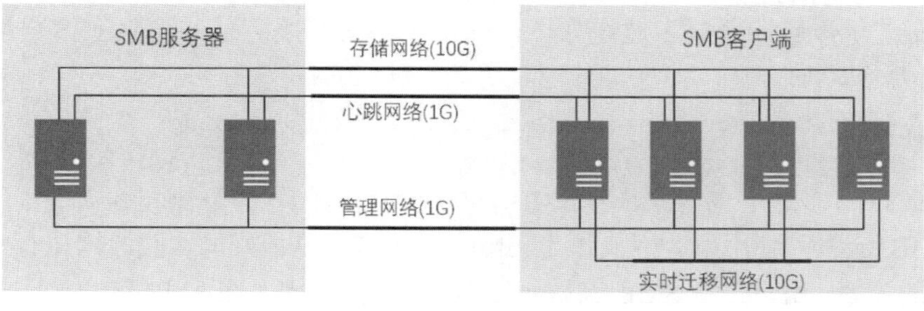

图 3-12　SMB 多通道

在 SMB 服务器群集里，设置成群集和客户端角色的群集网络都可以作为 SMB 客户端和 SMB 服务器的 SMB 数据传输通道，如图 3-13 所示。可使用如下 PowerShell 命令设置名称“Storage Network”为群集和客户端的角色，更具体的介绍可参考 2.7.3 节群集网络角色设置方法。

```
PS C:\> (Get-ClusterNetwork "Storage Network").Role =3
```

每一个设置为群集和客户端角色的网络对应的 IP 地址都是 SOFS SMB 存储的客户端访问点，意味着这个网络将默认是有效的 SMB 通道。

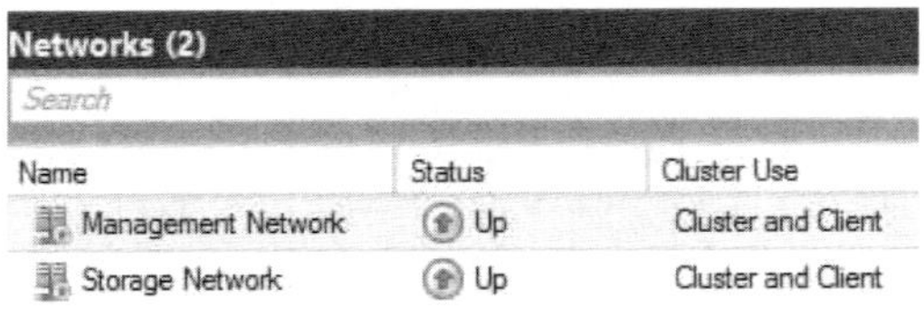

图 3-13　设置用于 SMB 的网络角色

接着以 Hyper-V 服务器为例做进一步的说明，Hyper-V 作为 SMB 存储的客户端，而 SOFS SMB 文件服务器将作为 SMB 服务器，默认情况下 Windows Server 系统已经启用 SMB 多通道，可在 Hyper-V 节点上运行以下 PowerShell 命令检查 SMB 客户端 SMB 多通道启用情况。

```
PS C:\> Get-SmbClientConfiguration | Select EnableMultichannel

EnableMultichannel
----
True
```

可在 SMB 文件服务器节点上运行以下 PowerShell 命令检查 SMB 服务器端 SMB 多通道启用情况。

```
PS C:\> Get-SmbServerConfiguration | Select EnableMultichannel

EnableMultichannel
----
True
```

如果要彻底关闭 SMB 多通道特性，分别在 SMB 服务器和 SMB 客户端运行以下 PowerShell 命令。

```
PS C:\> Set-SmbServerConfiguration -EnableMultiChannel $false
PS C:\> Set-SmbClientConfiguration -EnableMultiChannel $false
```

如果要重新开启 SMB 多通道特性，分别在 SMB 服务器和 SMB 客户端运行以下 PowerShell 命令。

```
PS C:\> Set-SmbServerConfiguration -EnableMultiChannel $True
PS C:\> Set-SmbClientConfiguration -EnableMultiChannel $True
```

启用了 SMB 多通道也就意味着 SMB 客户端上所有配置为群集和客户端角色的网络都会承载 SMB 流量，使用所有网卡作为 SMB 通道未必是最好的实践。比如有些网卡只有 100Mbit/s 的速率，用于传输 SMB 流量显然不合适，因此需要在 SMB 客户端服务器上限制某些特定用途的网卡承载 SMB 流量。要设置 SMB 多通道限制，只要保持 SMB 服务器的多通道属性开启，然后在 SMB 客户端使用 PowerShell 命令 New-SmbMultichannel Constraint 配置 SMB 多通道限制，命令所使用的参数如下.

```
    New-SmbMultichannelConstraint  [-ServerName]  <String>  [-InterfaceIndex]
<UInt32[]>  [-AsJob]  [-CimSession  <CimSession[]>]  [-Force]  [-ThrottleLimit
<Int32> ] [-Confirm] [-WhatIf] [ <CommonParameters>]
```

这里有两个必要的参数需要特别说明。

- ServerName。SMB 服务器，如果是 SOFS SMB 文件服务器，这个参数指定 SOFS 角色的 NETBIOS 和 FQDN 名称。
- InterfaceIndex。指定网卡索引号，通常由阿拉伯数字表示。这个参数也可以用 InterfaceAlias 取代，-InterfaceAlias 也就是网卡在系统里面的显示名称。要怎么获取网卡的索引号和名称呢？可以使用 PowerShell 命令 Get-NetAdapter 输出网卡名称、网卡索引号、网卡速率和网卡描述，如下示例命令。

```
PS C:\> Get-NetAdapter|ft Name, ifIndex, LinkSpeed, InterfaceDescription

Name         IfIndex    LinkSpeed     InterfaceDescription
----         -------    ---------     ----------
Ethernet 1   12         1Gbps         Intel(R) I350 GNC
Ethernet 2   13         1Gbps         Intel(R) I350 GNC #2
Ethernet 3   14         10Gbps        Intel(R) Ethernet CNA X540-T2
Ethernet 4   15         10Gbps        Intel(R) Ethernet CNA X540-T2 #2
```

获取到网卡信息后，需要先整理个一下这几个网卡的属性和用途，然后再选择合适的网卡作为 SMB 流量多通道网卡。

- Ethernet 和 Ethernet 2 是两块千兆网卡，这两块网卡不是 SMB 多通道的候选网卡。
- Ethernet 3 和 Ethernet 4 是两块万兆网卡，这两块网卡是 SMB 多通道的候选网卡。

按照设计，通常只需要 Ethernet 3 和 Ethernet 4 网卡承载 SMB 流量，这两块网卡的 InterfaceIndex 号分别是 14 和 15，假如 SMB 服务器的 FQDN 是 smbserver.contoso.com，可使用如下命令创建 SMB 多通道限制。考虑到 SMB 客户端访问 SMB 服务器时解析 NETBIOS 名和 FQDN 的情况是都可能发生的，因此为每一个网卡设置 SMB 多通道时都需要执行两条命令，一条在-ServerName 参数后指定 SMB 服务器的 NETBIOS 名称，另外一条在-ServerName 参数后指定 SMB 服务器的 FQDN 名称。

```
PS C:\> New-SmbMultichannelConstraint -ServerName smbserver -InterfaceIndex 14
PS C:\> New-SmbMultichannelConstraint -ServerName smbserver.contoso.com
-InterfaceIndex 14
PS C:\> New-SmbMultichannelConstraint -ServerName smbserver -InterfaceIndex 15
PS C:\> New-SmbMultichannelConstraint -ServerName smbserver.contoso.com
-InterfaceIndex 15
```

创建完毕，使用 Get-SMBMultichannelConstraint 命令检查 SM 多通道限制结果如下。

```
PS C:\> Get-SMBMultichannelConstraint

InterfaceAlias        : Ethernet 3
InterfaceGuid         : {6707f799-a7f9-4562-b941-fbdf2e786bfa}
InterfaceIndex        : 14
ServerName            : smbserver
InterfaceGuid         : {6707f799-a7f9-4562-b941-fbdf2e786bfa}
InterfaceIndex        : 14
ServerName            : smbserver.test.com
```

```
InterfaceAlias          : Ethernet 4
InterfaceGuid           : {55c7e633-deb8-a2634-b601-bddf2e556c32}
InterfaceIndex          : 15
ServerNam               : smbserver
InterfaceAlias          : Ethernet 4
InterfaceGuid           : {55c7e633-deb8-a2634-b601-bddf2e556c32}
InterfaceIndex          : 15
ServerName              : smbserver.test.com
```

为了验证 SMB 多通道限制设置效果，可以尝试把一个较大的文件从 Hyper-V 服务器向 SMB 共享存储复制，在复制的过程中，在 SMB 服务器执行如下 PowerShell 命令查看是否只有允许 SMB 通道的网络在发送数据。

```
PS C:\> Get-SMBMultichannelConnection

ServerName  Selected  ClientIP   ServerIP     ClientInter    ServerInter
                                              faceIndex      faceIndex
----        --------  ------     ------       -----------    ----------
smbserver   True      10.1.1.10  10.1.1.20    14             22
smbserver   True      10.1.1.11  10.1.1.21    15             23
```

3.1.2.17　SMB 直通

Windows Server 2012（R2）和 Windows Server 2012 的 SMB 直通通过远程直接内存访问（Remote Direct Memory Access，简称为 RDMA）实现，采用了和 InfiBand 的 RDMA 相似的功能，通过 TCP/IP 直接访问远程服务器内存。DMA（Direct Memory Access）实现了从 CPU 完全接管对总线的控制，使得数据交换直接在内存和 I/O 设备之间进行而不用经过 CPU，RDMA 在 DMA 基础之上通过 TCP/IP 把数据从内存直接发送到远程计算机，高速移动到远程系统存储中。那么 RDMA 网卡如何降低 CPU 的使用率呢？我们知道现在普通网卡集成了支持硬件校验和的功能以减少发送的数据拷贝量，而具备 RDMA 功能的网卡通过减少由 CPU 处理接收的数据，进而减少 CPU 计算时间。尤其是当今万兆网络在数据中心逐步普及，当传输速度达到网络满负荷时，将占用过高的 CPU，Windows Server 2012（R2）和 Windows Server 2012 SMB 直通允许支持 RDMA 功能的网卡直接将网络 I/O 处理从 CPU 卸载到网卡，大大降低了 CPU 计算时间，如图 3-14 所示。在 SMB 存储中使用 RDMA 的网络适配器能够提高存储服务器运行速率，降低数据传送延迟，减少存储服务器 CPU 消耗。对于 Hyper-V 或 Microsoft SQL Server 等负载，通过 SMB 访问远程文件存储的效果达到本地存储。SMB 直通的特点总结起来如下。

- **提高吞吐量**。充分利用高速网络的吞吐能力，网络适配器以线速度协调大量数据的传输。
- **降低延迟**。提供快速的网络请求响应功能，使远程文件存储响应逼近直连模块存储，并减少系统操作任务。
- **减少 CPU 消耗**。在网络上传输数据时，占用较少 CPU 时间，从而为服务器应用程序保留更多空闲能量。

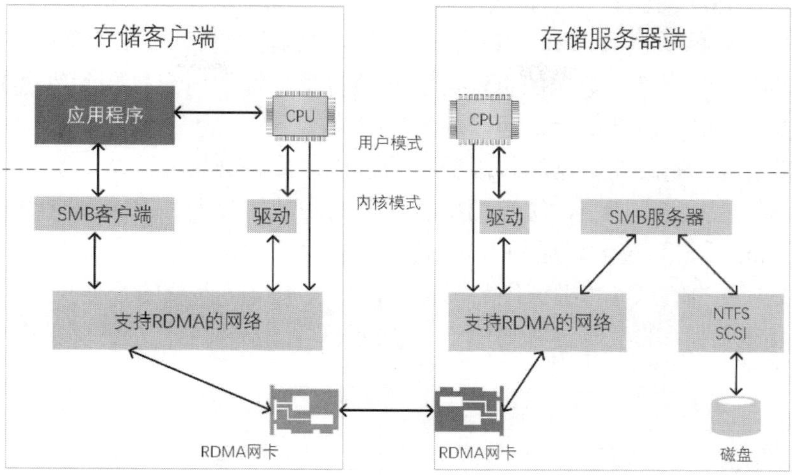

图 3-14 RDMA 结构

默认情况下，Windows Server 2012（R2）及后续版本已经启用 SMB 直通。要关闭 RDMS 功能，可使用以下示例 PowerShell 命令针对特定网卡关闭 RDMA。

```
PS C:\> Disable-NetAdapterRdma -Name NetAdapterName
```

要启用特定网卡的 RDMA 功能，使用如下示例 PowerShell 命令。

```
PS C:\> Enable-NetAdapterRdma -Name NetAdapterName
```

要发挥 RDMA 能力，除了要系统支持 RDMA，网卡硬件本身也要支持，目前 Windows Server 支持 3 个版本的 RDMA 网卡：Infiniband、RoCE 和 iWARP。

要注意的是，我们在网络配置里经常使用网卡组合为网络链路提供高可用（网卡组合技术参考 4.1 节），或者将网卡配置成 Hyper-V 虚拟交换机，在 Windows Server 2012（R2）里，这些组合或者配置成 Hyper-V 虚拟交换机的网卡会丧失 RDMA 功能。所以在第一代 SDS 中，考虑 SMB 存储网络链路高可用和性能时，最佳的做法是将 SMB 多通道和 SMB 直通能力结合起来，共同实现 SMB 存储网络的高速率、低消耗、高可用和负载均衡能力。Windows Server 2016 之后，可以使用 Switch Embedded Teaming（SET，SET 集成在 Hyper-V 虚拟交换机里，详见 4.1.5 节）让组合的网卡配置成 Hyper-V 虚拟（逻辑）交换机（详见 4.3.3 节）后，在该虚机交换机里为物理机创建的虚拟网卡仍然保留着 RDMA 的功能。

3.1.2.18 禁用删除通知

Trim 指令也叫 disable delete notify（禁用删除通知），是微软与 SSD 硬盘厂商合作开发的用于优化 SSD 使用寿命的技术。当我们在操作系统中删除一个文件时，其实系统并没有真正删掉这个文件的数据，只是把这些数据占用的地址标记为空或者可用，这些标记为空的地址便可以覆盖使用。由于这只是文件系统层面的操作，硬盘却并不知道哪些区域的数据已经无效，直到系统通知它要往该区域写入新的数据。

由于闪存不允许覆盖，只能先擦除再写入，要获得空闲的空间写入新的数据，SSD 就必须对删除的数据进行垃圾回收操作。在没有 Trim 的情况下，系统无法通知 SSD 被删除的数据页已经是无效的，只有系统发出在无效的数据页写入数据命令时，硬盘才知道这些数据页可以被擦除。无法提前知道无效数据页的 SSD 硬盘既影响了垃圾回收的效率，又影响 SSD 的寿命。图 3-15 所示为在没有 Trim 的情况下 SSD 硬盘数据写入过程，概括如下。

（1）假设在 SSD 硬盘有 6 个有效数据页和两个删除的数据页，接着有两个新数据页要写入到 SSD 里，新的数据写入到 SSD 之前必须擦除删除的数据页来为新数据腾出空间。

（2）要擦除两个删除了数据的页，磁盘必须将整个块的内容复制到磁盘的缓存。磁盘以页为单位读写数据，但是擦除却是以块为单位。

（3）在缓存里，完成新数据和垃圾数据的替代，接着磁盘擦除整个块。

（4）等待存储块完全清空，缓存的内容（老的和新的数据）写回到空的 SSD 块。

在有了 Trim 后，系统可以通知 SSD 硬盘被删除的数据页已经是无效的。SSD 硬盘也掌握了无效数据页的信息，和机械硬盘一样，在系统提交写入新的数据页时 SSD 可以把数据直接写到标记为删除的页，过程如图 3-16 所示。

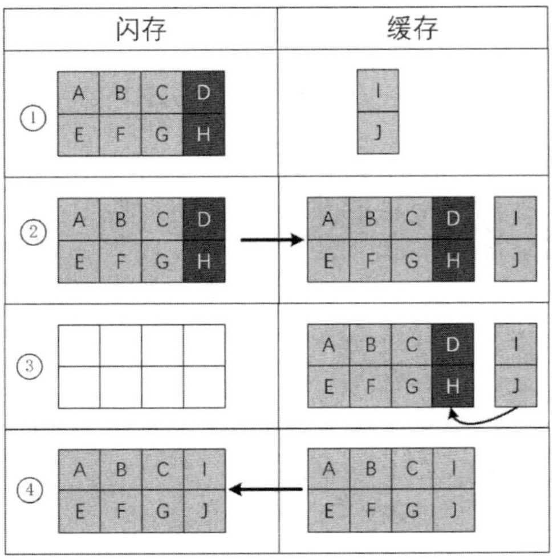

图 3-15　关闭 Trim 的 SSD 数据写入方式

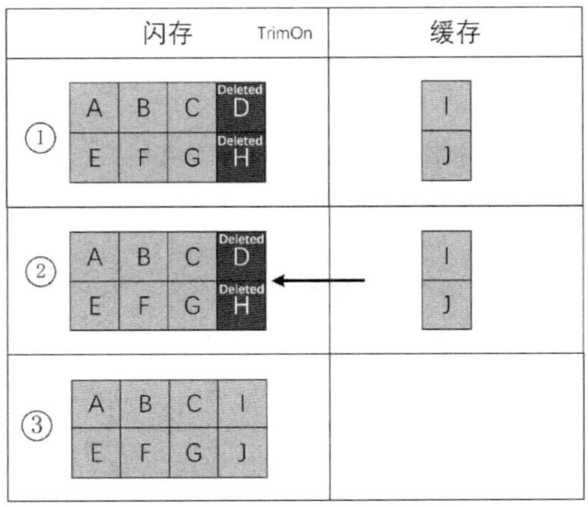

图 3-16　开启 Trim 的 SSD 数据写入方式

Trim 指令的支持需要同时满足以下 3 个条件。

（1）SSD 主控制器和搭配的固件必须支持 Trim 指令接收，默认当前 SSD 出厂大都支持 Trim 指令。

（2）操作系统必须支持 Trim 指令发送，使用 Windows 7/Windows Server 2008（R2）及后续版本即可。

（3）当前使用的磁盘驱动程序必须支持 Trim 指令传输，Trim 指令只有在操作系统进行删除、格式化等操作时才会发送。

启用 Trim 和我们实际编辑文档非常类似，比如我们要在 Word 文档里替代一段文字，可以有两种方式，一种是先选择要删除的内容，将其删除，然后将复制的新的内容粘贴过来；另外一种是选中要删除的内容，然后直接粘贴。前一种方式类似于关闭 Trim 的做法，后一种方式类似于开启 Trim 的做法。Windows Server 2012 及后续版本默认情况下 Trim 是开启的，可以在操作系统的命令提示符里查看、开启和关闭 Trim。由于默认情况 Trim 是开启的，使用 query disabledeletenotify 命令查看 trim 开启情况将返回如下结果：Disabledeletenotify=0，表示系统已经开启 Trim。

```
C:\> fsutil behavior query disabledeletenotify
Disabledeletenotify=0
```

如果查询到的结果为 Disabledeletenotify=1，使用如下 set disabledeletenotify 命令开启 Trim 和查询 Trim 状态。

```
C:\> fsutil behavior query disabledeletenotify
Disabledeletenotify=1
C:\> fsutil behavior set disabledeletenotify = 0
Disabledeletenotify=0
```

3.1.2.19 重复数据删除

重复数据删除指的是在数据中查找和删除重复内容，并且不会影响数据的保真度和完整性。重复数据删除的目标是通过将文件分割成大小可以改变（32～128 KB）的小区块、分析重复的区块，然后为每个重复的区块保留一个副本，从而能在同样的存储空间里存储更多的数据。

重复删除之后，文件不再作为独立的数据流进行存储，取而代之的是指向存储在通用区块存储位置的数据块存根。由于这些文件共享区块，且重复的区块仅存储一次，从而减少了存储所有文件所需的磁盘空间，如图 3-17 所示。在用户和应用访问执行过重复数据删除的数据过程中，存储采用透明的方式将区块重新组装来处理数据，无需用户和应用操作文件在磁盘上转换。

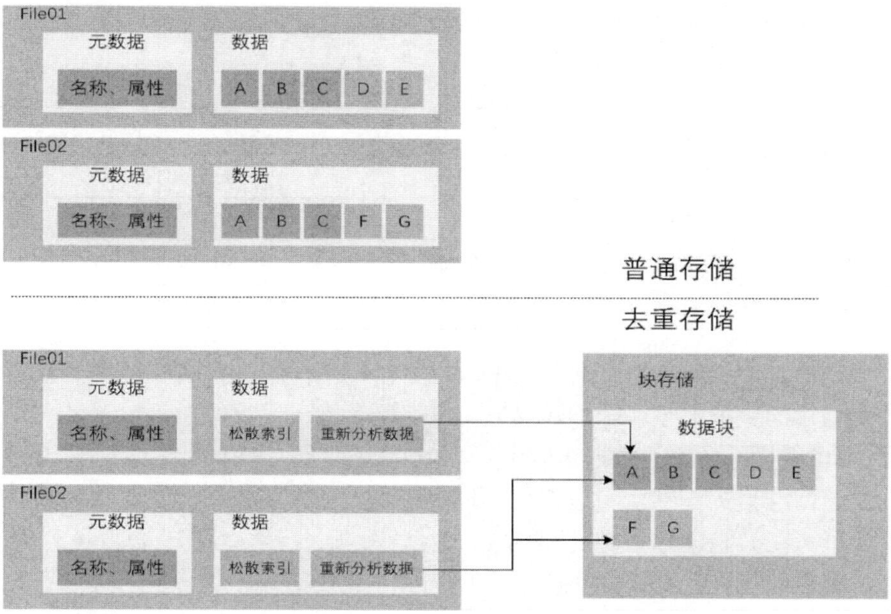

图 3-17 重复数据删除

Windows Server 2012 引入重复数据删除功能，以系统卷为单位进行重复数据删除配置。Windows Server 使用松散索引且重新分析数据，使用类似于合并同类项的方法将不同文件的相同的数据块仅保存为一份，Windows Server 重复数据删除具备以下特性。

- **容量优化**。重复数据删除使用更少的物理空间存储更多的数据，比单实例存储（SIS）或 NTFS 压缩等功能实现更大的存储效率。重复数据删除功能使用子文件可变大小的区块和压缩，常规文件服务器的优化率约为 2:1，而虚拟数据的优化率最高可达约 20:1。

- **灵活高效率**。重复数据删除具有一定的灵活性，除了可以有效利用存储资源，还可以很快地处理删除任务，并且可以合理地利用系统资源执行重复数据删除任务。在 Windows Server 2012 中，每秒可处理大约 20MB 的数据，Windows Server 2012（R2）重复数据删除处理速度提升到每秒 50MB，在多个卷上同时运行重复数据删除作业不会影响服务器上的其他工作负载。如果担心重复数据删除任务在执行时会对服务器应用产生影响，那么可以提前为重复数据删除任务分配 CPU 和内存资源以降低对服务器工作负载的影响。如果服务器太忙，则重复数据删除功能可能会自行停止。
- **数据完整且可靠**。当应用重复数据删除以节省空间的同时，数据的完整性同样可以得到保证，重复数据删除利用校验和、一致性以及标识验证来确保数据的完整性。对于所有元数据和最常引用的数据，重复数据删除还会保留冗余，以确保发生数据损坏时可进行恢复。

不同的数据类型在执行重复数据删除时节省的空间也有差别，可以使用安装重复数据删除角色后自动配置的 DDPEVAL 工具估算文件夹能节省的空间，使用 PowerShell 或者命令提示符运行 C:\>DDPEVAL.EXE *filepath* 预估在这个路径下能节省的空间（filepath 可以是本地路径文件夹，也可以是共享路径文件夹）。

微软官方提供的预估节省空间对应关系如表 3-3 所示。

表 3-3 预估节省空间对应关系

类别	内容	预估节省空间
用户文档	文档、照片、音乐和视频	30～50%
安装文件共享	常用的安装文件	70～80%
虚机硬盘库	虚拟硬盘文件	80～95%
普通共享	混合文件	50～60%

需要强调的是，虽然重复数据删除可以为虚拟硬盘存储节省 80%的存储空间，但是推荐使用在非运行的虚拟硬盘库。不建议应用在存储有正在运行的虚机的卷里，尤其是群集共享卷，因为可能会因频繁的数据访问引起群集 CSV 磁盘资源死锁条件发生，导致 Hyper-V 服务器无法访问群集共享卷。在虚拟化环境中，推荐的使用场景是桌面虚机（VDI）存储和库文件共享所在的卷进行重复数据删除。数据库、邮件、高性能计算服务器和超过 1TB 大小的文件都不推荐启用重复数据删除。

要启用重复数据删除，必须在文件服务器上安装重复数据删除角色，在服务器管理器里添加角色时选择“文件和存储服务”—“文件和 iSCSI 服务”的“重复数据删除”安装即可，如图 3-18 所示。

启用重复数据删除有图形界面和命令行两种方式，所有图形化操作在服务器管理器完成，在服务器管理器窗口选择需要启用重复数据删除的卷，右击选择配置重复数据删除打开重复数据删除配置窗口，如图 3-19 所示。

进而在重复数据删除设置窗口选择禁用或者启用重复数据删除，另外，还可以选择针对特定类型的数据（常规文件和 VDI 服务器）进行重复数据删除，如图 3-20 所示。

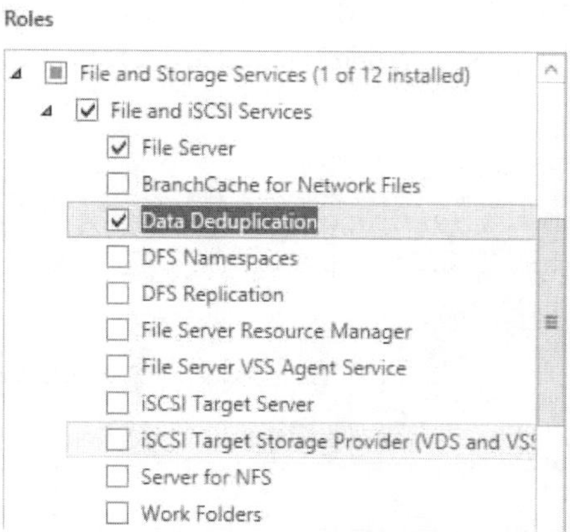

图 3-18　安装重复数据删除角色

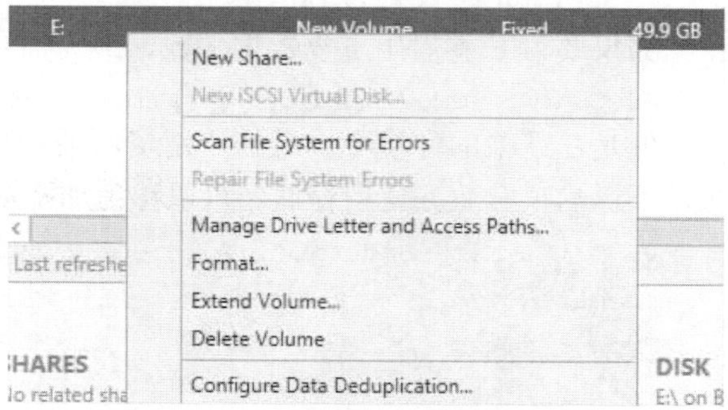

图 3-19　针对卷配置重复数据删除

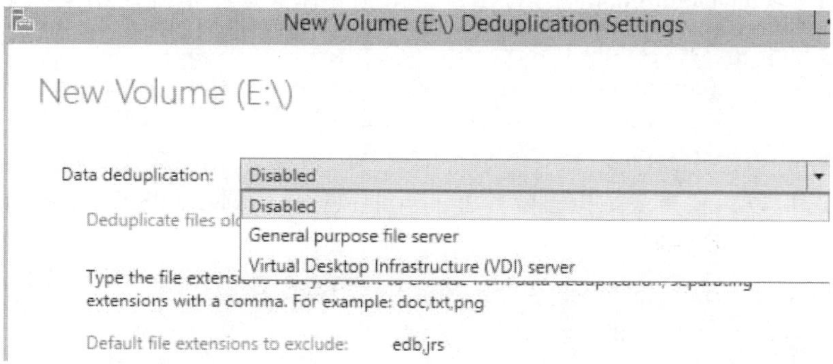

图 3-20　指定重复数据删除类型

可以使用 PowerShell 命令进行配置，配置的过程和图形界面一样，但是配置的项目更为丰富，命令配置简要步骤说明如下。

（1）先使用如下命令启用卷的重复数据删除，比如要针对 E 卷进行设置。

```
PS C:\> Enable-DedupVolume E:
```

（2）使用 Start-Dedupjob 启用卷的重复数据删除。

```
Start-DedupJob [-Type] <Type> {Optimization | GarbageCollection | Scrubbing
| Unoptimization} [[-Volume] <String[]> ] [-Memory <UInt32>][-Priority
<Priority> {Low | Normal | High} ] [-StopWhenSystemBusy]
```

可以指定以下几个参数配置，让重复数据删除作业运行更为合理。

- Type。包括 Optimization、GarbageCollection、Scrubbing 、Unoptimization 4 个值。
- Volume。指定要启用重复数据删除的卷。
- StopWhenSystemBusy。文件服务器如果正在处理大量数据，会占用较多的系统资源，同时运行重复数据删除作业会导致文件服务器处于高负荷状态，可能会影响到业务的数据访问。添加这个参数默认降低了重复数据删除作业对资源使用的优先级，系统繁忙时，系统先暂停重复数据删除作业，等待系统空闲再重新启动。
- Memory。指定重复数据删除使用最大内存的比例，对于 Optimization 作业，推荐设置为 15%～50%，如果设置超过 50%，同时指定 StopWhenSystemBusy，在系统繁忙时停止重复数据删除作业。

- Priority。非必要参数，设置重复数据删除作业使用 CPU 和 I/O 的优先级别，通常设置为 Normal 或者使用默认设置。如果设置了 StopWhenSystemBusy 参数，推荐将 Priority 设置为 Low。

如果要为 E 卷启用重复数据参数，最为简单的 PowerShell 命令如下。

```
PS C:\> Start-Dedupjob -Volume E: -Type Optimization
```

但是在严格的环境下，最好启用资源限制和优先级等参数，确保运行重复数据删除作业时不影响正常业务使用存储。可以参考如下命令。

```
PS C:\> Start-Dedupjob -Volume E: -Type Optimization -Memory 15 -StopWhenSy
stemBusy -Priority Low
Type           ScheduleType   StartTime   Progress    State     Volume
----           ------------   ---------   --------    ----      ----
Optimization   Manual                     0 %         Queued    E:
```

使用 PS C:\>Get-DedupStatus 查看重复数据删除作业运行情况，结果如下。

```
PS C:\> Get-DedupStatus
FreeSpace      SavedSpace     OptimizedFiles     InpolicyFiles     Volume
----           -----------    --------           --------          ----
50 GB          0 B            0                  0                 E:
```

如果需要，可以设置重复数据删除作业的计划执行任务，使用 PS C:\>New-DedupSchedule 设置定时运行重复数据删除作业。

```
New-DedupSchedule [-Name] <String> [-Type] <Type> {Optimization |
GarbageCollection | Scrubbing | Unoptimization} [-Days
<DayOfWeek[]> ][-DurationHours <UInt32> ] [-Start <DateTime> ]
[-StopWhenSystemBusy]
```

几个重要参数说明如下。

- Name。指定名称。
- Type。指定类别，包括 Optimization、GarbageCollection、Scrubbing 、Unoptimization 4 个值。
- Days。指定周一到周日中的一天和几天，如果指定几天，用逗号隔开。
- DurationHours。指定作业持续时间，如果设置为 0，那么可以在完全运行完作业后才停止。
- Start。指定作业开始时间，默认时间是 1:45AM。

比如虚机 VHDX 文件存储库每周都有新的虚机 VHDX 文件存入到共享存储，需要每周五晚上 8 点开始运行重复数据删除任务，示例建立一个名为 VMlibShare 的计划任务。

```
PS C:\> New-DedupSchedule -Name "VMlibShare" -Type Optimization -Start 20:00
-StopWhenSystemBusy -DurationHours 12 -Days Friday -Priority Normal

Enabled      Type            StartTime     Days         Name
------       ----            ---------     ----         ----
True         Optimizaiton    8:00 PM       Friday       VMLibShare
```

同样，如果要建立一个在周三、周五、周日早上 5 点开始运行，名为 Test 的重复数据删除任务的计划，可以使用以下命令。

```
PS C:\> New-DedupSchedule -Name "Test" -Type Optimization -Start 5:00
-StopWhenSystemBusy -DurationHours 6 -Days Tuesday,Friday,Sunday -Priority
 Normal

Enabled         Type            StartTime     Days                  Name
------          ----            --------      ----                  ----
True            Optimizaiton    5:00 AM       {Sunday,Tuesda..}     VMLibShare
```

如果需要排除某些文件不执行重复数据删除，还可以设置排除选项，使用 PS C:\>Set-DedupSchedule 设置定时可设置排除选项，不再过多介绍，可按照以下命令提示进行配置。

```
Set-DedupVolume [-Volume] <String[]> [-ChunkRedundancyThreshold <UInt32> ]
[-CimSession <CimSession[]> ] [-ExcludeFileType <String[]> ] [-ExcludeFolder
<String[]> ]
```

3.1.3　第一代 SDS 结构

Windows Server 第一代 SDS 从存储控制服务器可用性的区别可以分为高可用和非高可用结构，当然，无论存储控制服务器是高可用还是非高可用结构，存储空间的冗余是一样的，我们接下来逐一介绍的高可用只涉及存储控制服务器。

3.1.3.1　高可用结构

首先来看存储控制服务器高可用结构，存储控制器的可用程度是区分存储高低定位的因素之一，借助于软件定义的高可用技术——Windows Server 群集实现，依靠高可用链路的辅助共同实现整个 SDS 的高可用。

图 3-21 所示为典型的高可用存储空间和 SMB 3.0 文件存储结构，存储池里面的磁盘来

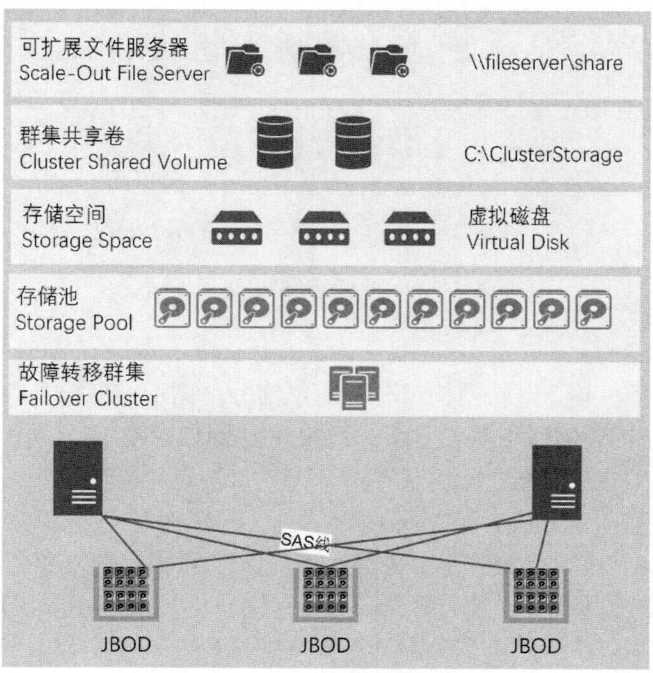

图 3-21　高可用 SDS 逻辑结构

自共享的 JBOD 存储箱。这个结构下充分利用了硬件、软件和链路的高可用能力，包括 SAS JBOD 和 SAS 硬盘共享能力，群集、群集共享卷和 SOFS 高可用角色以及网络高可用。但是要注意的是这种高可用结构只支持 SAS 磁盘，因为只有 SAS 磁盘才具备双通道能力，而 SATA 磁盘不具备。

本书涉及的 SDS 都基于高可用结构。

3.1.3.2　非高可用结构

在 Windows Server 2012（R2）版本中，软件定义存储还提供单机版本，也即一台存储控制器构成的 SDS 结构。单机版本也称之为非高可用结构，非高可用结构适用于非生产环境，或者适用于已经具有容灾方法的生产环境，接下来简单介绍非高可用结构。

图 3-22 所示为典型的非高可用结构的存储空间和 SMB 3.0 文件存储结构，存储池里面的磁盘来自服务器本地（DAS 模式）或者在需要扩展容量时将服务器直连 JBOD 设备，这种结构支持 SATA 硬盘和 SAS 磁盘，甚至可以支持 USB 硬盘。在这个结构下，没有群集共享卷和 SOFS 角色，因此 SMB 3.0 文件共享存储不具有扩展和高可用能力。这种结构大大降低了整体存储的可用性，但是 JBOD 存储箱感知、存储空间多重镜像冗余、分层能力依然可用。

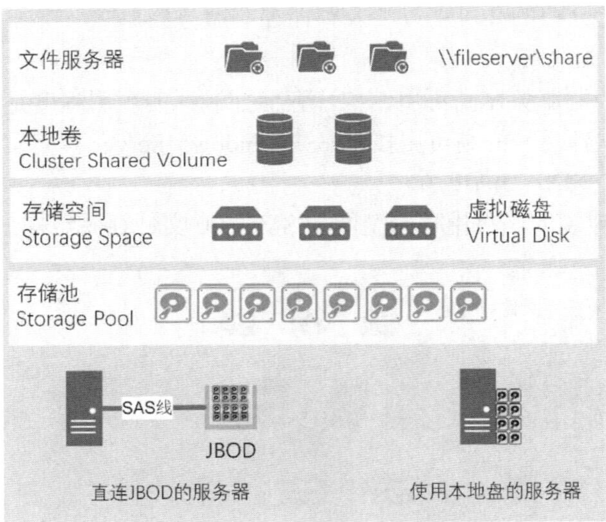

图 3-22　非高可用 SDS 逻辑结构

3.1.3.3　逻辑结构拓扑

如图 3-23 所示，整个逻辑结构可分为两个部分，第一个部分是存储部分，存储部分包含 JBOD 和存储控制器服务器，另外一个部分是 SMB 存储客户端，也即 Hyper-V 物理机或群集。SOFS SMB 存储是文件级存储，因此直接对接应用程序（主要用于 Hyper-V 和 SQL Server，我们可将 Hyper-V 看作特殊的应用），而不需要像 SAN 存储一样通过操作系统初始化才能使用。存储控制服务器和 Hyper-V 物理机使用相同的 Windows Server 操作系统，并且通过以太网连接，两种服务器在同一个域或者不同但是相互信任的域里。存储控制器服务器和 Hyper-V 服务器都配置成群集，可以共享相同的群集管理、心跳和 SMB 网络。

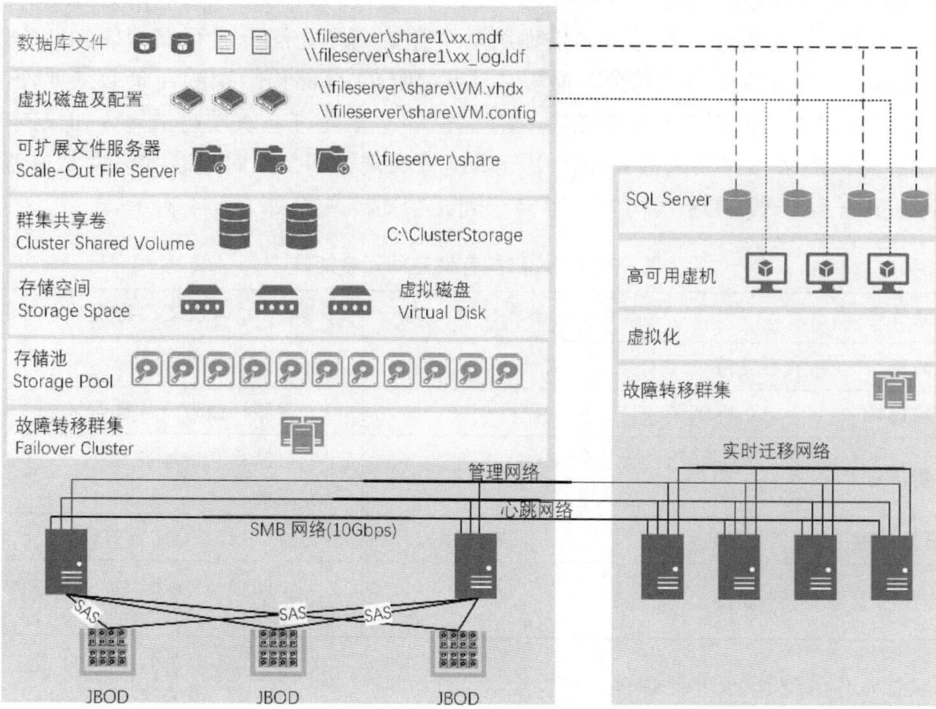

图 3-23　SDS 和存储客户端逻辑拓扑

存储端具有较多的角色和功能，因此更多配置都在存储端完成，如图 3-23 左图所示的堆栈，从下往上是存储部分按照先后顺序构建的逻辑堆栈。按照这个排序构建，首先需要存储群集上创建一个或者多个群集化的存储池，每个存储池可以包括不同的磁盘数及磁盘类型。存储池建好以后接着创建虚拟磁盘并为虚拟磁盘分配卷标，再配置为群集共享卷（CSV）。CSV 是块存储，此时无法扩展给到 Hyper-V 服务器使用，所以在存储控制服务器群集里引入一个很重要的角色——SOFS。配置好 SOFS 后，开始创建 SMB 共享，然后将 SMB 共享分配给 Hyper-V 或者 SQL Server 为其提供文件共享存储，SOFS 作为访问 SMB 共享的统一路径，SOFS 对应的名称将作为 SMB 客户端的访问点。

3.1.4　可用性原理分析

3.1.4.1　存储空间冗余度

存储作为数据中心的心脏，对其可用性和可靠性有着非常高的要求，受到的保护程度甚至比计算和网络要高。如果存储缺乏冗余设计和高可用保护机制，一旦存储发生故障导致数据丢失，可能造成数据无法恢复的永久性伤害。因此，不管用什么类型的存储，一定要具备 SLA 所需要的冗余设计。Windows Server 第一代 SDS 的冗余程度和可用性是怎样的呢？存储控制器、JBOD 存储箱和存储空间镜像布局共同决定着 Windows Server SDS 的冗余性。在存储控制器服务器非高可用结构下，只能依靠 JBOD、存储空间的镜像和奇偶校验布局实现存储箱和硬盘级别的冗余。在存储控制器服务器高可用结构下，不仅能够实现存储控制器和 JBOD 存储箱的冗余，还能实现硬盘级别的冗余。

在存储控制器服务器高可用结构中，使用不同数量的 JBOD 或者不同方式的存储空间布局，达到的冗余程度也有差别。如果使用两个存储箱则无法开启存储箱感知能力，从而无法实现 JBOD 存储箱级别的冗余，所以要实现 JBOD 存储箱级别的冗余必须要使用 3 个 JBOD。如果存储空间使用双重镜像布局，存储空间最多允许一块硬盘故障，如果同时发生两块硬盘故障，那么存储将失效；而使用三重镜像布局，那么同时最多允许两块硬盘故障。Windows Server 第一代 SDS 结构中，存储空间冗余矩阵总结如表 3-4 所示。

表 3-4 第一代 SDS 结构存储空间冗余矩阵

冗余类型	3 JBOD 存储箱	4 JBOD 存储箱
简单	不支持	不支持
双重镜像	一个存储箱或者一块磁盘	一个存储箱或者一块磁盘
三重镜像	一个存储箱和一块磁盘； 两块磁盘	一个存储箱和一块磁盘； 两块磁盘
单奇偶校验	不支持	不支持
双奇偶校验	不支持	一个存储箱和一块磁盘； 两块磁盘

3.1.4.2 存储空间可用性详述

在 JBOD 级别，3 个 JBOD 能提供 JBOD 存储箱级别的冗余，因为存储控制器在数据条带化后，在底层为列选择写入的硬盘时，存储箱感知的目的是为数据写入列时为列选择不在同一个 JBOD 里的硬盘。我们回顾 3.1.2.11 节所讲述的写入列的机制可知，数据条带后，每一份条带的数据通过 I/O 镜像一式两份或 3 份，每一份先写入列，由列把数据最终写入硬盘。在镜像布局的存储空间里，不同的列里包含两块或 3 块硬盘，这些硬盘来自于一个 JBOD 或者不同 JBOD 将直接决定存储空间的 JBOD 级别的冗余性。

在硬盘级别，虚拟磁盘的镜像和 RAID1 在为数据存储时选择磁盘的原理相似，但是和 RAID1/RAID10 对称式的结构允许的最大硬盘故障数不同，RAID1/RAID10 可以在发生一半的硬盘故障时存储依然可用。存储空间列并不会将硬盘对称地分为固定的两组或者三组然后写入数据的各个副本，列选择硬盘时遵循随机性和平均原则，随机性说明列每次为条带的数据的副本选择的写入的硬盘是变化的，平均原则说明列在选择硬盘时所有硬盘被选中的概率是一样的，而且数据条带越多越接近平均。以双重镜像的虚拟磁盘为例，复制一个 100GB 大小的文件到存储空间，换算成 KB 的单位为 104857600KB，默认的 Interleave 为 256K，先后要写 409600 个列，意味着要写 409600 对硬盘，就要产生 409600 对随机硬盘组合，那么每个参与数据写入的硬盘次数达到平均就成了一个必然事件。因此双重镜像的虚拟磁盘即使包含多个硬盘，每个硬盘必然都保存有这 100GB 文件的数据块副本，一块硬盘故障数据仍然完整，但是再有第二块硬盘同时故障，必然有数据块丢失而导致文件不完整，所以只能承受一块硬盘发生故障。同理，虚拟磁盘的三重镜像将会把一份数据复制成 3 份写在 3 个不同的硬盘里，虚拟磁盘可以承受两块硬盘发生故障。

接下来，我们列举不同的 JBOD 数量和存储空间布局矩阵关系的例子来阐述存储空间如何达到预期的可用性目标。

- **两个 JBOD 存储箱**。系统默认设计为两个 JBOD 不支持存储箱感知，所以两个 JBOD 不是推荐的配置，除非用于测试环境，或者对数据有额外的保护，否则难以满足数据的可靠性要求。因为两个 JBOD 不支持存储箱感知，那么为列选择关联硬盘时，随着写入的数据增多，列选择两块（双重镜像）或者 3 块硬盘（三重镜像）来自同一个 JBOD 一定是个必然事件，这样一个 JBOD 故障，数据会丢失所有副本导致数据不完整，如图 3-24 所示。
- **3 个 JBOD 存储箱**。3 个 JBOD 支持存储箱感知，所以 3 个 JBOD 是要实现存储箱冗余时推荐的配置，而且要在存储池启用 IsEnclosureAware 参数。3 个 JBOD 启用存储箱感知，存储空间列选择关联硬盘时，一定会选择不同 JBOD 存储箱里面的硬盘写入数据。对于双重或者三重镜像，不管 JBOD 里面有多少硬盘，也不管写入了多少数据，由于任何条带后数据的一式两份和 3 份不在同一个 JBOD 硬盘里存储，所以一个 JBOD 故障，其他两个 JBOD 一定存放着所有数据的另外的副本来保持数据的完整性，如图 3-25 所示。

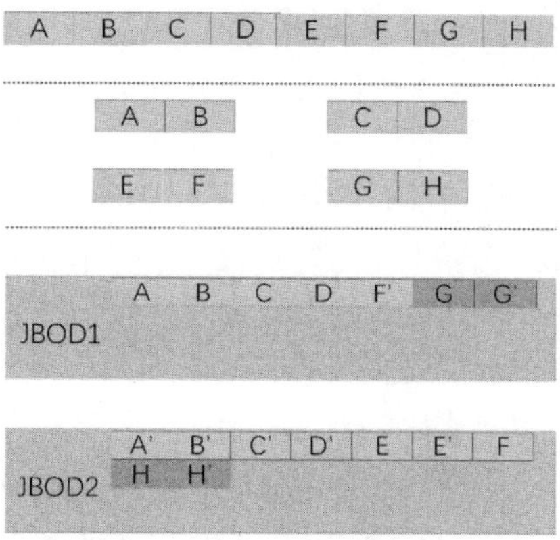

图 3-24　两个 JBOD 数据存储示意

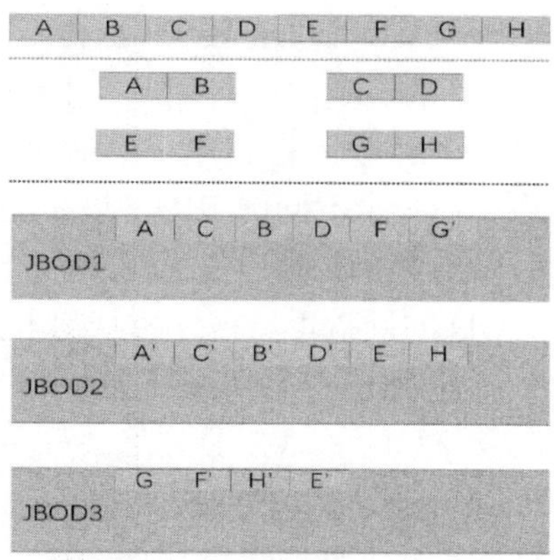

图 3-25　3 个 JBOD 数据存储示意

除了存储箱感知这个参数以外，列在其中的作用非常重要，列就像一个组织者，有序地组织数据往硬盘写入，存储箱感知控制列在选择硬盘时起到同一个 JBOD 里面的硬盘“互斥”的作用，这样一个列所关联的硬盘一定不会来自于同一个 JBOD。讨论了 JBOD 级别的可用性实现，接下来讨论 JBOD 结合存储空间布局的可用性实现。

- **3 个 JBOD 加双重镜像**。如果存储空间是双重镜像布局，如图 3-26 所示，JBOD1 里的 DISK1 可以和 JBOD2、JBOD3 里面的 6 块硬盘的其中任意一块随机组合成列，而不会去找 JBOD1 里面的其他硬盘组合成列。同理，JBOD3 里的 DISK5 可以和 JBOD1、JBOD2 里面的 6 块硬盘的其中任意一块随机组合成列。虚拟磁盘的双重镜像使用 3 个 JBOD 并启用 IsEnclosureAware 参数后，可以保证数据的两个副本不会写在同一个 JBOD 里，一个 JBOD 故障，数据剩下一个副本，这个副本存储在其他两个正常的 JBOD 里，因此数据是完整的。但这时候剩下的两个 JBOD 里任何一块硬盘都可能保留着所有数据的剩下的唯一副本，不能再允许出现 JBOD 故障和任意一块硬盘故障，因为任何一个硬盘故障都有可能导致数据丢失。因此，3 个 JBOD（存储箱感知）加双重镜像这种存储空间虚拟磁盘可以承受的极限是一个 JBOD 或一块硬盘故障。

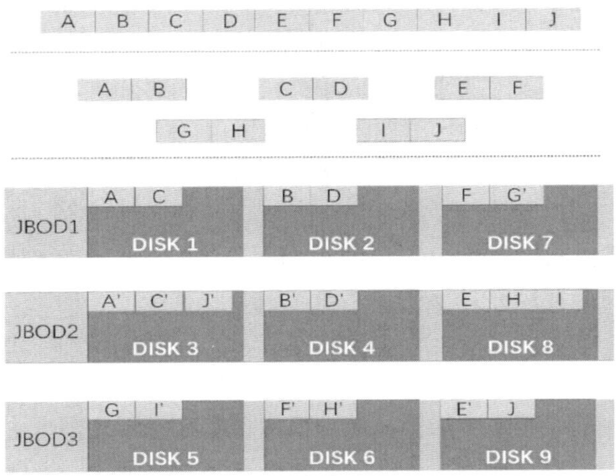

图 3-26 3 个 JBOD 和双重镜像数据存储示意

- **3 个 JBOD 加三重镜像**。存储空间的三重镜像将会把一份数据复制成 3 份写在 3 个 JBOD 的不同的硬盘里。三重镜像的每个列关联 3 块硬盘，在为列关联硬盘时，能保证 3 块硬盘不在同一个 JBOD 里，但三重镜像的一个列关联的硬盘不一定分别平均来自 3 个不同的 JBOD 里面的硬盘，可能有两块硬盘在同一个 JBOD 里，一块在另外一个 JBOD 里。条带化的数据复制成 3 份以后，数据的一个副本存储在一个 JBOD 的硬盘里，另外两个副本写入就和两个 JBOD 效果一样了，数据副本可能存在同一个 JBOD 的两块硬盘，也可能分开平均存放在两个 JBOD 的两块硬盘里，如图 3-27 所示。按照列选择硬盘的随机性和平均原则，另外两个副本写入同一个 JBOD 的两块硬盘是必然事件，因此剩下的两个副本的冗余性和两个 JBOD 加双重镜像布局一样，只能允许一块硬盘故障。所以，3 个 JBOD（存储箱感知）加三重镜像这种存储空间虚拟磁盘可以承受的极限是一个 JBOD 和一块硬盘同时故障，或者两块硬盘同时故障。

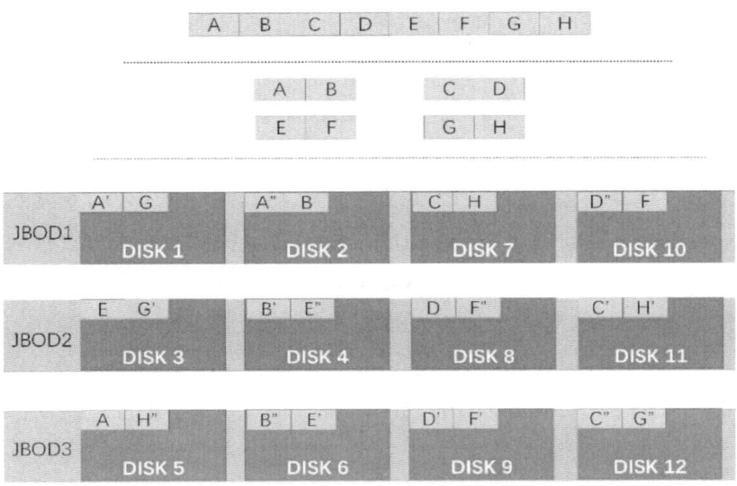

图 3-27 3 个 JBOD 和三重镜像数据存储示意

3.1.4.3　存储空间数据重构

在了解并规划了完整的包含 JBOD 存储箱、文件服务器、存储空间和网络的冗余结构后，还需要考虑到，在存储使用过程中硬盘发生故障后，如何更换新硬盘来维持存储空间的健康状态并保持存储空间的性能不下降（如果存储池里有硬盘发生故障，存储空间会生成性能下降的警告）。虽然三重镜像已经支持两块硬盘同时发生故障，但同期购买的硬盘可能是同一批次出厂的，具有相近的使用年限。所以，即使在硬盘冗余程度设计很高的架构里，如果有硬盘发生故障，还是有必要及时用新的硬盘更换故障硬盘，并快速把数据重构到存储池可用空间或者热备硬盘。优先考虑将数据重构在存储池可用空间，因为速度比重构在热备硬盘要快。

在启用了 JBOD 存储箱感知的存储空间里，要实现热备盘自动上线，需要在每个 JBOD 里面添加一块热备硬盘；如果要将数据重构到存储池的其他可用空间，则要求存储池里保留一定的空间，硬盘发生故障时，存储空间将这块故障硬盘的镜像副本复制到存储池可用空间。对于单层存储空间来说，建议在存储池里保留至少一块硬盘大小的空间，对于启用了分层存储的存储空间来说，建议一个 JBOD 存储箱里保留一块 HDD 和一块 SSD 之和大小的空间和额外的 16GB 空间（SSD 和 HDD 各需要 8GB 空间）。

故障硬盘镜像副本重构到其他空间除了有两种路径之外，还有自动和手动重构的方法，在存储池里有个非常重要的特性——RetireMissingPhysicalDisks，也即故障硬盘退出设置，这个设置定义了硬盘故障后的数据重构行为。RetireMissingPhysicalDisks 包括了 Auto、Always 和 Never，Auto 是默认初始设置。可使用如下命令查看 RetireMissingPhysicalDisks 设置。

```
PS C:\> Get-StoragePool -FriendlyName CloudStorage | ft  -RetireMissingPhysicalDisks

RetireMissingPhysicalDisks
----------------------------
Auto
```

通常如果存储池里包含了热备硬盘，则建议将 RetireMissingPhysicalDisks 设置为 Auto，存储池有热备硬盘，Windows Server 检测到硬盘故障后则会在自检测到故障开始 5 分钟后启动数据重构。但是要注意的是，如果存储池里的存储空间启用了 JBOD 存储箱感知，那么需要在每个 JBOD 里面插入一块硬盘作为热备盘才能保证自动修复和重构。如果存储池里没有热备盘，即使存储池有足够的可用空间，存储空间也并不会自动重构数据。如果存储池里预留了可用空间，则建议选择 Always，一旦发生硬盘故障，存储空间便会自动将故障硬盘镜像副本重构到存储池其他可用硬盘。如果不需要自动重构数据，可以将 RetireMissingPhysicalDisks 设置为 Never，在修复存储空间之前，如果遇到需要将硬盘托架拔出或者下线整个 JBOD 存储箱进行维护的情况，建议将 RetireMissingPhysicalDisks 设置为 Never，因为拔出硬盘或者下线整个 JBOD 时不会触发自动修复存储空间操作，等待手动触发修复完成后，再将 RetireMissingPhysicalDisks 设置为原有值。RetireMissingPhysicalDisks 属性设置需要结合具体情况加以考虑，比如将 RetireMissingPhysicalDisks 设置为 Always 后，存储空间会自动发生数据重构，如果是因为硬盘插槽松动或者其他问题导致暂时丢失通信的情况下，最好的解决方法是拔出硬盘重新插入，而自动重构数据会增加存储空间的 I/O 开销，或许会影响正在访问存储的应用。

可以使用如下示例命令设置 RetireMissingPhysicalDisks 值。

```
PS C:\> Get-StoragePool -FriendlyName CloudStorage | Set-StoragePool -Retir
eMissingPhysicalDisks Auto(Always/Never)
```

需要注意的是，硬盘发生故障或者要替换非故障的硬盘，都需要先把新的硬盘添加到存储池，把被替换的硬盘使用类型设置为退出，设置为退出的硬盘将停止接收数据写入请求，完成数据重构以后再删除要被替换的硬盘。

同时，为了平衡修复速度和存储内部 I/O 消耗，我们可以设置修复策略，存储池的 RepairPolicy 属性可以定义并行和按序修复两个策略，我们可以使用 Get-StoragePool 命令查看 RepairPolicy。默认情况下，RepairPolicy 设置为并行（Parallel）提高修复速度，如果我们为了减少修复时 I/O 的爆发，可以使用 Set-StoragePool 将 RepairPolicy 设置为按序执行(Sequential)。

3.1.5　物理结构

3.1.5.1　物理结构拓扑

图 3-28 展示了一个小体量的 Windows Server SDS 方案的较为完整的高可用物理结构，和 3.1.3 节提到的 SDS 逻辑结构一样，SDS 物理结构也可分为两个大的模块，一个是 SDS 存储服务器端，一个是 SDS 存储客户端，我们在物理结构里更加强调构成各个模块的硬件和硬件衔接。图 3-28 所示以太网交换机以下部分归为 SDS 存储服务器端，包括 JBOD 和

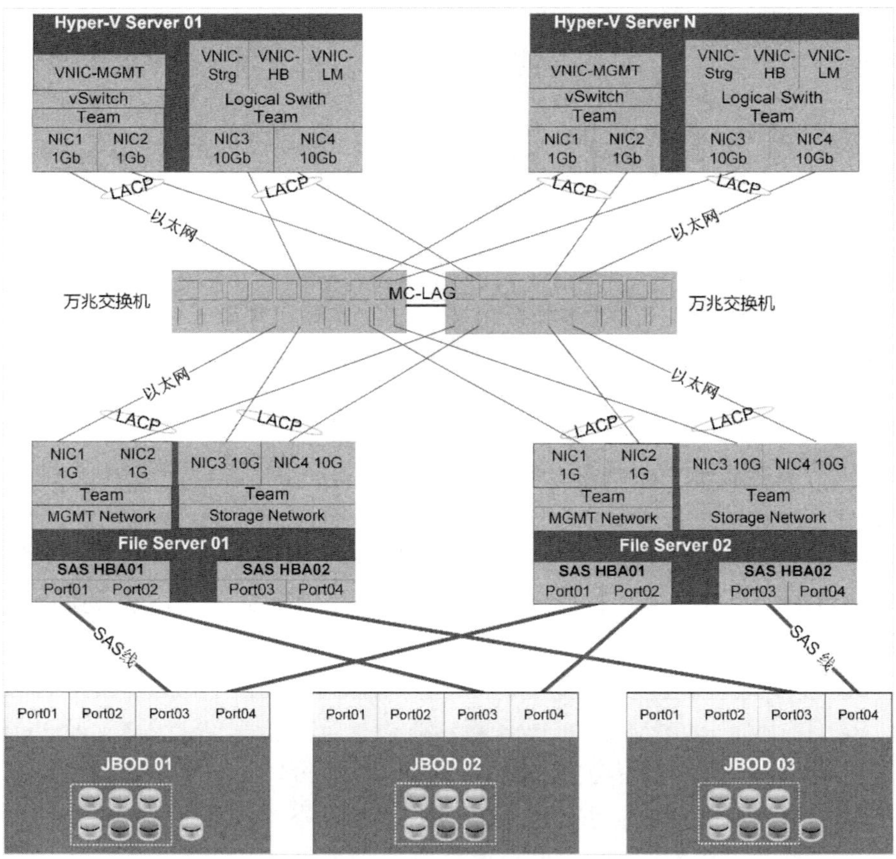

图 3-28　第一代 SDS 物理结构

存储控制器服务器，JBOD 和存储控制器服务器没有通过中间交换设备而是通过 SAS 线直连。交换机以上部分归为 SDS 存储客户端，也就是 Hyper-V 服务器，通过以太网络和存储端连接。以太网络和 SAS 网络是隔离不通的，这种结构充分使用了网络扩展特性来方便为 Hyper-V 服务器提供 SMB 共享存储。

3.1.5.2　物理结构详解

JBOD 作为存储单元必须要先和存储控制器服务器连接，作为存储控制器的服务器需要适配 SAS 卡，市面上常用的 SAS 卡是双端口的，插入到 PCIE 插槽里然后通过 SAS 线和 JBOD SAS 口连接。在此次环境里每台服务器适配了两块 SAS 卡，使用其中 3 个 SAS 端口和 3 个 JBOD SAS 口连接。这种连接模式达到两台存储控制器服务器和 3 个 JBOD 组成共享管理结构。因为有 3 个 JBOD，存储控制器服务器必须要插两个双端口的 SAS 卡，由于一路 CPU 南桥无法提供更多的 PCIE 插槽，必须配置两路 CPU，否则 SAS 卡无法连接到 PCIE 总线。而且双路的 CPU 提供更多的 PCIE 插槽以内置更多的 SAS 卡或者网卡，作为提供 SMB 网络存储的方案，网卡也可能需要额外配置，因此极力推荐两路 CPU 的服务器作为存储控制器。

需要注意的是，这种结构下，因为 JBOD 里面的硬盘需要具备共享的能力，所以必须使用 SAS 接口类型的硬盘。否则，在两台存储控制器服务器如果有 SATA 或者 USB 硬盘，这些硬盘无法被群集管理，更加无法添加到高可用存储池。本书介绍的内容用到的环境里使用了 SAS SSD 和 SAS HDD 盘若干，我们将在创建 SDS 存储空间时具体介绍。

大家在仔细看结构图时可能会有疑问，为什么只用两台群集服务器作为存储控制器？为什么文件服务器和每个 JBOD 之间连接只有单路径？等等。在解答这些疑问之前，笔者有必要向大家介绍基础的组件。如图 3-29 所示，环境里使用的这种 JBOD 分为前后两个硬盘槽位背板，4 个 SAS 口，SAS 口同时提供内连和外连，前后两个背板都有两个 Mini SAS 口，标识为 J0 口，前后背板的硬盘要能提供服务，必须先通过 J0 口和 SAS 内连口连接。前槽位背板有 23 个硬盘插槽和两个 J0 口，后槽位背板有 22 个硬盘插槽和两个 J0 口。SAS 内连外连口分为两组，Port1/Port2 为一组，通过 Mini SAS 线连接后背板槽位的 J0 口，Port3/Port4 为一组，通过 Mini SAS 线连接前背板槽位的 J0 口。默认情况下，前后槽位背板是相互独立的，在 SAS 外连口中，存储控制器服务器可使用 SAS 线连接 Port1/Port2 这一组 SAS 口，或连接 Port 3/Port4 这一组 SAS 口，因此这种 JBOD 的硬盘只能被两台服务器共享管理。由于这款JBOD本身外接SAS口的限制，即使存储控制器服务器由足够的PCIE槽位加装 SAS 卡也只能使用双路存储控制器。市面上也有其他型号的 JBOD 支持两路以上的存储控制器。

对大多数的应用负载，两台群集化的服务器已经能很提供足够的控制器冗余，如果负载有更高的冗余和可用性要求，则必须保证两台以上的存储控制器服务器。

存储控制器服务器和 JBOD 连接好以后，在任意一个存储控制器节点都能查看和管理所有硬盘。需要在存储控制器服务器配置 Windows Server 故障转移群集，然后在存储控制器服务器上初始化硬盘。

到此为止，存储的硬件层面和基本系统已经就绪。存储控制器服务器在整个结构里承担枢纽的作用，下连 SAS 存储网络，上联以太网络，SAS 网络的速率至少在 6Gbit/s，而以太网目前普遍是千兆水平，在高负载存储环境里存储控制器作为枢纽是个比较易发的 I/O

瓶颈点，借助万兆以太网可解决性能瓶颈，所以笔者环境中使用了万兆交换机和万兆网卡。从图 3-28 中可以看出来，两台存储控制器服务器适配了两块万兆网卡，连接存储端和客户端使用两台堆叠成高可用的万兆交换机，这两块万兆网卡将专用于 SMB 流量。除了用于存储 SMB 流量的万兆网络，Windows Server 还需要千兆网络承担群集管理流量。由于规模不大，环境中存在富余的万兆交换机端口，所以并没有为千兆网卡准备千兆交换机，千兆网卡通过速率匹配上连万兆交换机。但是如果规模不同，万兆网卡因为端口不多没有富余，则建议部署千兆交换机。

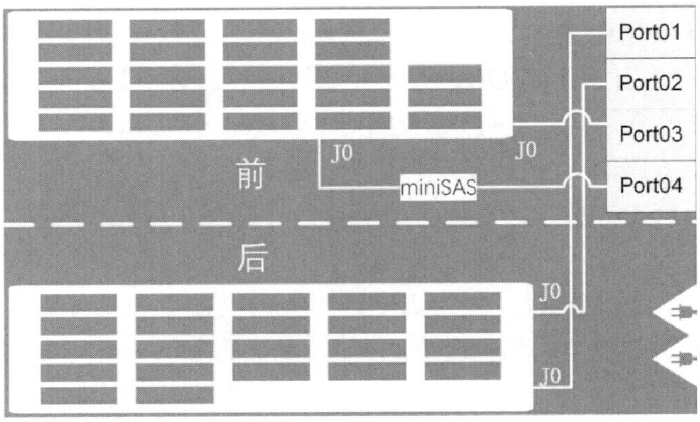

图 3-29　本书 SDS 示例环境所使用的 JBOD 内部布局

存储控制器服务器的两块万兆网卡使用 Windows Server 自带的网卡组合功能进行了组合，并且采用高效的动态 LACP 组合方式（网卡组合详见 4.1 节）将存储以太网络的带宽增加到 20Gbit/s，提供网卡的容错能力。

同样，作为存储客户端的 Hyper-V 服务器也配置了两组网卡，一组是千兆网卡，另外一组是万兆网卡，但是和存储服务器不同的是，Hyper-V 服务器不仅 SMB 流量需要万兆网络，其他流量比如实时迁移网络同样需要用到万兆网络。我们可以借助 Hyper-V 服务器虚拟交换机技术让多个流量共享千兆和万兆物理网络。Hyper-V 服务器可分为两类网络：一类是基础管理网络，另一类是存储网络。基础管理网络又包括了管理、心跳和实时迁移等网络，这些虚拟网络可以视情况创建在千兆虚拟交换机或者万兆虚拟交换机里。虚拟网络具体怎么分配需要结合实际情况，如图 3-28 所示，我们将千兆网卡组合后配置成虚拟交换机然后创建唯一的管理虚拟网络，再将万兆网卡组合后配置成虚拟交换机，心跳、实时迁移和存储网络都创建在万兆虚机交换机之下。在做设计时需要考虑各种情形以找到最佳的设计，虽然每次设计的时候会稍微有差别，但是原则是不变的，结合千兆网络和万兆网络在速率和延迟及抖动的差异方面，以下原则可以作为参考。

- 提供群集访问的管理网络不要求高速率和低延迟，可考虑使用千兆虚拟网络或者物理网络。
- 提供心跳访问的网络不要求高速率和低延迟，而且群集的心跳频率是可以自定义的，千兆虚拟网络即可。
- 提供虚机实时迁移的网络要高速率、低延迟，保证迁移虚机的速度，相比万兆级别的实时迁移网络，在执行多台服务器同时实时迁移时，千兆网络迁移的速度要慢。

- 提供 SMB 流量的网络要高速率、低延迟，如果作为 Hyper-V 服务器，SMB 流量除了负载存储服务器和客户端中间的 I/O，还可能因某个节点和存储控制器发生网络连接故障，无法直接将 I/O 发送给存储控制器时，承担存群集节点之间 CSV 流量。
- 网络的重要性也要考虑，虚拟网卡最终还是要以物理网卡为载体，所以还需要考虑物理网卡故障发生时，哪些虚拟网络是重要紧急的，哪些网络是重要但不紧急的，哪些网络是不重要的，等等。

在设计如何分配虚拟网络之前就必须考虑和设计好物理网络结构，否则后期改动会比较麻烦，在设计网络时不妨从实际情况多方面加以考虑。

3.1.6　配置 SDS

3.1.6.1　图形化配置简述

按照以下步骤完成存储空间配置，先在所有存储控制器服务器上重复配置第 1 和第 2 步基础功能和角色，从第 3 步开始只需要在其中一个节点上配置即可。

1．安装文件服务和群集服务

打开服务器管理器添加功能和角色向导，在角色配置里展开文件和存储服务，勾选文件服务器，如图 3-30 所示；在功能配置选择故障转移群集，如图 3-31 所示。

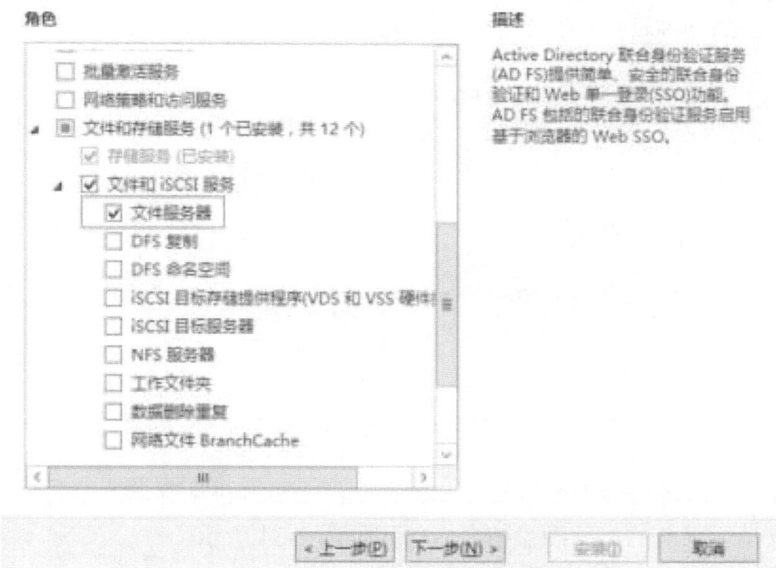

图 3-30　安装文件服务器角色

2．验证并创建故障转移群集

在故障转移群集控制台验证群集配置，将两台文件服务器添加到群集验证目标集合里。测试内容选择所有项目，也可选择其中某一项或者几项不确定项进行验证，如图 3-32 所示。建议选择验证所有项目进行验证，验证完毕，检查验证报告，按照提示修复明显的错误和警告。一切就绪后，开始创建群集，命名群集并分配群集 IP 地址，不再赘述群集创建和配置步骤。

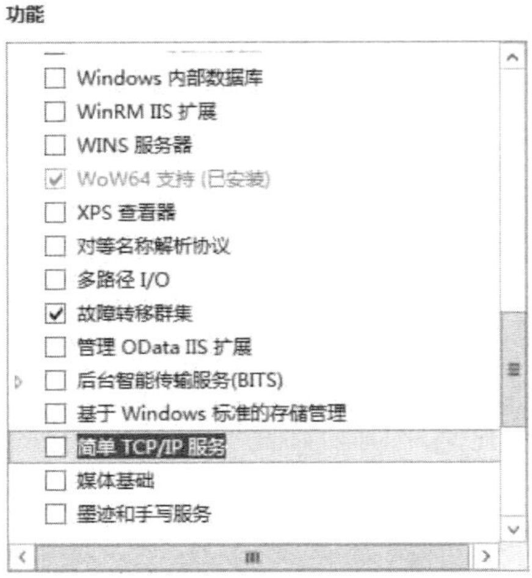

图 3-31　安装故障转移群集角色

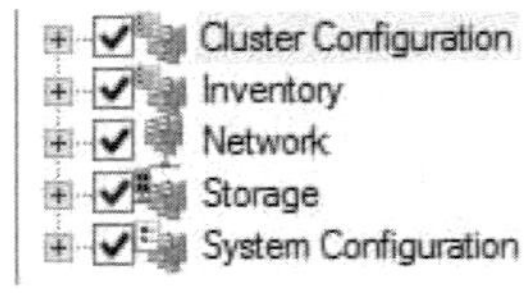

图 3-32　验证故障转移群集角色

3．创建存储池

在服务器管理器里打开创建存储池向导，如图 3-33 所示，在选择硬盘窗口把要添加到存储池的硬盘前面的复选框选中即可。另外，存储池支持热备盘，所以在选择好硬盘后，还有一个补充的选项，那就是选择硬盘的用途，自动和热备选项二选一，设置为自动的硬盘将成为存储池活动硬盘。

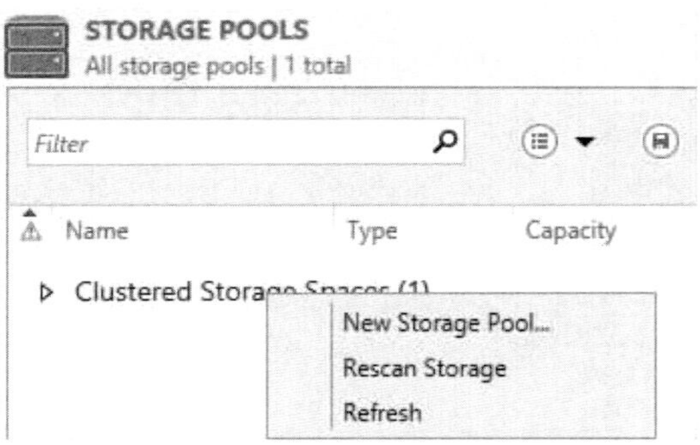

图 3-33　创建存储池

创建完毕，在服务器管理器查看新建的存储池信息，包括存储池名称、类型、总容量、剩余的容量以及所包含的物理硬盘信息，结果如图 3-34 所示。

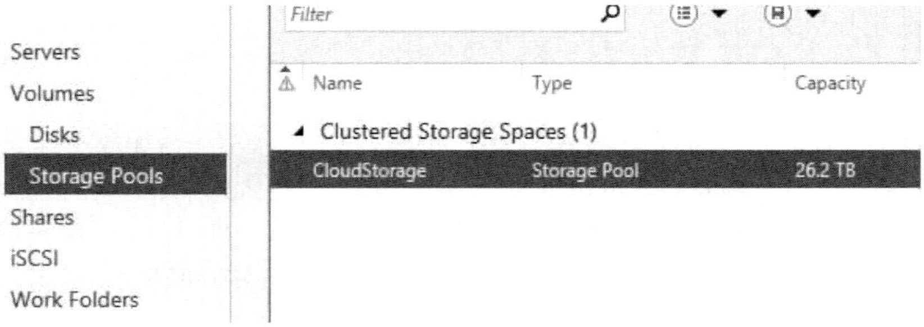

图 3-34　检索创建的存储池

4．创建虚拟磁盘

在服务器管理器里打开新建虚拟磁盘向导，如图 3-35 所示。选择将虚拟磁盘创建在上一步新建的存储池里，如图 3-36 所示。

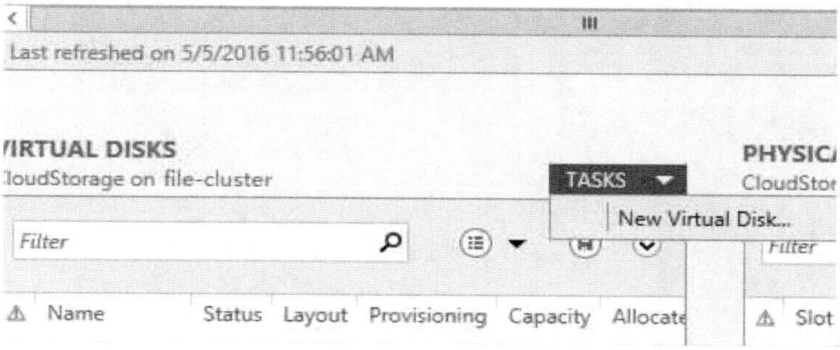

图 3-35　创建虚拟磁盘

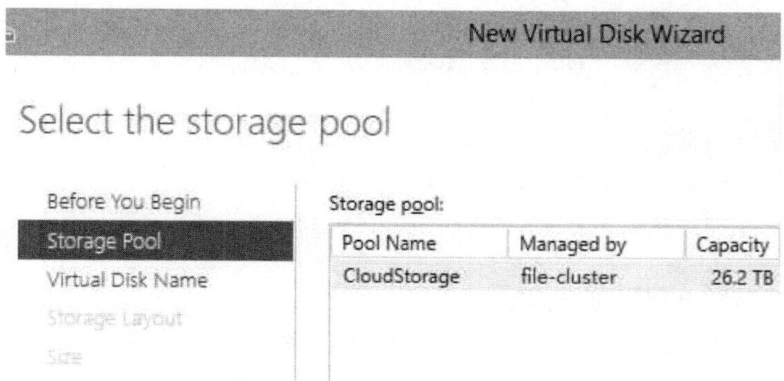

图 3-36　选择要创建虚拟磁盘的存储池

命名并为虚拟磁盘启用存储分层，如图 3-37 所示。关于存储分层的详细介绍请见 3.1.2.5 节。

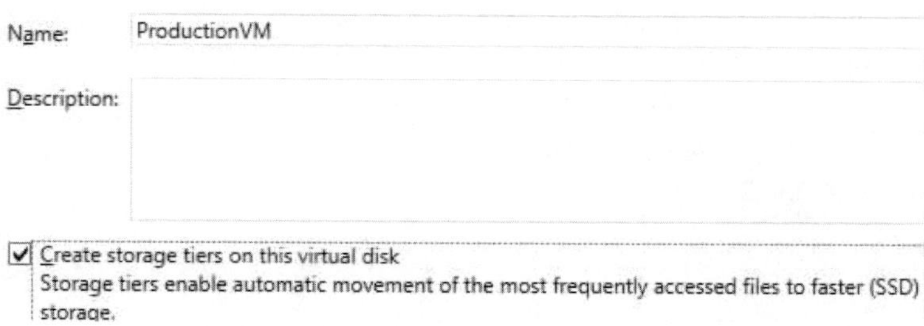

图 3-37　设置虚拟磁盘启用分层存储

选择磁盘布局，在选择磁盘分层后，有简单和镜像两种布局提供选择，在分层存储空间里并没有奇偶校验布局，如图 3-38 所示，关于简单和镜像布局的详细介绍请见 3.1.2.3 节。

如果选择磁盘镜像布局，接下来要选择数据保存为两份还是 3 份副本，也即为存储空间选择双重或者三重镜像，如图 3-39 所示；如果保存两份则在冗余类型里选择双重镜像，3 份副本则选择三重镜像。关于双重和三重镜像数据写入方式详见 3.1.2.11 节。

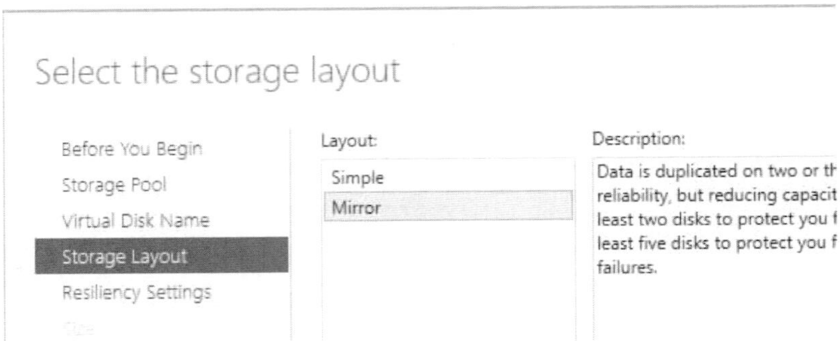

图 3-38 设置虚拟磁盘布局

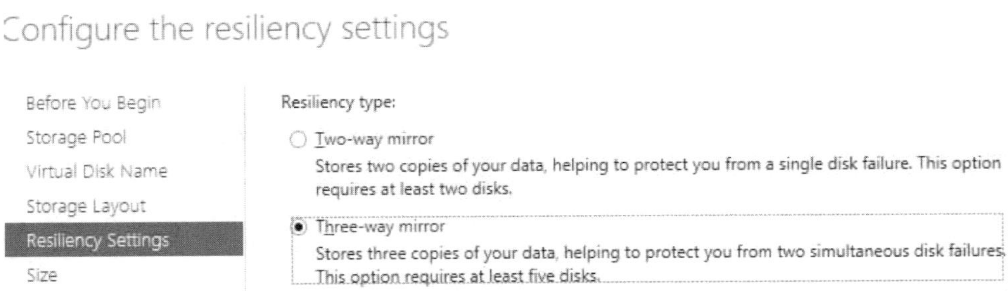

图 3-39 设置虚拟磁盘布局冗余类型

如果选择了存储分层，接下来还要为每一层分配可用的空间，如图 3-40 所示。每一层不能超过该层最大大小，建议留出该层中一块硬盘大小的剩余空间用于存储空间的自动修复和硬盘发生故障时的数据重构。

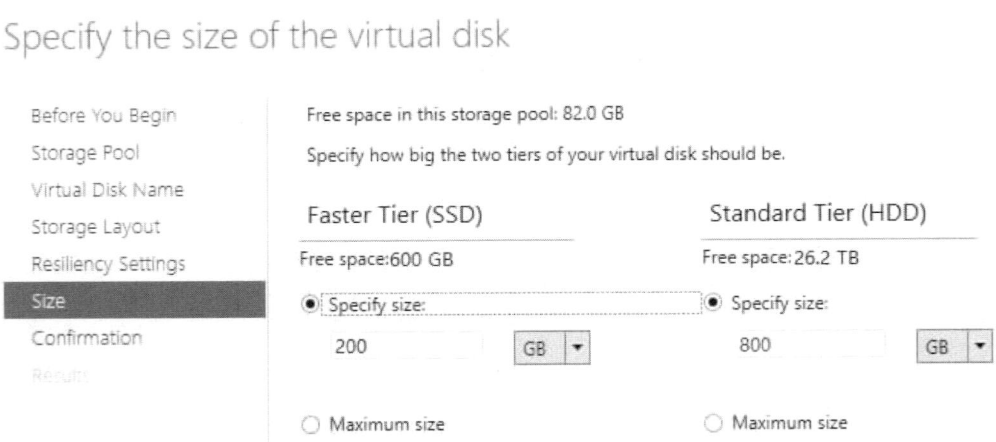

图 3-40 虚拟磁盘分层大小配置

5. 创建磁盘卷

虚拟磁盘还需要格式化成 NTFS 或者 ReFS 文件系统，并分配合适的卷号才能被文件服务器群集所访问和使用，所以这一步里选择新建的虚拟磁盘，打开虚拟磁盘初始化向导来新建磁盘卷，如图 3-41 所示。注意 Windows Server 2012 ReFS 文件系统不被 SOFS 所支持，但是 Windows Server 2016 SOFS 支持 ReFS。

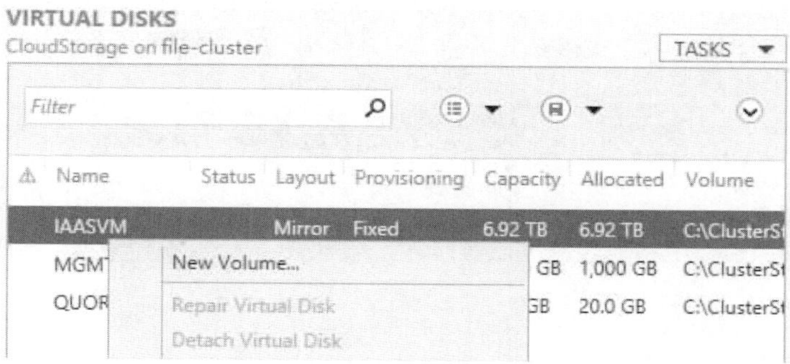

图 3-41　在虚拟磁盘新建卷

6．配置群集共享卷

将所有的虚拟磁盘初始化成 NTFS 或者 ReFS 后，打开群集管理控制台，展开群集名称，在存储节点选择需要添加为群集共享卷的磁盘，右击这些磁盘将它们添加到群集共享卷。

7．创建 SOFS 角色

使用以下步骤配置扩展文件服务器角色。

（1）在文件服务器群集任意一个节点上打开群集管理器。

（2）在控制台左侧展开群集名称，在展开的目录树里选择角色，右击角色选择配置角色，打开高可用性向导，如图 3-42 所示。

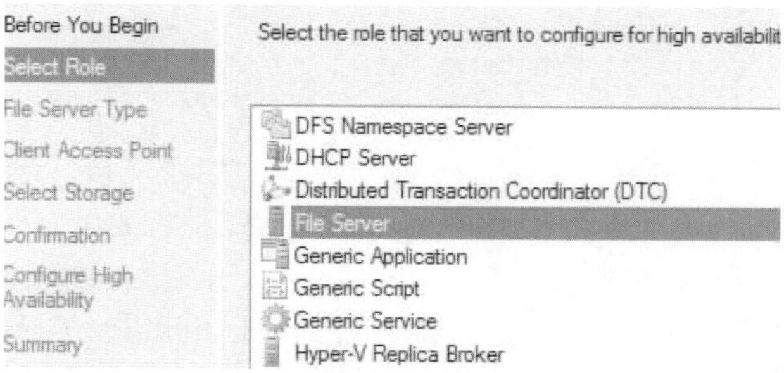

图 3-42　在群集里新建文件服务器高可用角色

（3）在配置角色这一步，在“选择要配置为高可用性角色”里选择文件服务器。

（4）在配置文件服务器类型这一步，选择“应用程序数据的横向扩展文件服务器(S)”，如图 3-43 所示。

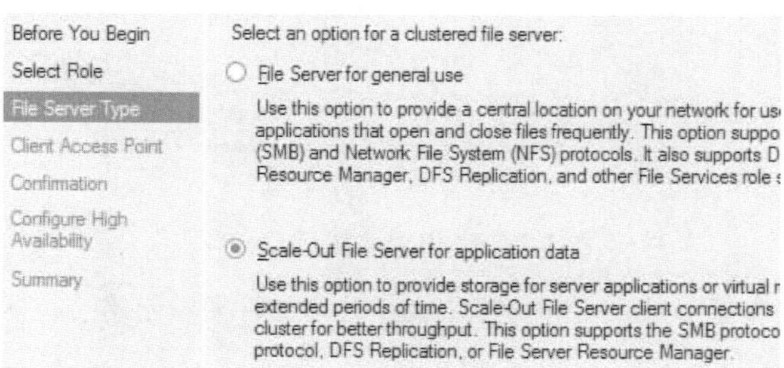

图 3-43　文件服务器类型选择应可扩展文件服务器

（5）在客户端访问点这一步，输入 SOFS 名称，比如我们示例使用 file-svr，SOFS 角色创建完毕，如图 3-44 所示。

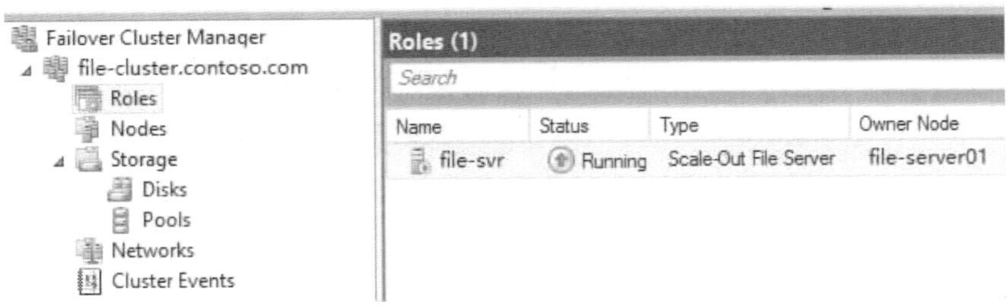

图 3-44　可扩展文件服务器角色创建完毕

8．创建 SOFS SMB 共享

在群集管理器里，找到上一步创建的 SOFS 角色，右击该角色，选择添加文件共享，如图 3-45 所示。

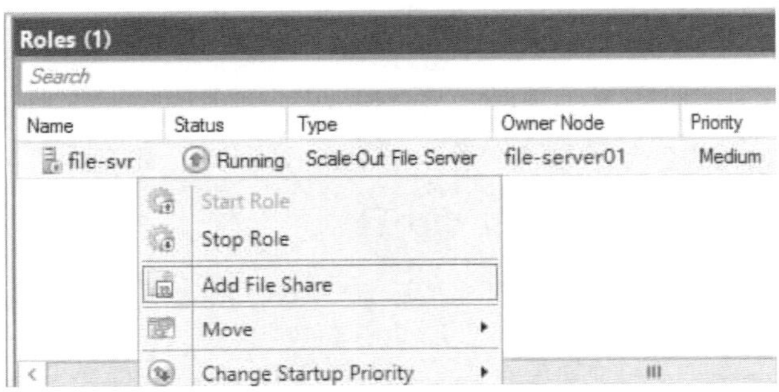

图 3-45　在可扩展文件服务器角色上创建 SMB 共享

在选择配置文件窗口，有 3 种 SMB 共享和两种 NFS 共享选择，第一和第二种 SMB 共享适用于普通文件的存储，也即我们常用的文件共享；第三种共享适用于 SQL Server 和 Hyper-V 这类高密度访问的存储，如图 3-46 所示。基于实际用途选择合适的共享，比如用于 SCVMM 虚拟机模板库存储只需要考虑快速或者高级的 SMB 共享，如果用于 SQL Server 数据库存储或 Hyper-V 虚机存储，则必须选择类型为应用的 SMB 共享。

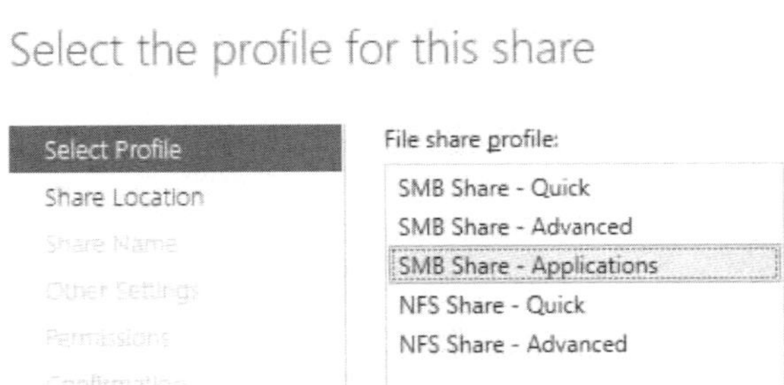

图 3-46　SMB 共享选择应用类型

接下来选择要在哪个 CVS 卷里挂载 SMB 共享文件夹，创建的共享文件夹绝对路径在所选择的 CSV 路径 C:\ClusterStorage\Volume 下，如图 3-47 所示。这时候应该按照规划选择合适的 CSV 卷创建 SMB 共享，比如基于容量或者性能维度出发进行考虑。

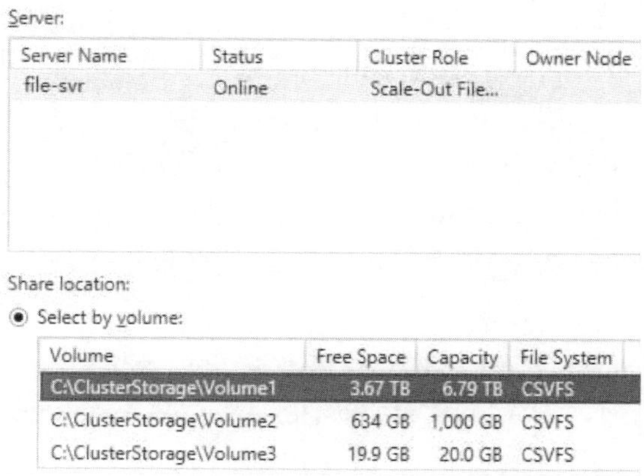

图 3-47　为 SMB 共享选择挂载的 CSV

为 SMB 共享命名，并检索共享的本地路径和远程路径，本地路径通常在文件服务器里的 C:\ClusterStorage\Volume(X)\Share 里。远程共享访问路径通常为\\sofsrolename\sharename，如图 3-48 所示。

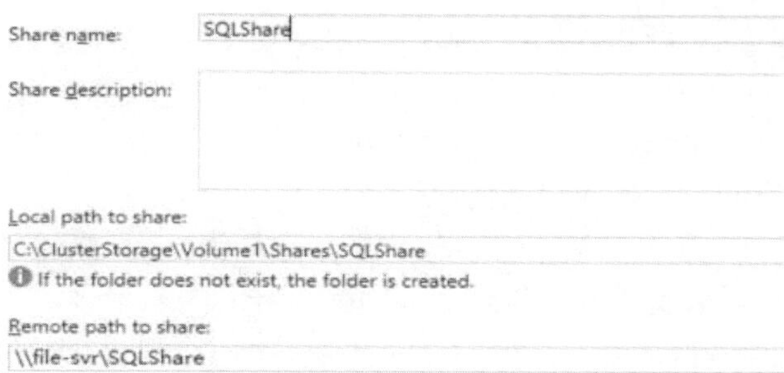

图 3-48　为 SMB 共享命名

接下来为 SMB 共享设置权限，依据 SMB 存储客户端情况为服务账号和计算机账号设置合理的权限，如图 3-49 所示；可在此步骤忽略权限的设置，而后通过 SCVMM 为 Hyper-V 主机注册 SMB 共享（SCVMM 注册 SMB 共享详见 3.1.7.1 节）或者用手动的方式添加适当的权限；如果权限设置不当，也可以在创建好 SMB 共享后进行更改。

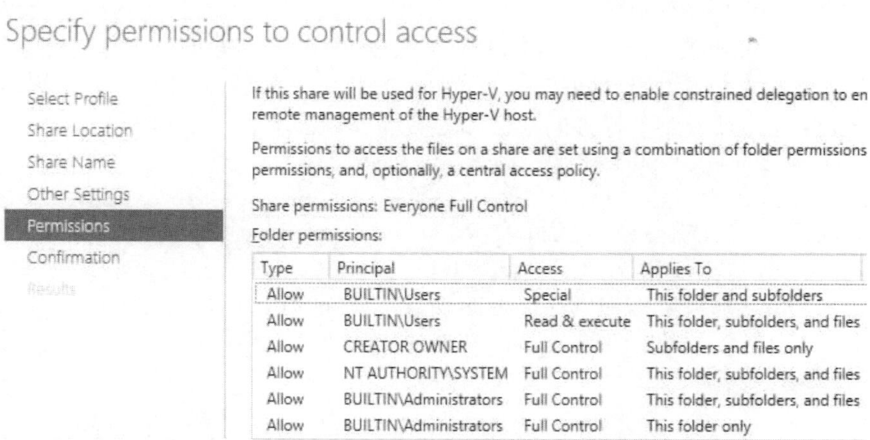

图 3-49　为 SMB 共享设置权限

3.1.6.2　命令创建存储池

从宏观方面说，PowerShell 是实现 Windows Server SDDC 的自动化引擎；从微观方面看，一些高级配置项必须使用 PowerShell 才能完成。接下来我们介绍如何使用 PowerShell 创建存储空间，这里不再重复介绍安装文件服务器角色和群集功能以及配置群集等基础步骤，直接跳到创建存储池和虚拟磁盘这两个关键的步骤，完成这两个关键步骤后，后续初始化虚拟磁盘、配置 SOFS 角色、创建 SMB 共享的步骤和 3.1.6.1 节一致，本节也不再赘述这些内容。

在创建存储池之前，有必要了解创建存储池的 PowerShell 命令的主要参数和用法。打开 PowerShell 执行窗口后，输入 PS C:\>Get-Help New-StoragePool 后获取到的详细的参数和参数的介绍如下。

```
New-StoragePool [-StorageSubSystemFriendlyName] <string[]> -FriendlyName
<string> -PhysicalDisk s <ciminstance[]>[-ResiliencySettingNameDefault
<string>] [-ProvisioningTypeDefault <ProvisioningType> {Unknown | Thin |
Fixed}] [-LogicalSectorSizeDefault <uint64>] [-EnclosureAwareDefault <bool>]
[-WriteCacheSize Default <uint64>] [-AutoWriteCacheSize <bool>] [-CimSession
<CimSession[]>] [-ThrottleLimit <int>] [-AsJob]  [<CommonParameters>]
```

- StorageSubSystemFriendlyName。存储子系统，这个参数是必须的，可以用 Get-StorageSubSystem 检索存储服务器群集的存储子系统名称。默认情况下，文件服务器有 Storage Space 和 Clustered Storage Space 这两个存储子系统，代表着独立和群集存储空间，我们应该视情况选择合适的存储子系统。
- FriendlyName。独立结构下可以创建多个存储池，而群集结构下可以最多创建 4 个存储池，所以我们需要给每个存储池赋予唯一的名字。
- PhysicalDisks。指定要添加到存储池的物理硬盘，不支持通配符和管道输入，可以取变量赋值。
- LogicalSectorSizeDefault。这个参数很有意思，虽然不是必须的参数，但是某些情况下需要指定特定大小的 LogicalSectorSize，比如要在构建在这个存储池之上的群集共享卷里创建 Hyper-V 共享的 VHDX 虚拟磁盘（详见 5.1.4.4 节），必须要给参数赋予 512b 的值，这个参数支持 512 字节和 4096 字节。

参数 PhysicalDisk 决定将哪些可用的硬盘添加到存储池，因此在创建存储池时，第一步需要运行 Get-PhysicalDisk 命令获取硬盘信息，有必要时需要加以筛选。在进行硬盘信息检索之前，先简单了解一下 Get-PhysicalDisk 的几个主要和常用的参数。输入 Get-Help New-StoragePool 后获取到的详细的参数和参数的介绍如下。

```
  Get-PhysicalDisk   [[-FriendlyName]   <String[]>   ]   [-AsJob]   [-CanPool
<Boolean[]>  ]  [-CimSession  <CimSession[]>  ]  [-Description  <String[]>  ]
[-HealthStatus   <HealthStatus[]>   ]   [-Manufacturer   <String[]>   ]   [-Model
<String[]> ] [-ThrottleLimit <Int32> ] [-Usage <Usage[]> ] [ <CommonParameters>]
```

- CanPool。筛选可添加到存储池的硬盘，后面使用$True 或者$False 参数来过滤能或者不能作为存储池的硬盘。这个参数在创建存储池时用于给变量赋值，筛选掉不适合池化的硬盘。
- FriendlyName。硬盘都具有默认的名称，该参数用于显示硬盘的友好名称，这个名称便于对照筛选结果。

获取了硬盘信息后，需要筛选硬盘，可用命令$CanPoolDisk=Get-PhysicalDisk 来定义变量赋给 PhysicalDisks。但是变量除了常用 CanPool 属性定义由系统来筛选候选硬盘以外，有些情况下，可以通过其他属性来进一步筛选合适的硬盘添加到存储池。比如将同型号的硬盘放在一个存储池，或者按照容量大小过滤出大小相同的硬盘。因为在存储池里如果添加的硬盘大小不一样，而在存储空间里又使用了镜像布局和固定大小的模式，那么小容量的硬盘分配完毕，大容量的硬盘还有剩余空间，这样会导致大容量硬盘浪费；如果存储空间使用动态模式，当小容量硬盘写满时，大容量硬盘还有剩余空间导致镜像失效。诸如此类的情况都需要我们对存储池硬盘进行合理的筛选。

下面的示例说明了如何创建存储池，首先获取硬盘信息，使用如下命令输出硬盘所在的 JBOD 和 JBOD 硬盘槽位信息以及硬盘的友好名称和硬盘介质类别。

```
PS C:\> Get-PhysicalDisk | Select PhysicalLocation, FriendlyName, MediaType

PhysicalLocation                          FriendlyName        MediaType
----------------                          ------------        ---------
                                          PhysicalDisk20      Unspecified
SES Enclosure 5003048001EEFD3H:Slot 10    PhysicalDisk7       HDD
SES Enclosure 5003048001EEFD3H:Slot 11    PhysicalDisk8       HDD
SES Enclosure 5003048001EEFD3H:Slot 3     PhysicalDisk3       SSD
SES Enclosure 5003048001EEFD3H:Slot 4     PhysicalDisk6       SSD
SES Enclosure 5003048001EEFD3H:Slot 5     PhysicalDisk2       SSD
SES Enclosure 5003048001EEFD3H:Slot 8     PhysicalDisk0       HDD
SES Enclosure 5003048001EEFD3H:Slot 9     PhysicalDisk1       HDD
SES Enclosure 5003048001EDFEBC:Slot 10    PhysicalDisk11      HDD
SES Enclosure 5003048001EDFEBC:Slot 11    PhysicalDisk10      HDD
SES Enclosure 5003048001EDFEBC:Slot 4     PhysicalDisk5       SSD
SES Enclosure 5003048001EDFEBC:Slot 5     PhysicalDisk9       SSD
SES Enclosure 5003048001EDFEBC:Slot 8     PhysicalDisk12      HDD
SES Enclosure 5003048001EDFEBC:Slot 9     PhysicalDisk4       HDD
SES Enclosure 5003048001EE023D:Slot 10    PhysicalDisk18      HDD
SES Enclosure 5003048001EE023D:Slot 11    PhysicalDisk19      HDD
SES Enclosure 5003048001EE023D:Slot 4     PhysicalDisk13      SSD
SES Enclosure 5003048001EE023D:Slot 5     PhysicalDisk14      SSD
SES Enclosure 5003048001EE023D:Slot 7     PhysicalDisk15      HDD
SES Enclosure 5003048001EE023D:Slot 8     PhysicalDisk16      HDD
SES Enclosure 5003048001EE023D:Slot 9     PhysicalDisk17      HDD
```

在输出结果中，我们可以看到 PhysicalLocation 列里按照 JBOD 的箱号进行排序，3 个 JBOD 的箱号前面前 10 位相同，使用后面 5 位进行区分，第一个 JBOD 的后 5 位是 EEFD3H，第二个 JBOD 是 EDFEBC，第三个 JBOD 是 EE023D。第一个 JBOD 有 3 块 SSD 和 4 块 HDD，第二个 JBOD 有两块 SSD 和 4 块 HDD，第三个 JBOD 有 3 块 SSD 和 5 块 HDD。其中，第一行的硬盘 JBOD 槽位信息为空，明显是本地硬盘而且硬盘类型未定义，这块硬盘不能添加到存储池里，需要过滤掉，稍后再操作。

我们在定义变量之前，先使用 PowerShell 命令过滤掉 PhysicalDisk20 这块本地盘，输出的结果不再包含 PhysicalDisk20 这块硬盘。

```
PS C:\> Get-PhysicalDisk | ? Canpool -eq $TRUE | Select PhysicalLocation, F
riendlyName, MediaType| Sort-Object PhysicalLocation

PhysicalLocation                          FriendlyName      MediaType
----------------                          ------------      ---------
SES Enclosure 5003048001EEFD3H:Slot 10    PhysicalDisk7     HDD
SES Enclosure 5003048001EEFD3H:Slot 11    PhysicalDisk8     HDD
SES Enclosure 5003048001EEFD3H:Slot 3     PhysicalDisk3     SSD
SES Enclosure 5003048001EEFD3H:Slot 4     PhysicalDisk6     SSD
SES Enclosure 5003048001EEFD3H:Slot 5     PhysicalDisk2     SSD
SES Enclosure 5003048001EEFD3H:Slot 8     PhysicalDisk0     HDD
SES Enclosure 5003048001EEFD3H:Slot 9     PhysicalDisk1     HDD
SES Enclosure 5003048001EDFEBC:Slot 10    PhysicalDisk11    HDD
SES Enclosure 5003048001EDFEBC:Slot 11    PhysicalDisk10    HDD
SES Enclosure 5003048001EDFEBC:Slot 4     PhysicalDisk5     SSD
SES Enclosure 5003048001EDFEBC:Slot 5     PhysicalDisk9     SSD
SES Enclosure 5003048001EDFEBC:Slot 8     PhysicalDisk12    HDD
SES Enclosure 5003048001EDFEBC:Slot 9     PhysicalDisk4     HDD
SES Enclosure 5003048001EE023D:Slot 10    PhysicalDisk18    HDD
SES Enclosure 5003048001EE023D:Slot 11    PhysicalDisk19    HDD
SES Enclosure 5003048001EE023D:Slot 4     PhysicalDisk13    SSD
SES Enclosure 5003048001EE023D:Slot 5     PhysicalDisk14    SSD
SES Enclosure 5003048001EE023D:Slot 7     PhysicalDisk15    HDD
SES Enclosure 5003048001EE023D:Slot 8     PhysicalDisk16    HDD
SES Enclosure 5003048001EE023D:Slot 9     PhysicalDisk17    HDD
```

此外，为了实现热备，我们在定义硬盘变量之前，挑选出两块硬盘作为热备硬盘，存储池里有 SSD 和 HDD，所以需要选一块 SSD 和一块 HDD 硬盘做热备。因为只有热备盘和故障硬盘在同一个 JBOD 时才能将热备盘设置为自动进行自动数据重构，因此理论上每个 JBOD 需要一块热备盘。但是作为讲解演示环境，我们象征性选择两块硬盘（一块 SSD 和一块 SSD）即可，这两块硬盘最好来自不同的 JBOD 设备。作为示例，我们这里挑选 PhysicalDisk2（SSD）和 PhysicalDisk17（HDD）作为热备盘。

```
PhysicalLocation                          FriendlyName      MediaType
----------------                          ------------      ---------
…………                                      ……                ……
SES Enclosure 5003048001EEFD3H:Slot 5     PhysicalDisk2     SSD
…………                                      ……                ……
SES Enclosure 5003048001EE023D:Slot 9     PhysicalDisk17    HDD
```

我们接下来定义变量，使用如下 PowerShell 定义名为 pooldisk 的变量，该变量包含可以池化的所有硬盘。

```
PS C:\> $pooldisk=Get-PhysicalDisk |? Canpool -eq $True
PS C:\> $pooldisk

FriendlyName    CanPool   Operation   Healthy    Usage       Size
                          Status      Status
------------    -----     -----       -----     -------      -------
```

```
PhysicalDisk6    True    OK          Healthy   Auto-Select   372.61 GB
PhysicalDisk1    True    OK          Healthy   Auto-Select   1.82 TB
PhysicalDisk5    True    OK          Healthy   Auto-Select   372.61 GB
PhysicalDisk2    True    OK          Healthy   Auto-Select   372.61 GB
PhysicalDisk14   True    OK          Healthy   Auto-Select   372.61 GB
PhysicalDisk11   True    OK          Healthy   Auto-Select   1.82 TB
PhysicalDisk18   True    OK          Healthy   Auto-Select   1.82 TB
PhysicalDisk13   True    OK          Healthy   Auto-Select   372.61 GB
PhysicalDisk17   True    OK          Healthy   Auto-Select   1.82 TB
PhysicalDisk3    True    OK          Healthy   Auto-Select   1.82 TB
PhysicalDisk8    True    OK          Healthy   Auto-Select   1.82 TB
PhysicalDisk15   True    OK          Healthy   Auto-Select   1.82 TB
PhysicalDisk7    True    OK          Healthy   Auto-Select   1.82 TB
PhysicalDisk10   True    OK          Healthy   Auto-Select   1.82 TB
PhysicalDisk12   True    OK          Healthy   Auto-Select   1.82 TB
PhysicalDisk0    True    OK          Healthy   Auto-Select   1.82 TB
PhysicalDisk19   True    OK          Healthy   Auto-Select   1.82 TB
PhysicalDisk9    True    OK          Healthy   Auto-Select   372.61 GB
PhysicalDisk13   True    OK          Healthy   Auto-Select   372.61 GB
PhysicalDisk16   True    OK          Healthy   Auto-Select   1.82 TB
```

到此为止，我们理清了硬盘信息，定义了硬盘变量，并选择了两块硬盘用作热备盘，这两块热备盘不会在创建存储池的过程中添加，而是创建好存储池以后再加入到存储池。既然我们定义的$pooldisk 变量包括了所有 20 块硬盘，那么我们创建存储池时，怎么排除那两块热备盘呢？这里我们将用到 PowerShell 数组来排除这两块硬盘。我们知道数组是一组有序的值，所以可以按照索引读出数组的值，默认情况下数组第一个值被索引为 0，第二个值为 1，第三个值为 2，依此类推，但是要注意的是，默认排列的硬盘名称后面的数字并不是依次按照从小到大排列。我们在 Get-PhysicalDisk | ? Canpool -eq $True 返回的结果中，如果有 20 块硬盘，这 20 块硬盘的索引值从第一个值到最后一个值依次标记为[0,1,2,3,4……19]。

```
FriendlyName         CanPool   OperationStatus   Usage         Size
------------         -----     -----             -------       -------
[0]PhysicalDisk6     True      OK                Auto-Select   372.61 GB
[1]PhysicalDisk1     True      OK                Auto-Select   1.82 TB
[2]PhysicalDisk5     True      OK                Auto-Select   372.61 GB
[3]PhysicalDisk2     True      OK                Auto-Select   372.61 GB
[4]PhysicalDisk14    True      OK                Auto-Select   372.61 GB
[5]PhysicalDisk11    True      OK                Auto-Select   1.82 TB
[6]PhysicalDisk18    True      OK                Auto-Select   1.82 TB
[7]PhysicalDisk13    True      OK                Auto-Select   372.61 GB
[8]PhysicalDisk17    True      OK                Auto-Select   1.82 TB
[9]PhysicalDisk3     True      OK                Auto-Select   1.82 TB
[10]PhysicalDisk8    True      OK                Auto-Select   1.82 TB
[11]PhysicalDisk15   True      OK                Auto-Select   1.82 TB
[12]PhysicalDisk7    True      OK                Auto-Select   1.82 TB
[13]PhysicalDisk10   True      OK                Auto-Select   1.82 TB
```

```
[14]PhysicalDisk12  True      OK                  Auto-Select   1.82 TB
[15]PhysicalDisk0   True      OK                  Auto-Select   1.82 TB
[16]PhysicalDisk19  True      OK                  Auto-Select   1.82 TB
[17]PhysicalDisk9   True      OK                  Auto-Select   372.61 GB
[18]PhysicalDisk13  True      OK                  Auto-Select   372.61 GB
[19]PhysicalDisk16  True      OK                  Auto-Select   1.82 TB
```

在这个例子中，$pooldisk[3,8]的硬盘将作为热备硬盘。因此在使用数组为存储池选择硬盘时，在-PhysicalDisk 参数后面输入$pooldisk[1,2,4,5,6,7,9,10,11,12,13,14,15, 16,17,18,19]即可。

好了，到此为止，我们选好了池化的物理硬盘，选好了热备盘，定义了硬盘变量并且掌握了如何排除热备硬盘，接下来我们就使用如下示例 PowerShell 命令创建存储池。这里我们将 LogicalSectorSizeDefault 的值赋为 512(b)，因为这个环境里我们要使用到 Hyper-V 共享 VHDX。

```
PS C:\> New-StoragePool -FriendlyName "CloudStorage" -StorageSubSystemFrien
dlyName "Clustered Storage Spaces*" -PhysicalDisks $Pooldisk[0,1,2,4,5,6,7,
9,10,11,12,13,14,15,16,17,18,19] -LogicalSectorSizeDefault 512
```

创建完毕，输入以下 PowerShell 示例命令查看存储池创建结果。

```
PS C:\> Get-StoragePool  -FriendlyName "CloudStorage"

FriendlyName    OperationStatus HealthyStatus   IsPrimordial   IsReadOnly
------------    --------        ---------       ---------      -------
CloudStorage    OK              Healthy         False          False
```

这时候也可以返回到服务器管理器界面查看存储池情况，打开文件服务器的服务器管理器，引导到文件和存储服务窗口，在存储池里查看新建的存储池信息，如图 3-50 所示；同时可以在右侧查看存储池所包含的硬盘信息，如图 3-51 所示。

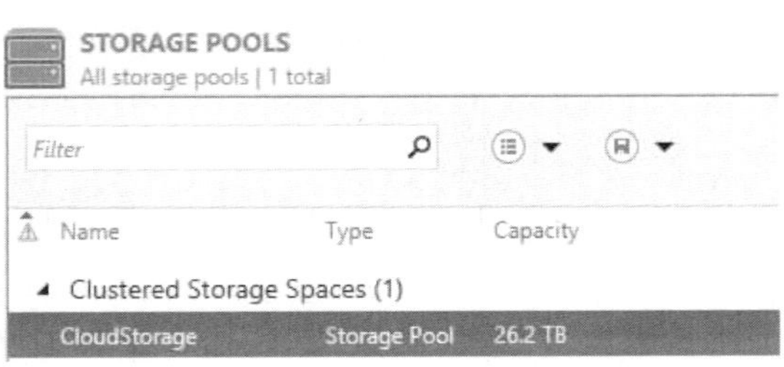

图 3-50　查看存储池创建情况

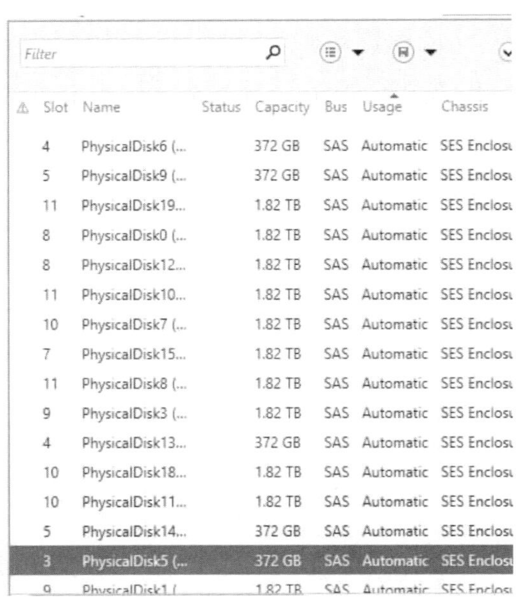

图 3-51　存储池硬盘信息

到此，存储池已经创建完毕，别忘了我们还需要把两块热备盘添加到存储池。JBOD 里还剩下两块可用的硬盘（在创建存储池筛选留下来的）可用作热备硬盘，当然作为最佳实践，如果存储空间启用了 JBOD 存储箱感知，最好能够在每个 JBOD 存储箱里插入热备盘。我们按照之前的做法重新定义一个名为$hotsparedisk 的变量。

```
PS C:\> $hotsparedisk = Get-PhysicalDisk | ? Canpool -eq $True
PS C:\> $hotsparedisk

FriendlyName     CanPool   Operation    Healthy     Usage         Size
                           Status       Status
------------     -----     -----        -----       -------       -------
PhysicalDisk2    True      OK           Healthy     Auto-Select   372.61 GB
PhysicalDisk17   True      OK           Healthy     Auto-Select   1.82 TB
```

两块硬盘标记为$hotsparedisk[0,1]，使用如下命令将两块硬盘添加到存储池。

```
PS C:\> Add-PhysicalDisk -StoragePoolFriendlyName "CloudStorage"
-PhysicalDisk $hotsparedisk[0,1] -Usage HotSpare
```

输入 PS C:\>Get-PhysicalDisk 查看硬盘使用状态。在 Usage 一列中可以看到两块添加到存储池并且作为热备的硬盘。

```
FriendlyName                                  Usage
------------                                  -------
PhysicalDisk6                                 Auto-Select
PhysicalDisk1                                 Auto-Select
PhysicalDisk5                                 Auto-Select
PhysicalDisk2                                 Hot Spare
PhysicalDisk14                                Auto-Select
PhysicalDisk11                                Auto-Select
PhysicalDisk18                                Auto-Select
PhysicalDisk13                                Auto-Select
PhysicalDisk17                                Hot Spare
PhysicalDisk3                                 Auto-Select
PhysicalDisk8                                 Auto-Select
PhysicalDisk15                                Auto-Select
PhysicalDisk7                                 Auto-Select
PhysicalDisk10                                Auto-Select
PhysicalDisk12                                Auto-Select
PhysicalDisk0                                 Auto-Select
PhysicalDisk19                                Auto-Select
PhysicalDisk9                                 Auto-Select
PhysicalDisk13                                Auto-Select
PhysicalDisk16                                Auto-Select
```

因为存储池里有热备硬盘，所以需要将丢失硬盘后的操作设置为自动修复，使用如下命令实现使用热备硬盘自动修复存储空间。

```
PS C:\> Get-StoragePool -FriendlyName CloudStorage | Set-StoragePool  -Retir
eMissingPhysicalDisks Auto
```

3.1.6.3　命令创建虚拟磁盘

存储池不能直接提供存储，需要在其上创建虚拟磁盘（Virtual Disk），但是 Windows Server 2012（R2）还不能用图形界面创建带有 JBOD 存储箱级别的冗余的虚拟磁盘，因此，还是要用 PowerShell 命令进行创建虚拟磁盘。在创建虚拟磁盘之前，我们有必要了解一些常用和重要的 PowerShell 命令参数。

```
New-VirtualDisk [-StoragePoolFriendlyName] <string[]> -FriendlyName <string>
[-ResiliencySettingName <string>] [-Size <uint64>] [-UseMaximumSize]
[-ProvisioningType <ProvisioningType> {Unknown | Thin | Fixed}] [-IsEnclosureAware
<bool>] [-PhysicalDisksToUse <ciminstance[]>] [-NumberOfDataCopies <uint16>]
[-PhysicalDiskRedundancy <uint16>] [-NumberOfColumns <uint16>]
[-AutoNumberOfColumns] [-Interleave <uint64>] [-StorageTiers <ciminstance[]>]
[-StorageTierSizes <uint64[]>] [-WriteCacheSize <uint64>] [-AutoWriteCacheSize]
[-CimSession <CimSession[]>] [-ThrottleLimit <int>] [-AsJob] [<CommonParameters>]
```

- ResiliencySettingName。有镜像(Mirror)，简单(Simple)和奇偶校验（Parity）3 种，镜像又分为双重和三重镜像，奇偶校验又分为单奇偶校验和双奇偶校验。默认情况下，虚拟磁盘会被设置成单奇偶校验，如果在 PhysicalDiskRedundancy 参数后面赋予 2 这个值则将奇偶校验设置成双奇偶校验。
- NumberOfDataCopies。将 ResiliencySettingName 设置为 Mirror，默认的 NumberOfDataCopies 为 2，如果存储空间要两份镜像数据，则不需要添加这个参数，但是存储空间如果要 3 份镜像数据，则必须添加这个参数并且参数需要设置为 3。
- PhysicalDiskRedundanc。这个参数指定允许同时发生故障的硬盘的数量，其意义和 ResiliencySettingName 以及 NumberOfDataCopies 相似，或者说这个参数由 ResiliencySettingName 以及 NumberOfDataCopies 决定，通常我们不需要额外配置。比如我们指定存储空间的 ResiliencySettingName 为 Mirror 后且将 NumberOfDataCopies 设置为 2，那么 PhysicalDiskRedundancy 的值就是 1，意味着只能允许一块硬盘发生故障，如果将 NumberOfDataCopies 设置为 3，意味着可以同时允许两块硬盘发生故障。存储空间布局的硬盘故障容忍度详见 3.1.4 节。
- StorageTiers。指定存储空间是否需要分层，将需要添加的层赋在该参数后面，比如要将存储空间分为 SSD 和 HDD 两层，那么需要在 StorageTiers 后接定义的 SSD 和 HDD 的变量。如果在创建存储空间时不指定这个参数，那么存储空间将不会分层。
- StorageTierSizes。直接指定 SSD 层和 HDD 层的大小，在参数后面的小括号内指定，比如示例中，分配 100GB 的 SSD 层磁盘和 900GB HDD 层，那么设置为 -StorageTierSizes (100GB,900GB)。
- ProvisioningType。虚拟磁盘类型，有 Thin 和 Fixed 两种属性，Thin 即大家熟悉的动态模式，Fixed 是固定大小模式。这个概念有点儿像在一个固定空间里存放气球，气球有未充气气球和充气气球，未充气气球就像 Thin 模式，充气气球就类似于 Fixed 模式。一个固定大小的空间可以存放很多的未充气气球，但是未必能存放一样多的充气的气球。一个没有打气的气球标称的容量是 3L，但是没打气之前，实际容量才几毫升，随着充入的气体越来越多，气球也慢慢接近标称容量。就像 Thin 模式一样，一开始虚拟磁盘只占存储池很小的空间，随着数据越来越多地写入虚拟磁盘，虚拟磁盘的空间也慢慢接近分配的空间值；Fixed 磁盘具有更为连续的空间和更好的性能，但是可能在创建之初占用而未用一些存储池空间从而造成浪费。

- IsEnclosureAware。Enclosure 即 JBOD 存储箱，顾名思义，EnclosureAware 即存储箱感知，可以实现存储控制器以存储箱为单位进行控制。这个参数的意义在于，在具备 3 台或以上的 JBOD 时，创建镜像布局的虚拟磁盘，允许一个 JBOD 故障和离线，保证数据在其他 JBOD 里还有副本可用，这个参数提供排斥一个条带后的原数据和副本数据保存在同一个 JBOD 里。不设置这个参数或者将这个参数的值设置为 $False，那么即使有 3 台或以上 JBOD 而且设置为镜像或者双奇偶校验的虚拟磁盘也不具备 JBOD 存储箱冗余，要实现 JBOD 存储箱冗余，必须显性指定参数为$True。
- Interleave。非强制参数，默认情况下 Interleave 大小为 256KB，可自己按照实际环境赋值，但是如果没有足够的把握，建议保持为默认值。
- NumberOfColumns。手动指定 Column 值，如果不指定 Column 大小，系统会自动分配 Column 数。

如果需要创建带分层存储特性的虚拟磁盘，必须要有分层的定义才能使用-StorageTiers 参数，但是我们在初次创建虚拟磁盘时，输入以下命令查看存储分层定义后，返回的结果往往是空的，意味着不存在任何存储分层的定义。

```
PS C:\> Get-StorageTier
```

如果系统没有设置分层定义，我们不妨自己定义存储分层，区分硬盘的一个关键的属性是 MediaType，所以分层时要用这个关键的属性来定义，可使用如下 PowerShell 示例命令自定义存储层。

```
PS C:\> New-StorageTier -StoragePoolFriendlyName CloudStorage -FriendlyName
SSDTier -MediaType SSD
PS C:\> New-StorageTier -StoragePoolFriendlyName CloudStorage -FriendlyName
HDDTier -MediaType HDD
```

使用如下示例 PowerShell 命令查看自定义的存储分层定义。

```
PS C:\> Get-StorageTier |ft FriendlyName, MediaType

FriendlyName                                              MediaType
------------                                              ---------
SSDTier                                                   SSD
HDDTier                                                   HDD
```

在创建分层的虚拟磁盘中，需要使用分层参数，因此需要先设置 SSD 和 HDD 变量。使用如下示例 PowerShell 命令完成设置 SSD 和 HDD 变量。

```
PS C:\> $SSDs = Get-StorageTier -FriendlyName SSDTier
PS C:\> $HDDs = Get-StorageTier -FriendlyName HDDTier
```

注意，如果没有 SSD 磁盘，但是有转速不同的磁盘混合也可以做分层，怎么做呢？需要借助 PowerShell 命令，比如有若干 7.2K RPM 和 10K RPM 的 SAS HDD 硬盘，可以把 10K RPM 的 SAS HDD 设置成 SSD 层存储介质类型，7.2K RPM 保留为 HDD 存储介质类型。比如要将具有 10K RPM 友好名称为 PhysicalDisk5 的硬盘设置为 SSD 硬盘，示例 PowerShell 命令如下。

```
PS C:\> Set-Physicaldisk -FriendlyName "PhysicalDisk" -MediaType SSD
```

设置完毕后进行验证，可以看到这块硬盘的介质类型已经是 SSD 了。

```
PS C:\> Get-Physicaldisk -FriendlyName "PhysicalDisk5"|Select FriendlyName,
MediaType

FriendlyName                                                  MediaType
------------                                                  -----
PhysicalDisk5                                                 SSD
```

下面以新建一个虚拟磁盘为例，该虚拟磁盘具有分层功能、JBOD 存储箱冗余、3 份数据副本的特性。在创建虚拟磁盘之前，我们事先规划好了每一层的大小，以下示例 PowerShell 命令创建了一个名为 ProductionVM 的虚拟磁盘。创建完毕后，输入以下示例命令查看新建的虚拟磁盘属性信息，部分非关键属性没有显示出来。

```
PS C:\> New-VirtualDisk -StoragePoolFriendlyName CloudStorage -FriendlyName
ProductionVM -ResiliencySettingName Mirror -NumberofDataCopies 3 -Provision
ingType Fixed -StorageTiers ($SSDs,$HDDs) -StorageTierSizes (100GB,900GB)
-IsEnclosureAware $True

PS C:\> Get-VirtualDisk -FriendlyName ProductionVM |ft

ObjectId:{1}\\ServerName\root/ Microsoft /Windows/Storage/Providers_v2\SPACES_
VirtualDisk.ObjectId="{1b5a9c70-4328-4a18-af1f-288fbcd6344d}:VD:{c5c2304
2-043e-11e6-80c3-90e2ba345196}{c5c2311a-043e-11e6-80c3-90e2ba345196}"
UniqueId                          : 1A31C2C53E04E61180C390E2BA345196
Access                            : Read/Write
AllocatedSize                     : 1073741824000
DetachedReason                    : None
FootprintOnPool                   : 3221225472000
FriendlyName                      : ProdutionVM
HealthStatus                      : Healthy
Interleave                        : 262144
IsDeduplicationEnabled            : False
IsEnclosureAware                  : True
IsManualAttach                    : True
IsSnapshot                        : False
LogicalSectorSize                 : 512
NumberOfColumns                   : 2
NumberOfDataCopies                : 3
OperationalStatus                 : OK
PhysicalDiskRedundancy            : 2
PhysicalSectorSize                : 4096
ProvisioningType                  : Fixed
RequestNoSinglePointOfFailure     : False
ResiliencySettingName             : Mirror
WriteCacheSize                    : 1073741824
```

如果要创建不分层的不具备 JBOD 存储箱冗余的虚机磁盘，可以按照如下示例 PowerShell 命令创建一个名为 TestVM 的虚拟磁盘。

```
PS C:\> New-VirtualDisk -StoragePoolFriendlyName CloudStorage -FriendlyName
TestVM -ResiliencySettingName Mirror -ProvisioningType Fixed  -Size 500GB
```

创建完虚拟磁盘后，在存储控制器服务器上打开服务器管理器，在存储空间里查看新建的虚拟磁盘属性，选择左侧通用属性，查看到之前设置的磁盘类型、分层和每层的空间大小，如图 3-52 所示。需要注意的是，因为启用了三重镜像副本，在存储池里占用的空间=分配的空间 x3。

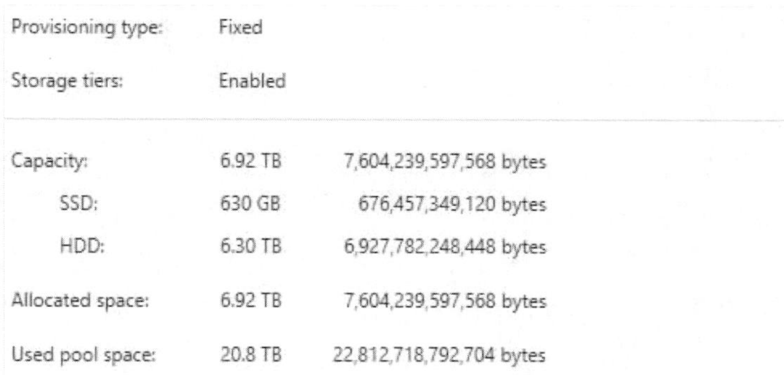

图 3-52　服务器管理器里查看虚拟磁盘概况

在属性左侧的详细菜单里，在下拉框选择“Redundancy”可查看存储空间布局镜像，如图 3-53 所示。

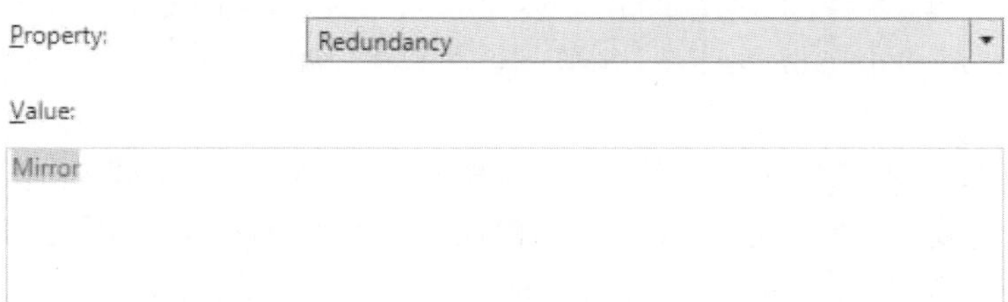

图 3-53　服务器管理器里查看虚拟磁盘冗余布局

在下拉框选择“NumberOfDataCopies”可以看到在创建虚拟磁盘时设置的 3 份数据镜像，如图 3-54 所示。

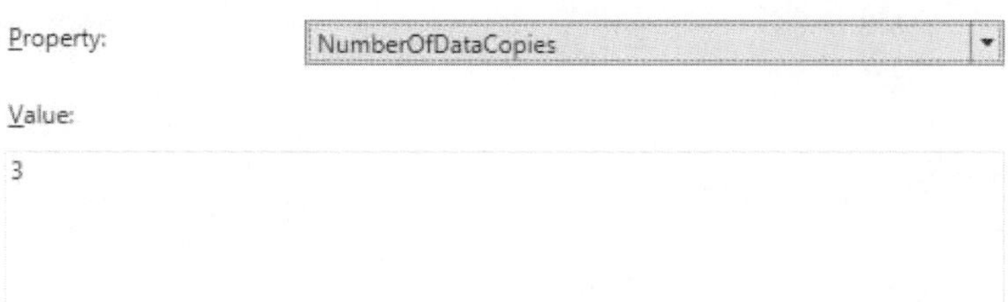

图 3-54　服务器管理器里查看虚拟磁盘数据 3 份副本

接下来按照 3.1.6.1 节中的图形界面步骤完成剩余的步骤，包括新建卷、群集共享卷、SOFS SMB 共享文件夹，在此不再赘述。

3.1.7 使用存储

就像 SAN 存储的 LUN 划分和分配一样，SOFS SMB 文件存储也同样需要分配给 Hyper-V 服务器。SMB 共享存储的分配和 SAN 却又是大相径庭，SAN 存储是块级存储，SAN 块级存储需要通过操作系统分配给应用，所以需要通过 FC/ISCSI 链路连通 Hyper-V 主机并分配 LUN 给 Hyper-V 服务器或者群集，在 Hyper-V 群集里初始化 LUN 的文件格式设置后再将其设置为群集磁盘或者 CVS 卷。SMB 共享是文件级存储，文件级存储对接对象是应用，比如 Hyper-V 虚拟化软件或者 SQL Server，这种文件存储不需要先分配给 Hyper-V 服务器或者群集进行初始化，而是通过 Hyper-V 控制台或者 SQL Server 指定存储虚机的 SMB 共享路径。

3.1.7.1 SMB 存储用于 Hyper-V

我们可以使用 Hyper-V 控制台对接或者说分配 SOFS SMB 共享存储用于 Hyper-V 虚机的 VHDX、配置、快照和状态文件的存储，也可通过 SCVMM 结构管理先添加 SMB 文件服务器，再将 SMB 共享文件注册到 Hyper-V 服务器或者群集。下面逐一介绍两种对接或者分配 SMB 共享给 Hyper-V 服务器和群集的方法。

- **通过 Hyper-V 控制台分配**。通过 Hyper-V 控制台对接或者分配 SOFS SMB 存储过程如下。

需要在每一台 Hyper-V 服务器上完成，打开 Hyper-V 管理器，在右侧窗口点击 Hyper-V 设置，打开 Hyper-V 设置窗口，在 Hyper-V 设置窗口展开左侧服务器栏，需要为虚拟硬盘和虚拟机配置分配同样的 SMB 路径。选择虚拟硬盘后浏览或者输入 SMB 共享路径，输入如\\servename\sharename 这样的 SMB 共享路径，再选择虚拟机，浏览或者输入同样的 SMB 路径。

- **通过 SCVMM 注册**。通过 SCVMM 给 Hyper-V 主机注册 SMB 存储过程稍微复杂一些，假设我们已经通过 SCVMM 结构管理添加了 Hyper-V 物理机和群集。Hyper-V 物理机和群集已经被 SCVMM 管理后，按照以下步骤为 Hyper-V 物理机和群集注册 SMB 共享。

注意，SCVMM 可以管理支持存储管理计划规范（SMI-S）或存储管理提供程序（SMP）的硬件类存储，以及 Windows Server File Server/Windows Storage Server SDS 存储。本节描述的是使用 SCVMM 管理 Windows Server File Server 的 SDS 存储。

（1）打开 SCVMM 控制台，点击左侧导航栏的构造。先选择存储目录树的分类和池创建存储分类，如图 3-55 所示。

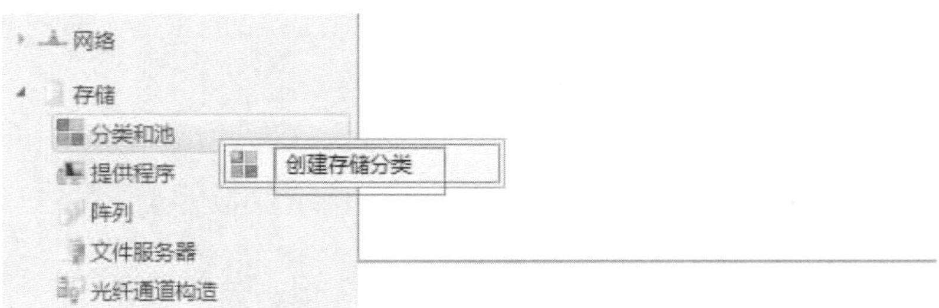

图 3-55 在 SCVMM 控制台创建存储分类

（2）命名分类。可按存储硬件类型，比如 FC SAN 或者 ISCSI SAN 进行分类；也可按照存储性能高低分类，比如高性能或者低性能。本文使用了 JBOD 作为存储硬件，所以命名为 JBOD。添加存储分类成功后，在 SCVMM 控制台菜单栏里点击添加资源，选择存储设备，如图 3-56 所示。

图 3-56　在 SCVMM 控制台打开添加存储向导

（3）选择基于 Windows 的文件服务器，如图 3-57 所示。

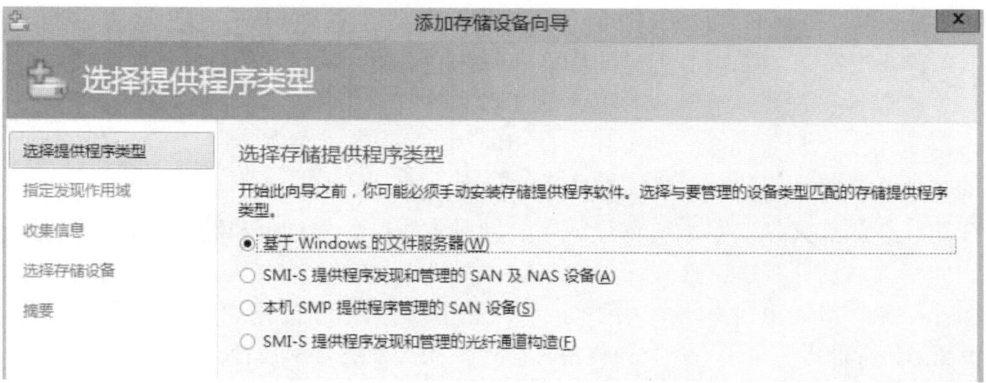

图 3-57　在添加存储向导选择 Windows 文件服务器

（4）输入存储控制器服务器群集的 IP 或者 FQDN，选择运行方式账号，注意该账号需要添加到存储控制器服务器的本地管理组里。

（5）选择需要添加到资源池的 SMB 共享文件夹。并且 SMB 文件共享文件夹的分类配置为自定义的分类，如图 3-58 所示。

图 3-58　为 SOFS SMB 存储选择分类

（6）配置完 SCVMM 管理文件服务器和共享，检查结果如图 3-59 所示。

IAASVM	File share	JBOD	6,950.00 GB	4,836.25 GB
MGMTVM	File share	JBOD	1,000.00 GB	736.27 GB
QUORUM	File share	JBOD	20.00 GB	19.92 GB
SQLShare	File share	JBOD	1,000.00 GB	736.27 GB
VMMLib	File share	JBOD	1,000.00 GB	736.27 GB

图 3-59　检索 SOFS SMB 存储

存储空间添加到 SCVMM 管理池后，在 SCVMM 架构管理界面可以查看 SMB 共享文件夹所在的存储空间的高可用属性，如图 3-60 所示。

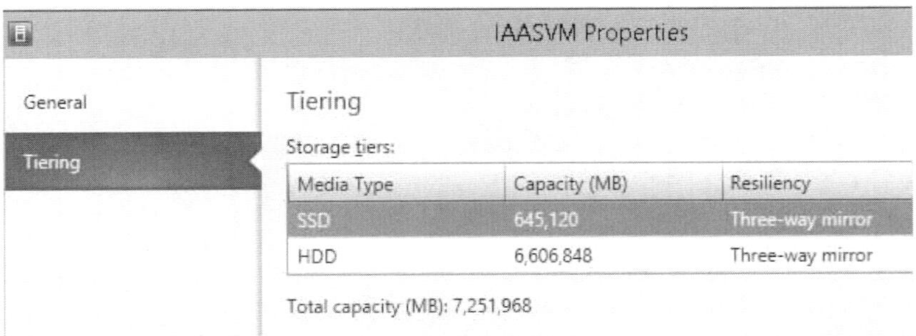

图 3-60　检索存储空间属性

（7）接着给 Hyper-V 主机和群集注册 SMB 共享存储。在 SCVMM 控制台找到构造，在构造—服务器下找到要分配 SMB 存储的群集。右击选择属性打开群集属性，如图 3-61 所示。

（8）在属性里选择文件共享存储，然后在右下方点击添加，并输入有权限的运行方式账号，这里用的是和文件服务器添加所使用的同一个运行方式账号。在弹出的添加文件共享里的文件共享路径下找到要添加的共享文件。

注意，在添加文件共享的时候，权限会同时设置好，保证群集物理主机能够有适当的权限访问和读写这些共享文件。

即使在 SCVMM 里为 Hyper-V 主机或者群集注册了 SMB 共享文件夹，但是在 Hyper-V 控制台里面虚机存储设置里没有做任何修改，可打开 SCVMM 主机属性，确认注册是否成功。

打开 Hyper-V 主机属性，点击 Hyper-V 主机属性左边的存储，在文件共享下查看注册的 SMB 文件共享，如图 3-62 所示。

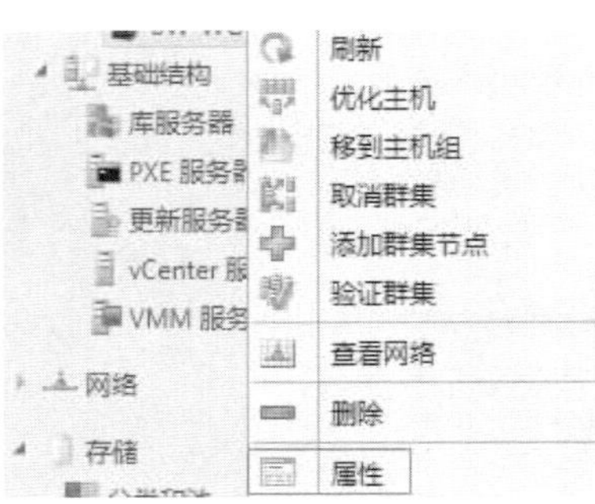

图 3-61　打开群集属性

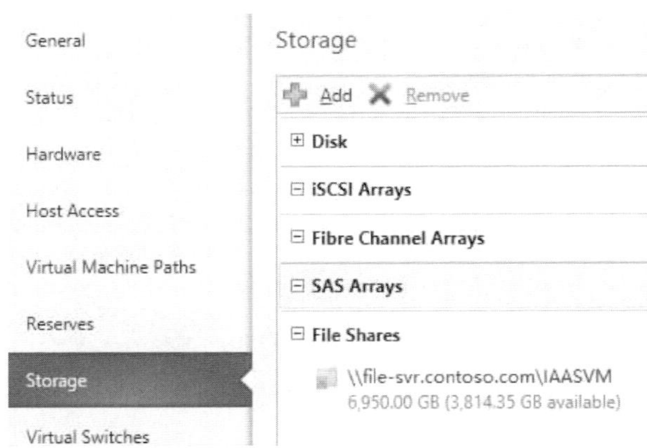

图 3-62　检索群集节点是否成功注册 SMB 共享

3.1.7.2 SMB 存储用于 SQL Server

具有应用属性的 SOFS SMB 共享除了可以存储虚机文件，还可以存储 SQL Server 数据库文件，不管 SQL Server 运行在物理机还是虚机。将数据库存储在 SOFS SMB 存储之前，首先要通过 SOFS 角色在群集里新建一个 SOFS SMB 共享，如图 3-63 所示。只有 SQL Server 2012 及后续版本才能支持以 SMB 共享为存储，同时需要注意的是 SMB 文件共享无法支持 FileStream，所以我们以 SQL Server 2012 SP1 为示例创建不带 FileStream 的数据库。

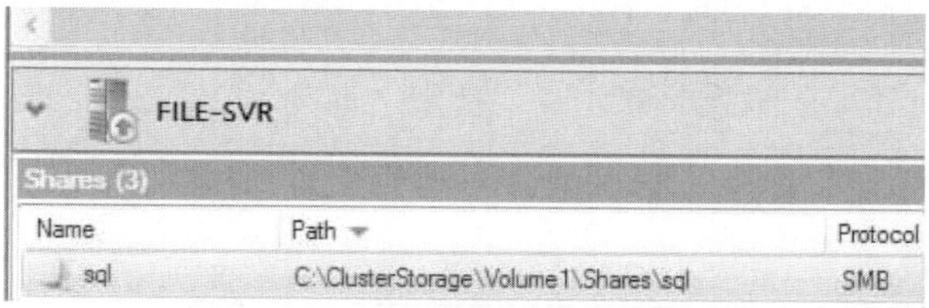

图 3-63 准备存储 SQL Server 数据的 SMB 共享

首先要保证从 SQL Server 服务器能够成功访问这个 SMB 共享文件夹，如图 3-64 所示。

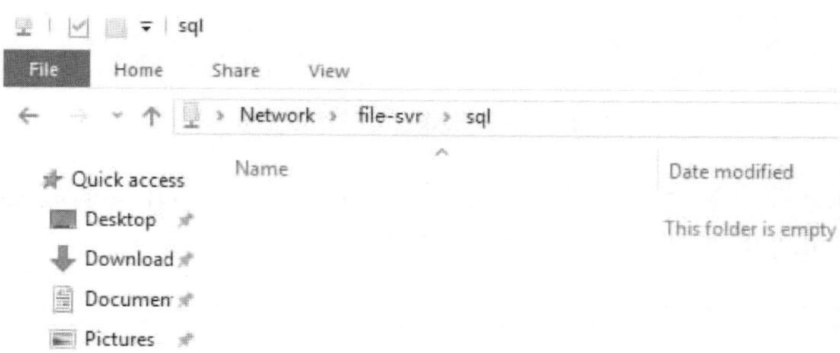

图 3-64 SQL Server 服务器正常访问 SMB 共享

配置预备好的 SQL Server 数据库计算机账号对该文件夹适当的权限。SQL Server 计算机账号和 SQL Server 域服务账号对该文件夹具有完全控制的权限，如图 3-65 所示。

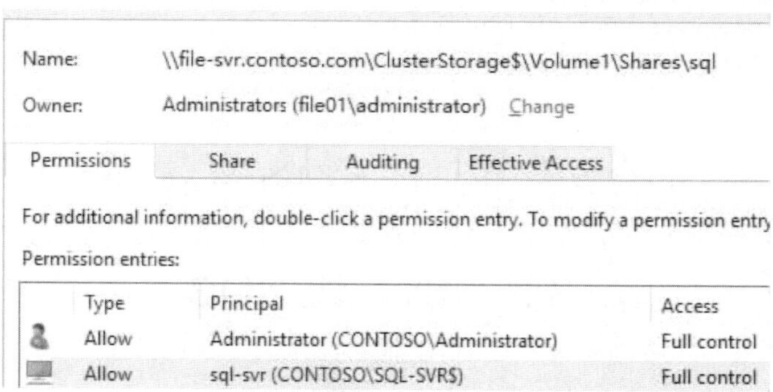

图 3-65 配置 SMB 共享权限

配置好基本前提条件，在 SQL Server 服务器里插入 SQL Server 安装光盘开启安装 SQL Server 向导，在安装配置的向导页面，确保使用域账号作为 SQL Server 的服务账号，如图 3-66 所示；这个 SQL Server 服务账号确定已经配置了完全控制的 SMB 共享权限。

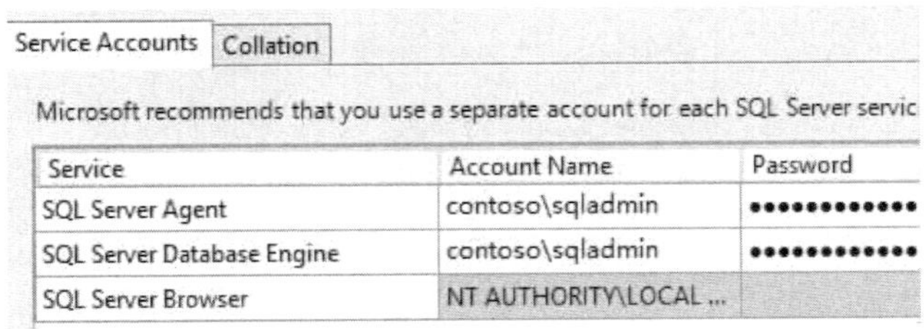

图 3-66　SQL Server 安装配置使用域账号作为服务账号

在安装配置的向导里的数据目录页中，指定之前为 SQL Server 准备的 SMB 共享路径，如图 3-67 所示。

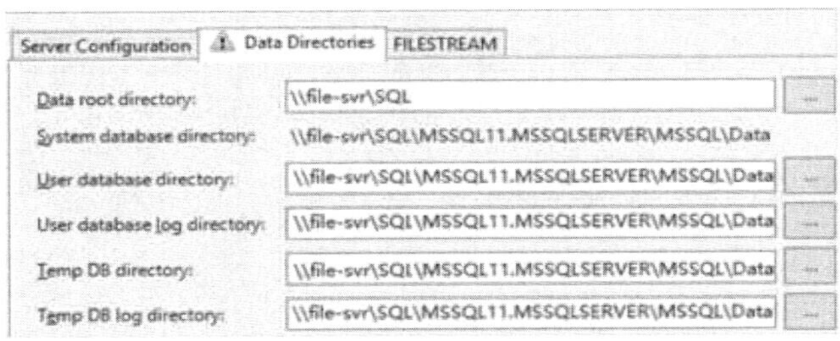

图 3-67　SQL Server 安装配置使用 SMB 共享作为存储

等待 SQL Server 安装完毕，登录 SMB 共享路径引导到 SQL Server 的安装路径下查看文件部署状况，如图 3-68 所示。

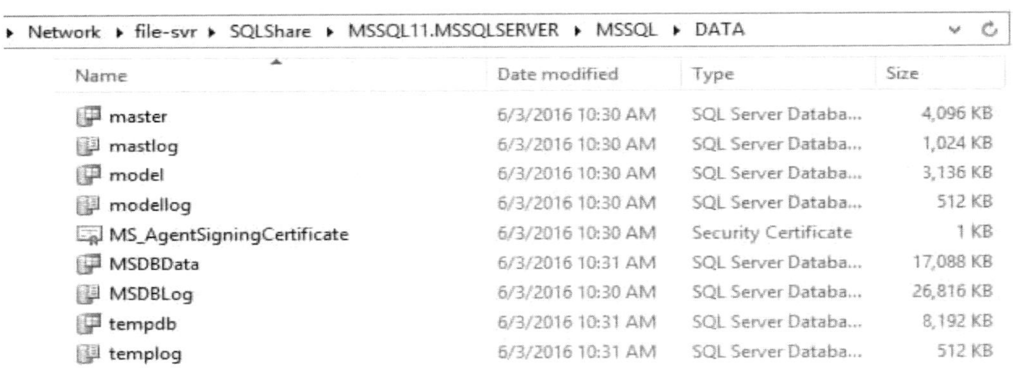

图 3-68　检索 SMB 共享里的 SQL Server 数据库文件

3.2　第二代 SDS

3.2.1　概述

随着 Windows Server 2016 的发布，SDS 有了很多的变化，第二代继承了第一代 SDS 的特性和关键基础技术，并在第一代的基础上做了结构的升级和增强。接下来，通过第二代 SDS 的逻辑结构、新技术和两代 SDS 技术的对比来讲解第二代 SDS。

3.2.2 新的技术

3.2.2.1 Server SAN 结构

Server SAN 存储是聚合跨多个 PC 服务器节点的本地存储，并利用 PC 服务器系统控制的融合存储解决方案。Server SAN 围绕 Server（也即 x86 服务器为基础）使用软件技术实现 SAN 存储。在 Server SAN 结构中，每台独立的服务器既是存储控制器，又是存储节点，数据分布存储在多台独立的服务器设备上，Server SAN 以通用操作系统群集为基础，使用高速以太网带来了更大规模的部署和更为灵活的扩展。Windows Server 2016 第二代的 SDS 采用的是 Server SAN 结构，通过存储空间直连（Storage Spaces Direct，简称为 S2D）技术将各个独立的服务器的硬盘集合到一个存储池里，S2D 技术在 3.2.2.3 节里会详细介绍。

3.2.2.2 存储硬件通用化

第二代 SDS 使用的硬件和第一代有较大的区别，第二代存储中的磁盘来自存储节点本地磁盘而不再使用共享的 SAS 硬盘，硬盘的类型不再局限于 SAS 磁盘，而是可以使用 SATA、NVMe 或者 SAS 硬盘。因此，Windows Server 2016 第二代的 SDS 具有普遍硬件适应性。

3.2.2.3 存储空间直连（S2D）

对比 Windows Server 2012 的共享 SAS 存储池，Windows Server 2016 默认内置的 S2D 技术将通过以太网连接的服务器的本地磁盘聚合在一起形成高可用的存储池，抛弃了共享式连接的结构。在 S2D 结构里，可以添加服务器来扩展存储节点和容量。在存储节点扩展性方面，S2D 和基于共享 SAS JBOD 的区别在于 S2D 可以利用以太网扩展存储节点，而 SAS JBOD 只能在受限的 SAS 网络里扩展。在 S2D 结构里，软件存储总线（Software Storage Bus，简称为 SSB）对独立服务器硬盘组合成存储池起到非常关键的作用，是实现 S2D 的基础。软件存储总线负责将所有硬盘聚合在一起，所以在群集里启用 S2D 后，每个群集节点上都可以管理和访问其他所有节点上的硬盘。软件存储总线包含两个重要组件——Clus Port 和 ClusBflt，ClusPort 是 S2D 群集的 Miniport Driver，ClusBflt 是 S2D 群集的 Block Filter Driver，这两个重要组件同时运行在每个群集节点上。ClusPort 是虚拟 HBA 卡，作用和物理 HBA 卡相似，ClusPort 将各个存储节点服务器通过高速以太网通道连接起来，之所以称之为虚机 HBA 卡，是因为节点不是使用物理 HBA 卡通过光纤线路互连，而是使用 ClusPort 通过高速以太网互连。除了 ClusPort 组件，每个存储服务器里还有 ClusBflt 这个重要的组件，这个组件是个抽象层，用于本地和其他节点通过 ClusPort 连接进来，这个组件在逻辑层上位于本地 ClusPort 和硬盘之间，既起到解开本地硬盘和本地系统的耦合的作用，又承担和其他存储节点交换数据的接口，如图 3-69 所示。

3.2.2.4 软件存储总线（SSB）

在由 SSB 连接的 S2D 群集里，每个节点并不会使用 ClusPort 直接访问自身本地硬盘，而是通过 ClusBflt 这个抽象层连接到本地硬盘，ClusBflt 抽象出一个水平资源层让每个节点访问本地和其他节点的硬盘效果一样，这个效果我们可以简单以图 3-70 所示来表示，这样的效果看起来和共享的结构就比较相似了，我们可以看作虚拟式共享。Windows Server 第一代 SDS 或者其他共享式存储不同的是，共享式存储通过服务器的 PCIE 扩展 HBA 或 SAS 卡和存储设备直连，而第二代 SDS 虚拟共享却是依赖于 SMB 交换数据，现在 SMB 可以将万兆以太网或者 Infiniband 作为传输通道，启用了多通道且开启 RDMA 的 SMB 传输通道和 Infiniband 一样，意在将 PCIE 扩展能力从服务器内延伸到服务器之外，让 SMB 传输的效率接近原生性能。

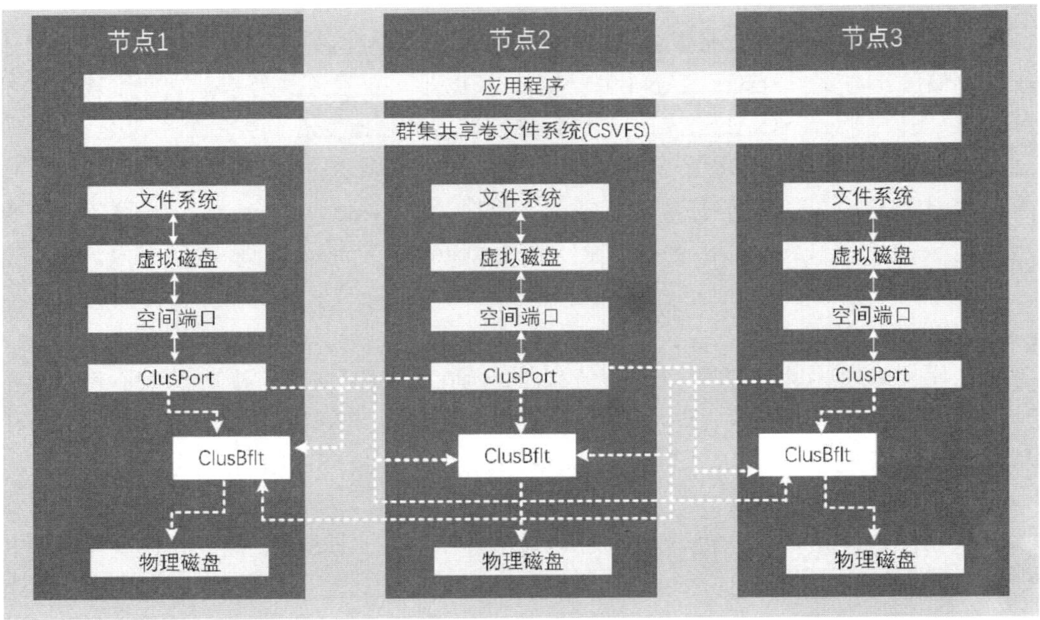

图 3-69　S2D 结构

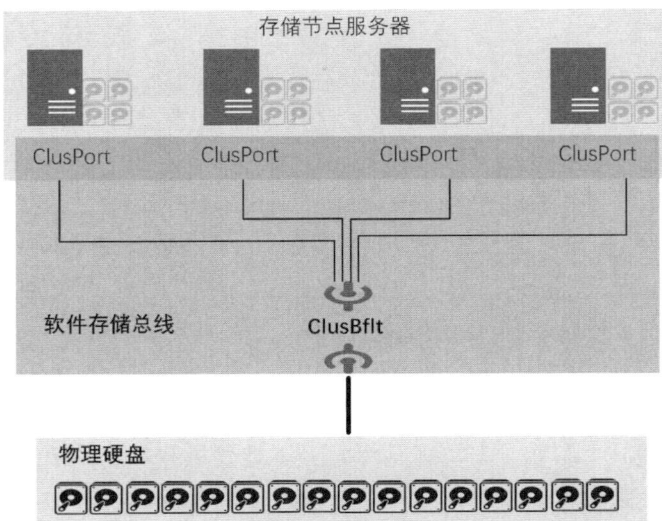

图 3-70　ClusBflt 整合硬盘资源

SSB 跨各个节点之间的数据在通过网络交换时仍然使用 SMB 3.0 协议，所以诸如 SMB 多通道、SMB 直通等技术在 S2D 存储空间里依然十分有用。尤其是超融合结构里（详见 3.2.3.1 节）RDMA 实现的 SMB 直通非常关键，我们知道在第一代 SDS 中，计算和存储是分离的，使用各自的 CPU 资源。但是在超融合结构里，计算和存储资源在一起，各个节点之间会产生大量的 SMB 流量，如果这些流量传输占用了过多的 CPU 计算时间，将直接影响到虚机 CPU 计算能力的分配。

SSB 提供资源调度算法，这些算法为了提供资源使用均衡和保护应用存储效率，SSB 提供如下 3 种资源访问算法。

- **资源均衡访问**。为了保证各个节点能够尽量平均访问资源，SSB 使用公平的访问算法调度保证服务器获得相对平均的资源访问。
- **I/O 优先级**。在超融合结构里，由于 Hyper-V 虚拟机和 S2D 存储共享服务器资源，在 S2D 内部发生 I/O 时（比如重构数据或者容量重调时），为了保护来自虚机的 I/O 速度，SSB 提供了 I/O 优先级算法，在不影响 S2D 存储内部重构的前提下，将虚机的 I/O 优先级设置成高于 S2D 数据重构时的 I/O。
- **I/O 顺序化**。来自虚机或者其他应用的数据写入往往都是随机的，SSB 通过 I/O 顺序化算法将这些随机 I/O 尽量规整为顺序 I/O，以此来提高 HDD 硬盘写入的性能。

3.2.2.5　*存储总线缓存（SBC）*

SSB 还带有缓存机制，也即存储总线缓存（Storage Bus Cache，简称为 SBC），每个 S2D 存储节点都存在存储总线缓存，存储总线缓存独立于存储池和虚拟磁盘，意味着不受存储池和虚拟磁盘控制。在逻辑层次上，存储总线缓存位于虚拟磁盘之下，存储总线缓存将数据一式几份写入到定义好的多个故障域里（故障域详见 3.2.2.7 节，默认使用服务器节点作为故障域）实现数据缓存层的冗余。在启用了 S2D 后，存储总线缓存确定将哪些硬盘作为数据缓存硬盘，哪些作为数据存储硬盘。缓存层和数据存储层构成了新的分层结构，在确定了缓存硬盘和数据存储硬盘后，数据存储硬盘使用轮询的方式绑定到缓存硬盘，在 S2D 结构发生变化，比如新增或缓存硬盘故障时会发生数据存储硬盘与缓存硬盘的重新绑定。

SBC 在每个缓存硬盘里创建一个特殊的分区，默认情况下会使用硬盘容量减去 32GB 的大小，留下的 32GB 用于存储池和存储空间元数据。SBC 使用内存组织运行时数据，在组织运行时数据时，服务器上的缓存硬盘每 1TB 将用到约 5GB 内存大小，比如有两块 800G 大小的 SSD 的硬盘作为 S2D 的缓存硬盘时，将使用到约 7.8GB 内存来组织运行时数据，在规划 S2D 服务器资源尤其是规划超融合结构时，需要将 SBC 缓存内存消耗计算进去。

3.2.2.6　*存储分层细分*

Windows Server 第二代的 SDS 因为支持分布式部署，不要求使用共享的 SAS 硬盘，所以 SATA 硬盘和 PCIE 插槽硬盘得以大行其道。NVMe SSD 硬盘利用更快速的 I/O 能力为 S2D 存储空间新筑了一层性能台阶，达到存储 I/O 往更高处走的效果。使用 NVMe，SSD 和 HDD 以后可以实现缓存区、热数据区和冷数据区 3 个存储层。其中，NVMe 作为缓存层，热数据区和冷数据区作为数据存储层。而且在命名方面，第二代的 SDS 有新的存储层名字，一个是“性能”，一个是“容量”，性能和第一代的 SSD 层类似，容量和第一代的 SDS 的 HDD 层类似。

如果 S2D 存储空间有 HDD 硬盘，由于 HDD 硬盘具有寻址惩罚，所以 S2D 将同时具有读写缓存能力。如果 S2D 存储空间只有 SSD 硬盘（NVMe SSD 和 SATA SSD），SSD 将只具有写缓存能力。由于 NVMe 吸收了大部分的写 I/O，而 SATA SSD 属于读密集型硬盘，可以将 NVMe SSD 和 SATA SSD 以及 SATA HDD 混在一起发挥各自的特点，这样的组合里 NVMe SSD 充当 SATA SSD 的写缓存并同时充当 SATA HDD 的读写缓存。当然，如果 S2D 存储空间只有一层，比如全 NVMe SSD 或者 SATA SSD，那么我们就需要禁用缓存了。我们将 S2D 存储分层的矩阵简要总结如表 3-5 所示。

表 3-5　S2D 存储分层的矩阵

存储配置	数据缓存硬盘	数据存储硬盘	缓存模式
SATA SSD + SATA HDD	所有 SATA SSD	所有 SATA HDD	读写
NVMe SSD + SATA HDD	所有 NVMe SSD	所有 SATA HDD	读写
NVMe SSD + SATA SSD	所有 NVMe SSD	所有 SATA SSD	仅写
NVMe SSD + SATA SSD + SATA HDD	所有 NVMe SSD	所有 SATA SSD 和 SATA HDD	对于 SATA SSD 为仅写； 对于 SATA HDD 为读写

3.2.2.7　故障域

我们把共享同一个故障点的集合称之为故障域，故障域在我们身边也常见，一个装有鸡蛋的托盘是个故障域，一个装有鸡蛋托盘的篮子是个故障域，一辆装载篮子的车子是个故障域。而移到数据中心视角里，一台服务器上有 5 块硬盘，如果服务器故障，那么这 5 块硬盘也会失效，所以称这 5 块硬盘就在一个以服务器为故障点的故障域里。同理，如果一个机柜里面有 10 台服务器，那么也可理解为这 10 台服务器在同一个以机柜为故障点的故障域里。故障域实现故障容错，故障容错按照故障点分为多个层次，比如一台服务器是一个层次，如果要求 S2D 存储能够故障容错，那么必须要有多台服务器组成服务器级别的故障域。如果是机柜级别的容错，那么要求服务器跨多个机柜放置组成机柜级别的故障域。将数据副本配置在不同的故障域里，能够保证 S2D 存储空间不同级别的冗余。

Windows Server 2016 故障域可以提供 4 个等级：站点、机箱、机柜和节点。Windows Server 故障域默认设置为节点，其他几个故障域要按照实际情况进行配置，比如是否使用了刀片机箱，以及是否跨多个机柜放置服务器。

3.2.2.8　配置故障域

我们以 S2D 存储空间为例简单说明如何配置故障域，配置故障域的操作一定要在启用群集 S2D 之前完成。如果没有配置故障域，S2D 存储空间默认使用节点级别的故障域，站点级别的故障域要使用存储复制技术实现（存储复制技术详见 3.2.6 节）。

Windows Server 2016 故障域配置使用 XML 语法，因此我们可以使用熟悉的 XML 编辑器进行编辑，如记事本或者 Visual Studio。创建群集后，群集里默认产生一个群集故障域 XML 文件。可使用 Get-ClusterFaultDomainxml 命令查看默认的故障域配置结构和参数，然后使用命令 Get-ClusterFaultDomainxml | out-file "C:\FaultDomain" 将故障域配置文件导出到系统文件夹，比如新建的 C:\FaultDomain 文件夹里。

Windows Server 2016 故障域层级采用的是树状结构，树状结构里包含了父子级故障域参数，使用记事本打开故障域文件，初始的模板如下示例所示。

```
<Topology>
    <Node Name="HYP01" Description="" Location=""/>
    <Node Name="HYP02" Description="" Location=""/>
    <Node Name="HYP03" Description="" Location=""/>
    <Node Name="HYP04" Description="" Location=""/>
</Topology>
```

接着我们创建一个以机柜（Rack）为单位的故障域设置，因为 4 个节点都在同一个数据中心里，但是分布在不同的机柜上，因此在故障域层次树的最上层是数据中心站点名称。

接下来一层是节点，每个节点是一个故障域，节点1在机柜1里，节点2在机柜2里，依此类推。

```
<Topology>
    <Site Name="Guangzhou DC" Location="Guangzhou Tianhe">
        <Rack Name="Rack1" Location="Building1">
            <Node Name="HYP01" Location="Rack Unit 04" />
        </Rack>
        <Rack Name="Rack2" Location="Building1">
            <Node Name="HYP02" Location="Rack Unit 04" />
        </Rack>
        <Rack Name="Rack3" Location="Building1">
            <Node Name="HYP03" Location="Rack Unit 04" />
        </Rack>
        <Rack Name="Rack4" Location="Building1">
            <Node Name="HYP04" Location="Rack Unit 04" />
        </Rack>
    </Site>
</Topology>
```

设置完毕保存，运行如下示例PowerShell命令先定义故障域配置文件变量，然后再使用Set-ClusterFaultDomainXML命令配置群集故障域。

```
PS C:\> $xml = Get-Content "C:\FaultTolerate\FaultTolerate.XML" | Out-String
PS C:\> $xml
<Topology>
    <Site Name="Guangzhou DC" Location="Guangzhou Tianhe">
        <Rack Name="Rack1" Location="Building1">
            <Node Name="HYP01" Location="Rack Unit 04" />
        </Rack>
        <Rack Name="Rack2" Location="Building1">
            <Node Name="HYP02" Location="Rack Unit 04" />
        </Rack>
            <Rack Name="Rack3" Location="Building1">
            <Node Name="HYP03" Location="Rack Unit 04" />
        </Rack>
        <Rack Name="Rack4" Location="Building1">
            <Node Name="HYP04" Location="Rack Unit 04" />
        </Rack>
    </Site>
</Topology>


PS C:\> Set-ClusterFaultDomainXML -XML $xml
PS C:\> Get-ClusterFaultDomain
```

配置完毕使用Get-ClusterFaultDomain命令查看故障域配置参数，所有节点都在同一个父级的故障域，也即数据中心站点。在站点下一级里包含了4个子级故障域Rack1、Rack2、Rack3和Rack4，这4个子级故障域有一个共同的故障域ID。在机柜下一级里，每个机柜包含一个子级故障域——节点故障域，每个节点故障域具有不同的故障域ID，如图3-71所示。

```
Name          type FaultDomain                                                       ChildrenNames
----          ---- -----------                                                       -------------
Guangzhou DC  Site                                                                   {Rack1, Rack2, Rack3, Rack4}
Rack1         Rack MSCluster_FaultDomain (Id = "26a2a8e4-1fdf-424b-b4f1-793fadc0ec0c") HYP01
Rack2         Rack MSCluster_FaultDomain (Id = "26a2a8e4-1fdf-424b-b4f1-793fadc0ec0c") HYP02
Rack3         Rack MSCluster_FaultDomain (Id = "26a2a8e4-1fdf-424b-b4f1-793fadc0ec0c") HYP03
Rack4         Rack MSCluster_FaultDomain (Id = "26a2a8e4-1fdf-424b-b4f1-793fadc0ec0c") HYP04
HYP01         Node MSCluster_FaultDomain (Id = "6b9631ca-e0be-4fcb-8793-3f609be08b68")
HYP02         Node MSCluster_FaultDomain (Id = "34c7bf55-aa85-442e-8940-3ed902685e60")
HYP03         Node MSCluster_FaultDomain (Id = "73d3957b-b674-49ad-ae69-bc44274e72c5")
HYP04         Node MSCluster_FaultDomain (Id = "dc1a433f-8f70-4b05-a31a-35560fe8d62d")
```

图 3-71　故障域配置参数

登录 Windows Server 2016 群集控制台，展开节点查看故障域配置信息，所有节点都在同一个站点故障域但是不在同一个机柜故障域里，如图 3-72 所示。

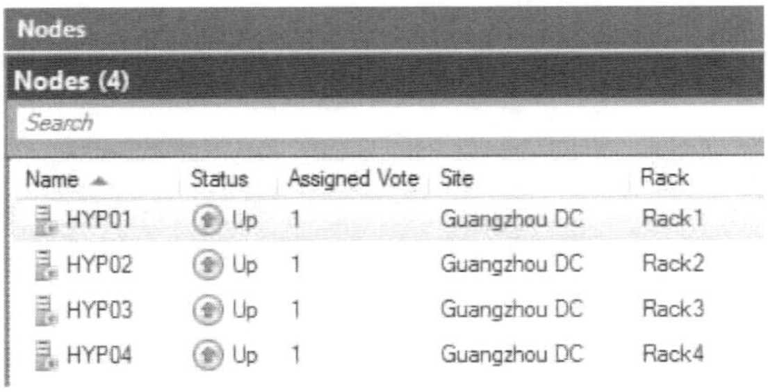

图 3-72　在群集控制台查看故障域配置

3.2.2.9　第二代 SDS 冗余

我们在 3.1.4 节里简单分析了第一代 SDS 的可用性，Windows Server 2016 第二代 SDS 除了保留了第一代 SDS 的冗余性，由于采用了 Server SAN 结构，因此冗余方面有进一步的增强。第一代的 SDS 设备冗余性由存储控制服务器和 JBOD 存储箱两个层面共同决定，而第二代 SDS 设备冗余性直接由存储服务器决定。

我们启用 S2D 后，存储池和存储空间（第二代 SDS 里，存储空间和虚拟磁盘也是同一个概念）默认启用节点级冗余。我们可以在使用 PowerShell 命令创建存储池时指定“FaultDomainAwarenessDefault”这个参数的值，如果不另外设置，这个参数的默认值为“StorageScaleUnit”，也即节点冗余。我们可使用 Get-StoragePool 命令查看存储池的冗余属性，如下示例 PowerShell 命令检查名为 CloudPool 的冗余信息，其“FaultDomainAwarenessDefault”为“StorageScaleUnit”。

```
PS C:\> Get-StoragePool -FriendlyName CloudPool | fl FriendlyName, Size, Fau
ltDomainAwarenessDefault

FriendlyName                  : CloudPool
Size                          : 2995739688960
FaultDomainAwarenessDefault   : StorageScaleUnit
```

存储池“FaultDomainAwarenessDefault”这个参数也将传递给虚拟磁盘，所以创建在存储池之上的虚拟磁盘将继承存储池的冗余属性，在虚拟磁盘里，定义冗余的参数是“FaultDomainAwareness”，继承了默认存储池冗余设置后，虚拟磁盘的冗余也同样是节点级别，只不过名称不一样，虚拟磁盘的冗余设置名称为“StorageEnclosure”。我们可使用 Get-VirtualDisk 命令查看存储池的冗余属性，如下示例 PowerShell 命令检查名为 S2DforVM 的冗余信息，其“FaultDomainAwareness”为“StorageEnclosure”，也即节点冗余。

```
PS C:\> Get-VirtualDisk -FriendlyName S2DforVM| fl FriendlyName, Size, Fault
DomainAwareness, ResiliencySettingName

FriendlyName                    : S2DforVM
Size                            : 858993459200
FaultDomainAwareness            : StorageEnclosure
ResiliencySettingName           : Mirror
```

存储空间的 FaultDomainAwareness 属性决定着数据的存放行为，包括创建虚拟磁盘时的初始化数据放置，或者在硬盘、节点故障后修复虚拟磁盘数据重构，以及优化虚拟磁盘存储时都会遵循数据存放规则。这些场景始终遵循虚拟磁盘的冗余规则，保证镜像数据的多个副本分开存放在不同的节点上。那么第二代 Windows Server SDS 虚拟磁盘是如何处理数据副本的放置问题的呢？我们不妨先来了解一下 S2D 虚拟磁盘的工作原理。虚拟磁盘里包含若干个 extent（extent 是多个连续的 page 组成的存储单元），extent 在虚拟磁盘里由 AllocationUnitSize 这个属性定义，每个 extent 的默认大小是 1GB。因此一个 1TB 的简单布局的虚拟磁盘里面包含了 1024 个 extent，而 1TB 大小的双重镜像布局的虚拟磁盘则包含了 2048 个 extent。S2D 存储 extent 的存放由故障域管理，故障域制定 extent 存放规则，如果故障域是存储节点，那么 extent 的多个副本绝对不会存放在同一个节点之上。假如我们有一个最小 3 节点的 S2D 存储且将存储空间的布局设置为双重镜像，那么 extent 的两个副本将分开存放在 3 个节点中的任意两个之上；同样，如果我们有一个 5 节点的存储空间布局为三重镜像，那么 extent 的 3 个副本也会存放在其中 3 个不同的节点之上。我们以 5 节点三重镜像存储空间为例进一步说明，如图 3-73 所示，每一个 extent 都有 3 个副本，但是这 3 个副本会挑选其中的 3 个不同的节点存放 extent，而且这些 extent 会近似平均地存放在 5 个节点的数据硬盘里。比如 extent C 放在节点 5，extent C'放在节点 4，而 extent C''则放在节点 2，回顾第一代 SDS 的 Column，我们知道 column 在为条带数据选择硬盘时的范围是 JBOD，而第二代 S2D 存储空间选择的范围是存储服务器节点。

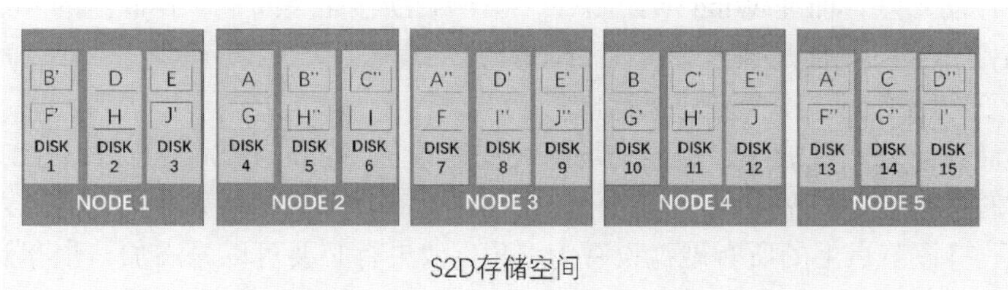

图 3-73　extent 存放规则

在了解了基本的冗余规则后，我们来进一步了解常见的不同场景的故障处理。存储故障分为不同的情况，有局部和整体故障之分，也有暂时和长时间故障之分，比如硬盘部分损坏、整体损坏，存储节点暂时或永久故障等情况。

- **硬盘扇区损坏**。如果硬盘扇区损坏，存储空间将存放在坏的扇区的 extent 重构在本节点的其他硬盘，也可能重构到其他没有该 extent 副本的节点的硬盘。比如图 3-73 所示的 5 节点三重镜像的存储空间里，如果 extent D'所在的硬盘 Disk8 出现扇区损坏，因为 extect D 在节点 1、节点 3 和节点 5 上都有副本，因此这个 extent D'不会将 D'副本重构到节点 1 和节点 5，而是在节点 3 上的 Disk9 或 Disk7 这两块硬盘中的一块上重构一个新的 D'副本，或者在节点 2 或 4 上重构一个 D'副本。

- **硬盘故障**。S2D 存储空间确定某个硬盘发生故障时会将该硬盘设置为退出状态，设置为退出的硬盘将不能继续接收数据的读写请求，此时存储空间会启动修复和数据重构，将该硬盘上的所有 extent 在本节点其他硬盘或者其他节点重构数据，同样遵循不将相同的 extent 副本放置在同一个节点的放置规则。比如图 3-73 所示的结构中，如果节点 2 的硬盘 Disk5 发生故障，存储空间可能将 extentB"和 H"重构到节点 2 的硬盘 Disk6 上，也可能重构到节点 3 上。
- **硬盘失去连接**。硬盘失去连接可分为两种情况处理。
    - 如果硬盘和其所在的存储节点及其他硬盘同时失去连接，因为这时存储空间判断不是单独的硬盘丢失连接，而是整个节点丢失连接，那么这种情况下存储空间不会将该硬盘设置为退出。因为考虑到存储节点因为维护的原因重启，具备多个节点且启用多重镜像的存储空间里重启一个节点不会影响存储的使用，这种情况下，存储空间并不会冒然执行数据修复和重构，数据重构会造成瞬间大量 I/O，而且暂时性的失去连接也完全没必要做数据修复。
    - 如果仅仅是一块硬盘失去连接，其所在的节点和节点上其他的硬盘仍然可用，那么存储空间会将该硬盘设置为退出。此时，还需要对存储空间执行数据重构的操作。
- **存储节点短时故障**。存储节点发生暂时性故障，比如重启，存储空间并不会执行修复操作。但是由于这个节点在故障期间发生了数据写入，有新的 extent 生成，所以等待存储节点重新上线后，存储空间会自动更新所有的 extent 副本。存储空间无法智能判断存储节点是暂时性故障还是永久性故障，那么我们如何让存储空间在存储节点发生故障时做出正确的选择呢？回顾 3.1.4.3 节讲述的第一代 SDS 数据重构，我们可以设置 RetireMissingPhysicalDisks 的值，这个值决定着是否自动执行存储空间自动修复。而在 Windows Server 2016 S2D 存储空间里，存储池的 RetireMissing PhysicalDisks 值默认设置为 Nerver，意味着在硬盘或者节点发生故障时，默认情况下存储空间并不会自动执行修复。
- **存储节点永久性故障**。上一个场景我们讨论了 Windows Server 2016 S2D 存储空间暂时性存储节点故障的处理办法，在永久性存储节点故障发生时，需要人为进行干预，将该节点上的所有硬盘设置为退出，如果有必要可以先添加一个存储节点开始存储空间修复和数据重构。

3.2.3　第二代 SDS 架构

3.2.3.1　超融合结构

超融合结构（Hyper-converged Infrastructure，通常简写为 HCI）最先由 Google 设计，用于提供搜索服务海量数据的存储，虽然传统的 SAN 和 NAS 存储在不停增加其处理性能并实现扩展，但是无法满足大量数据和速度的要求。此外，对于非海量数据来说，传统存储的计算能力不停纵向扩展已经超出了存储能力所需要支配的计算资源，存储能力和存储计算能力出现不平衡的跷跷板，对于最终用户来说并不灵活。超融合结构在同一套单元设备（x86 服务器）中同时具备计算和存储资源，这种结构具有极大的扩展能力并且平衡了存储的计算能力和存储能力。通常，超融合结构以 Server SAN 技术为基础，使用 x86 硬件及其本地存储配合操作系统完成存储的创建、配置、控制和管理。图 3-74 所示的是 Windows Server 2016 超融合结构，在 Windows Server 2016 的超融合单元中整合了计算单元和存储单元，服务器系统既安装 Hyper-V 角色承担虚机的宿主，又启用 S2D 功能作为存储控制器服务器。Windows Server 2016 超融合结构里，运行在群集的虚机也直接存储在同一个群集的 CSV 里，每个群集节点都直接访问 CSV 存储，数据传输和交换发生在同一个整合单元里。这种模式和大家以往使用的 SAN 存储非常类似，只不过后台存储单元不是和虚拟化主机分离的 FC 和 IP SAN 存储阵列。

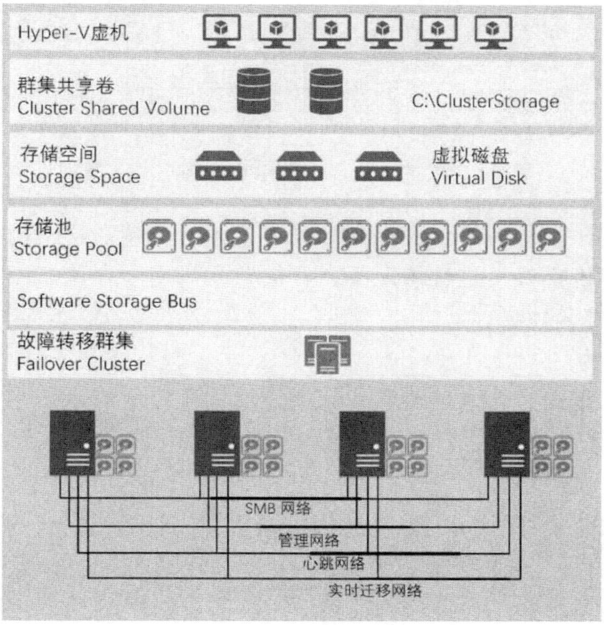

图 3-74　超融合结构

超融合结构借助 x86 平台融合的能力，相对于第一代非超融合结构以及相对 SAN 来说，在实现等量存储和计算容量时，具有节省硬件投资、减少管理单元、降低管理复杂程度、减少技能的学习等优势。但是超融合结构群集同时承担存储和计算能力，存储单元的可用性和计算单元的可用性都依赖于一个群集，给群集的维护带来的挑战比非融合结构大。

3.2.3.2　非超融合结构

非超融合是超融合的衍生词汇，非超融合结构其实就是我们传统意义上的虚拟化结构。

图 3-75 所示的非超融合结构是相对超融合结构的衍生的概念，第一代 SDS 属于非超融合结构，因为计算单元和存储单元完全独立，并且存储单元通过以太网络为计算单元提供存储。其逻辑结构来看，两者存储构建的堆栈一致，非超融合结构需要通过 SOFS 角色并在 CSV 里创建 SMB 共享将存储提供给虚拟化主机。第二代存储也可以使用非超融合结构，在 Windows Server 2016 的非超融合单元中，服务器只启用 S2D 组件作为存储控制器服务器，通过和第一代一样的方式将 SOFS SMB 共享存储提供给虚拟化主机，存储单元和计算单元通过高速以太网进行数据传输和交换。

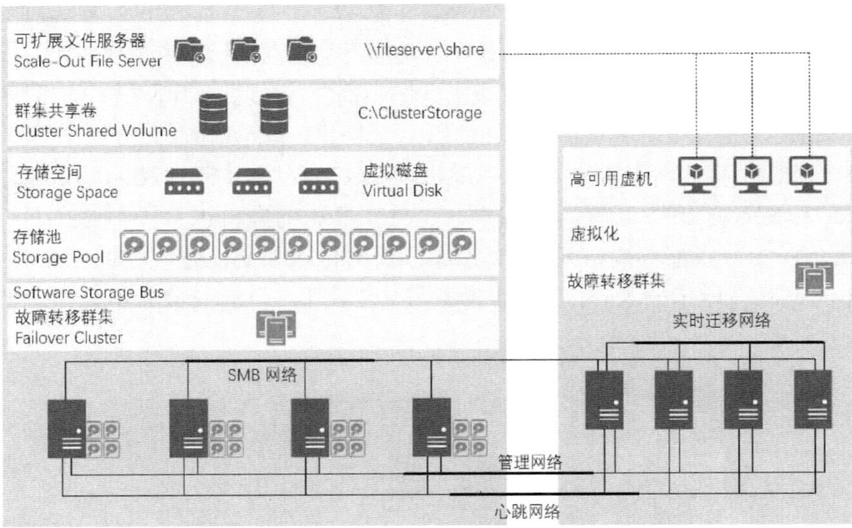

图 3-75　非超融合结构

相对超融合结构，在实现等量存储和计算容量时，非超融合结构投入的资源会更多，但是单元独立和隔离性更好，这种情况下，存储单元只用于存储，计算单元只用于计算，减少对同一个群集的依赖性。

3.2.3.3　混合结构

在某些情况下，采用超融合结构和非超融合结构各有优劣，而在实际设计中，往往不是非此即彼，有些情况下可能会采用混合结构。混合结构简单来说就是以超融合结构为主，将部分存储资源用于本群集的虚机存储，并分割出部分存储资源通过 SMB 共享存储分配给其他虚拟化主机，如图 3-76 所示。混合结构将存储和计算单元重合的部分合并，合并的部分兼顾了资源的共享性，独立的部分照顾隔离性。需要说明的是，混合结构目的不在于取代任何一种设计，而是增加了一种结构去适应用户的实际情况。

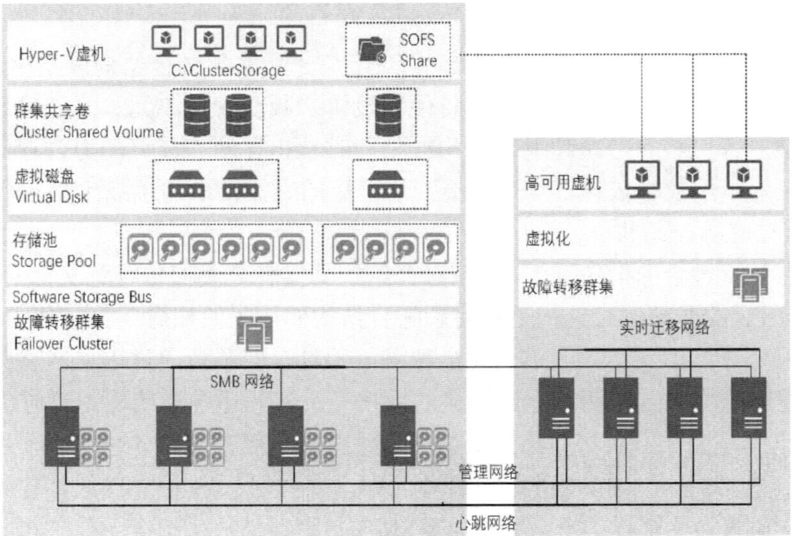

图 3-76　混合结构

3.2.4　与第一代 SDS 的异同

表 3-6 所示为第一代 SDS 和第二代 SDS 的对比，基于高可用存储结构进行总结，非高可用存储结构不在比较范围内，因为考虑到在实际部署中大部分情况都会用到多控制器和多节点存储。

表 3-6　第一代 SDS 和第二代 SDS 对比

技术	第一代	第二代
操作系统	Windows Server 2012/2016	Windows Server 2016
存储单元类型	共享的 SAS JBOD 存储	服务器本地存储
存储单元硬盘	SAS 硬盘	SATA/SAS/NVMe
存储单元构造	共享 SAS（共享式）	软件存储总线（分布式）
存储单元网络	SAS 直连	高速以太网
硬盘组	存储池	存储池
存储分层	存储分层	存储分层
磁盘布局	镜像、简单和奇偶校验	镜像、简单和奇偶校验
群集共享存储	CSV	CSV
虚机存储	SOFS SMB 共享	CSV/ SOFS SMB 共享

Windows Server 第一代和第二代 SDS 具有相同的模块和技术，比如群集化存储池、存储空间、存储分层技术、虚拟磁盘可用性布局和 CSV 等，但在某些部分也有本质的区别，二者主要区别如下。

- **实现的操作系统不同**。Windows Server 2012 只能配置成第一代 SDS。Windows Server 2016 既可实现第一代 SDS，也可实现第二代 SDS，在 SDS 功能方面，Windows Server 2012（R2）是 Windows Server 2016 的子集。
- **存储单元类型不同**。第一代 SDS 使用共享 SAS JBOD，第二代 SDS 使用服务器本地存储，虽然第二代 SDS 仍有可能使用 JBOD 存储箱，但这个 JBDO 存储箱的目的仅仅用于扩展存储节点的存储能力，而且只和需要扩展存储的服务器节点连接，不会和其他服务器节点连接形成共享模式，和第一代的 SAS JBOD 结构不一样。
- **存储单元硬盘不同**。第一代高可用结构只能支持使用 SAS 硬盘，而不支持 SATA 硬盘和 PCIE 硬盘，因为 SAS JBOD 需要匹配的 SAS 硬盘，在共享 JBOD 中，即使 SATA 硬盘可以被系统识别和使用，但是群集子系统的存储池不能使用 SATA 硬盘。PCIE 插槽的硬盘因为独属于某台存储服务器，因此更加不可能在高可用结构的存储使用。第二代结构中，因为组成存储池的硬盘来自各台服务器本地，所以无论是 SAS，还是 SATA 甚至是 PCIE 硬盘，都可以被支持。
- **存储单元构造不同**。存储单元构造指的是构成存储本身的存储连接方式，第一代使用的是共享 SAS 方式，称之为共享式；而第二代使用软件存储总线将独立连接存储的存储服务器整合成统一的存储，称之为分布式。

- **存储单元网络不同**。存储单元网络指的是连接存储单元的网络。第一代 SDS 的存储控制器服务器和 JBOD 使用 SAS 线直连构成封闭的 SAS 网络，存储单元本身的扩展性受到 SAS 线长度、JBOD SAS 接口、服务器 SAS 接口的限制。第一代 SDS 只能借助以太网实现对外提供的存储的扩展。第二代 SDS 使用软件存储总线将各个存储单元服务器合并在一起，借助以太网很好地扩展了存储单元本身，平行地扩展了对外提供的存储。
- **提供虚机存储类型不同**。第一代 SDS 只能使用 SOFS SMB 共享为虚机提供存储，是为人们所熟知的文件存储。因为 Windows Server 2012（R2）不具备消除数据传输回路的技术，如果直接把虚机部署在 CSV 或者由 CSV 提供的 SOFS SMB 共享，可能会产生数据传输回路。第二代 SDS 可以直接将虚机放置在 CSV 里，也是为人们所熟知的块存储。
- **冗余方式**。第一代 SDS 和第二代 SDS 的冗余略有差别，第一代 SDS 采用的是共享 SAS 加存储控制服务器的结构，对存储控制器和 JBOD 有不同的要求并且分别对存储控制器和 JBOD 进行冗余设置，而第二代 S2D 只需要考虑存储节点数量和冗余设置。在存储单元中，第一代 SDS 使用 Enclosure 作为故障域，而第二代 SDS 不仅可以使用存储节点作故障域，还可以使用 Chassis 以及 Rack 实现故障域，在第二代 SDS 中引入了分配单元——extent，这也是第一代不具有的。

3.2.5 创建 S2D 存储空间

前面已经介绍过第一代和第二代 SDS 的技术和架构，也介绍过第一代 SDS 配置方法和步骤，接下来简单介绍第二代 SDS 的配置方法和步骤，两代 SDS 的配置过程大致相同，如果不清楚某些步骤，可以参阅 3.1.6 节。

（1）**前期准备**。因为 S2D 存储空间具有很多特性，为了满足诸如分层存储和故障冗余等要求，需要提前规划好网络、硬盘、配置硬盘控制器等。在硬件就绪后，需要首先创建 Windows Server 群集，由于服务器的硬盘需要被所有服务器通过网络和软件总线访问，而且被 S2D 存储空间管理，所以要求服务器的 RAID 卡或者 SAS 卡使用直通模式。

（2）**启用 S2D**。使用 PowerShell 命令启用 S2D，否则各个节点之间的存储将保持独立性无法纳入到统一的存储池进行管理和访问。默认情况下，启用 S2D 将配置软件存储总线，在运行 PowerShell 命令 Enable-ClusterS2D 时，会自动创建存储池，因为自动创建的存储池可能不满足使用要求，这时候可以在命令后面配置 Autoconfig 参数为 false 或者 0，示例如下。既然在启用 S2D 的时候没有自动创建存储池，那么在接下来的步骤里就要使用命令自行创建了。

```
PS C:\> Enable-ClusterS2D -CacheMode Disabled -AutoConfig:$false
```

（3）**验证并创建群集**。和普通群集一样，S2D 群集的验证步骤和方法没有特殊性，唯一不同的是，因为要在 Windows Server 2016 服务器上为 S2D 安装文件服务器角色，所以在验证群集的向导里会多出 S2D 的检查项，如图 3-77 所示。

（4）**检查机箱**。创建完群集，在群集管理控制台可以看到机箱的个数和详细信息，包括机箱健康状态、生产商和序列号等信息，如图 3-78 所示。

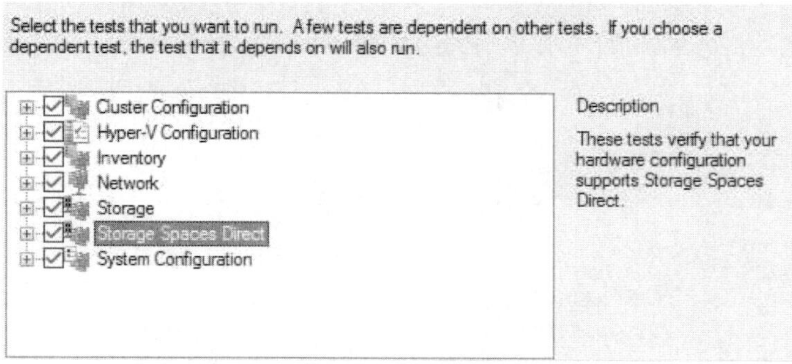

图 3-77　S2D 群集检查向导

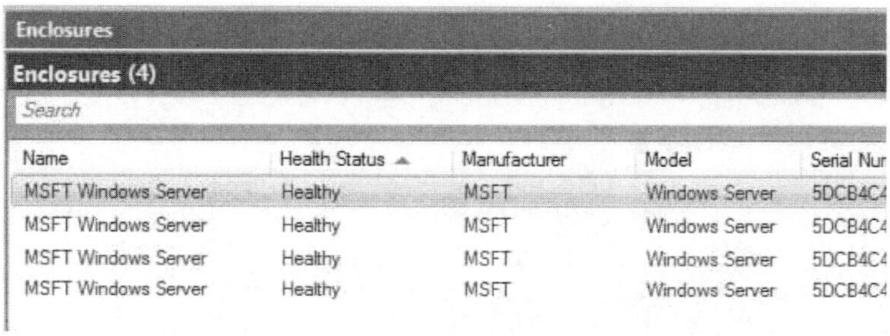

图 3-78　S2D 群集检查向导

（5）**创建存储空间**。这里跳过了存储池创建的步骤，可以返回到 3.1.6 节查看创建的过程，创建存储空间的步骤和第一代 SDS 一致，只不过在 Windows Server 2016 里创建虚拟磁盘向导中，多了使用图形界面启用机箱感知（如图 3-79 所示）的环节。大家回忆一下，在第一代 SDS 存储空间配置时，要启用存储箱（JBOD）感知时是不是一定要使用 PowerShell 命令完成呢？

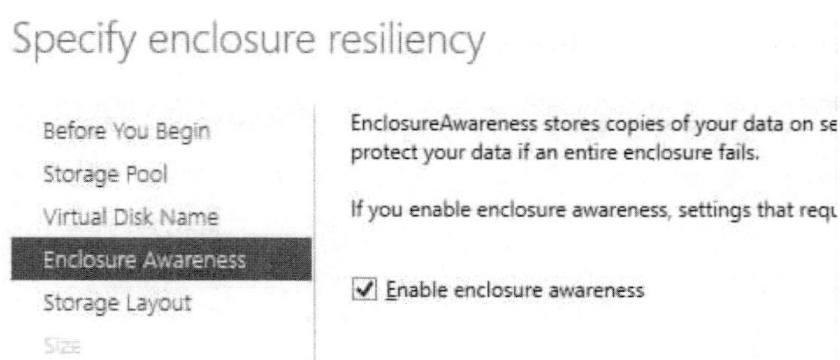

图 3-79　图形界面启用存储空间机箱感知

（6）**配置 CSV**。在 3.2.3.1 节里介绍了第二代 SDS 的超融合结构，并在 3.2.4 节里介绍了第二代 SDS 和第一代的不同，第二代 SDS 用于 Hyper-V 虚机存储时，可以同时提供 CSV 和 SMB 共享给 Hyper-V 存储，但是如果使用超融合结构，那么只需要配置好 CSV 即可，不需要创建群集 SOFS 角色，更不用添加 SOFS SMB 共享。如果使用混合结构或者分离式非融合结构，那么还是需要创建 SOFS 角色并添加 SOFS SMB 共享。这点是区别超融合和非超融合的关键技术点。

每一个参与构建 S2D 存储的节点都可以统一访问 CSV 的命名空间，如图 3-80 所示。这是否和大家之前经常接触的使用 FC/IP SAN 配置的 Hyper-V 群集 CSV 很相似呢？

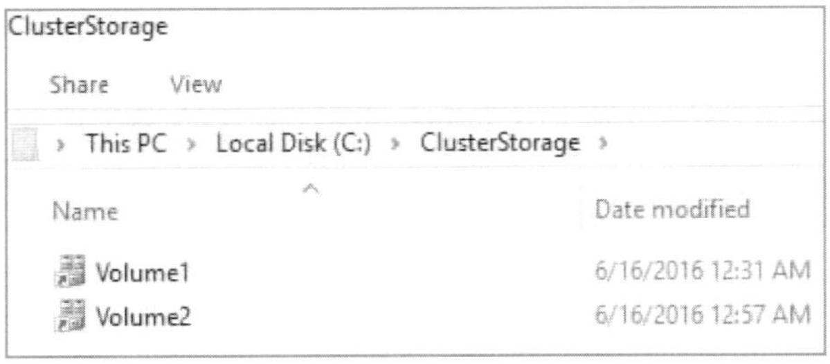

图 3-80　S2D CSV 命名空间

（7）**分配 CSV 存储**。最后一件事就是要给 Hyper-V 服务器（也是 S2D 存储服务器）分配 CSV 存储，同样可以打开 Hyper-V 控制台进行存储的分配，如图 3-81 所示。分配完 CSV 存储后，就可以开始创建虚机了。

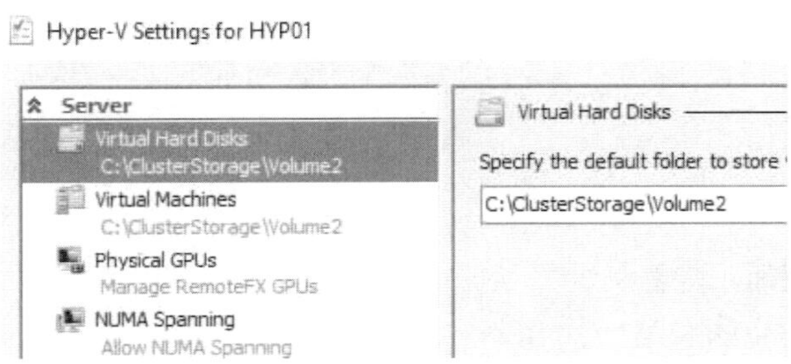

图 3-81　为 Hyper-V 分配存储

如果 S2D 存储还需要为其他应用提供 SMB 存储服务器，还可以按照 3.1.6.1 节第一代 SDS 配置过程添加 SOFS 角色并在可用的 CSV 里添加 SMB 共享，如图 3-82 所示。添加完 SOFS 角色和 SMB 共享后，创建 SDS 也已经完成。

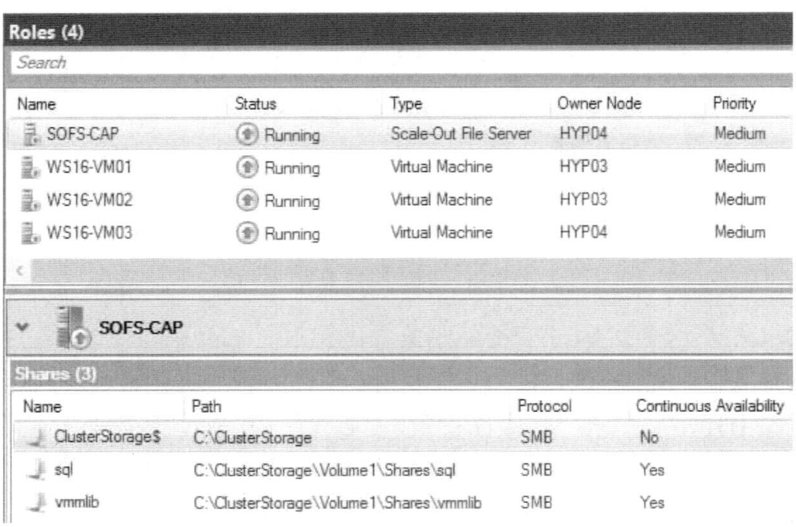

图 3-82　创建 SOFS SMB 共享

3.2.6 存储复制

3.2.6.1 技术概述

用过分布式文件系统（DFS）的读者应该不陌生，DFS 可提供共享统一命名空间并链接不同的共享文件夹，DFS 依靠异步复制能力将文件复制到其他共享为用户提供文件备份的功能。然而 DFS 复制文件时是无序的，Windows Server 2016 提供的存储复制提供比 DFS 更加高级别的文件容灾。

存储复制和 5.1.7.5 节的虚机复制都是为应用和数据提供容灾方案，虚机复制是基于虚机，而存储复制基于操作系统卷。存储复制将服务器系统卷或者群集共享卷里面的文件采用同步或者异步的方式复制到其他服务器或者群集，随时保证数据存在两个副本。复制目标服务器或者群集位于不同的地点来实现容灾。

存储复制同时支持在高延迟低带宽的环境执行异步复制，因为存储复制不是基于快照而是基于连续复制。另外，存储复制在分区（卷）级别执行复制，因此可以将已经由 Windows Server 或者备份软件创建的 VSS 快照一并进行复制。

存储复制主要包括以下功能。

- **保护数据不丢失**。存储复制使用同步复制技术保证数据不会丢失。
- **块级别的复制**。块级别复制在复制过程中不会锁定文件，这样即使文件正在被使用也不会有影响。
- **部署、管理简单**。同时使用命令和图形界面使用几个简单的步骤完成配置存储复制。
- **支持虚机和物理机**。不管是虚机（群集）还是物理机（群集），都可以使用完整的存储复制功能。而且虚机也不限制在 Hyper-V 平台，存储复制具有虚拟化平台无关的特点。但是不管是虚机还是物理机只有 Windows Server 2016 操作系统可以支持存储复制。
- **基于 SMB 3.0 协议**。存储复制使用 SMB 3.0 协议进行复制，因此存储复制的安全性、性能和传输可靠性都可以由 SMB 3.0 协议来保障。比如可以使用 SMB 3.0 的多通道、RDMA 等特性来加速复制速度。
- **安全**。使用包签名、AES-128-GCM 完全数据加密技术保证数据在网络传输的安全，并支持 AES-NI 加密加速，使用预验证的方式阻止中间劫持。存储复制使用 Kerberos AES256 在节点之间进行验证。
- **快速的初始复制**。存储复制采用种子同步，如果因为某些情况有部分数据已经存在于目标卷，那么初次同步时只同步剩余的数据到目标卷。
- **一致性组**。按顺序写保证应用程序可以写入到多个卷并且可以感知数据将按序写到目标服务器。
- **网络限制**。存储复制可以限制使用某个特定网络，这个限制可以以服务器为粒度，也可以以复制卷为粒度进行设置。
- **支持瘦供给**。在存储空间设备里，如果创建的虚拟磁盘使用瘦供给模式，存储复制可以感知并且只复制实际使用的数据大小到目标。

3.2.6.2 存储复制结构

存储复制支持 3 种结构，第一种是群集内复制，第二种是群集之间复制，第三种是服务器到服务器的复制。

- **群集内复制**。在同一个群集内，部分节点共享一套存储，其余节点共享另外的一套存储的情况下可以使用群集内复制，如图 3-83 所示。源存储和目标存储都要至少有两个 GPT 分区的群集卷用于存储复制，一个群集卷用于复制数据，一个群集卷用于复制日志。源数据卷和目标数据卷空间大小和扇区大小必须要一致。源日志卷和目标日志卷所在的物理磁盘的扇区大小也要一致，但是卷的大小可不同，要求至少 8GB 大小。为了保证同步性能，保存日志的卷最好使用 SSD，建议服务器之间使用千兆及以上网络连接，如果有 RDMA 支持最好。

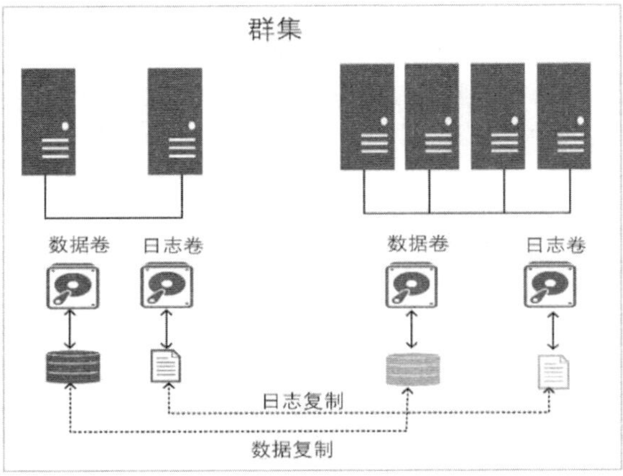

图 3-83 群集内存储复制

- **群集间复制**。群集到其他群集的复制，每个群集都使用自己的共享存储，如图 3-84 所示。源存储和目标存储都要至少有两个 GPT 分区的群集卷用于存储复制，一个群集卷用于复制数据，一个群集卷用于复制日志。源数据卷和目标数据卷的要求和群集内复制一样，不再重复说明。

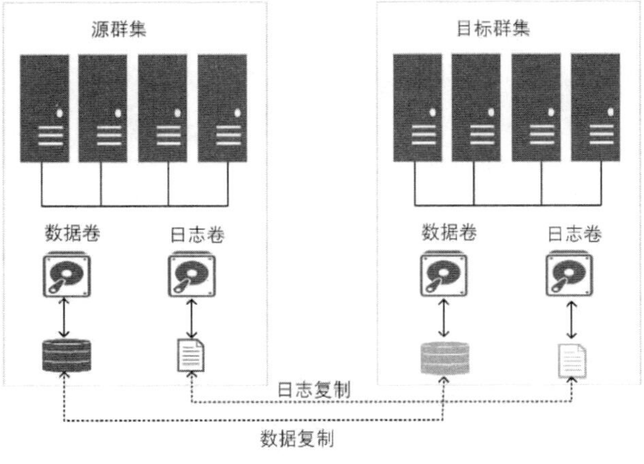

图 3-84 群集间存储复制

- **服务器之间复制**。两台服务器使用各自的本地存储，加入到同一个域里或者在相互信任的域里，如图 3-85 所示。源存储和目标存储都要至少有两个 GPT 分区的卷用于存储复制，一个卷用于复制数据，一个卷用于复制日志。源数据卷和目标数据卷空间大小和扇区大小必须要一致。源日志卷和目标日志卷所在的物理磁盘的扇区大小也要一致，但是卷的大小可不同，要求至少 8GB 大小。

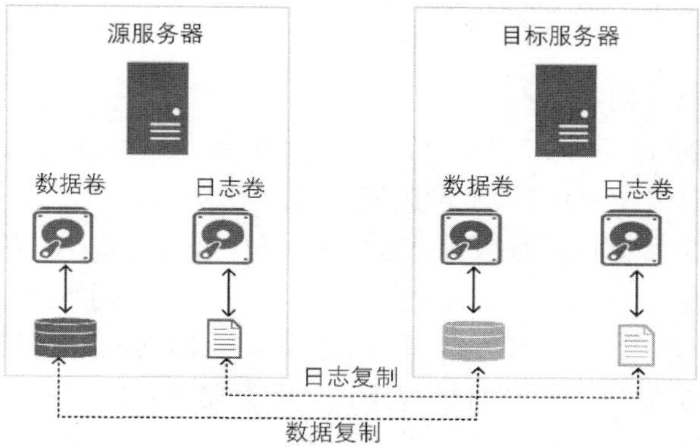

图 3-85　服务器间存储复制

3.2.6.3　同步存储复制

在完成初次数据副本同步后，数据变更需要以增量的方式复制到目标路径，Windows Server 2016 增量存储复制支持同步复制机制。启用同步复制后，应用往存储里提交数据写入请求时，只有源存储和目标存储同时完成写入提交的数据后，才会返回确认 I/O 操作完成信息给应用。同步复制常用在关键的应用场景，要求高速和低延迟底层的网络基础和读写速度快的存储模块。

同步复制的原理保证应用写入源存储时，存储不会立即返回写入完成的确认给应用，而是等数据复制到目标存储后才返回确认信息，只有完成这一步时应用才收到确认 I/O 操作完成的信息。同步复制保证源存储和目标存储的数据始终保持一致，源存储出现故障时，应用可以转移到目标存储，并且不会发生数据不完整的情况。存储同步复制的过程大致如下，如图 3-86 所示。

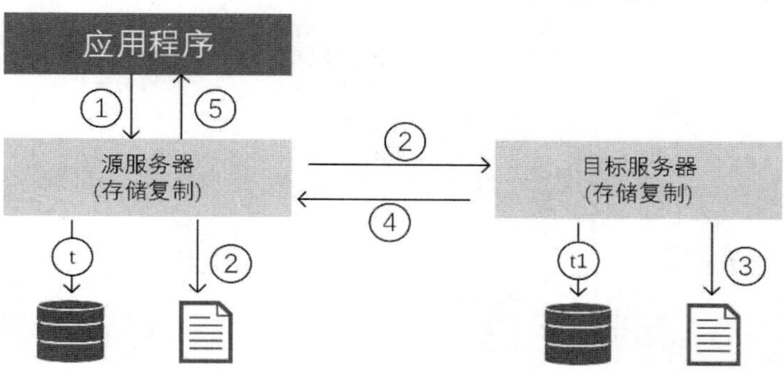

图 3-86　同步存储复制

（1）应用提交数据写入请求，存储执行将数据写入缓存。

（2）日志写入源存储的日志卷，复制引擎同时将数据复制到目标存储，目标存储将数据写入缓存。

（3）目标存储将日志写入目标存储的日志卷。

（4）目标存储返回确认 I/O 操作完成信息。

（5）源存储向应用返回确认 I/O 操作完成的信息。

（6）数据近乎同时从源存储和目标存储各自的缓存写入各自的磁盘。

注意，无论在源存储还是目标存储，在整个 I/O 处理过程中，日志不会写到缓存而是直接写到磁盘里。

3.2.6.4　异步存储复制

Windows Server 2016 存储复制也支持异步复制机制，异步复制能更好地适应带宽小和延迟稍大的网络环境。启用异步复制后，应用提交写入请求到源存储，在数据写入到原存储后，可以不必等数据复制到目标存储而是立即返回确认 I/O 操作完成信息给应用。异步复制减少了等待复制到目标存储并写入后再返回确认的时间，缩短了应用数据写入响应时间。

当应用写入数据时，复制引擎获取写入的数据并立即向应用返回确认 I/O 操作完成信息，然后将请求的数据复制一份到目标存储。目标存储将数据写入磁盘并在一定时间后返回确认 I/O 操作完成的信息给源存储，异步复制的优点在于复制使用旁路而不发生在应用的 I/O 路径上，异步复制带宽和速度要求相对同步复制要低。缺点是如果源存储发生故障时，由于目标数据副本可能依然在源存储的缓存里，这种情况下导致应用数据的不完整。异步存储复制的过程大致如下，如图 3-87 所示。

（1）应用提交数据写入请求，存储执行将数据写入缓存。

（2）日志写入源存储的日志卷。

（3）应用写请求 I/O 操作完成确认，应用数据从缓存写入源存储。

（4）复制引擎将数据复制到目标存储。

（5）日志写入目标存储的日志卷

（6）目标存储返回确认 I/O 操作完成的信息给源存储。

最后，数据从目标存储的缓存写入磁盘。注意，无论在源存储还是目标存储，在整个 I/O 处理过程中，日志不会写到缓存而是直接写到磁盘里。

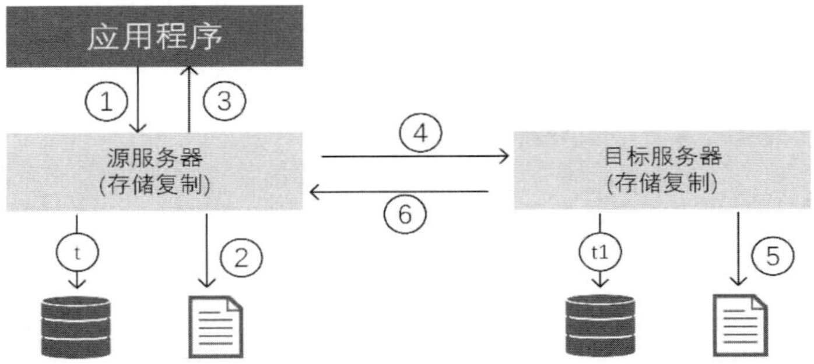

图 3-87　异步存储复制

3.2.6.5　设置存储复制

本小节以服务器到服务器的复制为例简单说明如何实现存储复制。假设有两台服务器位于相距 100 米的两个数据中心里，服务器名称分别为 Server01 和 Server02，使用千兆网络连接，将 Server01 设置为源服务器，Server02 设置为目标服务器，将 Server01 的数据复制到 Server02 并启用同步增量复制。服务器存储复制步骤如下。

（1）服务器加入到同一个域，在服务器管理器中安装存储复制角色，安装过程将同时导入存储复制的 PowerShell 模块，如图 3-88 所示。

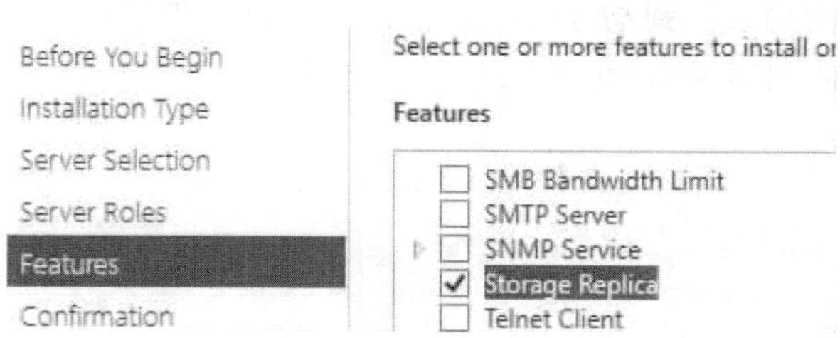

图 3-88　安装存储复制角色

（2）按照 3.2.6.2 节的基本要求分别为两台服务器准备两个卷，使用 GPT 分区，设置相同的扇区大小，日志卷分区不低于 8GB，数据卷大小一致，如图 3-89 所示。

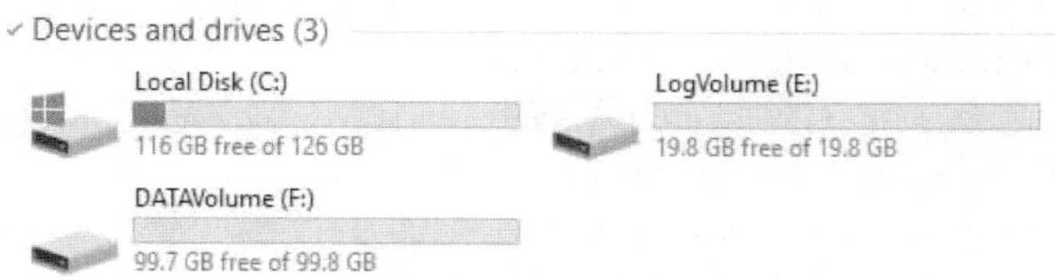

图 3-89　准备数据卷和日志卷

（3）在 PowerShell 中使用 Test-SRTopology 命令验证环境是否符合存储复制要求，比如源服务器和目标服务器的日志卷和数据卷的卷标都是 E 和 F，然后在 C 盘新建文件夹 C:\TestSR 用于保存验证结果文件，测试运行时间设置为 15 分钟，运行以下示例命令进行验证。

```
PS C:\> Test-SRTopology -SourceComputerName Server01 -SourceVolumeName F:
-SourceLogVolumeName E: -DestinationComputerName Server02 -DestinationVolume
Name F: -DestinationLogVolumeName E: -DurationInMinutes 15 -ResultPath C:\Te
stSR
```

（4）验证完毕，在 C:\TestSR\TestSrTopologyReport-YYYY-MM-DD-HH-MM.html 查看验证结果，如果有不符合条件的警告，需要先处理不满足的条件，如图 3-90 所示。

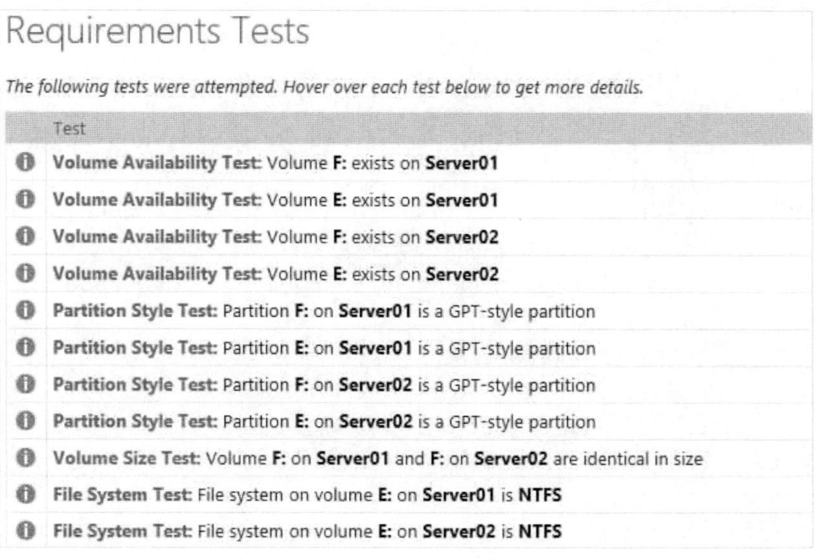

图 3-90　存储复制测试结果汇总

在测试结果里把滚动条拉到下方可以查看到复制的性能等其他信息，这些信息帮我们分析调节复制的性能，如图 3-91 所示。

Average Recovery Traffic Throughput To Destination: 214.29 MB/s

Partition	Size	Time To Initial Sync
F:	99.87 GB	7 minutes, 57 seconds

图 3-91　存储复制速度信息

（5）测试完毕，就可以开始使用 PowerShell 新建存储复制，指定源数据卷和日志卷以及目标数据卷和日志卷，并指定源和目标复制组名称。不要忘了设置复制模式（参数为 ReplicationMode），如果不指定 ReplicationMode，则使用默认设置的同步复制。要启用异步复制，必须指定 ReplicationMode 为 Asynchronous。

```
PS C:\> New-SRPartnership -SourceComputerName Server01 -SourceRGName
SourceRG1 -SourceVolumeName F: -SourceLogVolumeName E: -DestinationComp
uterName Server02 -DestinationRGName DestiRG1 -DestinationVolumeName F:
-DestinationLogVolumeName E:  -ReplicationMode Synchronous
```

（6）使用 PowerShell 命令 Get-SRGroup 和 Get-SRPartnership 查看复制伙伴信息，包括复制目标服务器、目标复制组、源服务器及源复制组信息，如下示例所示。

```
PS C:\> Get-SRPartnership


DestinationComputerName        : Server02
DestinationRGName              : DestiGR1
SourceComputerName             : Server01
SourceRGName                   : SourceRG1
```

（7）在源服务器和目标服务器上使用 Get-Counter 查看复制性能。

（8）在目标服务器上查看复制结果。

```
TimeCreated  : 2016/6/20 2:51:28
ProviderName : Microsoft-Windows-StorageReplica
Id           : 1215
Message      : Block copy completed for replica.
             ReplicationGroupName: DestiRG1
             ReplicationGroupId:{3AC1798B-385E-45C5-BCC1-95E4C29E9DC5}
             ReplicaName: F:\
             ReplicaId: {00000000-0000-0000-0000-000000000000}
             End LSN in bitmap:
             LogGeneration:{00000000-0000-0000-0000-000000000000}
             LogFileId: 0
             CLSFLsn: 0xFFFFFFFF
             Number of Bytes Recovered: 572522496
             Elapsed Time (seconds): 3
TimeCreated  : 2016/6/20 2:44:10
ProviderName : Microsoft-Windows-StorageReplica
```

（9）如果要启用反向复制，可使用 Set-SRPartnership 设置反向复制，即从 Server02 向 Server01 复制。

```
PS C:\> Set-SRPartnership -NewSourceComputerName Server02 -SourceRGName DestiRG1 -DestinationComputerName Server01 -DestinationRGName SourceRG1 -ReplicationMode Synchronous
```

（10）如果要取消存储复制，先使用 Get-SRGroup 和 Get-SRPartnership 命令获取复制伙伴信息，在复制源和目标服务器上执行 Remove-SRGroup 和 Remove-SRPartnership 命令删除复制组合复制伙伴。

```
PS C:\> Get-SRPartnership | Remove-SRPartnership
PS C:\> Get-SRGroup | Remove-SRGroup
```

3.2.7 存储 QoS

3.2.7.1 存储 QoS 简介

Windows Server 2016 文件服务器和 Hyper-V 群集默认集成了存储 QoS 功能，基于群集存储空间的存储无论是 SOFS SMB 共享还是 CSV 都支持存储 QoS，存储 QoS 通过策略应用到 Hyper-V 群集上的虚机。文件服务器群集里默认开启 QoS 策略管理器，用于集中监视存储性能，保存在 SMB 或者 CSV 的 Hyper-V 虚机被策略管理器监视着。策略管理器和 Hyper-V 服务器形成一个存储 QoS 策略优化的闭环来反馈调节 QoS，策略管理器保持着和 Hyper-V 沟通存储 QoS 策略、限制及保留信息的功能，Hyper-V 按照 QoS 策略缩放虚机 VHDX 的存储性能。在存储 QoS 策略有更新的时候，策略管理器指挥 Hyper-V 对虚机虚拟硬盘 QoS 进行调整。存储 QoS 策略优化的闭环保证所有虚机的虚拟硬盘遵循存储 QoS 策略，如图 3-92 所示。

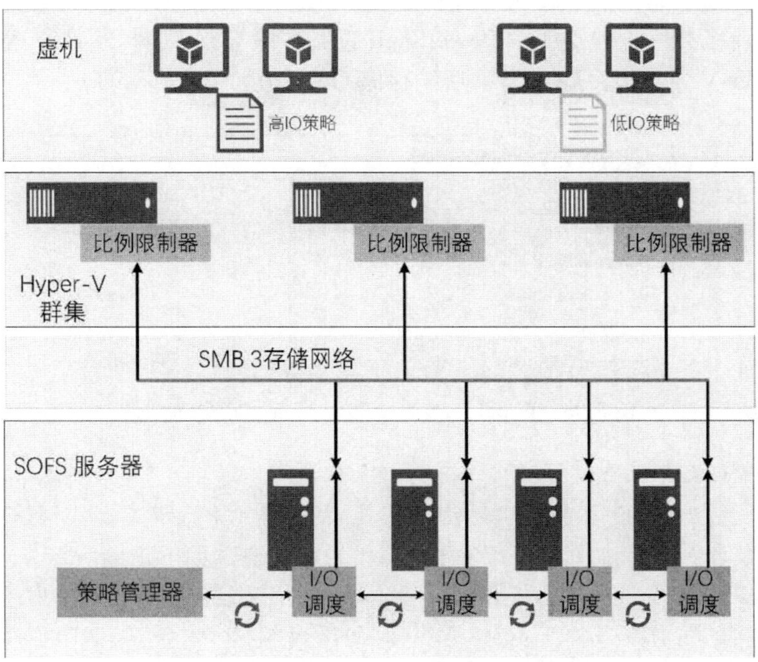

图 3-92 存储 QoS 逻辑结构图

3.2.7.2 存储 QoS 技术

存储 QoS 技术包括以下若干技术，这些技术简单解释如下。

- **标准 IOPS**。存储使用标准 IOPS 进行测算，标准 I/O 指的是大小为 8KB 的 I/O，大于 8KB 的 I/O 则通常认为包含了多个标准 I/O。比如，32KB 的请求有 4 个标准 I/O。
- **流**。Hyper-V 打开的每个 VHDX 虚拟硬盘文件句柄都是一个流 ，假如虚机有两个 VHDX 虚机磁盘，那么这台虚机的每个 VHDX 文件有一个流。如果两台虚机共享一个 VHDX 文件，那么每个虚机一个流。
- **发起者名称和 ID**。为每个流报告给存储服务器的虚机和虚机 ID。即使虚机同名，但因每台虚机的 ID 是唯一的，唯一的虚机 ID 可以确定文件流所对应的虚机。
- **策略和策略 ID**。存储 QoS 策略存储在群集数据库里，包含策略 ID、最小 IOPS 和最大 IOPS、父策略和策略类型这几个属性；每条策略默认由一条策略 ID 标识，策略 ID 可以是系统生成的，也可以自定义。
- **最小 IOPS**。最小 IOPS 标识在策略里定义的最小的标准 IOPS，可以理解成为保留的 IOPS。
- **最大 IOPS**。最大 IOPS 标识在策略里定义的最大的标准 IOPS，可以理解成为限制。
- **共享策略**。共享策略表示为多个 VHDX 硬盘文件组成的多个流共享的最小 IOPS 和最大 IOPS 及带宽策略。
- **专有策略**。专有策略是为单个 VHDX 硬盘文件流指定的最小 IOPS 和最大 IOPS 及带宽的策略。

3.2.7.3　设置存储 QoS

Windows Server 2016 故障转移群集配置了 CSV 后，存储 QoS 功能自动启动，无需额外配置。在群集里添加可用的磁盘为 CSV 后，存储 QoS 资源便会在群集核心资源里显示。可以通过故障转移群集管理器或者 PowerShell 查看存储 QoS 资源。同样，Windows Server 2016 启用 Hyper-V 角色以后也会自动启动存储 QoS 功能，如图 3-93 所示。

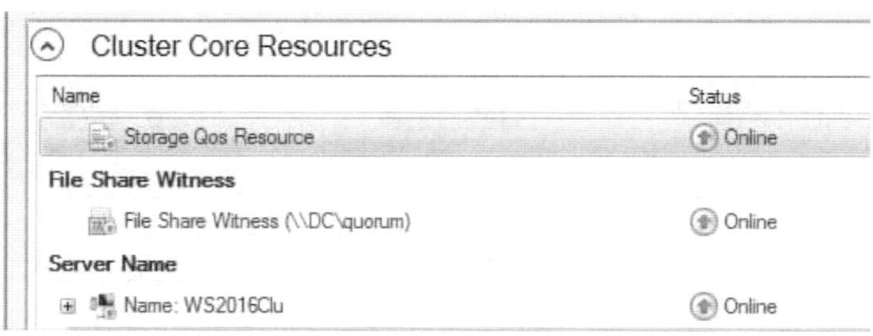

图 3-93　Windows Server 2016 群集存储 QoS 资源

3.2.7.4　检索文件流存储 QoS

我们已经配置好 S2D 和超融合结构，在其 CSV 里存储着若干运行着的虚机，可使用 PowerShell 命令查看所有虚机文件流的 IOPS 和带宽情况，如下示例所示。

```
PS C:\> Get-StorageQoSflow |Sort-Object InitiatorName | ft InitiatorName,Min
imumIOPs,MaximumIOPs,StorageNodeIOPs,@{Expression={$_.FilePath.Substring($_.
FilePath.LastIndexOf('\')+1)};Label="File"} -AutoSize

InitiatorName  MinimumIops  MaximumIops  StorageNodeIOPs  File
-------------  -----------  -----------  ---------------  ----
```

```
SQL14         0         0         1         sql14.vhdx
VMM16         0         0         3         vmm16.vhdx
WS16-VM01     0         0         1         WS16-VM01.vhdx
WS16-VM02     0         0         1         WS16-VM02.vhdx
```

3.2.7.5 检索卷存储 QoS

除了可以查看虚机级别的 QoS 流的情况外，还可以查看卷（这里指的是群集共享卷）级别的 QoS 信息，使用 PowerShell 命令 Get-StorageQoSVolume 检索 CSV QoS 配置情况，如下示例所示。

```
PS C:\> Get-StorageQoSVolume |fl

Bandwidth                 : 0
BandwidthLimit            : 0
Interval                  : 300000
IOPS                      : 0
Latency                   : 0
Limit                     : 0
Mountpoint                : C:\ClusterStorage\Volume1\
Reservation               : 0
Status                    : Ok
TimeStamp                 : 8/5/2016 5:14:23 PM
VolumeId                  : 2406be47-4757-4b75-a193-c874b69c0e8c
MaximumIops               : 0
MinimumIops               : 0
```

3.2.7.6 创建存储 QoS 策略

在规划好虚机 QoS 策略类型和 QoS 策略具体参数后，第一步先创建存储 QoS 策略，可以使用 PowerShell 命令 New-StorageQoSPolicy 设置专有和共享 QoS 策略。我们先创建一个名为 HighPerf 的专有 QoS 策略，最小 IOPS 设置为 200，最大为 800，不设置吞吐带宽。

```
PS C:\> New-StorageQosPolicy -Name HighPerf -PolicyType Dedicated -MinimumIo
ps 200 -MaximumIops 800
```

使用 PowerShell 命令 Get-StorageQoSPolicy 获取 QoS 策略，如下示例所示。

```
PS C:\> Get-StorageQosPolicy

Name         MinimumIops     MaximumIops     MaximumBandwidth     Status
----         ----------      ----------      ---------------      ------
Default      0               0               0 MB/s               OK
HighPerf     200             800             0 MB/s               OK
```

接着创建一个名为 MediumPerf 的共享 QoS 策略，设置最小 IOPS 为 100，最大为 400，不设置吞吐带宽。

```
PS C:\> New-StorageQosPolicy -Name MediumPerf -PolicyType Aggregated -Minim
umIops 100 -MaximumIops 400
```

到此我们已经创建了两个不同大小的存储 QoS 策略，如下示例所示。

```
PS C:\> Get-StorageQosPolicy

Name            MinimumIops    MaximumIops    MaximumBandwidth    Status
----            ----------     ----------     ----------------    ------
Default         0              0              0 MB/s              OK
MediumPerf      100            400            0 MB/s              OK
HighPerf        200            800            0 MB/s              OK
```

接下来我们将选取两台虚机分配存储 QoS 策略，一台虚机只有一个 VHDX 文件，这台虚机需要 IOPS；另外一台虚机有 3 个 VHDX 文件，这台虚机只需要中等 IOPS，而且 3 个 VHDX 共享一个存储 QoS 策略。

3.2.7.7　分配存储 QoS 策略

首先将名为 HighPerf 的专有策略分配给一台 SQL Server 虚机，使用 PowerShell 命令进行分配即可。在分配之前需要使用如下命令定义变量并获取存储 QoS 策略的 ID，存储 QoS 策略 ID 将在分配 QoS 策略时作为 QoSPolicyID 要赋予的值。

```
PS C:\> $HighPerfQoS=Get-StorageQoSPolicy | ? Name -eq HighPerf
PS C:\> $HighPerfQoS.PolicyId

Guid
----
6b56f995-08d1-4bb0-9eaa-96f6de29a2ab
```

使用 PowerShell 命令将策略应用到选择的 SQL Server 虚机，QoSPolicyID 这个参数后接名为 HighPerf 的 QoS 策略 ID。

```
PS C:\> Get-VM -Name SQL14 | Get-VMHardDiskDrive | Set-VMHardDiskDrive
-QoSPolicyID 6b56f995-08d1-4bb0-9eaa-96f6de29a2ab
```

分配完毕，打开分配了 QoS 策略的虚机的设置窗口。大家会发现，我们以往在 Hyper-V 虚机设置窗口里直接对 VHDX 虚拟硬盘进行 IOPS 的最大最小值进行设置，但是应用了 QoS 策略的 VHDX 虚拟硬盘并没有显示 QoS 策略所定义的 IOPS 最大及最小值，取而代之的是 QoS 策略 ID，如图 3-94 所示。

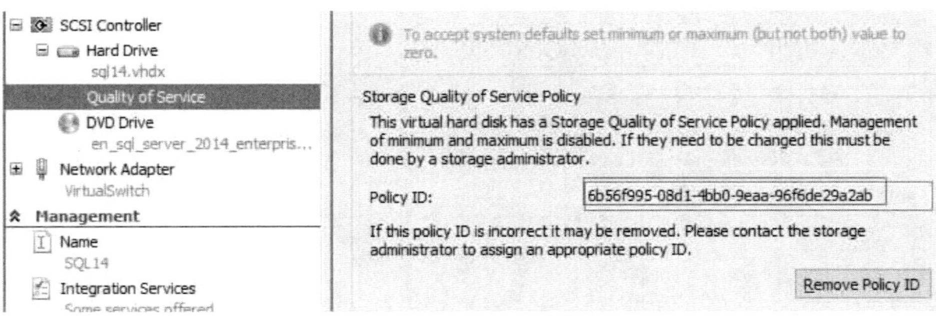

图 3-94　查看虚机分配的 QoS 策略 ID

虽然在设置窗口看不到直观的 IOPS 值，但是要查看虚机分配 QoS 策略之后是否生效以及生效后虚机磁盘 QoS 值，可以运行 Get-StorageQoSflow 命令，示例命令和结果如下。

```
PS C:\> Get-StorageQoSflow |Sort-Object InitiatorName | ft InitiatorName,
MinimumIOPs,MaximumIOPs,StorageNodeIOPs,@{Expression={$_.FilePath.Substring
```

```
($_.FilePath.LastIndexOf('\')+1)};Label="File"} -AutoSize

InitiatorName  MinimumIops  MaximumIops  StorageNodeIOPs  File
-------------  -----------  -----------  ---------------  ----
SQL14          200          800          0                sql14.vhdx
VMM16          0            0            0                vmm16.vhdx
WS16-VM01      0            0            1                WS16-VM01.vhdx
WS16-VM02      0            0            1                WS16-VM02.vhdx
```

接着将名为 MediumPerf 的共享 QoS 策略分配给一台具有 3 块 VHDX 虚拟磁盘的虚机，同样使用 PowerShell 命令进行。在分配之前需要定义变量获取存储 QoS 策略的 ID，如下示例所示，存储 QoS 策略 ID 将在分配 QoS 策略时作为 QoSPolicyID 后接参数值使用。

```
PS C:\> $MediumPerf=Get-StorageQoSPolicy | ? Name -eq MediumPerf
PS C:\> $MediumPerf.PolicyId

Guid
----
c0cea944-981e-445e-ad20-d6a33d294fb7
```

使用 PowerShell 命令将策略应用到选择的虚机，QoSPolicyID 这个参数后接名为 MediumPerf 的 QoS 策略 ID。

```
PS C:\> Get-VM -Name WS16-VM01 | Get-VMHardDiskDrive | Set-VMHardDiskDrive
-QoSPolicyID c0cea944-981e-445e-ad20-d6a33d294fb7
```

分配完毕，打开分配了 QoS 策略的虚机的设置窗口，和专有 QoS 策略一样，应用了 QoS 策略的 VHDX 虚拟硬盘并没有显示 QoS 策略所定义的 IOPS 最大及最小值，取而代之的是 QoS 策略 ID，如图 3-95 所示。

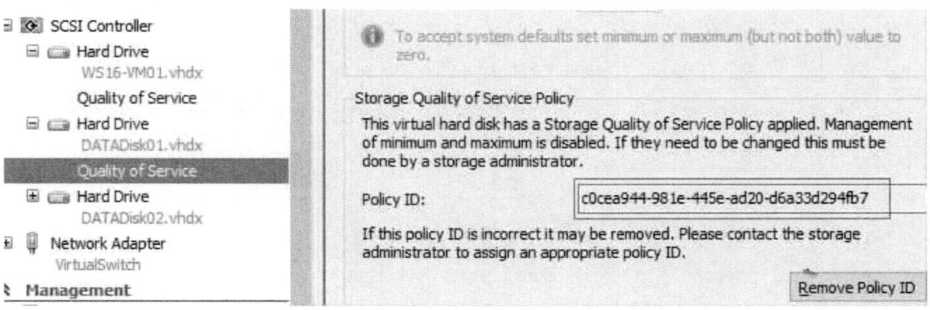

图 3-95 查看虚机分配的 QoS 策略 ID

要查看虚机分配 QoS 策略之后是否生效以及生效后虚机磁盘 QoS 值，可以运行 Get-StorageQoSflow 命令。在查询结果中，可以看到具有 3 个 VHDX 文件的虚机应用了一个最小 100、最大 400 的 QoS 策略，那么每个 VHDX 的 IOPS 最小为 100/3 取整，最大为 400/3 取整，如下示例所示。

```
PS C:\> Get-StorageQoSflow |Sort-Object InitiatorName | ft InitiatorName,Min
imumIOPs,MaximumIOPs,StorageNodeIOPs,@{Expression={$_.FilePath.Substring($_.
FilePath.LastIndexOf('\')+1)};Label="File"} -AutoSize

InitiatorName  MinimumIops  MaximumIops  StorageNodeIOPs  File
```

```
------------ ---------- ---------- --------------- ----
SQL14        200        800        0               sql14.vhdx
VMM16        0          0          7               vmm16.vhdx
WS16-VM01    33         133        0               WS16-VM01.vhdx
WS16-VM01    33         133        0               DATADisk01.vhdx
WS16-VM01    33         133        0               DATADisk02.vhdx
WS16-VM02    0          0          0               WS16-VM02.vhdx
```

3.2.7.8　SCVMM 创建并分配 QoS 策略

本节作为补充内容。我们除了可使用 PowerShell 命令创建和分配存储 QoS 策略，也可以使用 SCVMM 2016 创建并分配存储 QoS 策略。前提条件是需要先在 SCVMM 2016 控制台添加 Hyper-V 物理机和存储空间服务器群集，然后在架构导航区里展开存储，找到 QoS 策略，打开新建存储 QoS 策略向导，在存储 QoS 策略向导的策略设置配置里，从下拉框里可选择专有或共享 QoS 的类型，如图 3-96 所示。

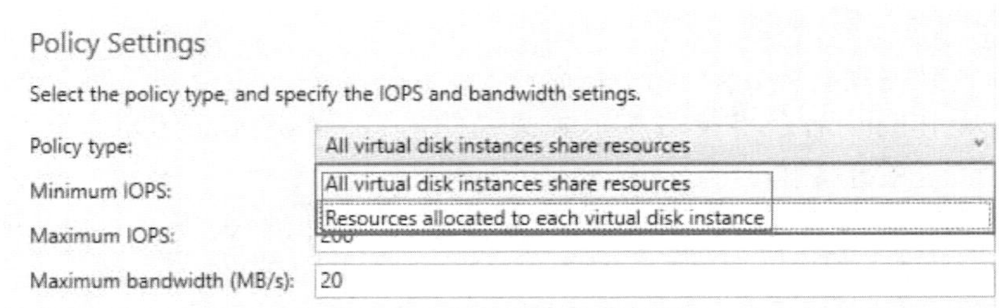

图 3-96　选择 QoS 类型

然后指定 QoS 最大和最小 IOPS 值以及选择限制最大的带宽，如图 3-97 所示。

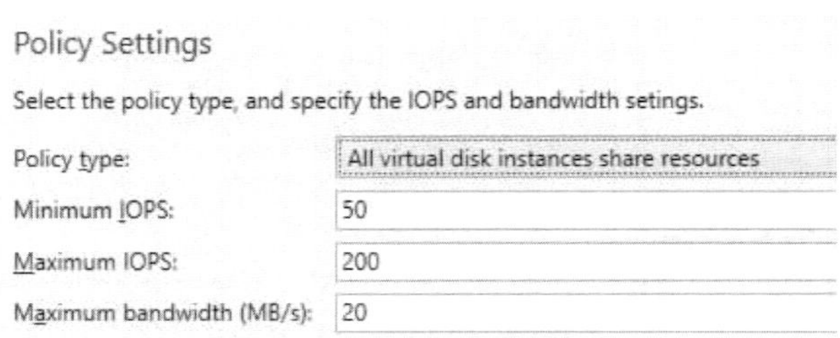

图 3-97　指定 QoS 参数

随后选择 IOPS 大小，默认使用标准的 8KB，指定存储 QoS 策略应用的范围，如图 3-98 所示。

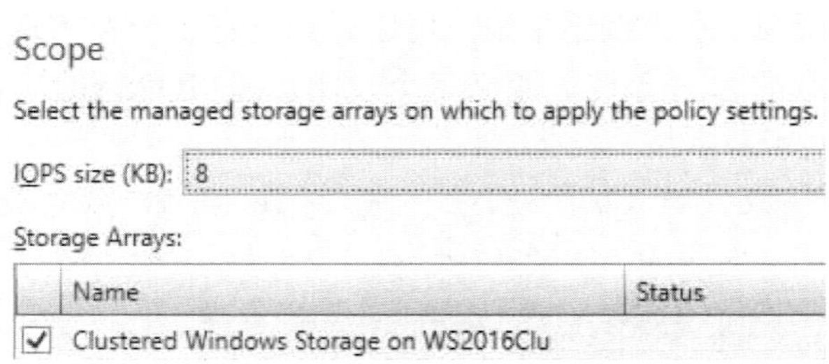

图 3-98　指定策略应用范围

配置好存储 QoS 策略后，找一台保存在 CSV 存储的虚机，在其设置窗口的硬件选项里，将上一步创建的 QoS 策略应用到该虚机的虚拟磁盘，如图 3-99 所示。

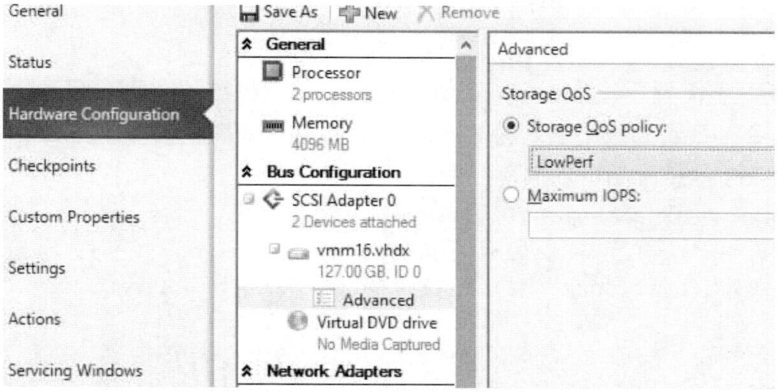

图 3-99 将 QoS 策略应用到虚机的虚拟硬盘

应用策略后，使用 PowerShell 命令查看虚机分配 QoS 策略之后是否生效以及生效后虚机磁盘 QoS 值，结果如下示例所示。

```
PS C:\> Get-StorageQoSflow |Sort-Object InitiatorName | ft InitiatorName,MinimumIOPs,MaximumIOPs,StorageNodeIOPs,@{Expression={$_.FilePath.Substring($_.FilePath.LastIndexOf('\')+1)};Label="File"} -AutoSize

InitiatorName   MinimumIops   MaximumIops   StorageNodeIOPs   File
------------    ----------    ----------    ---------------   ----
VMM16           50            200           2                 vmm16.vhdx
SQL14           200           800           0                 sql14.vhdx
WS16-VM01       33            133           0                 WS16-VM01.vhdx
WS16-VM01       33            133           0                 DATADisk01.vhdx
WS16-VM01       33            133           0                 DATADisk02.vhdx
WS16-VM02       0             0             0                 WS16-VM02.vhdx
```

3.2.7.9 *存储 QoS 策略的重设*

我们经常需要按照环境的变化对策略做相应的调整，存储 QoS 也不会例外。比如某些应用因为访问量和数量增大，对存储的读写速度提出了更高的要求。如果虚机的虚拟硬盘已经应用了存储 QoS 策略，那么我们不需要重新创建存储 QoS 策略分配给虚机的虚拟磁盘，而是在线调整已有的 QoS 策略，虚机虚拟硬盘的 QoS 策略会在线同步更新。接下来，我们找一个之前应用到虚机的名为 HighPerf 的存储 QoS 策略，将 IOPS 值最小和最大值分别从 200 和 800 调整到 500 和 1000。先使用如下 PowerShell 命令 Set-StorageQosPolicy 完成 QoS 策略变更，然后使用 Get-StorageQosPolicy 查询 QoS 策略修改结果，结果如下示例所示。

```
PS C:\> Get-StorageQosPolicy-Name HighPerf | Set-StorageQosPolicy -MinimumIOPS 500 -MaximumIops 1000
PS C:\> Get-StorageQosPolicy

Name              MinimumIops     MaximumIops     MaximumBandwidth  Status
```

```
----            ----------    ----------    ---------------    ------
Default         0             0             0 MB/s             OK
MediumPerf      100           400           0 MB/s             OK
HighPerf        500           1000          0 MB/s             OK
LowPerf         50            200           0 MB/s             OK
```

调整完毕，不需要再次应用 QoS 策略到虚机，虚机虚拟磁盘会自动更新策略。使用 PowerShell 命令可查看到应用了名为 HighPerf 存储 QoS 策略的 SQL Server 虚机虚拟硬盘更新后的 IOPS QoS 信息，如下示例命令所示。

```
PS C:\> Get-StorageQoSflow |Sort-Object InitiatorName | ft InitiatorName,Min
imumIOPs,MaximumIOPs,StorageNodeIOPs,@{Expression={$_.FilePath.Substring
($_.FilePath.LastIndexOf('\')+1)};Label="File"} -AutoSize

InitiatorName   MinimumIops   MaximumIops   StorageNodeIOPs   File
------------    ----------    ----------    ---------------   ----
SQL14           500           1000          0                 sql14.vhdx
VMM16           50            200           7                 vmm16.vhdx
WS16-VM01       33            133           0                 WS16-VM01.vhdx
WS16-VM01       33            133           0                 DATADisk01.vhdx
WS16-VM01       33            133           0                 DATADisk02.vhdx
WS16-VM02       0             0             0                 WS16-VM02.vhdx
```

第 4 章　软件定义网络

本章分为 7 节，第 1 节讲述 Windows Server 网卡组合，分为 6 个小节介绍网卡组合的概念、组合模式、负载分发算法，以及在 Windows Server 2016 里包含的交换机嵌入式组合技术，并通过实测验证网卡组合的效果。第 2 节里我们将理清 Windows Server SDN 在数据平面的两个不同的子集：虚拟化网络和网络虚拟化，扼要说明了虚拟化网络和网络虚拟化之间的关联和基本概念。第 3 节简述了构成 SDN 的数据平面的 Hyper-V 虚拟交换机的基本概念和分类。

第 4 节介绍第一代 SDN 的基本结构和关键技术，包括 2 个小节，第 1 个小节讲述第一代 SDN 的结构、管理平面 SCVMM、Overlay 技术以及 HNV 网关用途；第 2 个小节详细针对网络虚拟化 Overlay 技术进行阐述。

第 5 节和第 6 节介绍第一代 SDN 如何通过管理平面 SCVMM 配置构成逻辑交换机和 HNV 网关。

从第 7 节开始介绍由 Windows Server 2016 实现的第二代 SDN 的技术和结构，包括 3 个小节。第 1 小节讲解第二代 SDN 的结构和构成技术，包括新的架构、全新的 Overlay 技术和控制平面。第 2 小节介绍 Windows Server 2016 网络功能虚拟化和结构，包括数据中心防火墙、RAS 网关和软件负载均衡器。

第 3 小节说明如何通过管理平面 SCVMM 配置控制平面（网络控制器）、软件负载均衡器和 RAS 网关。

4.1　网卡组合

Windows Server 实现的网卡组合既可以理解为 Windows Server 软件定义高可用的一个技术分支，也可以理解为 SDN 的一个技术分支。由于网卡组合侧重于网络方面而且还具有负载均衡的作用，因此我们将网卡组合归类为软件定义网络的一个子集，将其放在了 SDN 章节里进行介绍。

4.1.1　网卡组合概述

网卡组合指的是将多块网卡组合成一个单一的网卡实例，组合的网卡同时具有负载均衡和故障转移功能（Load Balance Failover，简称为 LBFO）。多个网卡组合成单一网卡信道，达到汇聚网络带宽、网卡故障转移的目标。因为网卡组合采用 Windows Server 软件控制实现，也属于网络虚拟化技术之一，而且网卡组合在实际设计 SDS 和 SDN 时是个非常关键的高可用技术，因此我们将网卡组合列为本章单独的一节。

在 Windows Server 2012 之前，网卡组合技术已经屡见不鲜，我们通常使用硬件厂家提供的网卡组合技术将两块或者更多的千兆网卡组合在一起，形成一块虚拟的具备 2 千兆及以上带宽的网卡实例。但是硬件厂家提供的网卡组合技术使用的是服务器的专有驱动器，而且要求组合的成员必须是同一品牌的网卡。在 Windows Server 2012 发布后，依然可以使用服务器提供的驱动进行网卡组合，但是方便程度和操作便捷程度不如 Windows Server 2012，而且近年来，硬件厂家也在逐渐淡出网卡组合技术领域，过渡到由操作系统实现，Windows Server 网卡组合只需在系统层面而非 BIOS 层面配置，其配置也相对简单，如图 4-1 所示。

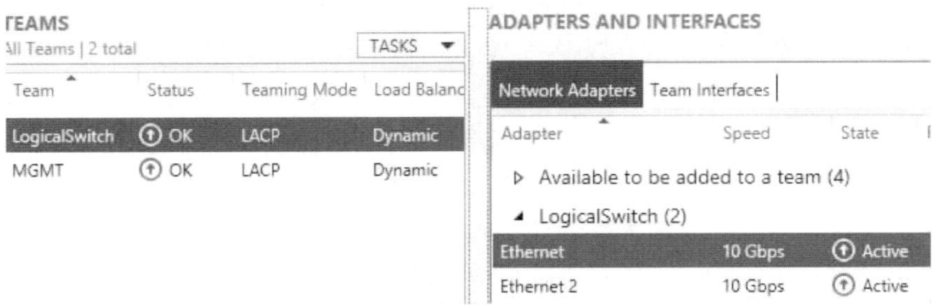

图 4-1　Windows Server 网卡组合

Windows Server 使用微软公司 Network Adapter Multiplexor 协议进行网卡组合，如图 4-2 所示，该协议负责将数据在成员网卡和组合网卡之间路由，该协议在成员网卡组合网卡的过程中初始化。同时，组合后的网卡会安装一个新的协议微软公司 Load Balancing/Failover Provider 用于和各个物理网卡实例进行交互，如图 4-3 所示。微软公司 Network Adapter Multiplexor 协议可兼容不同品牌的网卡，因此 Windows Server 的网卡组合不局限在同一个品牌。默认情况下，Windows Server 可以支持最多组合 32 块网卡在一个组里。

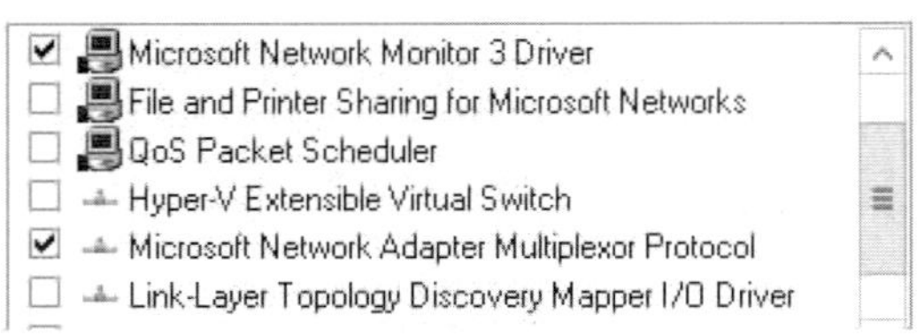

图 4-2　成员网卡网卡组合协议

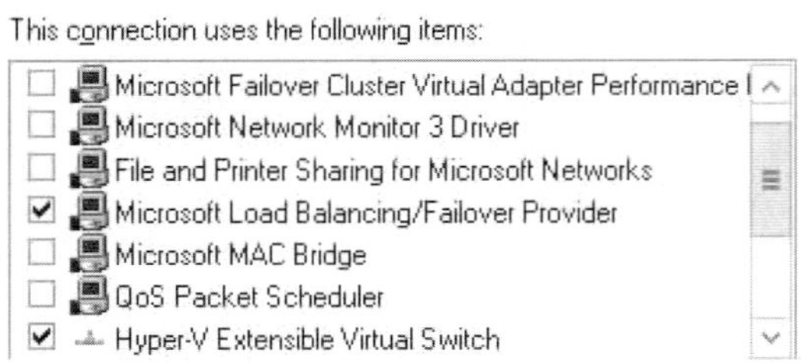

图 4-3　组合网卡协议

4.1.2　网卡组合模式

网卡组合按照交换机是否参与入站或者出站流量的分发分为两种模式：交换机独立模式和交换机依赖模式，而这两种模式又有各自的子模式，选择合适的网卡组合模式有助于发挥网卡组合的特性。接下来简单介绍网卡交换机独立和交换机依赖模式的网卡组合。

- **交换机独立模式**。交换机独立模式无需交换机参与组合，连接到交换机的网卡做组合时，并不需要在交换机上变更任何和组合有关的配置。在交换机独立模式下，交换机不能感知连接到自己端口的网卡进行了组合。该模式可使用动态算法（Dynamic）平衡网卡组合里的各个成员网卡之间的出站流量，也可基于 Hyper-V

虚拟端口算法将入站流量分发给网卡组合里的各个成员网卡，如图 4-4 所示。交换机独立模式下，网卡可以连接到同一台交换机，也可以连接到不同的交换机。交换机独立模式下还可以选择网卡是双活还是主备模式，如图 4-5 所示。

- **全活动模式**。所有成员网卡都处于活动状态，全活动交换机独立模式组合网卡同时具备故障转移和带宽汇聚功能。

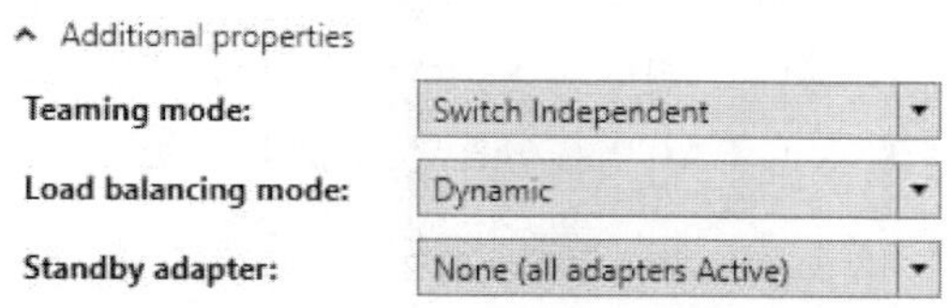

图 4-4　交换机独立组合模式

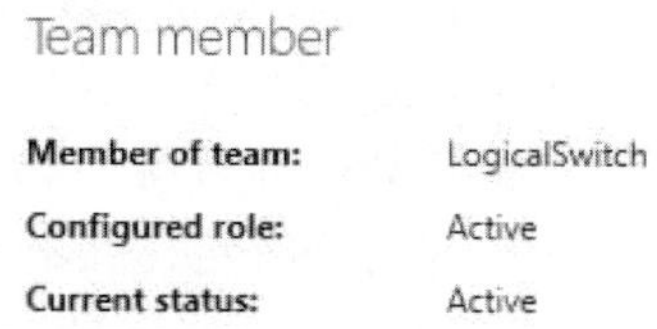

图 4-5　组合网卡的双活模式

- **主备模式**。主备模式下的网卡组合只有故障转移能力，不具备带宽汇聚能力。主备模式下，不是所有成员网卡都是活动的，至少有且只有一块成员网卡是非活动网卡，非活动状态网卡作为备用，如图 4-6 所示的 Ethernet 被设置为备用网卡。只有活动网卡出现故障时，备用网卡才会接替使用。如果故障网卡恢复，备用网卡再次返回为备用状态。

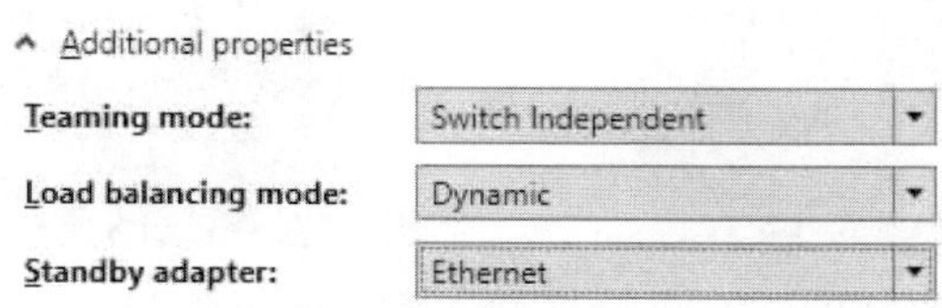

图 4-6　组合备用网卡

- **交换机依赖模式**。交换机依赖模式需要交换机参与组合，交换机依赖模式要求所有参与组合的网卡都连接到同一台交换机上。实际环境里经常将两台交换机通过堆叠系统或者 MC-LAG 组合成高可用交换机组，高可用交换机在下联的服务器看来是一台交换机，因此成员网卡分别连接到这两台组合后的交换机后，更像是连接到同一台交换机的不同端口。网卡配置成交换机依赖模式后，如何在成员网卡之间分配入站流量由交换机决定，交换机依赖模式又包括了静态组合和 LACP 两种子模式，如图 4-7 所示。

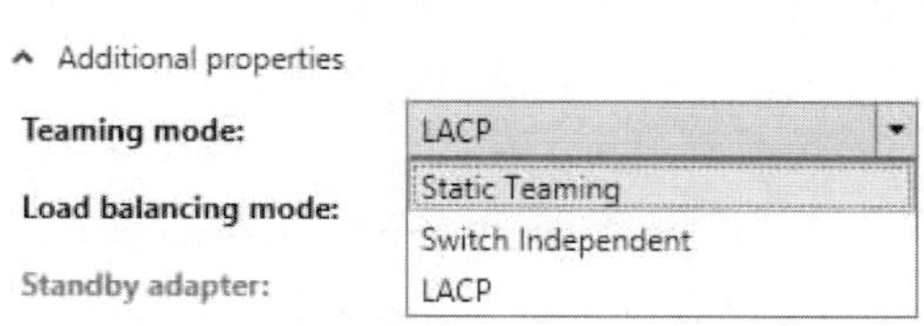

图 4-7　交换机依赖模式网卡组合

- **静态组合**。交换机依赖模式的静态组合要求在服务器和交换机上进行相关配置，用于确定组合成员连接的链路和端口。静态组合不使用任何协议，所以无法对交换机和主机网卡组合环境进行检测，比如网线插入不正确可能导致的无法组合网卡，这种情况却无法通过交换机检测和感知，静态组合模式只支持接入交换机。

- **LACP**。LACP 是 Link Aggregation Control Protocol（链路聚合控制协议）的缩写，LACP 通常也叫作 IEEE 802.3ad，后来转入 IEEE 802.1ax。IEEE 802.1ax 定义 LACP 协议动态识别连接到服务器和交换机的链路。LACP 组合模式要求服务器和交换机端都支持链路聚合，接入交换机大都支持 IEEE802.1ax，在主机端配置 LACP 网卡组合之前通常还需要给成员网卡所连接的交换机端口配置启用 LACP。LACP 算法中，主机端负责分发出站流量，交换机端负责分发入站流量。不论主机的成员网卡使用 LAG 连接到同一台交换机的不同端口（如图 4-8 所示），还是使用 MC-LAG 连接到不同交换机的端口（如图 4-9 所示），LACP 在分配入站流量时都可以很好地和交换机或高可用交换机配合使用。

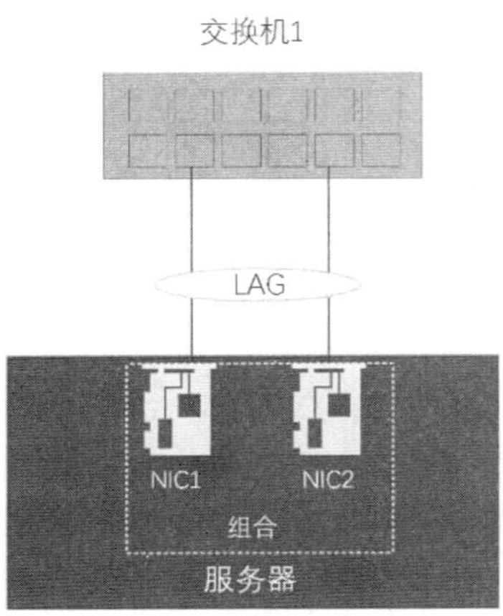

图 4-8　LAG 模式

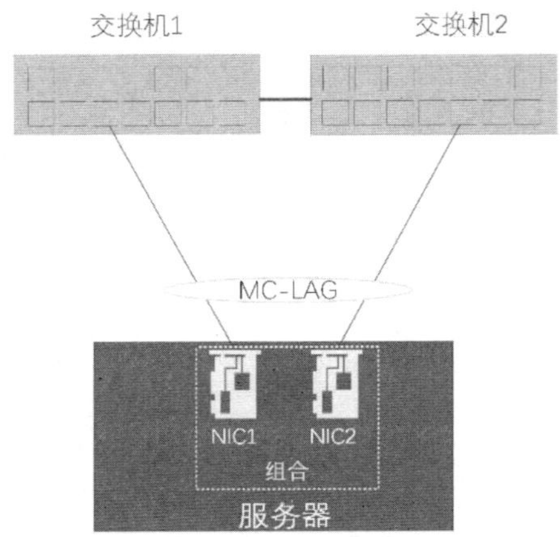

图 4-9　MC-LAG 模式

LACP 维持着交换机端口和主机之间的心跳，这个心跳的目的在于检测交换机端口的状态是否正常，一旦心跳检测到交换机端口发生故障，那么主机会把连接到交换机故障端口的网卡暂时逐出链路聚合组。

4.1.3　负载分发算法

出站流量可以使用多种分发算法在可用的链路上进行分发，分发过程中遵循确保在一块网卡上所有数据包和单一 TCP 流关联的原则，这个规则可以减少重新组装无序 TCP 片段造成的性能损失。目前 Windows Server 2012（R2）支持以下流量负载分发算法。

- **Hyper-V 交换机端口**。该算法将虚机 MAC 地址或者 Hyper-V 交换机的端口作为分发流量的单位。堆叠的交换机逻辑上使用一个 MAC 地址或者端口与主机组合的网卡连接，交换机基于目标 MAC 地址分发入站流量到多个链路。当虚机启用 VMQ 时（详见第 5.1.5.3 节关于 VMQ 的介绍），使用基于 MAC 地址筛选规则将会把虚机队列筛选出放置到某个成员网卡的 VMQ 上，使用这种多链路分发方式可明显提高 VMQ 效率。如果物理机上运行着多台虚机，这些虚机队列将被近似平均地分配到不同的成员网卡来平衡 VMQ 队列。
- **地址哈希**。地址哈希算法基于数据包的地址组件创建哈希然后进行数据包的分配，默认情况下地址哈希使用 4 元组哈希分发模式，优先使用 TCP/UDP 端口和

IP 地址哈希。如果没有 TCP/UDP 哈希则转而使用 IP 地址和 MAC 地址的 2 元组哈希，2 元组哈希优先哈希 IP 地址，如果主机没有使用 IP 地址，则使用 MAC 地址哈希。TCP 端口哈希使用最小颗粒度的数据流（flowlet）分发，flowlet 可以独立地在网卡成员之间移动，但是在非 TCP 和 UDP 协议的数据传输以及 TCP 和 UDP 隐藏在网络堆栈的情况下无法使用默认的 4 元组模式，比如 IPSec 保护的传输。这种情况下，哈希自动回退到使用 2 元组哈希，即 IP 地址哈希或者 MAC 地址哈希。

地址哈希模式下，主机使用一块成员网卡接收入站流量，所以地址哈希不适用于 Hyper-V 环境，而更适合物理机主机环境。如果使用地址哈希算法，可以指定某些地址哈希算法的属性，如下。

- 源和目标 TCP 端口以及源和目标 IP 地址（默认配置成 TCP 端口）。
- 仅源和目标 IP 地址。
- 仅源和目标 MAC 地址。

如下示例通过 PowerShell 创建一个使用 IP 地址哈希算法将 Ethernet 2 和 Ethernet 5 两块网卡组合成一块名为 HashTeam 的网卡。

```
PS C:\> New-NetLbfoTeam -Name HashTeam -TeamMembers 'Ethernet 2',' Ethernet
5' -TeamingMode SwitchIndependent -LoadBalancingAlgorithm IPAddresses

Name                              : HashTeam
Members                           : {Ethernet 2, Ethernet 5}
TeamNics                          : HashTeam
TeamingMode                       : SwitchIndependent
LoadBalancingAlgorithm            : IPAddresses
Status                            : Up
```

- **动态**。动态算法兼备了 Hyper-V 端口和地址哈希算法的优点，如下。
    - ◆ 出站负载分发基于 TCP 端口和 IP 地址哈希，动态模式具备实时重新平衡负载的能力，所以出站数据流可以动态在成员网卡之间来回传输。
    - ◆ 入站负载分发可以使用 Hyper-V 交换机端口模式。

因为 TCP 数据流在网络传输链路中并没有呈现出流的形态，而是一段接着一段，中间有间歇，间歇将数据流切割成 flowlet，而动态模式的出站负载分发基于 flowlet 进行动态均衡。当动态模式算法检测到发生 flowlet 间歇时，动态算法决定是继续将数据放置在现在的成员网卡上传输还是移动到其他闲置的成员网卡上进行传输，动态算法平衡出站流量数据到各个网卡成员。如果没有 flowlet 间隙，动态算法还会周期性地随需调整数据，TCP 数据流使用的网卡成员是变化的，动态算法的目标是动态平衡各个成员网卡里的数据流。

4.1.4　组合模式及负载分发矩阵

两种组合模式和 3 种负载均衡算法各自具有不同的特点，组合模式和算法组成的网卡组合所适应的场景也不同，两种组合模式（只考虑 LACP）和 3 种负载均衡算法可形成 6 种组合场景，表 4-1 所示为 6 种组合场景的介绍，供参考。

表 4-1　　6 种组合场景

分发算法＼组合模式	交换机独立模式	交换机依赖模式（LACP）
Hyper-V 交换机端口	如果设置了双活子模式，流量在所有活动网卡上发送和接收，来自同一个 Hyper-V 交换机端口的数据一直通过同一块成员网卡发送和接收	交换机参与为成员网卡分配入站流量，因交换机分发设置不同而采用不同的数据分发机制，来自每个 Hyper-V 端口的出站流量使用其所在的成员网卡
地址哈希	通过所有活动的成员网卡发送流量，而使用主要成员网卡接收流量。适合在非虚拟交换机环境中使用，因为虚拟化环境的虚机 MAC 地址很多，而在物理机环境中，组合的网卡对于交换机来说只有一个 MAC 地址	在所有活动网卡上发送和接收流量，但 Windows Server 无法控制入站流量，入站流量由交换机分发，可能会跨成员网卡，主机无法控制数据的流向
动态	对于出站流量，动态算法兼顾了 Hyper-V 端口和地址哈希的特点，除此之外，还增加了在各个成员网卡之间重新平衡数据的能力；对于入站流量，动态算法和 Hyper-V 端口很类似（在所有活动网卡上接收流量）	对于入站流量，由交换机决定如何给成员网卡分配流量，而出站流量随机分配给成员网卡，但可使用重新分发功能平衡成员网卡的带宽使用

4.1.5　交换机嵌入式组合

我们在 3.1.2.17 节里讨论 SMB 直通时顺带提到了 Windows Server 2012（R2）里 RDMA 和网卡组合互斥的关系，也即我们将具备 RDMA 功能的网卡组合后，组合的网卡实例将失去 RDMA 的功能。但是在 Windows Server 2016 里，网卡组合具有了新的属性来保留组合网卡的 RDMA 功能，这个属性我们称之为 SET（Switch Embedded Teaming，译为交换机嵌入组合）。具备 RDMA 的物理网卡组合并配置成 Hyper-V 虚拟交换机后，连接到该虚拟交换机的虚拟网卡可以借助 SET 继承 RDMA 功能，因为物理机也可以使用虚拟网卡，所以物理网卡组合后其 RDMA 功能可以过渡到虚拟网卡。SET 可以实现最多 8 块网卡成员组合，要求所有的网卡的型号、固件版本以及驱动完全一致，SET 只能支持 Hyper-V 端口和动态的组合分发算法。要支持 RDMA，对于使用 RoCE 版本的 RDMA 网卡来说，需要首先启用 DCB（Data Center Bridging，DCB 是 Windows Server 的标准功能），虽然 iWARP 版本的 RDMA 不强制需要，但是同样建议能启用。启用 DCB 后，使用如下命令创建带 SET 的 Hyper-V 虚拟交换机。

```
PS C:\> New-VMSwitch -Name SwitchwSET -NetAdapterName "Ethernet"," Ethernet
2" -EnableEmbeddedTeaming $true
```

有了带 SET 的 Hyper-V 虚拟交换机之后，就可为物理机创建带 RDMA 功能的虚拟网卡了，这里不再详细讨论。

4.1.6　组合成员流量均衡

为了进一步说明网卡组合的负载均衡能力，我们搭建一套简单的测试环境进行验证。在测试环境里面配置了两台堆叠高可用交换机，两台物理服务器上各有两块万兆网卡，每台服务器的两块网卡分别连接到不同的交换机，我们这里使用 LACP-动态组合方式将服务器的两块网卡进行组合。服务器启用 Hyper-V 角色并把各自组合的网卡配置成虚拟交换机，在两台服务器上运行若干个虚机连接到该虚拟交换机，在虚机里同时运行网络压力测试工具模拟业务数据传输。其中一台物理机上的虚机全部作为发送端，另外一台物理机上的虚机全部作为接收端，如图 4-10 所示。编辑好测试命令脚本的 IP 地址、进程数、时间等参数，在虚机系统里自动运行测试命令，保证测试工具能够在一段较长的时间里并行发送和接收数据包。在两台物理机上新建性能计数器收集器，添加网卡性能计数器用于抓取成员网卡发送和接收速率。

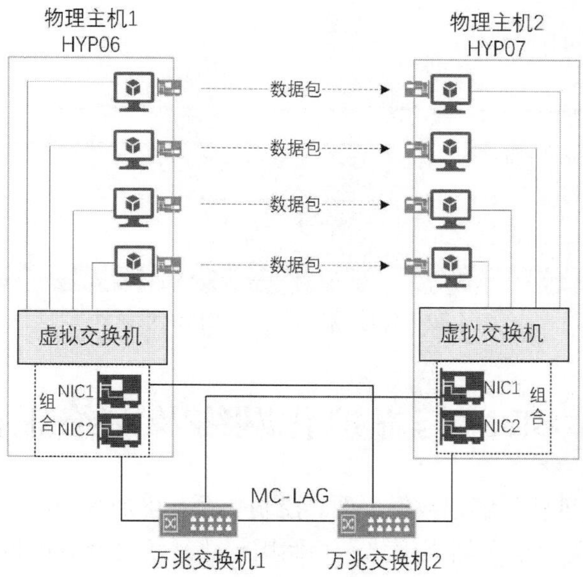

图 4-10 网卡组合流量负载测试架构

经过几组测试，打开发送端物理服务器性能计数器收集器的收集结果，可以清楚地看到，虚机在一段时间内发送的数据近乎平均地分布在两块成员网卡上，如图 4-11 所示。

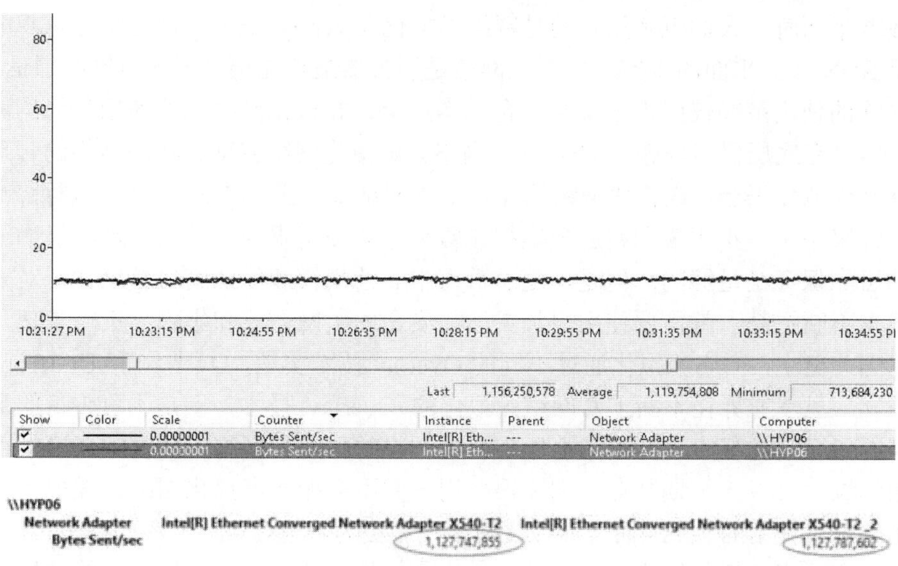

图 4-11 发送端组合网卡成员流量统计

打开接收端物理服务器性能计数器收集器的收集结果，可以清楚地看到，虚机在一段时间内接收的数据近乎平均地分布在两块成员网卡上，如图 4-12 所示。

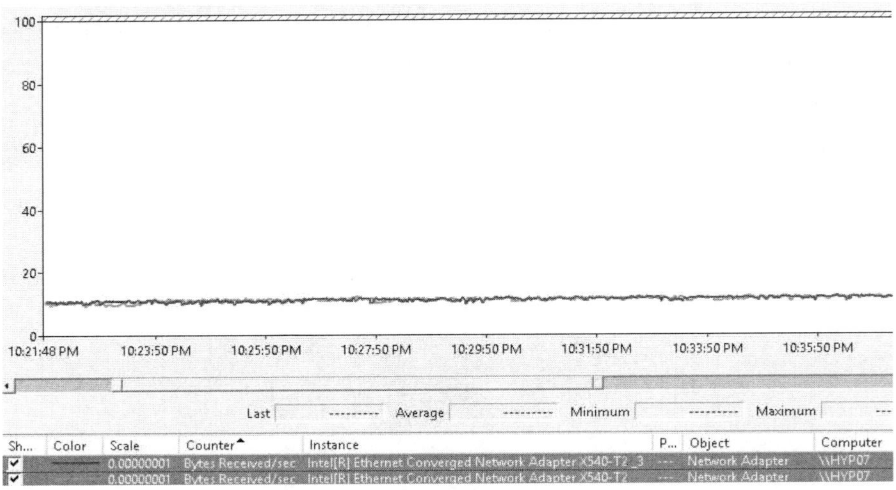

图 4-12　接收端组合网卡成员流量统计

4.2　SDN 与虚拟化网络及网络虚拟化

SDN 本质上是通过软件解耦数据平面、控制平面并增加统一的管理平面和网络虚拟化技术来实现，所以不论是服务器虚拟化、存储虚拟化，还是网络虚拟化，虚拟化的本质是一个软硬件解耦合的和重组的过程。SDN 是未来 IT 厂家的必争之地，不管是传统的网络硬件厂家，还是网络新秀，每一家参与的公司都希望有足够的话语权和定义权，对于 SDN 的定义，各家的侧重点也不同。

SDN 结构的数据转发平面包含了两个子集——虚拟化网络和网络虚拟化，在谈到 SDN 结构的数据平面时，人们更多想到的是网络虚拟化 Overlay 技术，而会不经意忽略虚拟化网络也是 SDN 数据平面的事实。虚拟化网络是服务器虚拟化层实现虚机网络通信的基础，虚拟化网络的使用范畴仅限于虚拟化平台。本质上，虚拟化网络仍然使用传统的网络协议和技术，而且在底层仍然依赖于 Underlay 网络。虚拟化网络将部分物理网络的管理和配置工作转移到虚拟化平台，虚拟化网络构建在二层网络基础上，通过 VLAN 进行隔离，从规模和灵活性来考量，小规模和粗放型虚拟化数据中心使用虚拟化网络实现虚机的通信，虚机迁移的可靠保证是足够的。但是，随着数据中心的规模和复杂度日益增加，对安全性和灵活性要求不断提高，就需要使用更加灵活、安全的组网方式和集中的策略管理，网络虚拟化技术因此诞生，网络虚拟化通过不同的 Overlay 技术实现，Overlay 和 Underlay 网络之间相互独立。虽然业界在不断丰富网络虚拟化的 Overlay 技术，但是不可否认的是，虚拟化网络和网络虚拟化代表着数据中心虚拟化过程中软件定义网络的两种部署模型，各有自己的使用领域，二者将长期共存，因为很多用户并不会抛弃虚拟化网络。虚拟化网络和网络虚拟化有各自使用的领域，而且虚拟化网络使用更为普遍，当然二者并不是相互孤立的，虚拟化网络和网络虚拟化结构有相同的技术和叠加的部分，如果解开二者的结构我们会发现，其实网络虚拟化是虚拟化网络的高级结构。

Windows Server 在服务器虚拟化时代，在虚拟层使用的普遍都是虚拟化网络。在 SDN 潮流的推进下，微软代表着软件厂商生力军开始进军 SDN，最有代表意义的成果就是

NVGRE Overlay 技术（NVGRE 技术详见 4.4.1.3 节）。Windows Server SDN 配合服务器虚拟化、SDS 共同构筑软件定义数据中心的基础。所以在介绍 Windows Server SDN 之前，我们有必要了解 Windows Server SDN 结构中的数据平面的一些基础知识，因此这一节里，我们将阐释微软 Windows Server 的虚拟化网络和网络虚拟化以及构成这两个概念的技术。这两个概念虽然是同样的词按不同顺序叠加组成，使用的基础技术也基本相同，但是二者的意义却差别很大。站在 SDN 的角度来看，虚拟化网络和网络虚拟化都实现了 SDN 结构的数据平面，但是虚拟化网络并没有 Overlay 技术，而网络虚拟化具备 Overlay 技术。除了 Overlay 技术，虚拟化网络和网络虚拟化基础技术是一样的，包括虚机交换机、逻辑网络、虚机网络以及各种网络策略等。我们有必要从基础知识讲起，以帮助大家更好地了解底层的技术实现，因为无论是 Windows Server 2012 第一代 SDN 还是 Windows Server 2016 第二代 SDN，这些技术原理并没有改变。

4.3　数据平面——虚拟交换机

4.3.1　虚拟交换机类型简介

不论虚拟化网络还是网络虚拟化都使用 Hyper-V 虚拟交换机作为数据转发平面，在 Windows Server Hyper-V 虚拟网络里的虚拟交换机即可以让虚拟化网络工作在二层，Hyper-V 虚拟交换机默认支持 Trunk 通过 VLAN 隔离；虚拟交换机也可以支持三层 Overlay 网络。Hyper-V 虚拟交换机维护着虚拟机的 MAC 地址表，该表中包含它所连接的所有的虚拟机的 MAC 地址。Hyper-V 虚拟交换机依赖于 Hyper-V 角色，可以分为两类。

（1）标准虚拟交换机。标准虚拟交换机通过 Hyper-V 管理器和 Hyper-V PowerShell 进行配置和管理，这类交换机不能集中为 Hyper-V 物理机提供策略。标准交换机受控制平面的管理非常有限，通常用于一些简单的虚拟化网络结构，比如用于管理目的虚拟化网络配置。

（2）逻辑交换机。逻辑交换机完全由控制平面管理，比如通过 SCVMM 以控制台或者 SCVMM PowerShell 命令进行配置和管理。逻辑交换机可以统一为 Hyper-V 物理机配置网卡组合、VLAN、IP 地址池、网络端口限速等网络策略，可以说逻辑交换机和 SDN 的控制平面结合比标准交换机更为紧密。

无论是标准交换机还是逻辑交换机，都是使用虚拟化技术将物理网卡（单块或者组合形式的网卡）配置成虚拟形态的交换机，虚拟交换机不能分配 IP 地址和网关，而且增加了 Hyper-V Virtual Switch 的属性，如图 4-13 所示。为了简化理解，可以说 Hyper-V 虚拟交换机是由物理机的网卡（组合网卡）演变而来，Hyper-V 虚拟交换机包含了多个虚拟端口用于虚机虚拟网卡通过 VMBus（虚机总线，详见 5.1.1 节）上连，并且具备端口访问控制（ACL）扩展、转发扩展、监控扩展以及过滤扩展等功能。

同时可以为物理机（或者称之为父分区）创建和这个虚拟交换机上联的虚拟网卡，这个虚拟网卡可以分配 IP 地址，和传统的物理网卡属性和功能一致。默认情况下，只要给虚机分配了虚拟交换机，虚机操作系统里面就会配置虚拟网卡，如图 4-14 所示。

虚拟交换机的 Trunk 特性允许虚机网络使用 VLAN 号隔离成不通的小型局域网。这个特性和物理网卡一样，属于网络二层隔离，如图 4-15 所示。

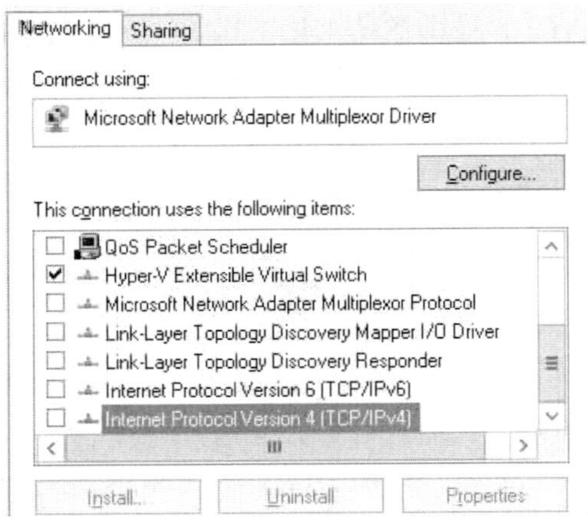

图 4-13　Hyper-V 虚拟交换机属性

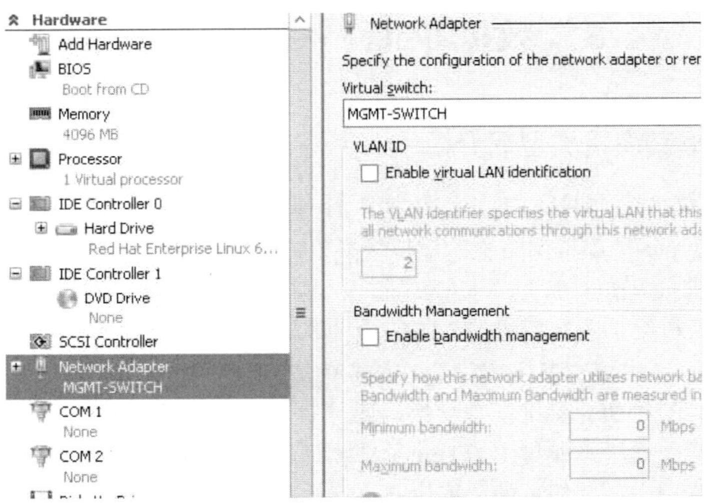

图 4-14　分配给物理机的虚拟网卡

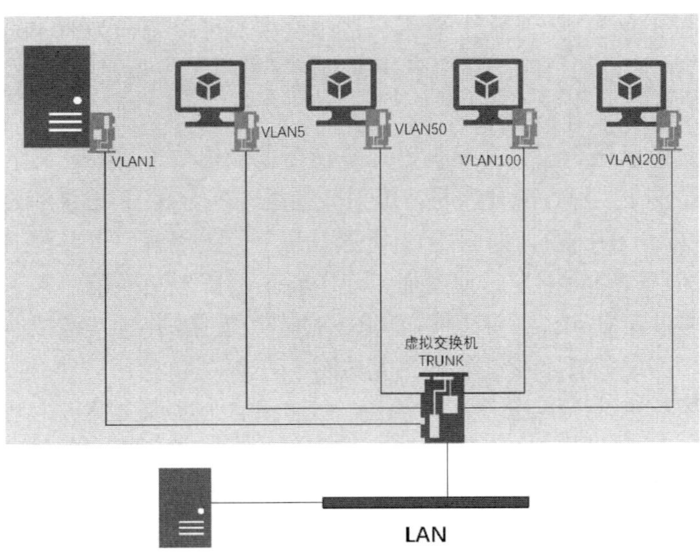

图 4-15　虚拟交换机 Trunk 特性

4.3.2 标准虚拟交换机概述

标准虚拟交换机指的是在 Hyper-V 服务器本地配置的不具有分布式策略的虚拟交换机，在 Hyper-V 控制台或者使用 PowerShell 命令配置标准虚机交换机。标准虚拟交换机分为 3 类：

- **私有**。私有的标准虚拟交换机不需要使用物理网卡，只能给虚机使用；不能为物理机创建虚拟网卡。物理机网卡也不能和私有类型的标准虚拟交换机连接，逻辑结构如图 4-16 所示。

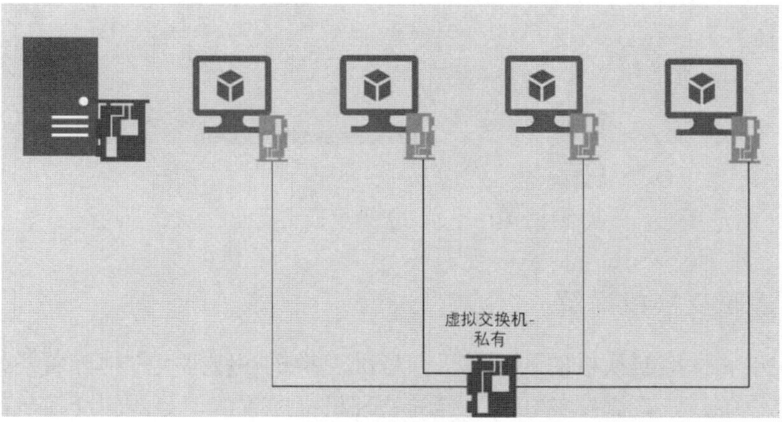

图 4-16　私有类型虚拟交换机

- **内部**。内部的标准虚拟交换机不需要使用物理网卡；既可以给虚机使用，又可以给物理机使用；可以为物理机创建虚拟网卡。使用内部标准交换机的虚机和物理机限制在以物理机为范围的局域网里，不能外接到公司的局域网络，如图 4-17 所示。

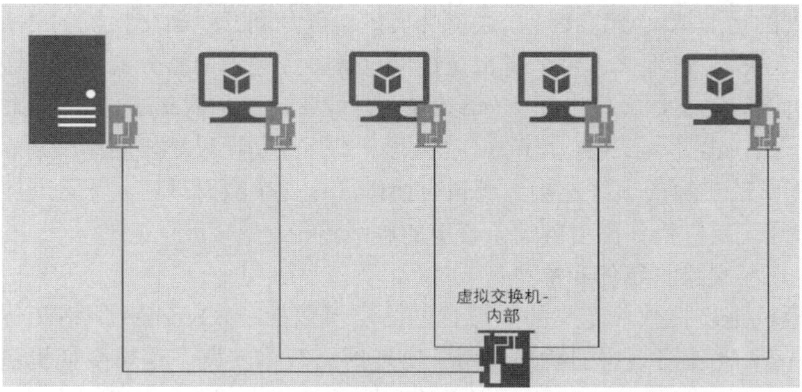

图 4-17　内部类型虚拟交换机

- **外部**。外部的标准虚拟交换机需要使用物理网卡或者组合的物理网卡；既可以给虚机使用，又可以给物理机使用；可以为物理机创建虚拟网卡。使用外部标准交换机的虚机和物理机既可以组成虚拟交换机限定小范围的局域网，也能连接到公司的物理局域网络，如图 4-18 所示。

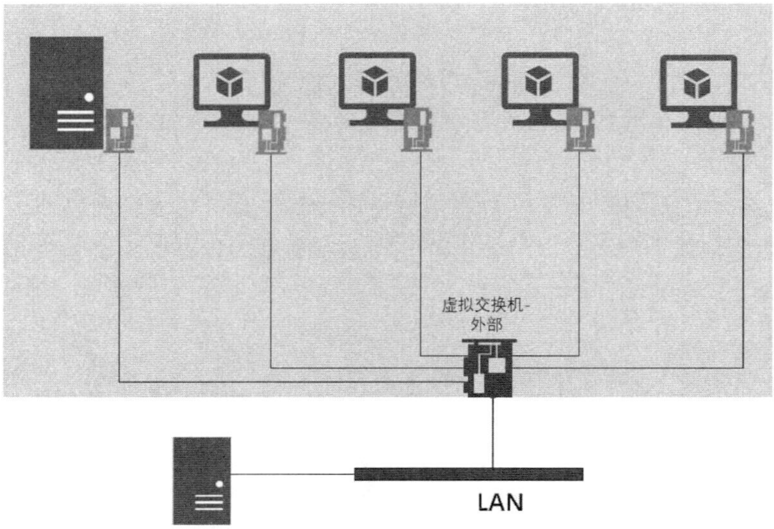

图 4-18　外部类型虚拟交换机

4.3.3　逻辑交换机详解

逻辑交换机和标准交换机的区别在于，标准交换机在物理机本地配置初始化为一个原始的虚拟交换设备，策略需要独立在各自的物理机上配置。但是逻辑交换机的配置完全在控制平面实现，比如 SCVMM，由 SCVMM 统一配置并分发给物理主机，并将包含的定义应用到虚机的虚拟网卡。逻辑交换机只能通过 SCVMM 控制台或者 PowerShell 命令进行配置。逻辑交换机和标准交换机具有相同的属性和功能，但是逻辑交换机配置更具有灵活性和层次逻辑性，而且可以集中定义虚拟网络策略，并执行统一的分配。

图 4-19 所展现的是个典型的逻辑交换机连接图，虽然形式上和标准交换机一样，在虚机设置里看到的是虚拟网卡直接连接逻辑交换机。但是剥开逻辑交换机的外壳来看，逻辑交换机具有多层次逻辑堆栈，每个逻辑交换机包含多个逻辑网络分支，每个逻辑网络又包含了多个虚机网络分支，虚机实际上分配的是虚机网络（VM Netowork），虚机网络是虚机连接的最小单元（详见 4.3.3.9 小节）。虚机网卡实际上是通过虚机网络—逻辑网络—逻辑交换机这条隐藏的贯穿的虚线连接到逻辑交换机，这几个概念理解起来还是不太直观，我们将在 4.5 节通过实际操作来理解这条贯穿的虚线路径。

4.3.3.1　逻辑交换机组件和堆栈

逻辑交换机是连接软件定义的虚拟化网络层（包括了 Overlay 网络和传统虚拟化网络）和 Underlay 物理网络层的桥梁，用于实现网络数据转发。逻辑交换机包装了一系列的网络定义，逻辑交换机关联这些预定义的配置承担起虚拟化网络策略控制面板的作用。逻辑交换机包含的一系列的不同配置之间也有关联，虚拟化网络的逻辑交换机堆栈如图 4-20 所示，堆栈组件包含了虚机网卡、虚机网络、逻辑网络和逻辑交换机。除了这几个堆栈组件，为了达到统一管理网络策略的目的，还需要包含一系列的定义，比如虚拟网卡端口配置文件、网络站点和虚拟子网、IP 地址池、上联端口配置文件等，下面将详细介绍各个堆栈组件和配置。

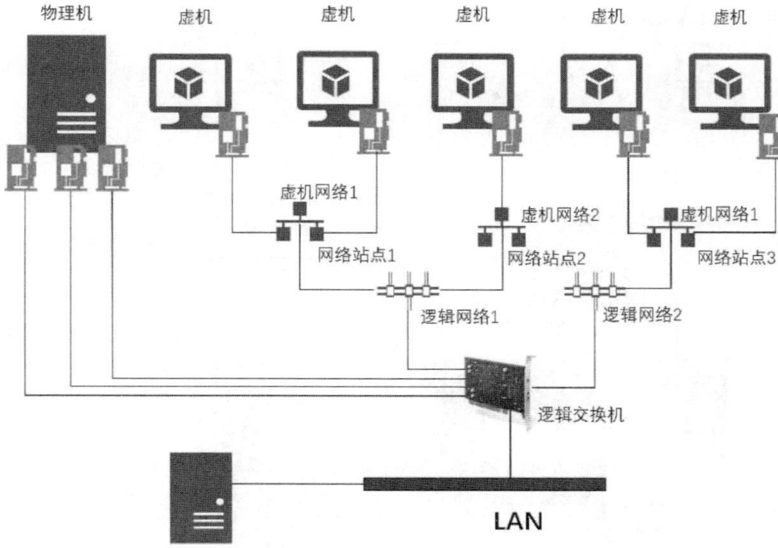

图 4-19　逻辑交换机结构示意图

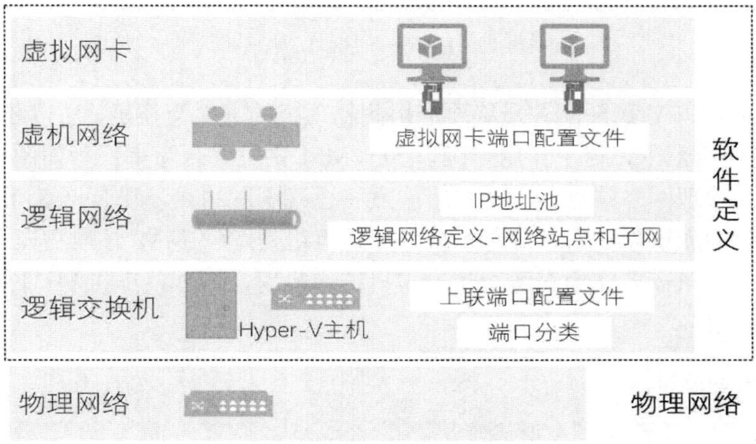

图 4-20　逻辑交换机堆栈

4.3.3.2　网络站点和子网

在解释网络站点之前，我们先假设一个背景，有几个不同的群集被 SCVMM 管理，其中一个是运行平台管理虚机的群集，第二个是运行测试环境虚机群集，第三个是运行生产环境虚机的群集，这 3 类虚机在同一个虚拟化平台中运行，但是要求相互之间的网络隔离，因此需要使用完全而且不可路由的子网，那么虚机自身需要 3 个子网和 3 个 VLAN。我们知道 Hyper-V 物理机群集通常也需要 3 个子网，比如管理网络、心跳网络和迁移网络，意味着基础架构需要至少 3 个子网和 3 个 VLAN。由于管理虚机和管理物理机的管理网络重叠，那么构成这个数据中心环境基础网络至少需要 5 个子网和 5 个 VLAN。

网络站点的目的是在虚拟化网络里定义子网和 VLAN，而不需要借助物理交换机来定义，一个网络站点可以有多个子网和 VLAN，如图 4-21 所示。网络站点定义在逻辑网络里完成。

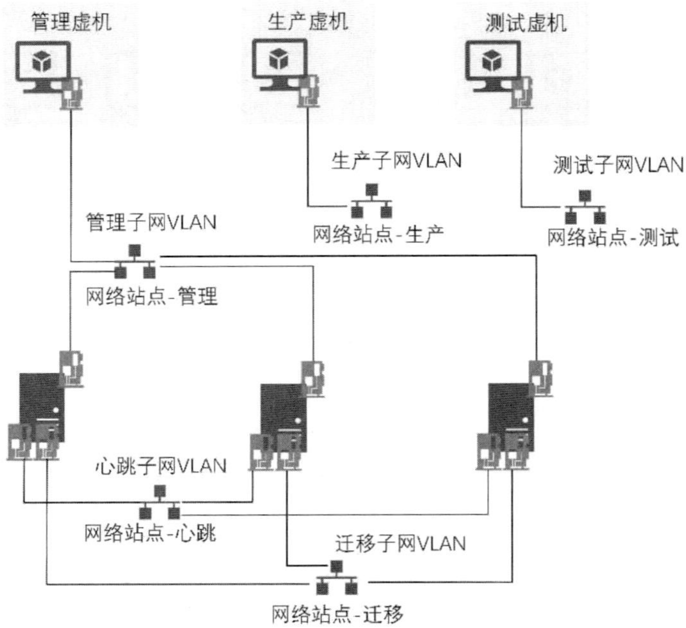

图 4-21　子网和站点

因为网络站点和 VLAN 配置最终要应用到物理机的虚拟交换机，所以还要配置网络站点和 VLAN 的作用范围，这个作用范围以 SCVMM 主机集合为单位，如图 4-22 所示。物理机群集都需要管理网络站点、心跳网络站点和迁移子网站点，那么这 3 个网络站点定义的子网的作用范围应该包含所有群集主机组（主机组是 SCVMM 管理物理主机的集合）。虚机生产网络站点只需要作用在运行生产虚机的主机组，同理，虚机测试网络站点只需要作用在测试主机组。

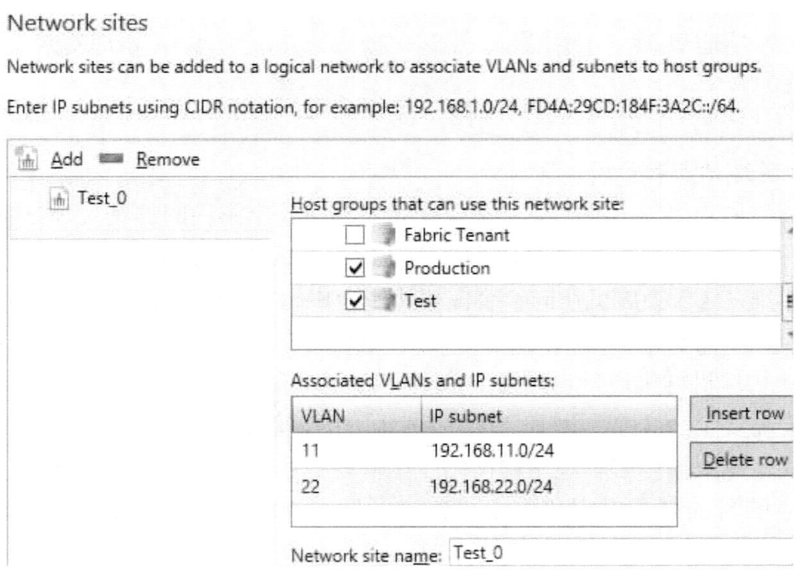

图 4-22　站点和 VLAN 作用范围

4.3.3.3　逻辑网络

逻辑网络定义了一些基本配置，包括网络站点、VLAN 和子网。在逻辑网络里既可以定义网络站点，也可以创建虚机网络和 IP 地址池。SCVMM 控制平面所创建的逻辑网络分为 3 种。

- **站点间可路由的逻辑网络**。一个逻辑网络可以创建多个网络站点，这种逻辑网络下的站点子网是平等且可以路由的。创建这类逻辑网络时，可以选择第一项为逻辑网络创建一个与逻辑网络同名的虚机网络，这项配置里一个逻辑网络只能创建一个虚机网络，也就是我们前面介绍的虚拟化网络，虚机将使分配的 IP 地址直接和其他设备通信。第二个选项允许以后在这个逻辑网络上创建多个虚机网络。这项配置启用了 Overlay 技术激活了网络虚拟化功能，这项配置的逻辑网络里可以创建多个虚机网络，并允许用户自定义网络站点和子网，虚机最终通过 IP 地址虚拟化与外部设备通信，如图 4-23 所示。第二项属于网络虚拟化的知识范畴，我们将在 4.4.1.3 节介绍 Overlay 技术的时候详细介绍网络虚拟化。

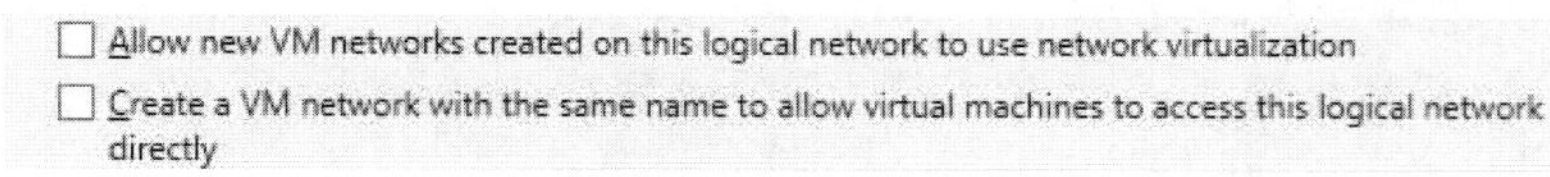

图 4-23　逻辑网络

- **基于 VLAN 的独立逻辑网络**。在这种逻辑网络里定义的子网是独立的，通常网络站点的子网可或者不可路由。
- **基于 PVLAN 的逻辑网络**。这种逻辑网络的子网是独立的，不仅如此，子网有二层 VLAN，一个是主要的 VLAN，一个是次要的 VLAN，如图 4-24 所示。

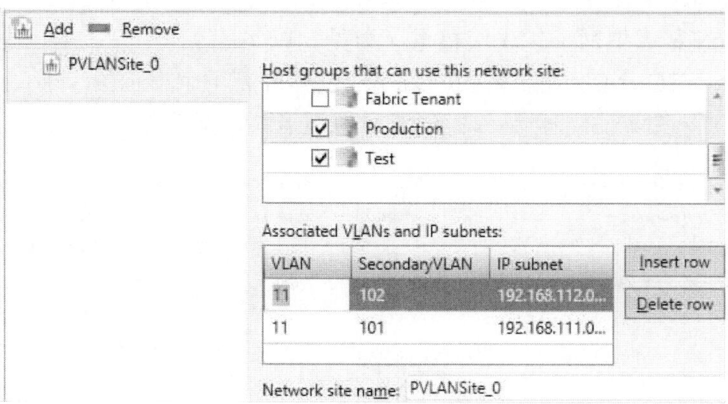

图 4-24　逻辑网络的 PVLAN

默认情况下，如果 Hyper-V 物理机或者群集已经创建了标准交换机，SCVMM 会自动检索物理机的标准交换机和同名的逻辑网络信息，如图 4-25 所示。当然，仅仅有 Hyper-V 物理机自带的标准交换机是远远不够的，因此还需要为主机创建各种用途的逻辑网络并新建包含这些逻辑网络的逻辑交换机。我们将在 4.5 节介绍如何创建逻辑网络和逻辑交换机。

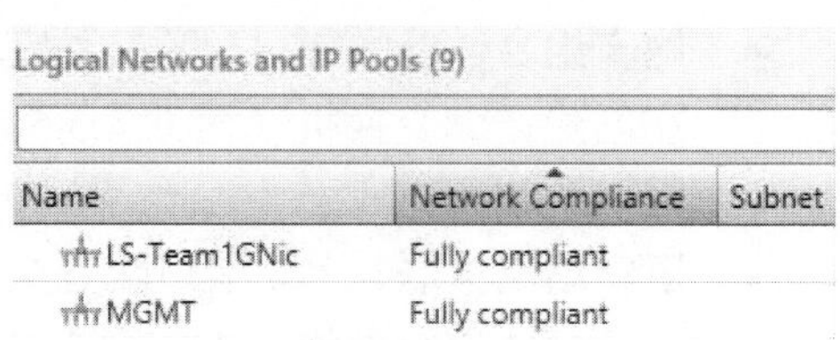

图 4-25　主机自带的标准交换机

4.3.3.4 IP 和 MAC 地址池

IP 地址池和 MAC 地址池构建一个静态的 IP 范围和 MAC 范围为虚机和物理机提供静态 IP 地址和 MAC 地址。这里的 IP 地址池和 DHCP 地址池不一样，DHCP 地址池是动态租赁地址，而这里的地址池分配的 IP 地址是静态的，虚机从地址池获取 IP 地址后，从虚机系统里看到的是固定 IP 地址。在 Hyper-V 控制台创建的虚机默认使用动态 MAC 地址，而在 SCVMM 里创建虚机 MAC 地址池后，分配给虚机的 MAC 地址也是静态的。

IP 地址池和 MAC 地址池构建在逻辑网络里，并且要关联网络站点。IP 地址池为网络站点的子网指定可以分配给虚机的 IP 地址范围，并且可以设置保留 IP、网关地址、DNS 和 DNS 域名后缀等信息。我们将在 4.5.2 节介绍如何创建 IP 地址池。

4.3.3.5 虚拟网卡端口配置文件

在 SCVMM 的 Hyper-V 端口配置文件定义里包含两种配置文件，第一种是虚拟网卡端口配置文件，作用于上层的虚机网络；第二种是上联端口配置文件，作用于底层物理机，端口配置文件类型如图 4-26 所示。

图 4-26　两种端口配置文件

虚拟端口配置文件本质是一个虚机网络的配置模板，在虚拟网卡端口配置文件模板所包含的设置项和Hyper-V控制台里的虚机设置项一致，主要包含如下设置。

- 是否启用 VMQ（VMQ 详见 5.1.5.3 节）。
- 是否启用单根虚拟化(单根虚拟化详见 5.1.5.5 节)。
- 是否启用 IPSec 卸载。
- MAC 欺骗、DHCP 保护、路由保护和虚机网卡组合（详见 5.1.6 节）。
- 网卡 QoS 和虚拟网卡优先级权重（详见 5.1.5.6 节）。

默认情况下，SCVMM 在部署的同时已经创建好若干个虚拟网卡端口配置文件，如图 4-27 所示。我们将在 4.5.3 节介绍如何创建虚拟网卡端口配置文件。

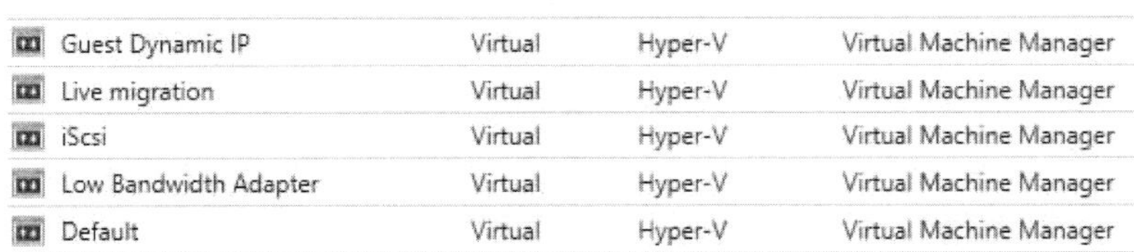

图 4-27　SCVMM 内置的虚拟网卡端口配置文件

4.3.3.6 上联端口配置文件

上联端口配置文件（Uplink Port Profile）是 Hyper-V 端口文件之一，上联端口配置文件也是一种配置模板，可以在上联端口配置文件模板里定义如下内容。

- **网卡组合**。上联端口配置文件定义网卡组合模式和负载均衡算法，如图 4-28 所示。在创建逻辑交换机（详见 4.5.5 节）的向导里选择上联端口配置文件的同时选择了网卡的组合方式。
- **逻辑站点关联**。上联端口配置文件包含某些网络站点和其所在的逻辑网络。物理机需要哪些逻辑网络，则需要在上联端口配置文件创建向导（详见 4.5.3 节）里选中这些逻辑网络。

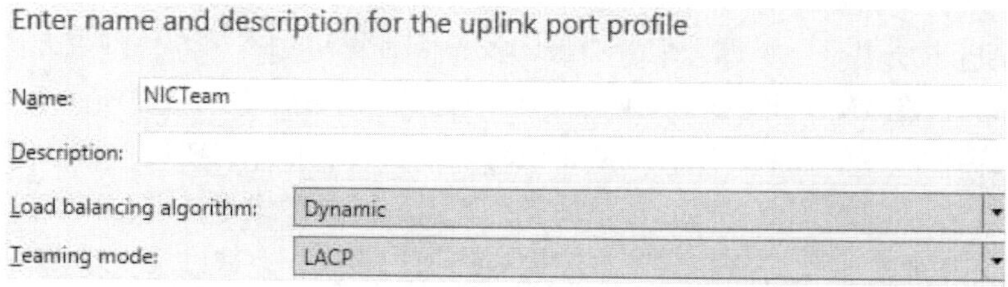

图 4-28　SCVMM 上联端口配置文件网卡组合模式

不同的群集主机网卡组合方法如果有差异，则需要针对不同的群集主机创建不同的上联端口配置文件和逻辑交换机。

4.3.3.7　端口分类

端口分类链接到虚拟网卡端口配置文件，一个端口分类只能链接一个虚拟网卡端口配置文件，而一个虚拟网卡端口配置文件能链接多个端口分类文件。端口分类本身没有任何设置项，主要目的是通过连接虚拟网卡端口配置文件，把虚拟网卡端口配置文件（包含一些安全和 QoS 的设置）隐藏在后端，暴露的选项列表里只能看到端口分类。在 SCVMM 创建虚机或者定义虚机模板的时候，在网卡设置里提供端口分类文件列表下拉菜单，选择端口分类实际上选择的是虚拟网卡端口配置文件，列表底下所展示的即是虚拟网卡端口配置文件配置项，如图 4-29 所示。

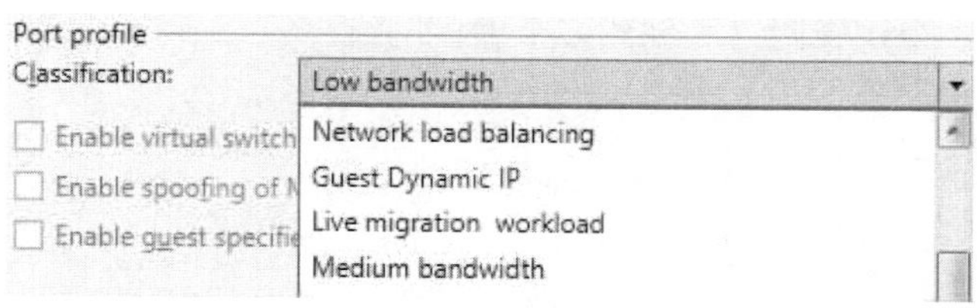

图 4-29　为虚机网络选择端口分类

系统默认已经内置了若干个端口分类文件，可以按照自己的要求创建新的端口分类文件，如图 4-30 所示，我们将在 4.5.4 节介绍如何创建端口分类。

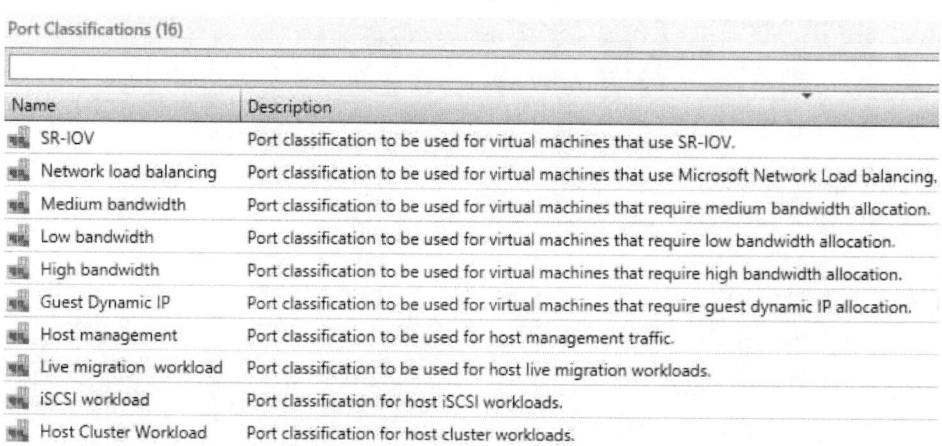

Port Classifications (16)

Name	Description
SR-IOV	Port classification to be used for virtual machines that use SR-IOV.
Network load balancing	Port classification to be used for virtual machines that use Microsoft Network Load balancing.
Medium bandwidth	Port classification to be used for virtual machines that require medium bandwidth allocation.
Low bandwidth	Port classification to be used for virtual machines that require low bandwidth allocation.
High bandwidth	Port classification to be used for virtual machines that require high bandwidth allocation.
Guest Dynamic IP	Port classification to be used for virtual machines that require guest dynamic IP allocation.
Host management	Port classification to be used for host management traffic.
Live migration workload	Port classification to be used for host live migration workloads.
iSCSI workload	Port classification for host iSCSI workloads.
Host Cluster Workload	Port classification for host cluster workloads.

图 4-30　SCVMM 默认的端口分类

4.3.3.8 逻辑交换机

逻辑交换机本质也是一个综合配置模板，这个配置模板集合了端口配置和端口分类链接，包含了网络站点、VLAN、子网设置和网卡组合配置文件。逻辑交换机就像一个组合的整体柜，里面可以放入各种配置的抽屉，而且抽屉可以按需插入或者抽出，所以在讲解时，我们先介绍了组合成逻辑交换机这个“柜子”的各个部件，然后再组装逻辑交换机整体。逻辑交换机和标准交换机一样，逻辑交换机可直接将网卡配置成虚拟交换机，也可以选择将组合的网卡配置成虚拟交换机。分配逻辑虚机交换机后，还可以为物理机在这个逻辑交换机里创建虚拟网卡。

需要注意的是，因为逻辑交换机里面设置的上联端口配置文件包含有网络站点，网络站点有作用范围，如果网络站点没有作用到某个主机组，在试图将包含有这个网络站点的逻辑交换机分配给主机组会失败。

4.3.3.9 虚机网络

在逻辑交换机的堆栈中包含了逻辑网络定义的站点和 IP 地址池以及虚拟网卡端口配置文件，这些配置通过逻辑交换机一层一层下发给虚机，虚机网络是最后一层，也是虚机和物理机（物理机使用虚拟网卡时）连接到外部网络的接口。虚机要连接网络，必须要在虚机网络设置指定虚机网络，如图 4-31 所示。虚机网络和其他组件一样虽然是一个定义，但是对虚机或者物理机来说，虚机网络本质上是虚拟网卡。虚机网络必须跟随着逻辑网络，不同的逻辑网络所能创建虚机网络的数量也不同：如果逻辑网络没有启用网络虚拟化能力，则一个逻辑网络下只能创建一个虚机网络，如果逻辑网络启用了网络虚拟化 Overlay 网络的能力，则可以在一个逻辑网络里创建多个虚机网络。

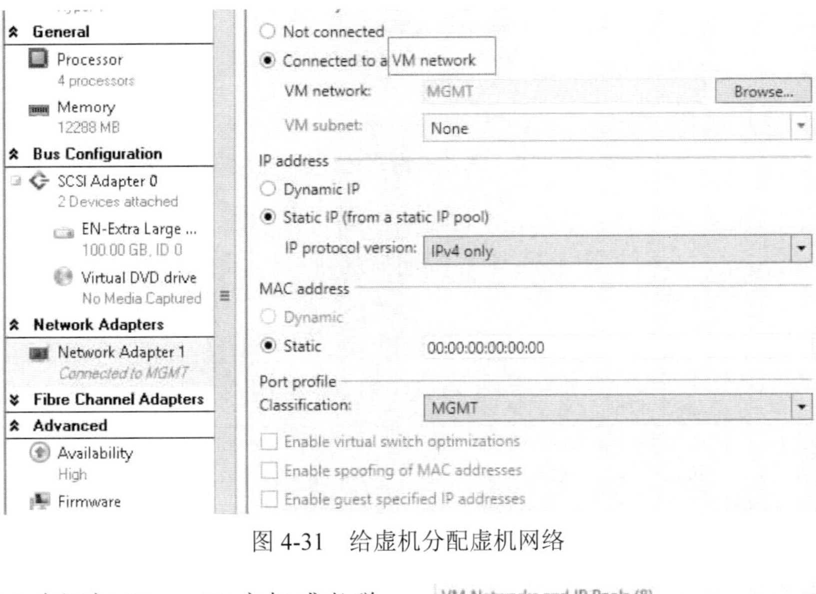

图 4-31 给虚机分配虚机网络

SCVMM 在添加 Hyper-V 主机或者群集后会自动检索物理机中存在的标准交换机和与标准交换机同名的虚机网络，如图 4-32 所示。我们将在 4.5.1 节介绍如何创建虚机网络。

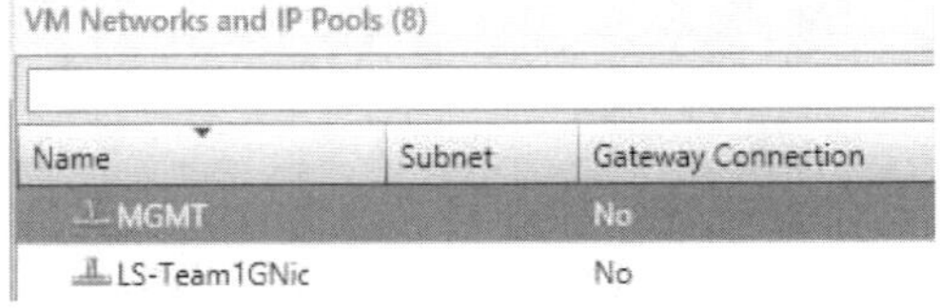

图 4-32 Hyper-V 主机自带的虚机网络

4.4　第一代 SDN

4.4.1　基本结构和构成技术

在 SDN 发展初期各自的方向还是泾渭分明的，传统网络硬件厂家侧重在控制平面，而软件厂家侧重在数据平面，但在后期的发展中，这种界限自然而然地越来越模糊，同时具备软件定义的控制平面和数据平面成为了大家实现 SDN 的最终目标。Windows Server SDN 的发展路径亦是如此，Windows Server SDN 最初的侧重点在于数据平面也即网络虚拟化的实现，而在后期则转向逐渐完善和丰富控制和管理平面。接下来的内容侧重 Windows Server SDN 结构和网络虚拟化 Overlay 技术的说明。

4.4.1.1　第一代 SDN 结构

第一代 Windows Server SDN 显现了略为模糊的 SDN 结构，由于第一代 Windows Server SDN 侧重于数据平面的构建，虽然有了数据平面和控制平面两层结构，但是还不具备清晰的管理—控制—数据这样的 3 层结构，而是将管理和控制平面重叠在一个堆栈里，使用 SCVMM 同时实现控制平面和管理平面。接着我们按照 SDN 的结构对管理控制平面 SCVMM 和数据平面网络虚拟化技术进行更为深入的介绍。

4.4.1.2　管理平面 SCVMM

首先我们介绍 SDN 的管理控制平面——SCVMM，SCVMM 是微软云管理平台 System Center 方案之一，实现了较为全面的云平台架构管理，SCVMM 可不只限于管理虚拟化层的网络，同时还具备其他完整的云平台结构管理，在了解 SCVMM 管理平面之前，我们不妨先来大致了解一下 SCVMM 的概貌。SCVMM 的主要功能概括如下。

- **宿主机管理**。SCVMM 结合微软 WDS 功能和 VHD Boot 技术，通过服务器硬件的带外管理的辅助实现虚拟化宿主机的裸机自动化操作系统部署，并进一步自动化实现 Hyper-V 虚拟化角色和主机群集的配置。
- **异构虚拟平台管理**。异构虚拟化平台管理虽然不再是人们津津乐道的话题，但是 SCVMM 很早就实现了 Hyper-V、VMware ESX 和 Citrix XenServer 虚拟化基础架构的统一管理。
- **模板管理**。SCVMM 不仅可以管理虚机模板，还创建了全新的应用部署模板——服务模板，如果说虚机模板是汽车车架，那么服务模板更像是整车装配。SCVMM 服务模板可以很好地利用这些特点快速地构建应用，我们所需要做的就是预先准备好虚拟机、应用程序、虚拟机配置和数据库模板就可以了。有了这些模板，我们便可以在 SCVMM 控制台像“搭积木”一样组装应用并部署到私有云平台。
- **部署管理**。在通过虚机模板或者服务模板部署虚机或者应用时，虚机需要有合适的宿主机，SCVMM 在部署虚机配置过程里充当物理机资源综合评分的角色，目的在于为虚机选取最合适的物理主机进行放置，将物理资源的使用率最大化。
- **迁移和转换**。SCVMM 接管了部分 Windows Server 故障转移群集的能力，在 SCVMM 控制台实现虚机的实时迁移、存储实时迁移等功能；此外，在虚拟化盛行时期，用户对 P2V、V2V 技术有非常多的需求，SCVMM 也可以实现将 VMware 虚机转换成 Hyper-V 虚机，同时也支持将物理机转换成 Hyper-V 虚机。但随着 P2V、V2V 需求的减少，SCVMM 也逐渐淡化了 P2V、V2V 功能。

- **性能和资源优化**。SCVMM 通过与 System Center Operations Manager（SCOM，System Center 里面负责监控的方案）深度集成实时监控云平台的资源使用情况，并随时按照平均原则为宿主机调整运行的虚机。在监控到宿主机发生资源使用过高的情况时，可以将其上的虚机实时迁移到资源使用率低的宿主机上。
- **存储管理**。SCVMM 实现存储阵列的发现和管理，实现对 Windows Server SDS 存储结构的管理，以及基于 SMI-S 规范的 NAS 和 SAN 存储和基于 SMP 规范的 SAN 存储的管理，负责存储阵列、存储池和 LUN 的发现并负责创建和分配 LUN 给宿主机，除此之外还能实现 Windows Server 2016 虚机存储的 QoS 策略。
- **网络管理**。SCVMM 实现虚拟化层的网络配置、策略配置，包括统一的逻辑交换机配置和分配等功能。

网络管理也是这一章要讨论的重点内容，在微软第一代 SDN 结构里，并没有开发独立的管理软件来管理虚拟化层的网络，而是和其他结构管理共享 SCVMM。SCVMM 同时承担了管理平面和控制平面的角色，SCVMM 的管理粒度还不够丰富，不过 Windows Server 2016 发布的第二代 SDN 里实现了较为理想的控制平面和管理平面的分离。

SCVMM 管理控制平面的任务主要包括以下几点。

- 配置基础虚拟化层的网络，包括逻辑网络、虚机网络、逻辑交换机等，包括配置基于 VLAN 技术的逻辑网络和配置 HNV 逻辑网络实现 Overlay 技术。
- 配置基础虚拟化层网络的策略，包括上联端口配置（网卡组合）和虚机网络策略（安全、卸载传输和 QoS 等）。
- 分发逻辑交换机给宿主机，分发逻辑交换机也是集中分发虚拟化网络和网络虚拟化策略的过程。
- 虚机 IP 地址分配和 MAC 地址分配。
- 部署 HNV 网关虚机并配置 HNV 网关服务，提供管理接口用于租户创建自己的虚机网络和虚拟子网。

4.4.1.3 数据平面 Overlay 技术

数据平面主要实现网络虚拟化和转发功能，网络虚拟化进一步实现网络的 Overlay，网络虚拟化以 Hyper-V 虚拟化网络为基础，使用 IP 地址虚拟化和隧道封装的技术实现。网络虚拟化具备可以在同一个物理网络架构下虚拟出多个重复虚拟网络的功能，并可借助重新封装技术进行数据报文传输。在网络虚拟化结构中，多个网络的子网和 IP 地址可以重复但不会冲突，也不会因为共享同一个物理网络导致虚机访问的混乱。这种情况可能发生在托管数据中心，也可能发生在公有云或其他公有数据中心环境中，无论什么类型的公有数据中心，这些数据中心有个共同的特点就是会有很多的租户在数据中心托管虚机，比如有两家公司 CorpA 和 CorpB，他们将自己数据中心的部分虚机迁移到了同一个托管环境中，碰巧的是这两家公司迁移过去的虚机的地址是重复的，但是他们并没有修改虚机的 IP 地址来适应公有数据中心的网络。CorpA 和 CorpB 的虚机 IP 地址照旧，但是依然在同一个网络环境中无冲突运行着。因为托管环境中启用了网络虚拟化，虚机在物理网络层面的数据传输使用隧道进行了重新封装，重新封装又称之为隧道，CorpA 和 CorpB 的虚机打破了传统的数据传输方式，使用各自的隧道在物理网络里传输数据，因此网络虚拟化避免了重复网络的冲突和数据通信的混乱。虽然虚机的 IP 地址是重复的，但是传输的隧道不会重复，如图 4-33 所示。

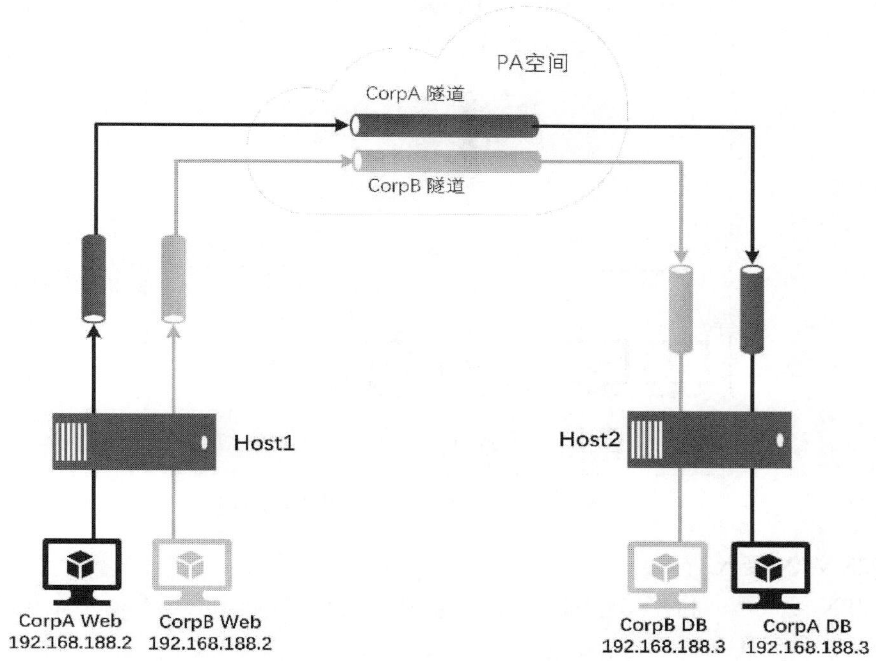

图 4-33　网络虚拟化 Overlay 隧道

这仅仅是个简单的场景，在实际环境中会有更多的重复的网络，结构要复杂得多。但是这个是实现网络虚拟化的基础，复杂的结构是简单结构的延伸和扩展。

4.4.1.4　HNV 网关及用途

HNV 实现了在“封闭”的网络虚拟化网络中，租户可以按需创建自己的网络，网络虚拟化使用 IP 地址虚拟化技术进行多租户隔离。但是 HNV 网络报文无法转发到 Underlay 的网络，因此虚机只能在同一个虚机网络里路由和通信，虚机通常还有更为广泛的通信范围和访问需求，比如使用 HNV 网络的虚机需要访问 Internet，需要访问其他虚机网络里的虚机或物理网络设备。混合云也是很多企业数据中心的发展目标，企业将虚机部署在启用了 HNV 的公有数据中心后，期望将自有的数据中心和托管在公有数据中心的虚机连接起来。这些需求都需要部署 HNV 网关来实现，HNV 网关可以使用 Windows Server 实现，也可以使用支持 NVGRE 的硬件网络设备替代。

1．虚机 NAT 访问 Internet

在物理网络设备和防火墙看来，虚机 CA 地址隐藏在网络链路中，无法像正常的 IP 地址一样使用 NAT 规则启用 CA IP 地址访问 Internet。但是 PA 地址是可以通过 NAT 规则访问 Internet 的，因此 HNV 网关必须要支持 NVGRE 协议以将 GRE 封装的数据包进行拆解。HNV 网关的用途之一就是实现使用 HNV 网络的虚机访问 Internet，如图 4-34 所示。

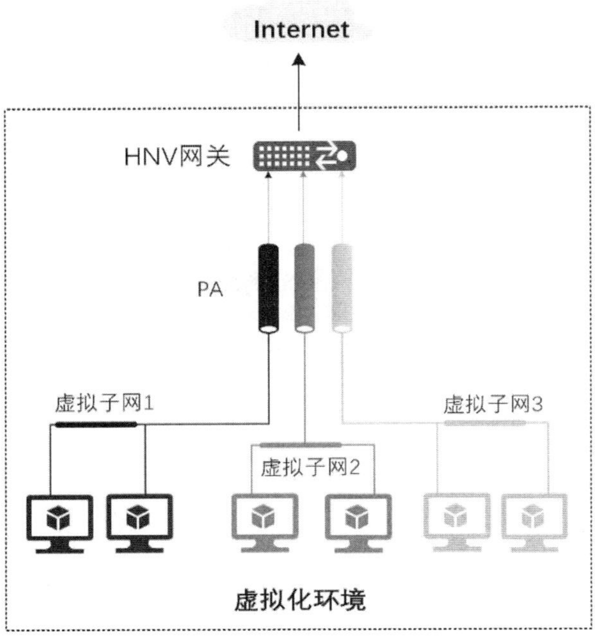

图 4-34 网络虚拟化使用网关访问 Internet

2．S2S VPN 接入

S2S VPN 接入帮助租户构建混合云网络基础，在公有数据中心运行着多个租户的虚机，这些虚机默认是无法和租户自有数据中心的服务器通信，处于两座相互隔离的网络孤岛。使用 S2S VPN 可以连接租户自有数据中心网络和在公有数据中心部署的 HNV 网络，进而在不同的数据中心混合部署虚机，在公有数据中心里部署 HNV 网关可以实现租户通过 S2S VPN 连接到公有数据中心，如图 4-35 所示。

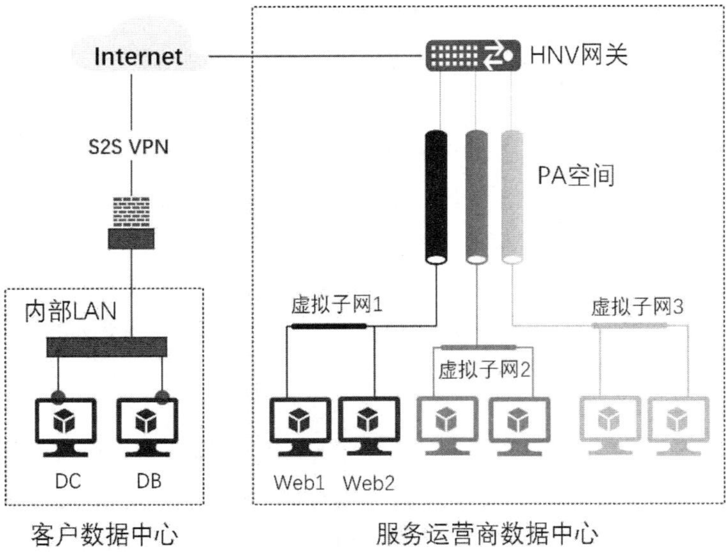

图 4-35 网关实现客户数据中心和公有数据中心 VPN 连接

3．物理虚机环境路由

在私有云环境中，Hyper-V 虚拟化环境扩展了服务器的部署方式，很多企业逐渐把应用迁移到虚机，形成了物理机和虚机混合存在于数据中心的情况。物理机使用物理网络，而虚机既可以使用传统的 VLAN 网络，也可以使用 HNV 网络，使用 HNV 网络的虚机要和物理机通信时，需要借助 HNV 网关实现物理机和这些虚机网络互通，如图 4-36 所示。

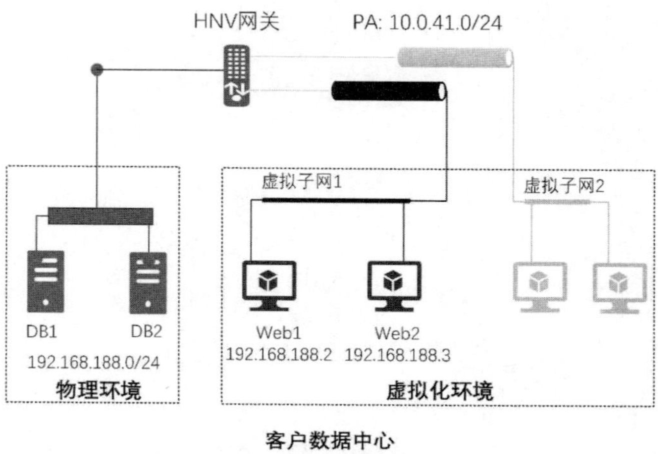

图 4-36　实现 HNV 虚拟机和物理机路由

4.4.2　HNV 与 Overlay

实现网络虚拟化除了有 Hyper-V 虚拟化网络的基础，还有 Overlay（IP 虚拟化）等高级的特性，Hyper-V 虚拟化网络和 IP 虚拟化技术共同构成了 Hyper-V 网络虚拟化。下文将以公有数据中心和托管虚机在公有数据中心的租户为背景展开讨论，公有数据中心作为网络提供方负责构建基础网络和网络虚拟化结构，租户作为使用方，在公有数据中心自建网络并在自建网络上创建虚机。

4.4.2.1　虚机网络和虚拟子网

在介绍 HNV 工作原理之前，我们有必要了解一下组成 HNV 的原子网络——VM Network（虚机网络）和 Virtual Subnet（虚拟子网）。HNV 中，虚机网络作为租户间虚机隔离的单位，在网络虚拟化结构中起到非常关键的作用。虚机网络在 4.3.3.9 节里介绍过，虚机网络是虚机连接到物理网络的逻辑组件，每个虚机网络都有一个路由域并由特定路由域 ID（Routing Domain ID，简称为 RDID）标识，路由域 ID 是标准的 Windows GUID，格式通常为“xxxxxxxx-xxxx-xxxx-xxxx-xxxxxxxxxxxx”。在虚机网络里可进一步定义虚拟子网，虚拟子网和 4.3.3.2 节所介绍的网络站点一样，虚拟子网是广播域，在同一个虚拟子网的虚机必须使用相同的 IP 前缀。每个虚拟子网都有一个特定的虚拟子网 ID（Virtual Subnet ID，简称为 VSID），虚拟子网和 VLAN 类似，但是比 VLAN 有更广的范围，VSID 范围从 4096 到 16777214。同一个 HNV 路由域里的虚拟子网可以实现不同子网间的路由，因此也可以说 HNV 网络里集成了软件路由功能。

如果物理机逻辑交换机启用了 HNV，可使用 PowerShell 命令 PS C:\>Get-Net Virtualization CustomerRoute 查看虚机的 RDID 和虚拟子网的 VSID，如下示例所示。

```
PS C:\>Get-NetVirtualizationCustomerRoute
RoutingDomainID          : 00894F8A-631A-43C3-B52E-B54F47970938
VirtualSubnetID          : 676802
DestinationPrefix        : 192.168.188.0/24
NextHop                  : 0.0.0.0
Metric                   : 0

RoutingDomainID          : 00894F8A-631A-43C3-B52E-B54F47970938
VirtualSubnetID          : 1001280
DestinationPrefix        : 0.0.0.0
NextHop                  : 10.0.2.2
Metric                   : 0

RoutingDomainID          : 72961897-0253-48C3-9ACE-E2D1EEDFB9AB
VirtualSubnetID          : 16283042
DestinationPrefix        : 192.168.188.0/30
NextHop                  : 0.0.0.0
Metric                   : 0

RoutingDomainID          : 72961897-0253-48C3-9ACE-E2D1EEDFB9AB
VirtualSubnetID          : 11061729
DestinationPrefix        : 172.16.100.0/30
NextHop                  : 0.0.0.0
Metric                   : 0
```

虚拟化网络的 VM Network 和网络虚拟化的 VM Network 略有不同，如图 4-37 所示，虚拟化网络结构里，每个逻辑网络里只能创建唯一的虚机网络，每个虚机网络下可以创建若干个虚拟子网。虚拟化网络结构里要求每一个虚拟子网都是唯一的，也即同一个虚机网络（逻辑网络）下的虚拟子网不能重复，不同虚机网络（逻辑网络）里的虚拟子网也不能重复。

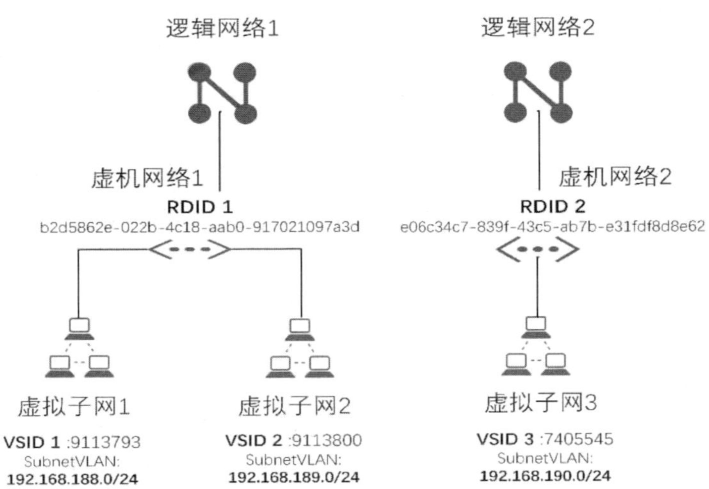

图 4-37　虚拟化网络的虚拟子网

在网络虚拟化的结构里，可以由用户自主在逻辑网络里创建虚机网络，虚机网络是隔离用户与用户网络的边界。在一个虚机网络里可以创建多个不重复虚拟子网，虽然同一个虚机网络里的虚拟子网不可重复，但不同虚机网络里的虚拟子网允许重复。如图 4-38 所示，虚机网络 1 有两个不重复虚拟子网——虚拟子网 1 和虚拟子网 2，虚机网络 2 有一个虚拟子网 3，虚拟子网 1 和虚拟子网 3 的子网是完全一样的。在同一个虚机网络下的不同子网默认可以路由互通，如图 4-38 所示，虚机网络 1 的两个虚拟子网分别为 192.168.188.0/24 和 192.168.189.0/24，这两个虚拟子网内的 IP 地址可以互通。因为 HNV 交换机内置了路由器，这个路由器是物理主机逻辑交换机的一部分，多台使用同一个逻辑交换机的主机使用分布式路由器为虚拟子网提供路由，每一台物理机的逻辑交换机成为同一虚机网络不同虚拟子网间默认的网关。在 Windows Server 里 HNV 默认的网关地址都是 1，掩码 24 位，在创建虚拟子网时都会保留这个 IP 地址不给虚机使用。

在多租户的场景里，重复但不冲突的网络虚拟化实现了多租户数据中心里租户按需定义自己的网络的需求。

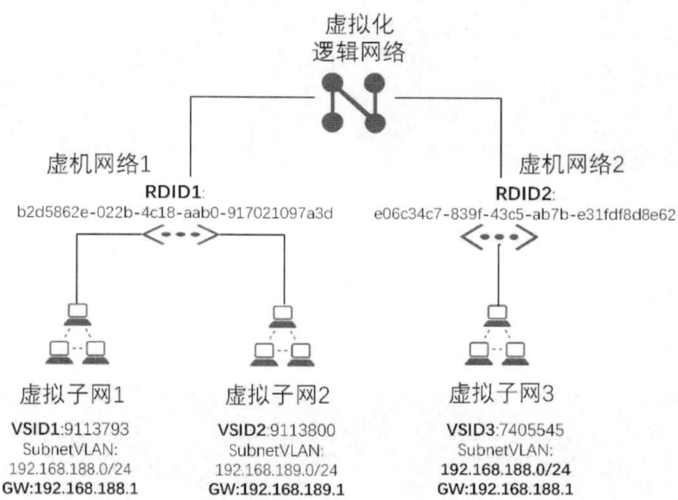

图 4-38 网络虚拟化的虚拟子网

4.4.2.2 Overlay 实现重复的虚拟子网

接下来，我们将借助微软云平台（Windows Azure Pack，本书不包含对 Windows Azure Pack 的介绍）为租户提供自助创建虚拟网络的接口，首先需要在 SCVMM 创建好网络虚拟化的逻辑网络并发布到云平台供租户自助创建虚机网络和虚拟子网。

假设有两个租户分别是 CorpA 和 CorpB，两个租户使用云自助门户创建了相同的虚拟子网 192.168.188.0/24，如图 4-39 所示。他们的虚拟子网配置完全一样的 IP 地址池，如图 4-40 所示。注意，地址池分配的第一个 IP 地址从 2 开始，因为 1 这个 IP 地址默认预留作为虚拟子网的网关使用。

图 4-39 租户自定义自己的虚机网络

ADDRESS SPACE	STARTING IP	CIDR (ADDRESS COUNT)	USABLE ADDRESS RANGE
192.168.188.0/24	192.168.188.0	/24 (253)	192.168.188.2 - 192.168.188.254

图 4-40 租户自定义自己的虚拟网络

CorpA 创建两台虚机（CorpA-Web001 和 CorpA-DB001）并从 IP 地址池里获取 IP 地址为 192.168.188.2 和 192.168.188.3；同样，CorpB 创建两台虚机（CorpB-Web001 和 CorpB-DB001）并从 IP 地址池里获取的 IP 地址也是 192.168.188.2 和 192.168.188.3，如图 4-41 所示。

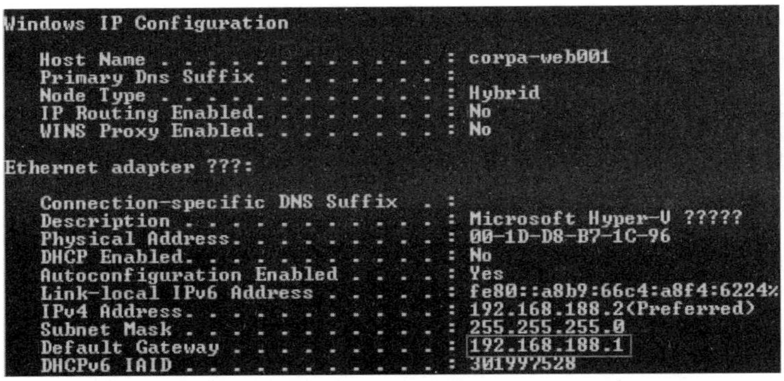

图 4-41 CorpA 和 CorpB 的虚机具有一样的 IP 地址

即使 CorpB 的两台虚机的 IP 地址和 CorpA 的 IP 地址完全一样，各自的 IP 地址并没有发生冲突导致 IP 地址无效。登录 CorpA-Web001 虚机，可以顺利 Ping 通 CorpA-DB001 虚机，如图 4-42 所示。

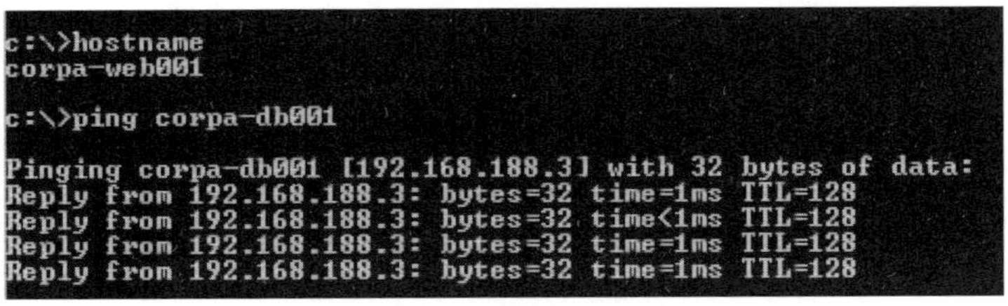

图 4-42 CorpA 的虚机互相 ping

登录 CorpB-Web001 虚机，可以顺利 Ping 通 CorpB-DB001 虚机，如图 4-43 所示。

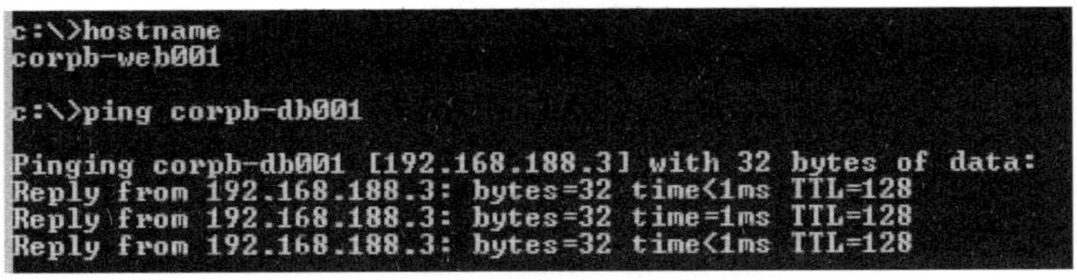

图 4-43 CorpB 的虚机互相 ping

经过验证，在网络虚拟化的逻辑网络下可以创建多个虚机网络，虚机网络里的虚拟子网可以重复不冲突。

4.4.2.3　HNV 软件实现路由

HNV 除了具备多个租户使用相同的虚拟子网的功能之外，还具备同一虚机网络中的路由功能，在验证过在网络虚拟化的逻辑网络创建重复的虚拟子网后，接下来验证同属一个虚机网络中不同虚拟子网之间的路由。

租户 CorpC 借助微软私有云门户 Azure Pack，在同一个虚机网络里创建两个不同虚拟子网 192.168.188.0/24 和 172.16.100.0/24，如图 4-44 所示。

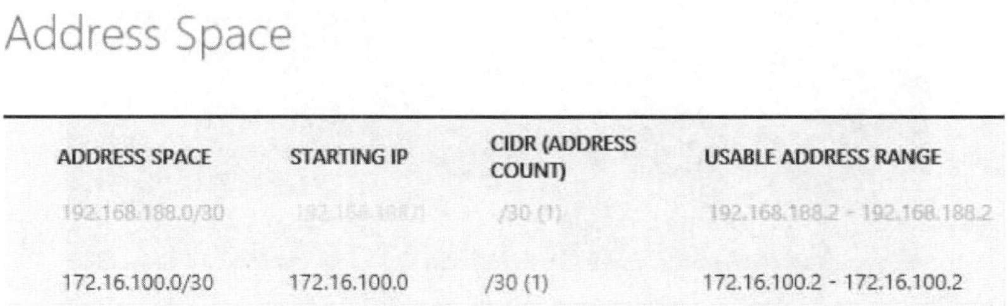

图 4-44　CorpC 在同一个虚机网络里创建两个虚拟子网

在云平台创建两台虚机，分别获取到 192.168.188.2 和 172.16.100.2 的 IP 地址，如图 4-45 所示。

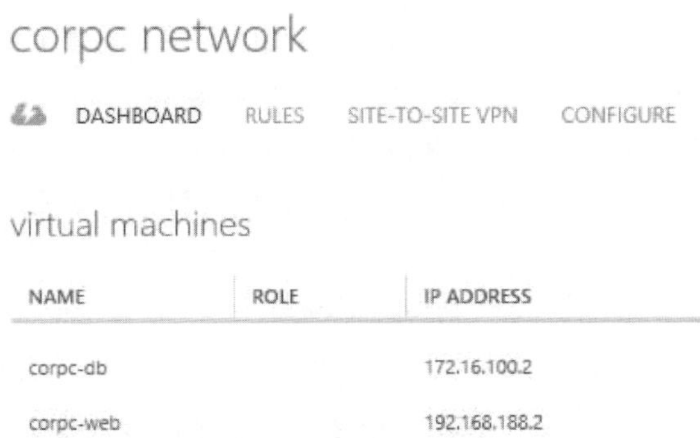

图 4-45　在不同子网的两台虚机分别获取 IP 地址

登录 corpc-web001 虚机，确认分配的 IP 地址是 192.168.188.2，然后 Ping 172.16.100.2 这个 IP 地址，如图 4-46 所示，可看到 192.168.188.2 这个 IP 地址成功 Ping 通了 172.16.100.2 这个 IP 地址。

反过来登录 corpc-db001 虚机，确认分配的 IP 地址是 172.16.100.2，然后 Ping 192.168.188.2 这个 IP 地址，如图 4-47 所示，可以看到 172.16.100.2 这个 IP 地址成功 Ping 通了 192.168.188.2 这个 IP 地址。

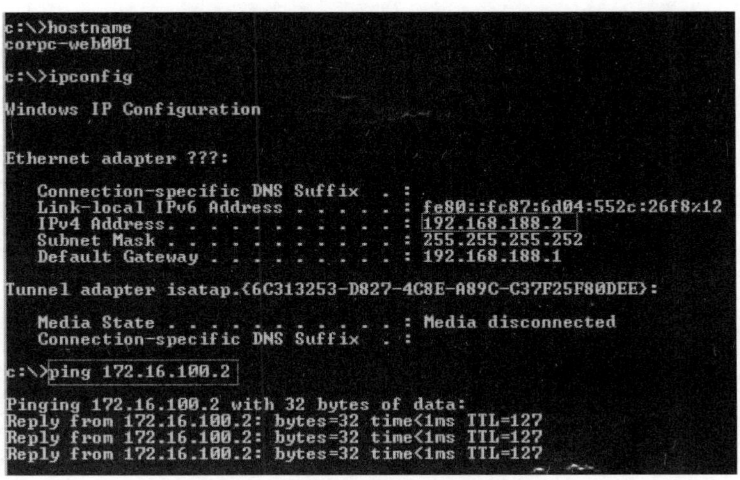

图 4-46　跨子网 ping

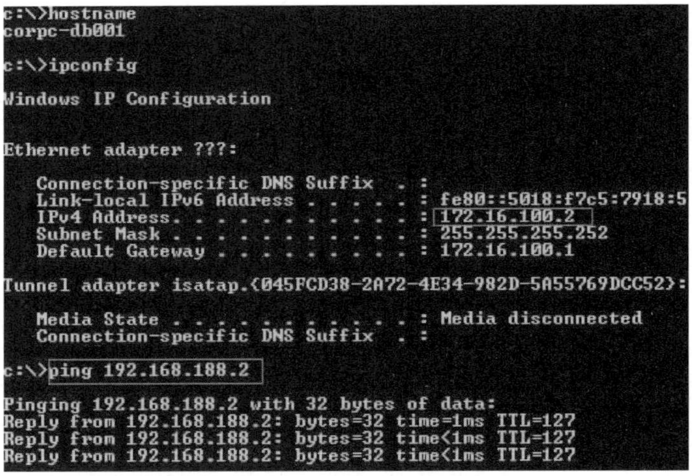

图 4-47　反向 ping 测试

4.4.2.4　Overlay 协议之 NVGRE

NVGRE（Network Virtualization Generic Routing Encapsulation）是常用的隧道封装协议之一，NVGRE 是使用通用的封装格式将二层网络数据包封装到三层网络数据包。NVGRE 在 Hyper-V 网络虚拟化中扮演虚拟化 IP 的角色，HNV 使用 NVGRE 作为隧道报头，源虚机发送数据包过程中先被启用了 HNV 的交换机重新封装到另外一个数据包里。新的数据包报头包含源和目标新的 IP 地址（IP 虚拟化）及其对应的 MAC 地址和 VSID 信息，VSID 存储在 GRE 的报头的 Key 区域，如图 4-48 所示。数据发送到目标物理机交换机后，目标 HNV 交换机将数据包拆开，然后将数据发送到目标虚机。

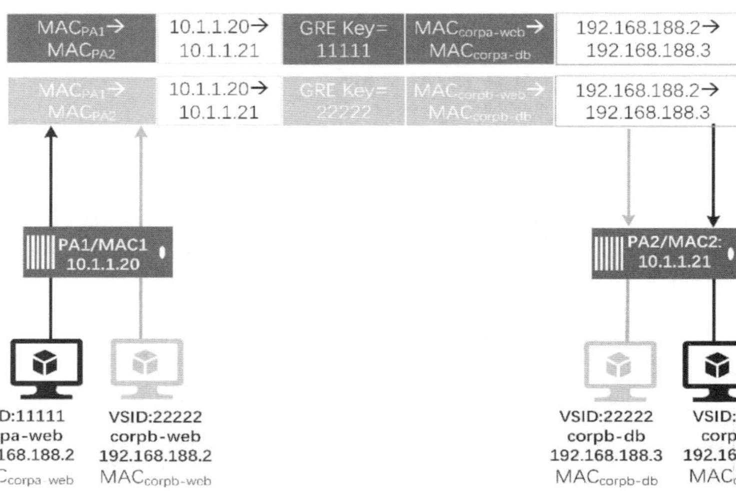

图 4-48　NVGRE 封装隧道

4.4.2.5　PA 和 CA

在同一个物理网络体系中，可以不借助 VLAN 技术，让环境里存在多个重复但不冲突的 IP 地址，取而代之的是 Overlay 技术实现网络虚拟化，在 HNV 里，每块虚拟网卡可关联两个 IP 地址——CA 和 PA 地址。

- Customer Address（CA）。也称之为客户地址，因为这个 IP 地址是从租户自己创建的虚拟子网的 IP 地址池里获取的，CA 地址就是分配给虚机操作系统的 IP 地址，可以使用 ipconfig 或者 ifconfig 等命令查看。客户的虚机部署在多租户的数据中心里，使用 CA IP 地址时，并无感知虚机使用了网络虚拟化技术，从虚机自身的角度来看，和传统的网络并无差别。
- Provider Address（PA）。也称之为服务商地址，因为这个地址是在网络虚拟化架构里定义，并且不是分配给虚机而是分配给物理主机的，PA 地址的作用是 NVGRE 用于重新封装数据的 IP 地址，起到 IP 地址虚拟化的功能。PA 地址无法在虚机操作系统里面使用 ipconfig 或者 ifconfig 等命令查看。PA 地址空间用于运行虚机的物理机之间通信，只能在物理网络中查看。

如果客户将虚机从自己数据中心迁移到多租户公有数据中心，那么 CA 地址帮助客户维持已有的网络拓扑，在迁移到公有数据中心后，CA 地址通过 IP 地址虚拟化公有数据中心基础网络结构，保持着松耦合关系，这个 IP 虚拟化的过程由 PA 地址完成。因此 HNV 的本质其实是通过 IP 地址虚拟化的方式实现的。

PA 地址不是固定分配给物理机，物理机在 PA 地址空间里动态获取和释放 PA 地址。物理机要能分配 PA 地址，首先要将包含 HNV 逻辑网络的逻辑交换机分配给物理机，一旦有关联 HNV 逻辑网络的虚机创建在物理机上，这台物理机就会从 PA IP 地址池里获取一个 PA IP 地址。可使用 Get-NetVirtualizationProviderAddress 命令查看物理机所分配的 PA 地址，结果如下示例所示。

```
PS C:\> Get-NetVirtualizationProviderAddress

ProviderAddress       10.2.22.14
InterfaceIndex        31
PrefixLength          24
VlanID                222
AddressState          Preferred
MACAddress            001dd8b71c6f
ManagedByCluster      False
```

PA IP 地址不是固定分配给物理机的，而是动态变化的，只要有使用 HNV 逻辑网络的虚机运行，那么该虚机所在的物理机就会从地址池里拿一个 PA 地址，如果群集里的其他节点没有使用 HNV 的虚机网络则暂时不会分配 PA 地址。只有把虚机实时迁移到某台物理机节点后，这台物理机才会分配 PA 地址。失效的 PA 地址还会被回收，如果虚机迁移到其他节点，那么之前分配给物理机的 PA 地址可能会被回收，当虚机回迁到这台物理机时，则会重新分配一个新的 PA 地址。

接下来我们通过实际案例来验证 PA 的动态分配。在群集中有两台物理服务器，分别是 HYP06 和 HYP07。创建子网为 10.2.22.0/24 的 PA 逻辑网络并创建 IP 地址池，将该逻辑网络关联上逻辑交换机，并将逻辑交换机分配给这两台物理机。接着创建两台虚机，全部运行在 HYP06 物理机上，虚机一定要使用 HNV 逻辑网络，如图 4-49 所示。

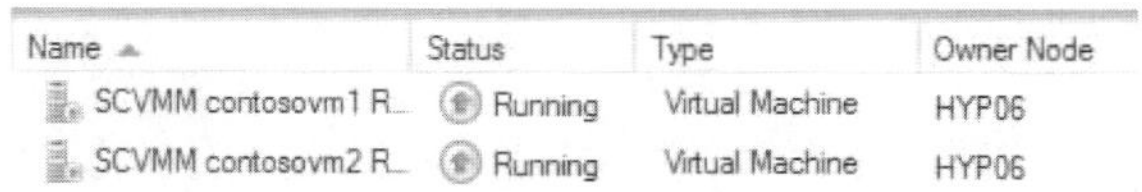

图 4-49　两台虚机最初运行在同一台物理机 HYP06

先使用 Get-NetAdapter 命令查看逻辑网络的索引编号，然后使用 Get-NetVirtualizationProviderAddress 命令查询分配给物理机的 PA 地址，可见这个 PA 地址是分配给网卡编号为 29 的逻辑交换机（启用了 HNV）而非其他网卡。在返回的结果中，可以看到 HYP06 的网卡编号为 29 的逻辑交换机已经分配了两个 PA 地址，分别是 10.2.22.18 和 10.2.22.19，如下示例所示。

```
PS C:\> Get-NetAdapter

Name            InterfaceDescription                    IfIndex     Status
----            --------------------                    -------     ------
LogicalSwitch   Microsoft Network Adapter Multiplex..   29          Up

PS C:\> Get-NetVirtualizationProviderAddress

ProviderAddress          : 10.2.22.19
InterfaceIndex           : 29
PrefixLength             : 24
VlanID                   : 222
AddressState             : Preferred
MACAddress               : 001dd8b71c77
ManagedByCluster         : False

ProviderAddress          : 10.2.22.18
InterfaceIndex           : 29
PrefixLength             : 24
VlanID                   : 222
AddressState             : Preferred
MACAddress               : 001dd8b71c76
ManagedByCluster         : False
```

因为在 HYP07 上没有任何使用 HNV 的虚机，使用 Get-NetAdapter 命令检索到逻辑交换机的索引编号为 31，以及使用 Get-NetVirtualizationProviderAddress 检索这个索引编号的逻辑交换机是否分配 PA 地址时，返回的结果为空，如下示例所示，意味着 HYP07 的逻辑交换机并未分配 PA 地址。

```
PS C:\> Get-NetVirtualizationProviderAddress
PS C:\> Get-NetAdapter

Name            InterfaceDescription                    IfIndex     Status
----            --------------------                    -------     ------
LogicalSwitch   Microsoft Network Adapter Multiplex..   31          Up
```

使用实时迁移将虚机从 HYP06 迁移到 HYP07，迁移结束，虚机运行在新的主机 HYP07 之上，如图 4-50 所示。

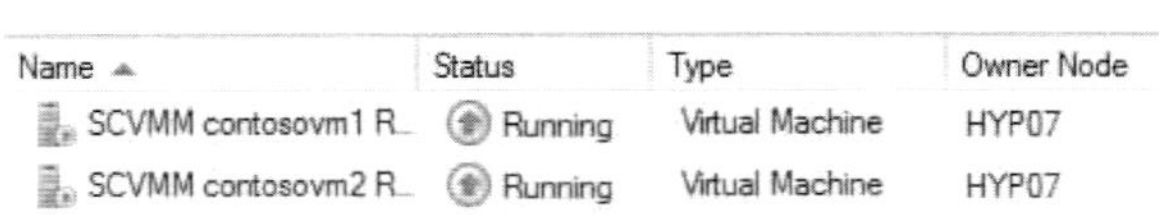

图 4-50　虚机从 HYP06 迁移到 HYP07

等待迁移结束后，登录 HYP07 上运行命令查看 PA 地址分配情况，返回的结果中，可以看到 HYP07 已经分配了两个 PA 地址，分别是 10.2.22.20 和 10.2.22.21，如下示例所示。

```
PS C:\> Get-NetVirtualizationProviderAddress

ProviderAddress          : 10.2.22.21
InterfaceIndex           : 31
PrefixLength             : 24
VlanID                   : 222
AddressState             : Preferred
MACAddress               : 001dd8b71c79
ManagedByCluster         : False

ProviderAddress          : 10.2.22.20
InterfaceIndex           : 31
PrefixLength             : 24
VlanID                   : 222
AddressState             : Preferred
MACAddress               : 001dd8b71c78
ManagedByCluster         : False
```

再将虚机实时回迁到 HYP06 上，虚机重新运行在 HYP06 上，如图 4-51 所示。

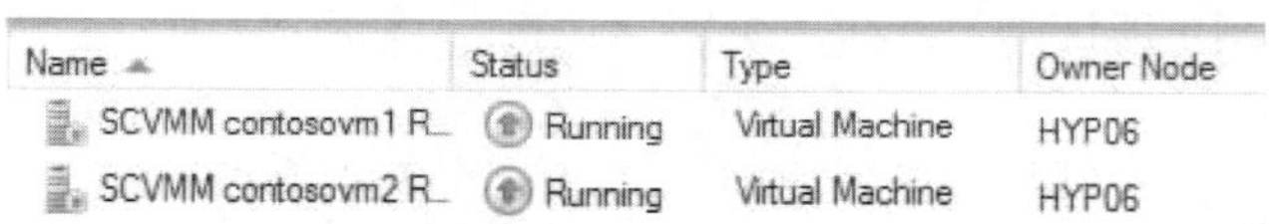

图 4-51　虚机重新运行在 HYP06 上

这时候，再次登录 HYP06 主机，运行命令查看 PA 地址时，会发现分配的 PA 地址已经发生了变化，新的分别是 10.2.22.22 和 10.2.22.23，如下示例所示。之前分配给 HYP06 的 PA 地址也会在稍后被回收到 IP 地址池里。

```
PS C:\> Get-NetVirtualizationProviderAddress

ProviderAddress          : 10.2.22.19
InterfaceIndex           : 29
……                       ……
MACAddress               : 001dd8b71c77
……                       ……

ProviderAddress          : 10.2.22.18
InterfaceIndex           : 29
……                       ……
MACAddress               : 001dd8b71c76
……                       ……
```

```
PS C:\> Get-NetVirtualizationProviderAddress

ProviderAddress        : 10.2.22.23
InterfaceIndex         : 29
……                     ……
MACAddress             : 001dd8b71c7b
……                     : ……

ProviderAddress        : 10.2.22.22
InterfaceIndex         : 29
……                     ……
MACAddress             : 001dd8b71c7a
……                     ……
```

虚机经过多次在物理机之间实时迁移，导致物理机的 PA 多次重新分配和回收，在 SCVMM 里面运行 Get-SCIPAddress 命令查看时会发现 PA 地址逐渐被 SCVMM 回收到 PA IP 地址池。

4.4.2.6　PA 和 CA 对

虚机的 CA 地址是静态的，而 PA 地址是动态的，所以 PA 空间的隧道也通常是动态的。这个动态的隧道由 CA 和 PA 对共同完成。接下来通过实例说明 PA 和 CA 对，在群集中有 3 台物理服务器，分别是 HYP06、HYP07 和 HYP08。创建子网为 10.0.41.0/24 的 PA 逻辑网络并创建 IP 地址池，将该逻辑网络关联上逻辑交换机，并将逻辑交换机分配给这 3 台物理机。

图 4-52　CorpA 和 CorpB 创建自己的网络

首先，名为 CorpA 和 CorpB 的租户分别使用微软云平台 Windows Azure Pack 创建虚机网络并创建相同的虚拟子网，模拟公有数据中心多租户的场景，如图 4-52 所示。

然后，CorpA 和 CorpB 的租户分别创建两台虚机并使用自己创建的虚拟子网，创建的两台虚机和对方的两台虚机 IP 地址一样，如图 4-53 所示。

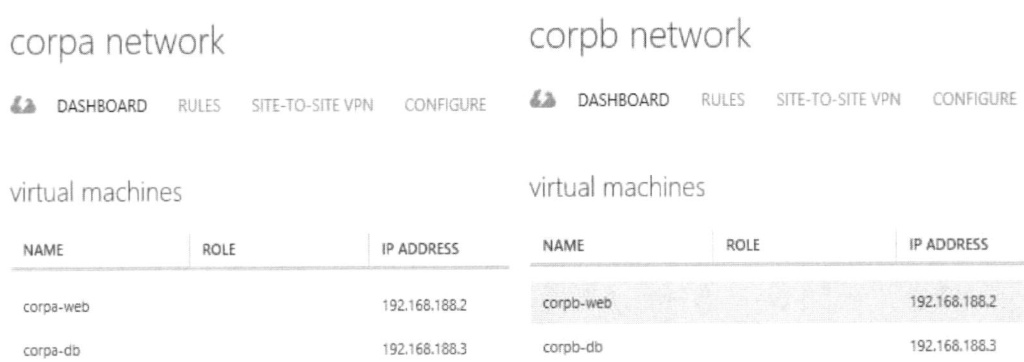

图 4-53　CorpA 和 CorpB 各创建两台虚机

一开始将 CorpA 的虚机指定创建在 HYP07 物理机上，CorpB 的虚机指定创建在 HYP08 的物理机上，如图 4-54 所示。

Name	Status	Type	Owner Node
SCVMM corpa-db Resources	Running	Virtual Machine	HYP07
SCVMM corpa-web Resources	Running	Virtual Machine	HYP07
SCVMM corpb-db Resources	Running	Virtual Machine	HYP08
SCVMM corpb-web Resources	Running	Virtual Machine	HYP08

图 4-54　CorpA 和 CorpB 的虚机分别放置

在 HYP07 上运行 Get-NetVirtualizationProviderAddress 查看分配的 PA 地址，再使用 Get-NetVirtulizationLookupRecord 查看两台虚机 CA 地址和 PA 地址的配对信息。因为 CorpA 的虚机在同一个虚拟子网，因此 CorpA 的两台虚机所拥有的 CA 地址和同一个 PA 地址进行配对，如下示例所示。

```
PS C:\> Get-NetVirtualizationProviderAddress

ProviderAddress          : 10.2.41.204
InterfaceIndex           : 31
PrefixLength             : 24
VlanID                   : 0
AddressState             : Preferred
MACAddress               : 001dd8b71c9c
ManagedByCluster         : False

PS C:\> Get-NetVirtualizationLookupRecord |ft VMName, CustomerAddress,
ProviderAddress
VMName                   CustomerAddress            ProviderAddress
-----                    --------------             --------------
GW                       192.168.188.1              1.1.1.1
corpa-web                192.168.188.2              10.2.41.204
corpa-db                 192.168.188.3              10.2.41.204
DynIP for corpa-web      0.0.0.0                    10.2.41.204
DynIP for corpa-db       0.0.0.0                    10.2.41.204
```

在 HYP08 上运行 Get-NetVirtualizationProviderAddress 查看分配的 PA 地址，再使用 Get-NetVirtulizationLookupRecord 查看两台虚机 CA 地址和 PA 地址配对信息。因为 CorpA 的虚机在同一个虚拟子网，因此 CorpA 的两台虚机所拥有的 CA 地址和同一个 PA 地址进行配对，如下示例所示。

```
PS C:\> Get-NetVirtualizationProviderAddress

ProviderAddress          : 10.2.41.202
InterfaceIndex           : 31
PrefixLength             : 24
VlanID                   : 0
```

```
AddressState           : Preferred
MACAddress             : 001dd8b71c9b
ManagedByCluster       : False

PS C:\> Get-NetVirtualizationLookupRecord |ft VMName, CustomerAddress, Prov
iderAddress
VMName                 CustomerAddress              ProviderAddress
-----                  ---------------              ---------------
GW                     192.168.188.1                1.1.1.1
corpb-web              192.168.188.2                10.2.41.202
corpb-db               192.168.188.3                10.2.41.202
DynIP for corpb-web    0.0.0.0                      10.2.41.202
DynIP for corpb-db     0.0.0.0                      10.2.41.202
```

在同一个虚拟子网里的虚机如果运行在同一台物理机上，因为 Hyper-V 虚拟交换机是 2 层交换设备，记录着所有连接到自己的虚机 MAC 地址信息，所以不需要隧道对虚机的 CA 地址进行封装，如图 4-55 所示。

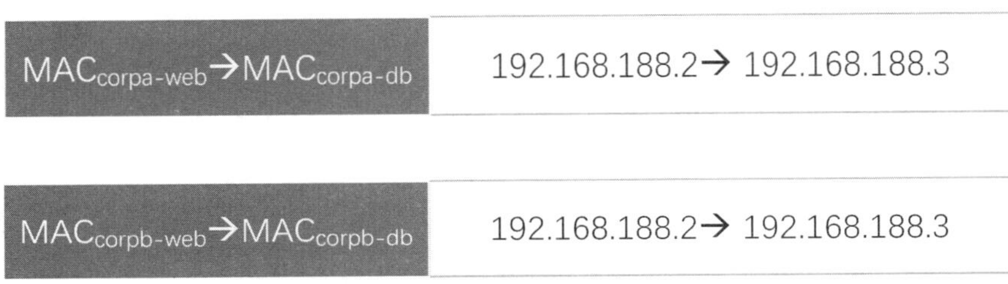

图 4-55　同主机里的虚机通信无需隧道封装

同时将 CorpA 和 CorpB 的其中一台虚机分别迁移到另外一台物理机，将 CorpA 的虚机 corpa-db 迁移到 HYP08，将 CorpB 的虚机 corpb-web 迁移到 HYP07，迁移完成后，虚机的放置位置如图 4-56 所示。

图 4-56　迁移以后的虚机放置位置

在 HYP07 上运行 Get-NetVirtualizationProviderAddress 查看分配的 PA 地址时，发现 HYP07 新增加了一个 PA 地址 10.2.41.206，这个 PA 地址用于迁移过来的虚机 corpb-web 的 CA 地址隧道。使用 Get-NetVirtulizationLookupRecord 查看重新组合的 CA 地址和 PA 地址配对。因为虚机 corpb-web 迁移到 HYP07，所以产生了新的 PA 和 corpb-web 的 CA 地址配对，而之前的 corpa-web 仍然运行在 HYP07，所以 corpb-web 的 CA 地址和 PA 地址配置不变。由于 CorpA 的和 CorpB 的两台虚机都在各自的同一个虚拟子网中，而且跨 HYP07 和 HYP08 运行，所以在 HYP07 中实际上可以看到 CorpA 和 CorpB 所有虚机的 CA 和 PA 地址配对。如下示例所示。

```
PS C:\> Get-NetVirtualizationProviderAddress

ProviderAddress         : 10.2.41.206
InterfaceIndex          : 31
……                      ……
MACAddress              : 001dd8b71c9e
……                      ……


ProviderAddress         : 10.2.41.204
InterfaceIndex          : 31
……                      ……
MACAddress              : 001dd8b71c9c
……                      ……


PS C:\> Get-NetVirtualizationLookupRecord |ft VMName, CustomerAddress,
ProviderAddress
VMName                  CustomerAddress              ProviderAddress
-----                   --------------               --------------
GW                      192.168.188.1                1.1.1.1
GW                      192.168.188.1                1.1.1.1
corpa-web               192.168.188.2                10.2.41.204
corpa-db                192.168.188.3                10.2.41.205
corpb-web               192.168.188.2                10.2.41.206
corpb-db                192.168.188.3                10.2.41.202
DynIP for corpa-web     0.0.0.0                      10.2.41.204
DynIP for corpb-web     0.0.0.0                      10.2.41.206
```

同理，在 HYP08 上运行 Get-NetVirtualizationProviderAddress 查看分配的 PA 地址会发现已经给 HYP08 新增加了一个 PA 地址 10.2.41.205，这个 PA 地址用于迁移过来的虚机 corpa-db 的 CA 地址隧道。使用 Get-NetVirtulizationLookupRecord 查看重新组合的 CA 地址和 PA 地址配对。因为虚机 corpa-db 迁移到 HYP08，所以产生了新的 PA 和 corpb-web 的 CA 地址配对，而之前的 corpb-db 仍然运行在 HYP07，corpb-db 的 CA 地址和 PA 地址配置不变。由于 CorpA 和 CorpB 的两台虚机都在各自的同一个虚拟子网中，而且跨 HYP07 和 HYP08 运行，所以在 HYP08 中实际上也可以看到 CorpA 和 CorpB 所有虚机的 CA 和 PA 地址配对。如下示例所示。

```
PS C:\> Get-NetVirtualizationProviderAddress

ProviderAddress         : 10.2.41.205
InterfaceIndex          : 31
……                      ……
MACAddress              : 001dd8b71c9d
……                      ……
```

```
ProviderAddress              : 10.2.41.202
InterfaceIndex               : 31
……                           ……
MACAddress                   : 001dd8b71c9b
……                           ……

PS C:\> Get-NetVirtualizationLookupRecord |ft VMName, CustomerAddress,
ProviderAddress
VMName               CustomerAddress               ProviderAddress
-----                --------------                --------------
GW                   192.168.188.1                 1.1.1.1
GW                   192.168.188.1                 1.1.1.1
corpa-web            192.168.188.2                 10.2.41.204
corpa-db             192.168.188.3                 10.2.41.205
corpb-web            192.168.188.2                 10.2.41.206
corpb-db             192.168.188.3                 10.2.41.202
DynIP for corpa-db   0.0.0.0                       10.2.41.205
DynIP for corpb-db   0.0.0.0                       10.2.41.202
```

在同一个虚拟子网里的虚机如果运行在不同物理机上，使用物理机各自的 PA 地址通信，在所有运行使用 HNV 的虚机的物理机都实时维护着 CA 和 PA 配对表，GRE 隧道如图 4-57 所示。

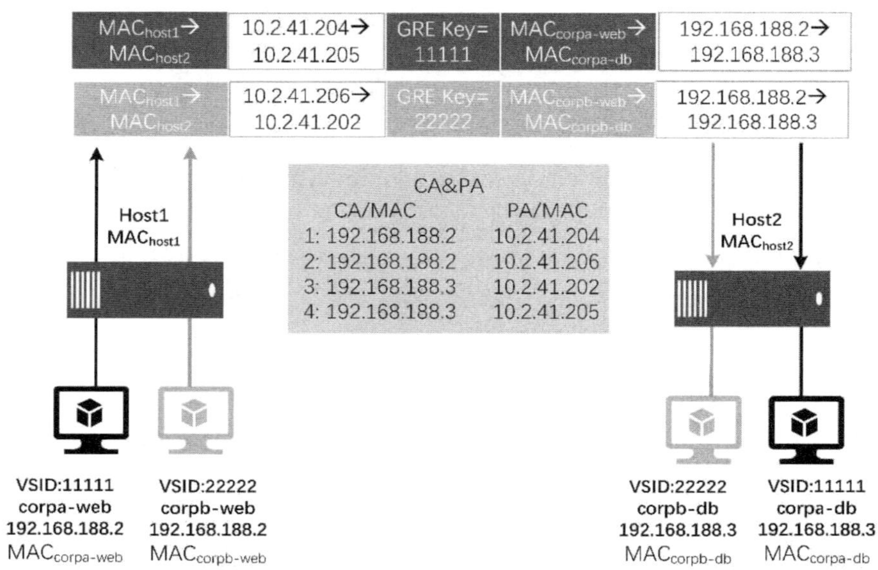

图 4-57　跨主机的虚拟子网 GRE 隧道示意

HNV 网络虚拟化可以很快学习动态的 PA 和 CA 地址对帮助虚机顺利完成实时迁移，在实时迁移过程中，即使物理机的 PA 发生了变化，但是虚机 CA 在 PA 空间里的隧道是连续的。在实际案例中，我们在实时迁移虚机时，同时启动网络可达性测试发现虚机的 PA 地址发生改变的时候，CA 网络依然可达。

4.4.2.7　HNV 逻辑堆栈

在 4.3.3 节介绍了虚拟化网络的逻辑交换机堆栈，虚拟化网络的逻辑交换机同样也是连接软件定义的网络虚拟化世界和物理网络世界的桥梁。网络虚拟化的堆栈组件和虚拟化网络完全一样，但是虚机网络和逻辑网络定义稍微有些差别。虚拟化网络逻辑组件的定义完全由管理员操作，而且虚机的虚拟子网还是采用 VLAN 进行隔离，逻辑网络和虚机网络是一一对应的，IP 子网的 IP 地址池在逻辑网络里定义。网络虚拟化允许重复的网络存在并赋予用户自定义虚拟网络权利，网络虚拟化的逻辑网络组件内嵌了 HNV 的能力，只需要定义 PA 子网和 PA 的 IP 地址池。虚机的虚拟子网、IP 地址池可以转交给用户自己定义，两者的异同比较如图 4-58 所示。

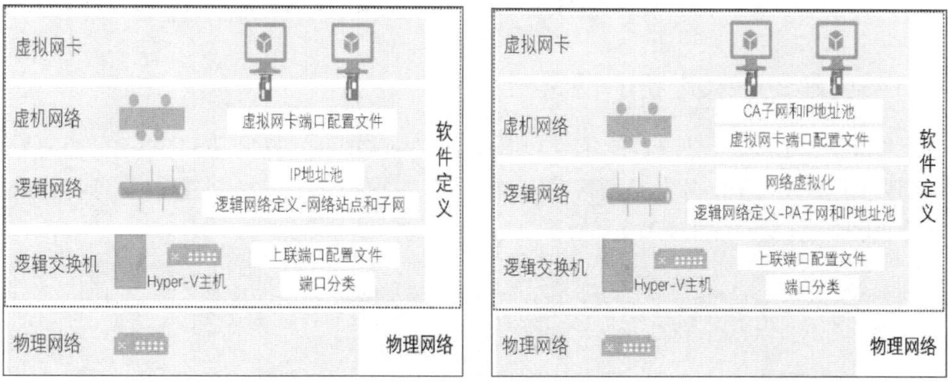

图 4-58　虚拟化网络和网络虚拟化堆栈组件

4.5　配置逻辑交换机

4.5 节和 4.3.3 节是互相照应的，4.3.3 节解释了逻辑交换机的各个组件的概念，4.5 节进一步说明如何配置逻辑交换机的各个组件，并新增了为 Hyper-V 服务器分配逻辑交换机的内容。之前谈到虚拟化层网络包括虚拟化网络和网络虚拟化，无论是虚拟化网络还是网络虚拟化都会用到逻辑交换机作为数据平面。因此在全盘了解 SCVMM 如何配置 Overlay 的网络虚拟化之前，我们不妨先了解一下 SCVMM 在虚拟化层网络的逻辑交换机的配置。虚拟化层网络包含的组件较多，可使用 SCVMM 控制台或 PowerShell 完成配置。因为每类组件可能要配置好几个实例，所以建议使用 SCVMM 图形界面和 PowerShell 结合的方法提高配置效率，SCVMM 在使用图形向导进行组件配置时，会同步生成 PowerShell 脚本，我们可以把 SCVMM 自动生成的脚本保存在显眼的位置用于后续编辑和重复使用。同一类组件的不同实例配置的 PowerShell 命令相同，只要更改几个简单的参数就可以很快创建好其他组件实例，如此可以省去反复操作的繁琐。在配置逻辑交换机之前需要把 Hyper-V 物理机添加到 SCVMM 架构管理中来，并且创建几个主机组，将不同用途的 Hyper-V 主机放在适合的主机组里。等基础满足后，登录 SCVMM 服务器打开 SCVMM 控制台，在 SCVMM 控制台左侧选择架构（Fabric）导航区，展开网络（Networking）项目可以看到若干个子项目，本节和下节的配置需要在这个网络树状菜单里完成，如图 4-59 所示。

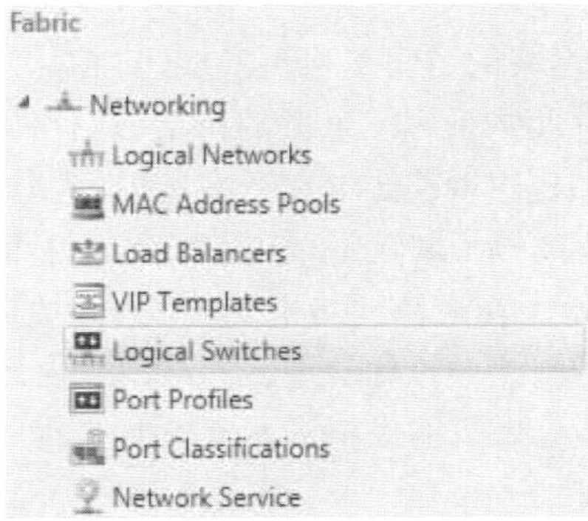

图 4-59 SCVMM 虚拟化网络配置窗口

4.5.1 创建逻辑（虚机）网络

在网络树状结构里，点击逻辑网络（Logical Networks）打开逻辑网络配置向导，在向导里命名逻辑网络，逻辑网络类型选择一个连接的网络，并选择创建一个同名的虚机网络（逻辑网络的选项详见 4.3.3.3 节），如图 4-60 所示。

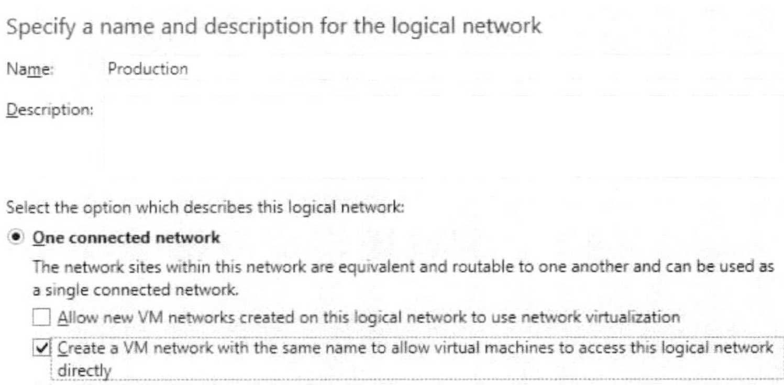

图 4-60 网络创建命令和类别选择

创建完毕，在逻辑网络里可看到新建的逻辑网络，在虚机和服务导航区的虚机网络里可以看到新建的同名的虚机网络。

要使用 PowerShell 创建逻辑网络可参考以下 PowerShell 命令，这个示例命令也会同时创建同名的虚机网络。

```
#创建逻辑网络，定义名称、类型和其他属性（属性和图形界面一致，详细信息可进行对照）
PS C:\> $logicalNetwork = New-SCLogicalNetwork -Name "Production" -LogicalN
etworkDefinitionIsolation $false -EnableNetworkVirtualization $false -UseGRE
$false -IsPVLAN $false
#创建同名虚机网络。
PS C:\> New-SCVMNetwork -Name "Production" -IsolationType "NoIsolation"
-LogicalNetwork $logicalNetwork
```

接下来可以通过修改 PowerShell 命令完成其他逻辑网络和虚机网络的配置，包括管理网络、实时迁移网络、SMB 存储网络、心跳网络、测试网络等必要的逻辑网络。

4.5.2　创建网络站点和 IP 地址池

网络站点既可以在创建逻辑网络向导里一并完成，也可以在创建逻辑网络时留空，等创建好逻辑网络后再配置。如果选择后者，只要找到需要创建网络站点和 IP 地址池的逻辑网络，打开其属性窗口，在网络站点里新建网络站点，设置好作用范围，输入 VLAN 和子网即可，如图 4-61 所示。

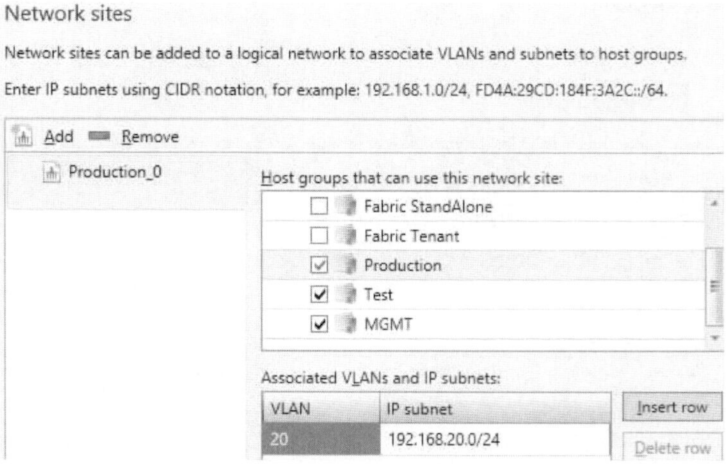

图 4-61　创建网络站点

可使用如下 PowerShell 命令创建网络站点。

```
PS C:\> $logicalNetwork = Get-SCLogicalNetwork -ID "e07935e0-2ded-48d4-
8add-8a80e4139107"
PS C:\> Set-SCLogicalNetwork -Name "Production" -Description "" -LogicalNet
work $logicalNetwork -RunAsynchronously -EnableNetworkVirtualization
$false -UseGRE $false -LogicalNetworkDefinitionIsolation $false
$allHostGroups = @()
$allHostGroups += Get-SCVMHostGroup -ID "0c88aaae-6985-4746-9b4f-5cc87918d
66e"
$allHostGroups += Get-SCVMHostGroup -ID "2c429150-e0d1-43da-8ead-045ff6770
a2d"
$allHostGroups += Get-SCVMHostGroup -ID "2ad60df5-08af-47c1-ad2d-28c00dcc8
195"
$allSubnetVlan = @()
$allSubnetVlan += New-SCSubnetVLan -Subnet "192.168.20.0/24" -VLanID 20
New-SCLogicalNetworkDefinition -Name "Production_0" -LogicalNetwork
$logica
lNetwork -VMHostGroup $allHostGroups -SubnetVLan $allSubnetVlan -RunAsynchr
onously
```

有了网络站点，接着可以定义 IP 地址池了，选择要创建 IP 地址池的逻辑网络打开创建 IP 地址池向导开始为该逻辑网络创建 IP 地址池，如图 4-62 所示。

在 IP 地址范围设置里定义起始 IP 地址和结束 IP 地址，IP 地址范围默认最后一位从 1 到 254，按实际需求修改其 IP 地址。除了可定义 IP 地址范围以外，如果有的 IP 地址因为需要保留他用，还可以设置保留地址和 VIP 地址，如图 4-63 所示。

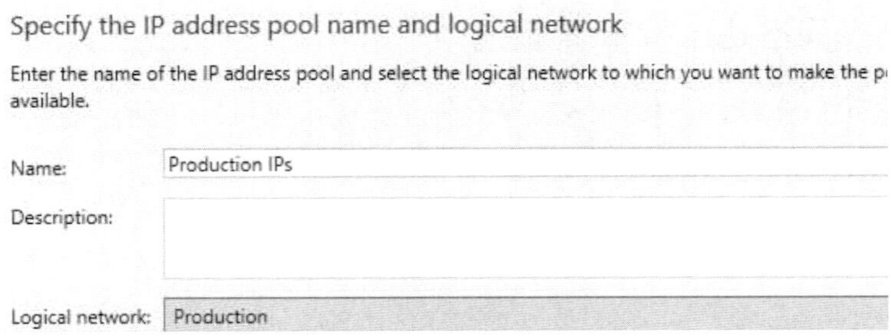

图 4-62　创建 IP 地址池

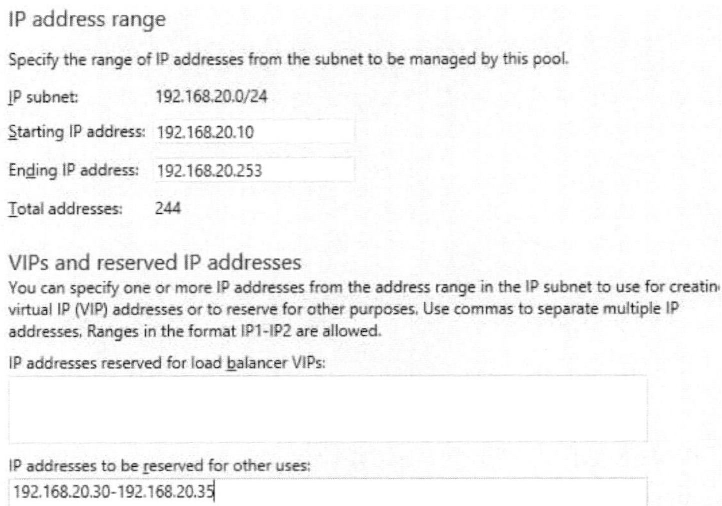

图 4-63　设置 IP 地址池

接下来视情况为网络设置网关地址，DNS 服务器和 DNS 后缀，通常管理网络需要配置 DNS 和后缀，其他网络视情况而定。

创建完毕后，在逻辑网络里查看创建结果，并查看地址池的 IP 可用数和已用数，如图 4-64 所示。

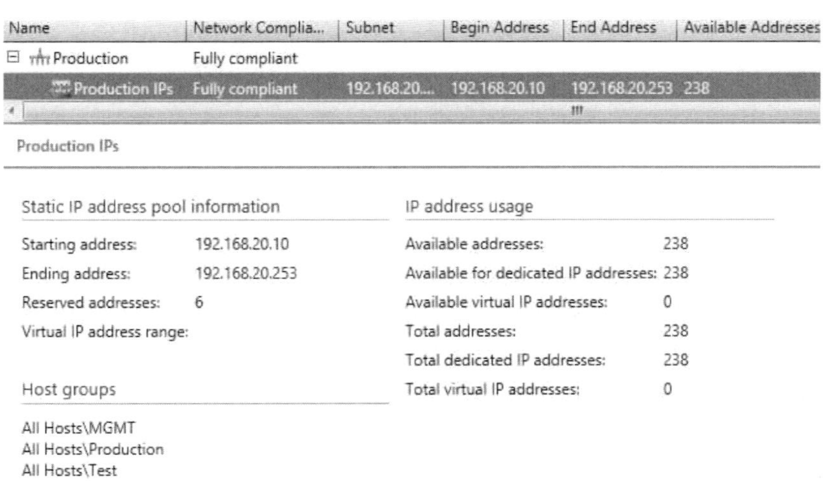

图 4-64　查看 IP 地址池状态

按照同样的步骤完成其他逻辑网络的网络站点和 IP 地址池配置，包括管理逻辑网络、实时迁移网络、SMB 存储网络、心跳网络、测试网络。

4.5.3　创建端口配置文件

打开端口配置文件创建向导，命名并选择虚拟网卡端口配置文件，建议命名时和逻辑网络同名，如图 4-65 所示。

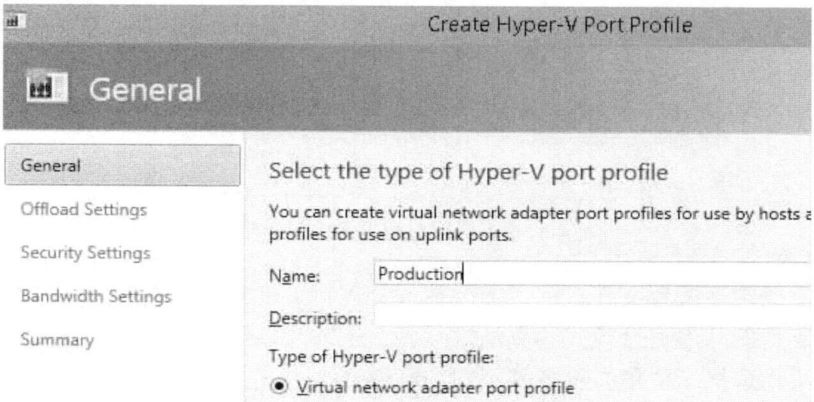

图 4-65　创建端口虚拟网卡配置文件

在卸载设置和安全设置里选择合适的功能，在带宽设置里设置带宽 QoS 和权重，如图 4-66 所示。

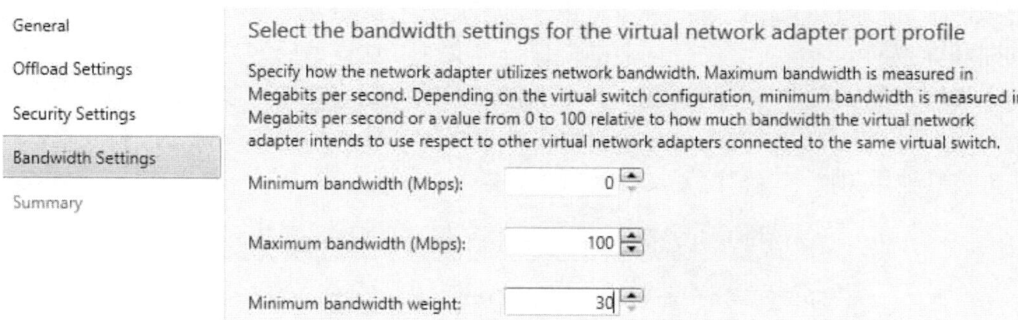

图 4-66　创建端口虚拟网卡配置文件

可以使用如下 PowerShell 命令创建虚拟网卡端口配置文件。

```
PS C:\> New-SCVirtualNetworkAdapterNativePortProfile -Name "Production"
-Description "" -AllowIeeePriorityTagging $false -AllowMacAddressSpoofing
$false -AllowTeaming $false -EnableDhcpGuard $false
-EnableGuestIPNetworkVirtualizationUpdates $true -EnableIov $false
-EnableIPsecOffload $false -EnableRouterGuard $false -EnableVmq $false
-MinimumBandwidthWeight "30" -RunAsynchronously -MaximumBandwidth "100"
```

按照同样的步骤完成其他虚拟网卡端口配置文件的创建，包括管理逻辑网络、实时迁移网络、SMB 存储网络、心跳网络、测试网络。这里就可以使用 PowerShell 脚本的处理能力快速完成创建工作。

接下来创建类型为上联端口配置文件，在同一个配置向导，在类型里选择上联端口配置文件，选择负载均衡算法和网卡组合模式，如图 4-67 所示。

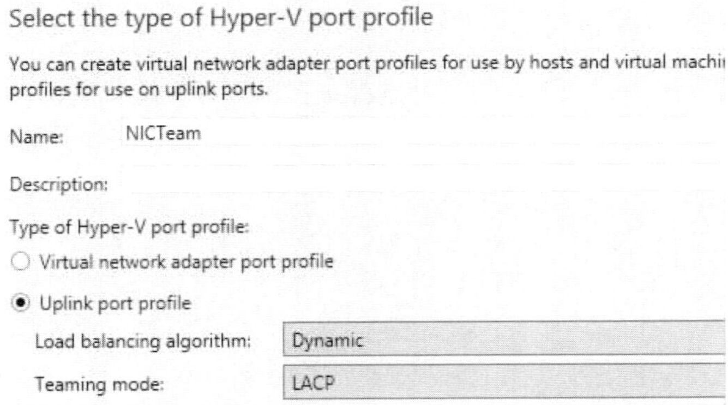

图 4-67　上联端口配置文件创建向导

在创建上联端口配置文件之前，需要梳理物理机（群集）网络方式，并且配合网络连接方式配置支持的网卡组合模式和算法，否则由上联端口配置文件配置的网卡组合可能无法工作。如果物理机（群集）有多种不同的网络连接方式，则视情况创建多个上联端口配置文件，选择不同的网卡组合负载均衡算法和网卡组合模式。

4.5.4　创建端口分类

打开端口分类创建向导，端口分类没有需要配置的内容，如图 4-68 所示，端口分类只是虚拟网卡端口配置文件的链接模板，用于屏蔽用户对虚拟网卡端口配置的直接访问。建议创建和虚拟网卡端口配置文件同名的端口分类文件，这样做的好处是在以后关联端口分类和虚拟网卡配置文件时更为直观。一个虚拟网卡端口配置文件可以关联多个端口分类，而一个端口分类只能用于关联一个虚拟网卡端口配置文件，如果端口分类被关联过，那么无法再被其他虚拟网卡端口配置文件重新关联。

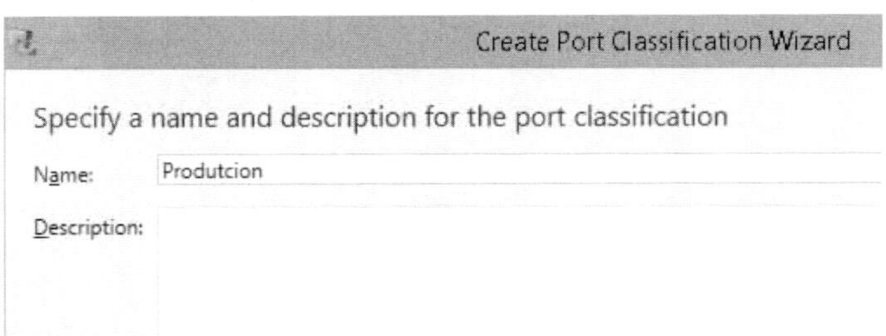

图 4-68　端口分类向导

可使用如下 PowerShell 命令创建端口分类。

```
PS C:\> New-SCPortClassification -Name "Production"
```

4.5.5　创建逻辑交换机

打开逻辑交换机创建向导，命名并在扩展里选择默认向导（我们默认不配置扩展交换机）。在上联模式里选择（网卡）组合，并添加之前创建的上联端口配置文件，如图 4-69 所示。

在虚拟端口配置页，我们将配置端口分类和虚拟网卡端口配置文件关联，每选择一个端口分类，就需要关联一个虚拟网卡端口配置文件。在端口分类里浏览选择端口分类，并在下方选择包含虚拟网卡端口配置文件，选择合适的虚拟网卡端口配置文件，如图 4-70 和图 4-71 所示。

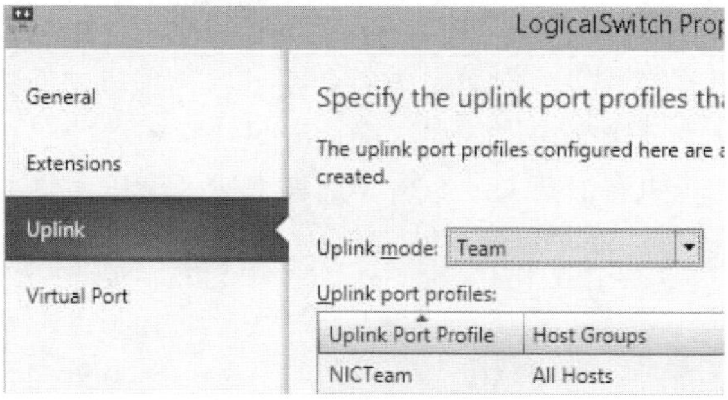

图 4-69　创建逻辑交换机

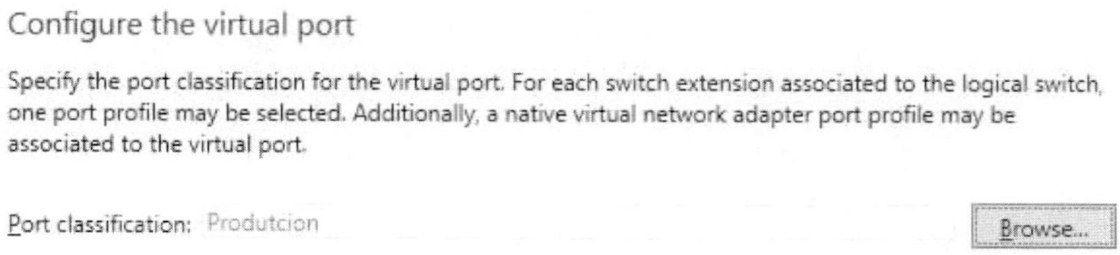

图 4-70　添加端口分类

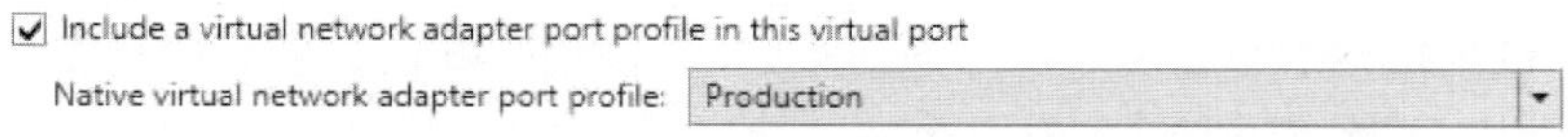

图 4-71　关联端口配置文件

4.5.6　分配逻辑交换机

在 SCVMM 控制台，打开架构导航区，选择主机组中的群集并指定其中某台 Hyper-V 服务器，打开这台服务器的属性，在左侧选择虚拟交换机。在右侧上方菜单栏，点击添加虚拟交换机，选择逻辑交换机，在右侧选择之前创建的逻辑交换机。在下方选择需要组合的物理网卡并选择上联端口配置，注意不能选择已经组合过的物理网卡，如图 4-72 所示。

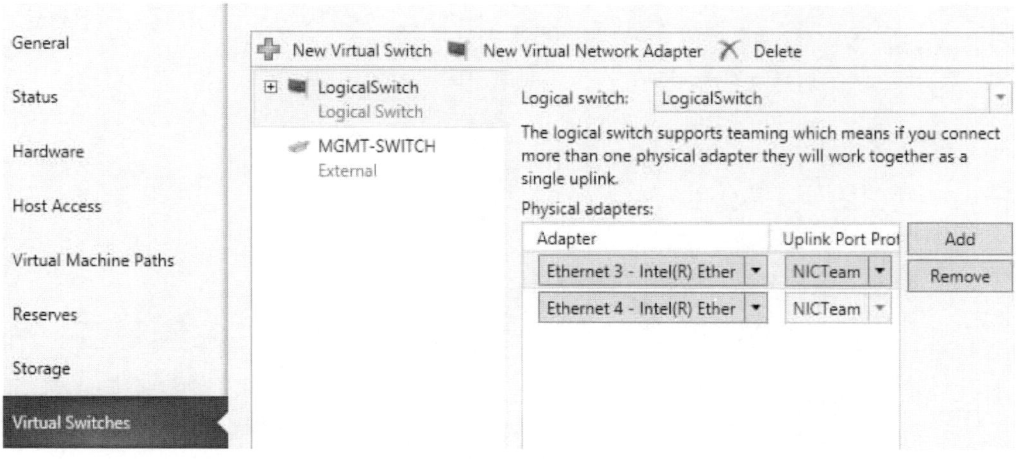

图 4-72　给主机分配逻辑网络

在创建过程中，逻辑交换机的配置将推送到 Hyper-V 物理服务器配置网卡组合并应用相关的策略，推送完毕后会在目标物理机上新建出一个组合的物理网卡并将该组合网卡配置成逻辑交换机。在这个向导里还可以为物理机添加虚拟网卡，在新建的逻辑网络下，点击新建虚拟网卡，命名并选择合适的虚机网络和端口分类配置文件，如图 4-73 所示。

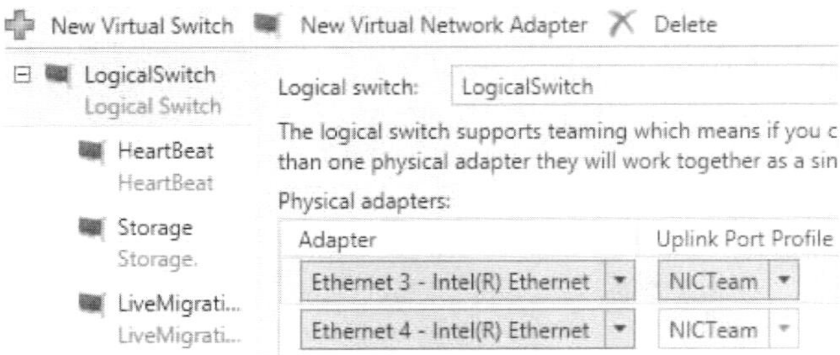

图 4-73　为主机创建虚拟网卡

为物理机分配了逻辑交换机以后，策略同时推送到物理机，我们在使用 SCVMM 虚机模板部署虚机时需要给模板指定网络策略，Hyper-V 物理机作为虚机部署时的候选主机，其虚拟化网络策略一定要和 SCVMM 虚拟化网络配置保持一致，否则通过 SCVMM 模板部署虚机时将无法在该物理机上成功部署。虚机模板网络配置包含了虚机网络、IP 地址池、MAC 地址池和端口分类选项，比如 Hyper-V 物理机分配的逻辑交换机里并没有包含逻辑网络 A，而虚机模板连接的虚机网络属于逻辑网络 A，那么虚机模板将无法在这台物理机上部署虚机。通过标准的模板部署虚机会从虚机网络所在的逻辑网络的 IP 地址池里获取 IP 地址，如图 4-74 所示。

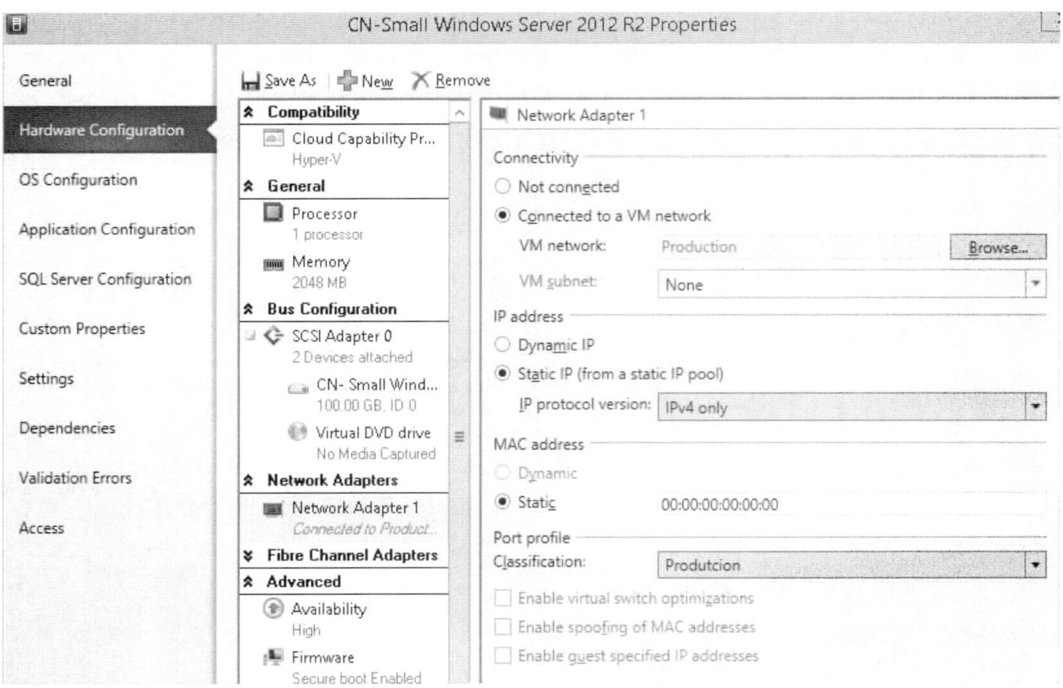

图 4-74　为虚机模板分配虚机网络和 IP 地址池

4.6　配置 HNV 网关

有了上一节的基础，这一节我们将讲述如何通过 SCVMM 配置 HNV 网关和 HNV 网关服务，在配置 HNV 网关之前需要配置好 HNV 网关虚机所需的 2~3 个逻辑网络和逻辑交换机，配置方法和步骤与 4.5 节大致相同，不同的是 HNV 的用于实现 Overlay 的逻辑网络和 4.5 节里传统的逻辑网络不同，如果配置不当，HNV 也将无法生效。Windows Server HNV 网关可使用虚机实现，并且该虚机运行在专有的 Hyper-V 物理机上。HNV 网关虚机可以是单机也可以是群集，在配置 HNV 网关虚机（群集）之前，需要准备具备足够计算资源的 Hyper-V 物理机（群集），而且该 Hyper-V 物理机（群集）上不能运行其他虚机。因为运行 HNV 网关虚机的物理机要分配逻辑交换机，而逻辑交换机需要关联逻辑网络的网络站点、虚拟网卡端口配置文件和上联端口配置文件。接下来简单说明如何使用 SCVMM 和服务模板创建一台独立的 Windows Server HNV 网关。

执行配置需要满足前提条件——准备一台物理机，用于专门运行 HNV 网关虚机，并且把该物理机添加到 SCVMM 结构管理中。

4.6.1　创建逻辑网络

要实现网络虚拟化及创建网关服务器，至少需要创建 3 个逻辑网络。

- **管理网络**。用于给 Windows Server HNV 网关虚机连接管理子网用，网关服务器可以和 Hyper-V 物理机在同一个域，也可以在另外一个域，如果 Windows Server HNV 网关虚机在另外一个域，那么这个域一定要信任 Hyper-V 所在的管理域。管理网络要有子网站点和有足够 IP 地址的 IP 地址池。
- **HNV 网络**。又称之为 PA 空间网络，这个逻辑网络需要创建子网站点并创建 IP 地址池，网络虚拟化网络的 IP 地址池里面的 IP 地址不是直接分配给虚机或者物理机的网卡，而是分配给物理机的 PA 空间，主要用途是封装虚机的 CA 地址。为了保证有足够的用于封装 CA 地址的 PA 地址，需要保证地址池里有足够的 PA IP 地址。
- **外部网络**。外部网络需要创建子网站点并创建 IP 地址池，IP 地址池里的 IP 地址是公网 IP 地址，主要用途有两个，一个是用于使用网络虚拟化网络的虚机通过 NAT 访问公网，另一个是为租户提供实现 S2S VPN 网关。要保证外部网络的 IP 地址池里有足够的 IP 地址，至于需要多少 IP 地址，需要评估使用 NAT 和 S2S VPN 的租户的使用情况。

4.6.1.1　管理逻辑网络

如果之前已经创建了管理逻辑网络，则在这一步可以忽略，以免重复。新建逻辑网络时，将逻辑网络标识名称为可识别为管理类别的逻辑网络，如图 4-75 所示。

Windows Server HNV 网关虚机需要加入到域，这个域可以是 Hyper-V 群集和 SCVMM 所在的域，也可以是 Hyper-V 群集和 SCVMM 所在域的信任域。所以，为 Windows Server 网关虚机分配的子网可以是 Hyper-V 和 SCVMM 所在的子网，也可以是另外一个可以互通的子网，视情况而定。管理逻辑网络定义了管理所在虚拟子网和 HNV 网关虚机将要获取管理 IP 的地址池。因为 HNV 虚机运行在专有的物理机上，因此作用范围应该选择专有的服务器（群）组。最后为管理逻辑网络创建 IP 地址池，指定可用的 IP 地址范围，完成管理逻辑网络的创建。

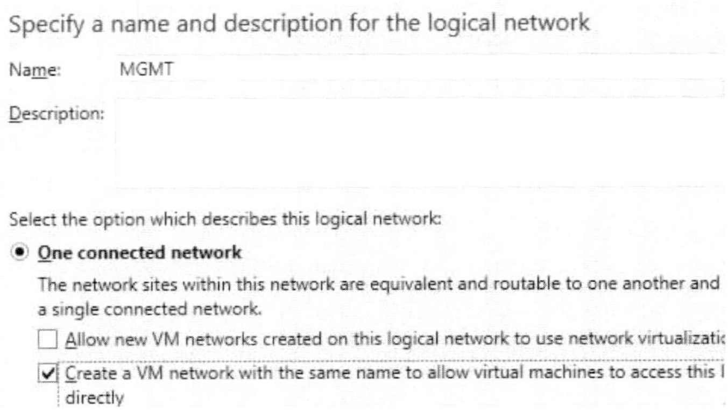

图 4-75　创建管理逻辑网络

4.6.1.2　HNV 逻辑网络

HNV 逻辑网络是实现 Overlay 的技术关键，物理机需要从 PA 逻辑网络的 IP 地址池里动态分配 PA 地址封装租户虚机 CA 地址，同时，HNV 网关虚机需要借助 PA 的 IP 虚拟化技术实现 HNV 虚拟网络的 NAT 和 S2S VPN，所以，在准备创建 HNV 网关之前必须创建 HNV 逻辑网络。HNV 逻辑网络也可称之为 PA 逻辑网络，HNV 逻辑网络的 IP 地址也可称之为 PA IP 地址池。

和创建管理逻辑网络不一样，HNV 逻辑网络必须要选择“允许使用网络虚拟化在此逻辑网络上创建新的虚机网络”类型的逻辑网络，如图 4-76 所示。所有在 PA 逻辑网络下创建的虚机网络和虚拟网络中的 CA 地址都是通过这个 IP 地址池里的 IP 地址进行封装，所以 HNV 逻辑网络的作用范围一定是 HNV 网关虚机所在的物理机和所有将会用到 HNV 网络的 Hyper-V 物理机（群集）。

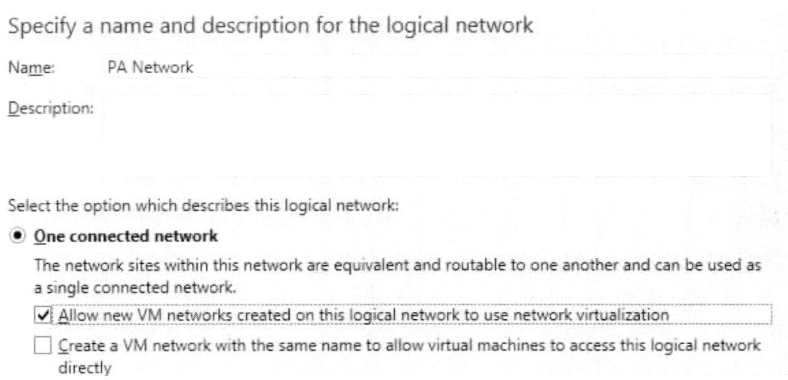

图 4-76　创建 HNV 逻辑网络

接着在创建向导里指定 HNV 逻辑网络的 IP 地址池，地址池里面的 IP 地址大都由 SCVMM 分配给 Hyper-V 物理机，在指定 HNV 网关作为 NAT 或者 S2S VPN 网关时，SCVMM 也会分配 PA 地址给 HNV 网关虚机。

4.6.1.3　外部逻辑网络

外部网络指的是公共 IP 地址所在的网络，这个网络主要用于实现 NAT 和 S2S VPN 隧道端点 IP 地址，如果用于 S2S VPN 终结点需要先从运营商处获取有效的公共 IP 地址。如果 HNV 网关用于实现 HNV 虚机和物理机通信，则外部逻辑网络可以是数据中心内部网络，外部逻辑网络和管理逻辑网络类型一样，选择创建同名的虚机网络，如图 4-77 所示。

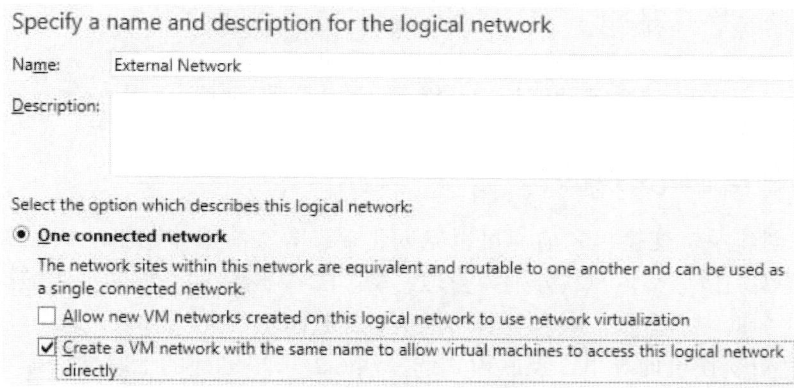

图 4-77　创建外部逻辑网络

指定外部网络虚拟子网和 IP 地址池，HNV 网关虚机在部署过程中会从中获取 IP 地址，再指定 HNV 网关作为 NAT，也会分配外部 IP 地址给到 HNV 网关虚机。

创建完毕，返回到 SCVMM 控制台虚机和服务导航区选择虚机网络时，可以看到，只创建了管理虚机网络和外部虚机网络，如图 4-78 所示。PA 逻辑网络里没有任何虚机网络，虚机网络留给租户去自定义。

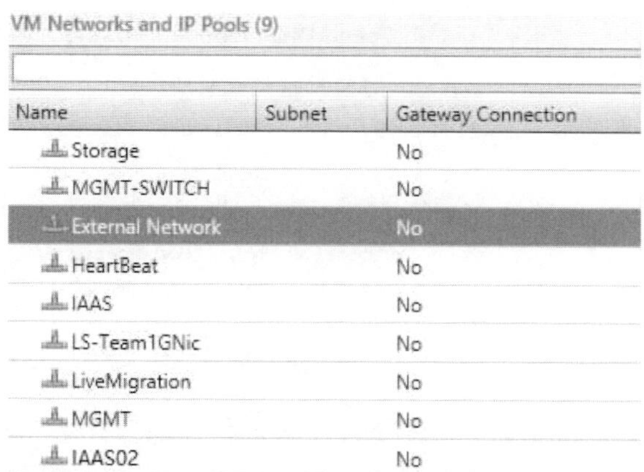

图 4-78　两个同名的虚机网络

4.6.2　创建端口配置文件

接着创建两类端口配置文件，一类是虚拟网卡端口配置文件，包括 HNV 网络、外部网络和管理网络，建议命名时和逻辑网络同名。我们通常需要给 HNV 网关主机单独配置逻辑交换机，因此还需要创建上联端口配置文件，上联端口配置文件为 HNV 网关主机提供网卡组合配置，并将相关的逻辑网络配置通过逻辑交换机推送给 HNV 网关主机。端口配置文件创建步骤不再赘述，具体操作可参考 4.5.3 节。需要注意的是，新的上联端口配置文件只需要包含 HNV 虚机要用到的逻辑网络即可，如果 HNV 主机需要其他的逻辑网络，可以根据实际情况把之前为其他群集准备的逻辑网络添加进来，如图 4-79 所示。

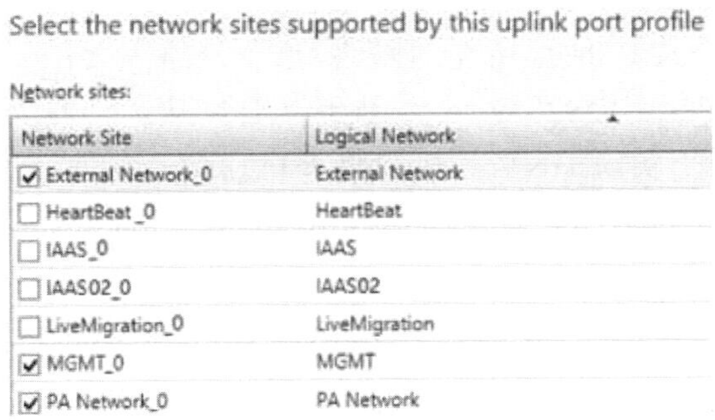

图 4-79　上联端口配置文件关联的逻辑网络

4.6.3　创建逻辑交换机

消息 在创建逻辑交换机之前，可以先创建端口分类将虚拟网卡端口配置文件隐藏起来，对外只提供端口分类信息。分别为管理网络、HNV 网络和外部网络的虚拟网卡端口配置文件创建同名的端口分类，具体操作可参考 4.5.4 节。

在创建逻辑交换机向导里，上联模式选择 4.6.2 节里创建的上联端口配置文件，如图 4-80 所示。

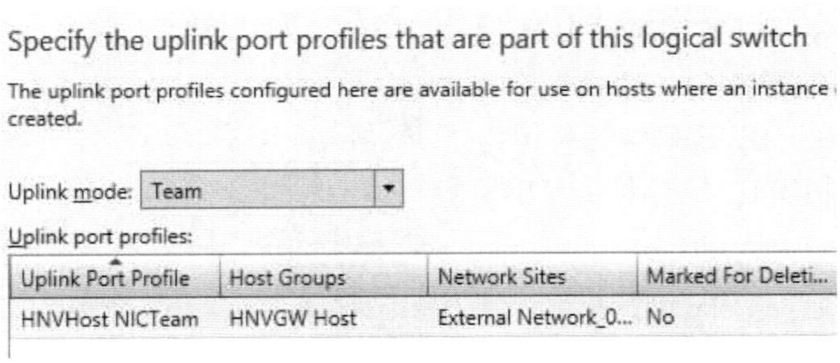

图 4-80　逻辑交换机选择关联上联端口配置文件

接下来，把管理、HNV 和外部 3 个虚拟网卡配置文件添加到新建的逻辑交换机里，如果 HNV 主机是群集而且需要其他的逻辑网络（譬如心跳和实时迁移网络等），如图 4-81 所示，可以根据实际情况把之前为其他群集准备的逻辑网络虚拟网卡端口配置文件也添加进来。

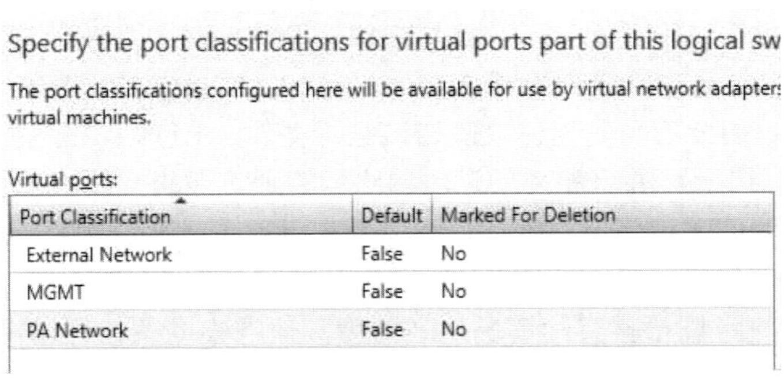

图 4-81　为逻辑交换机添加虚拟网卡端口配置文件

4.6.4　分配逻辑交换机

逻辑交换机分配给 HNV 物理主机后，虚机通过 HNV 逻辑交换机连接 3 个虚机网络，包括外部网络、管理网络和 HNV 网络。在 SCVMM 里打开用于运行 HNV 虚机的物理机属性，添加逻辑交换机，在逻辑交换机栏选择 4.6.3 节里创建的逻辑交换机，将需要组合的网卡添加到物理网卡列表，使用逻辑交换机预定义的组合模式和算法进行网卡组合，如图 4-82 所示。

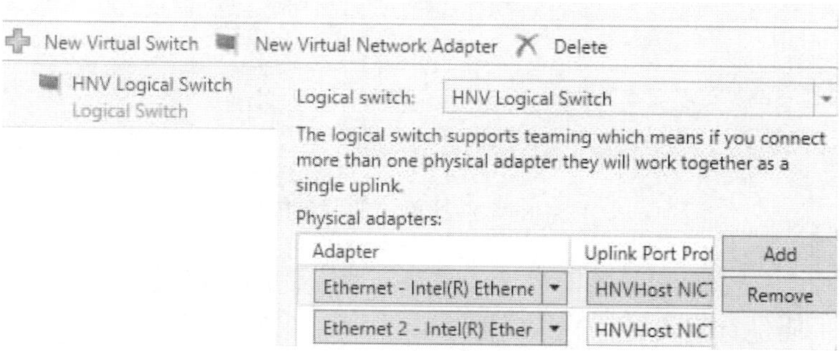

图 4-82　将逻辑交换机分配给 HNV 网关主机

等待 SCVMM 逻辑交换机分配任务完成，登录将运行 HNV 虚机的物理机查看是否已经成功完成网卡组合以及配置好逻辑交换机。

4.6.5　配置 HNV 网关宿主机属性

HNV 网关主机只能运行 HNV 网关虚机，所以要将 HNV 主机（群集）设置为 HNV 网关虚机专有主机。登录到 SCVMM 控制台，打开 HNV 网关主机属性窗口，在主机访问配置中，同时勾选“这台主机适合放置虚机”和“该主机专用于网络虚拟化网关”两个选项，如图 4-83 所示。

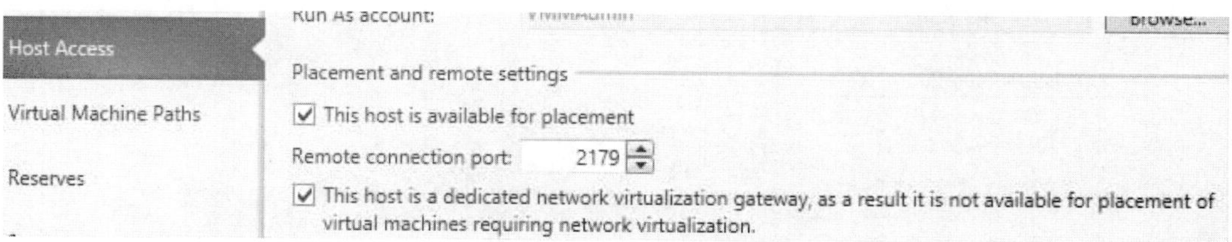

图 4-83　设置 HNV 网关主机属性

4.6.6　部署 HNV 网关虚机

HNV 网关虚机通过 SCVMM 服务模板（服务模板详见 5.1.8.3 节）进行部署，微软提供完整的 HNV 虚机服务模板文件包，能从相关的网站下载到。当然也可以参考 HNV 虚机服务模板文件包自己定义 HNV 网关虚机服务模板。本文讲述的是自定义 HNV 网关虚机服务模板。

作为准备步骤，需要首先在 SCVMM 模板库里新建一个 Windows Server 2012（R2）的虚机模板。然后在 SCVMM 控制台里选择新建服务模板，在新建窗口里选择单一层次样式的服务模板，如图 4-84 所示。

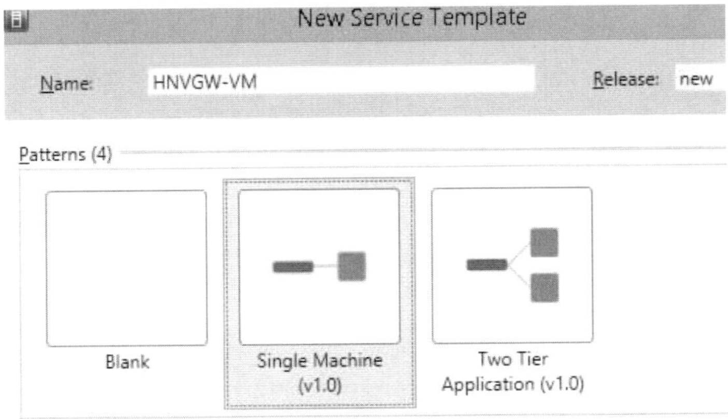

图 4-84　创建单层的服务模板

创建好以后，在打开的服务模板设计窗口，将左侧的虚机模板拖拽到服务模板设计窗口，按照以下说明进行编辑。

在硬件配置项目里配置内存和 CPU，确保虚机连接了 3 块虚机网卡：一块连接到管理虚机网络，使用静态 IP 和 MAC 地址并分配管理网络端口分类；一块连接到外部虚机网络，使用静态 IP 地址和 MAC 地址并分配外部网络端口分类；一块不连接任何虚机网络，这个网络用于连接 HNV 逻辑网络，将在 4.6.7 节里配置网络服务时为这个空缺的接口分配虚机网络，配置如图 4-85 所示。

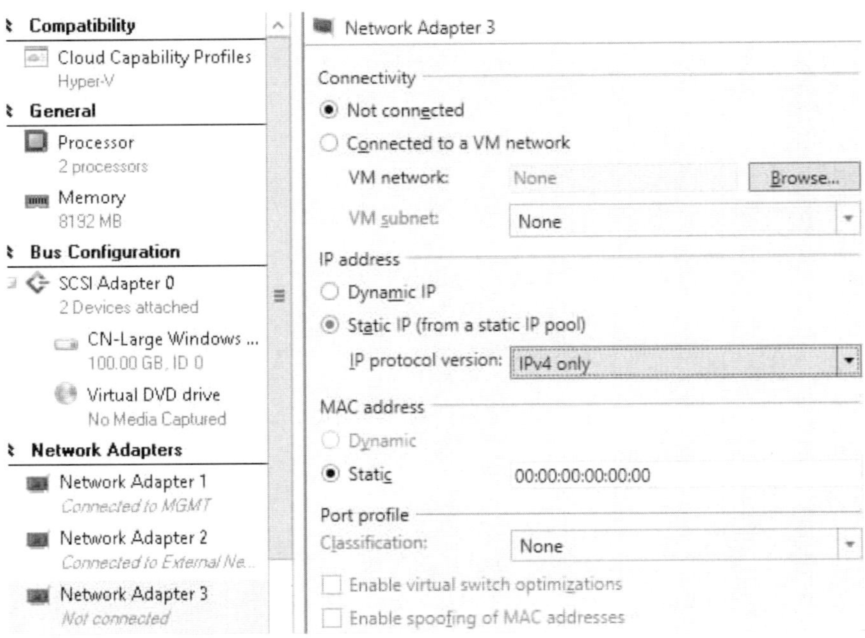

图 4-85　HNV 网关虚机服务模板网卡配置

在操作系统配置项目的角色列表里选择“远程访问”并选择“DirectAccess 和 VPN（RAS）”以及“路由”这两个子角色，如图 4-86 所示。

在操作系统配置项目的功能列表里选择“远程访问管理工具”并选择“远程访问图形和命令行工具”以及“远程访问 Windows PowerShell 模块”这两个子功能，如图 4-87 所示。

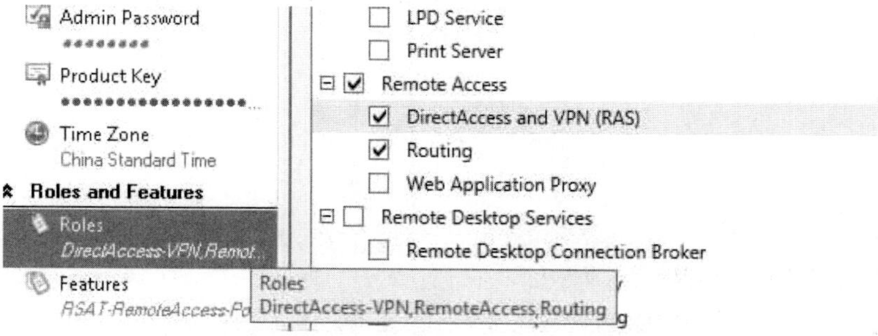

图 4-86　选择要添加的服务器角色

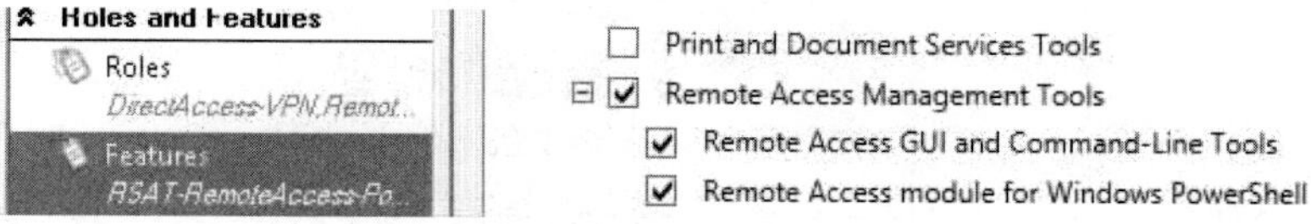

图 4-87　选择要添加的服务器功能

在操作系统配置项目里的常规设置中，给 HNV 网关虚机命名，设置管理员密码，输入系统激活密钥，设置合适的系统时区，如图 4-88 所示。

图 4-88　设置 HNV 网关虚机系统配置

HNV 虚机需要加入到域，指定可以将 HNV 虚机加入到域里的权限的账号和密码，如图 4-89 所示。

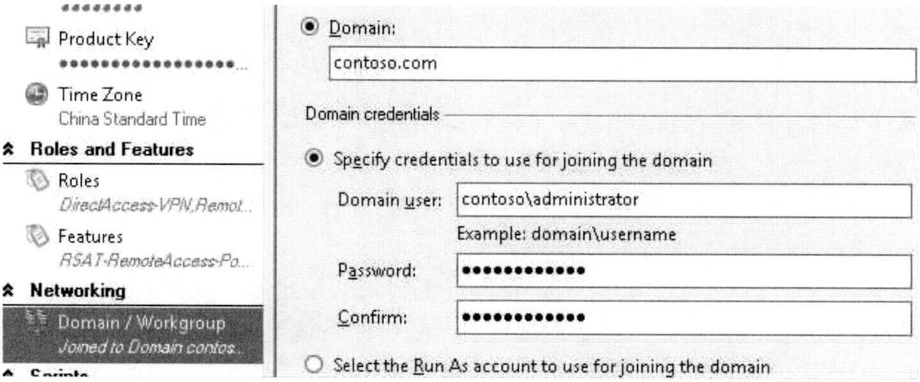

图 4-89　设置加入域信息和有效凭据

到此为止，已经配置好所有项目，关闭 HNV 虚机服务模板属性，查看 HNV 虚机服务模板的整体结构，确保虚机分配了 3 块虚机网卡，其中两块分别连接到管理网络和外部网络，一块网卡没分配任何虚机网络，如图 4-90 所示。如果配置错误，则需要返回到 HNV 服务模板属性窗口进行纠正，确认无误后保存。

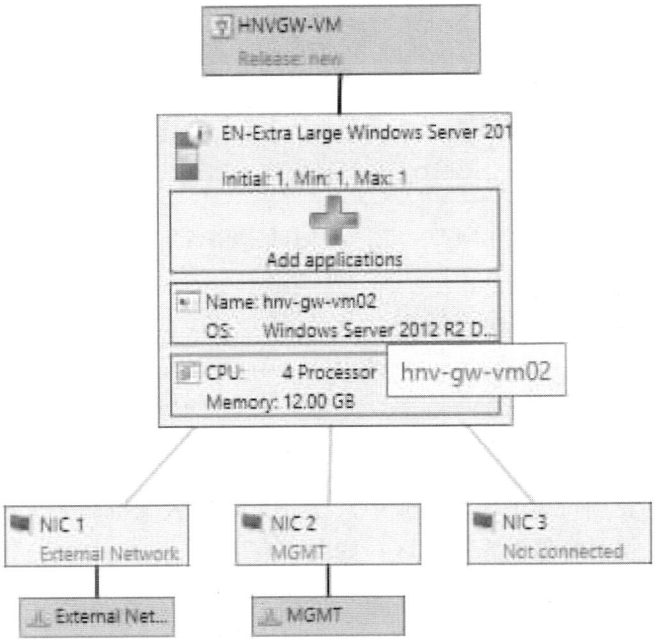

图 4-90 检查 HNV 网关虚机服务模板配置

接着要部署服务模板了，服务模板和虚机模板一样，可以直接部署到物理机（群集），服务模板部署需要先确定合适的 Hyper-V 物理机。在服务模板控制面板里选择保存的 HNV 服务模板，在菜单里点击配置部署，在弹出的小窗口输入部署名称，注意这个部署名称不是 HNV 虚机名称，而是部署 HNV 服务模板部署的服务名称。除了命名服务，还需要选择要放置虚机的目标物理机，如图 4-91 所示。

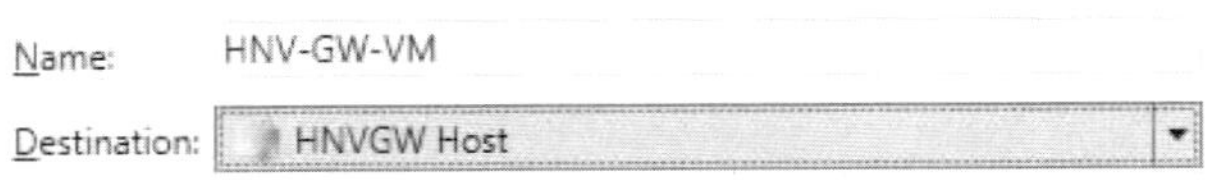

图 4-91 命名服务部署名称和放置的主机组

在服务模板部署配置窗口，如果选择的物理机显示错误，无法放置虚机，通常是没有刷新物理机信息引起，在菜单栏里刷新部署即可。如果警告一直没有解除，那么需要确认物理机不能放置虚机的根本原因。正常情况下，在服务部署界面能看到为虚机正常分配的主机和给定的主机评级，如图 4-92 所示。

开始部署后，可以在 SCVMM 控制台的任务窗口观察进展，如图 4-93 所示。

部署完毕，登录到 HNV 网关虚机，查看系统和网络情况时，可以看到 HNV 网关虚机已经分配了管理网络 IP 地址和外部网络 IP 地址并成功加入到域里。但是还有一块网卡显示为未连接，和预期的设置一样，如图 4-94 所示。

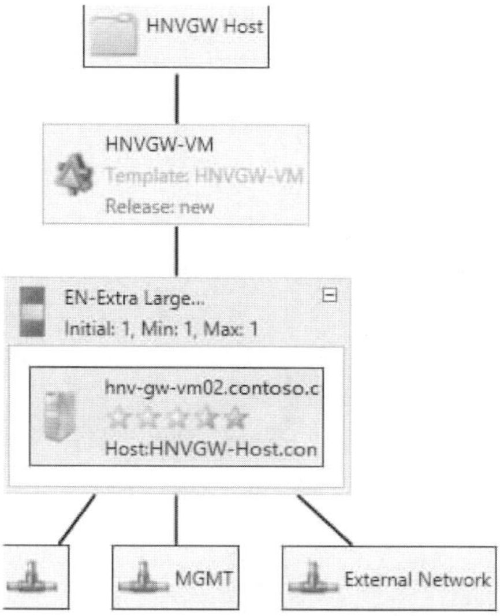

图 4-92　确认可正常部署服务模板

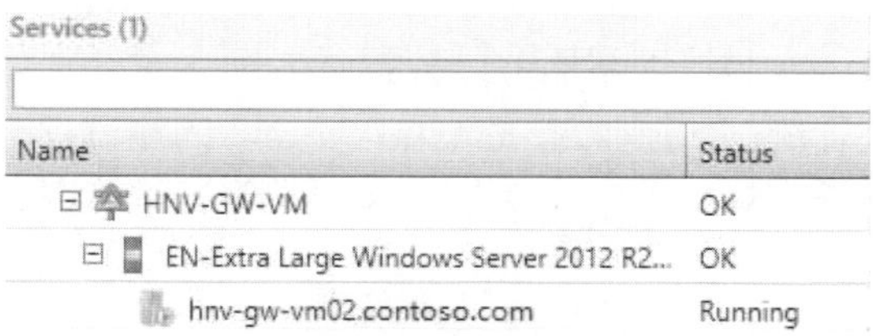

图 4-93　服务模板部署状态

```
Ethernet adapter Ethernet 3:

   Media State . . . . . . . . . . . : Media disconnected
   Connection-specific DNS Suffix  . :

Ethernet adapter Ethernet 2:

   Connection-specific DNS Suffix  . : contoso.com
   Link-local IPv6 Address . . . . . : fe80::d444:34bf:d625:6201%13
   IPv4 Address. . . . . . . . . . . : 10. .11.222
   Subnet Mask . . . . . . . . . . . : 255.255.255.0
   Default Gateway . . . . . . . . . : 10. .11.254

Ethernet adapter Ethernet:

   Connection-specific DNS Suffix  . :
   Link-local IPv6 Address . . . . . : fe80::82d:2234:d4fa:3ea4%12
   IPv4 Address. . . . . . . . . . . : 122.124.23.103
   Subnet Mask . . . . . . . . . . . : 255.255.255.0
   Default Gateway . . . . . . . . . :
```

图 4-94　HNV 虚机系统网络配置

4.6.7　配置网络服务

部署完 HNV 网关虚机后，HNV 网关还不能直接被使用，需要作为一项服务提供出去，所以我们还要在 SCVMM 里创建网络服务，网络服务其实就是 HNV 网关的配置，这个网络服务在配置 NAT 和 VPN 时使用。在 SCVMM 控制台的架构管理区域，新建网络服务并为其命名。在指定网络服务生产商和模型里，生产商选择微软，模型选择 Microsoft Windows Server Gateway，如图 4-95 所示。

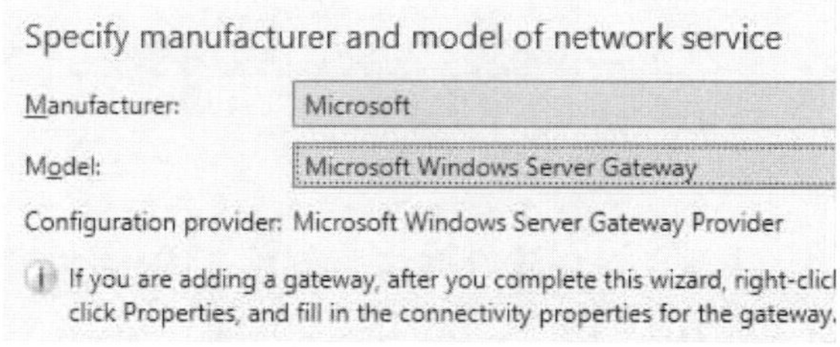

图 4-95　选择网络服务模型

在连接字符串这一步，输入 Vmhost、GatewayVM 和 BackendSwitch 3 个信息，中间用分号隔开，如图 4-96 所示。

```
VMhost=<HNV 主机 FQDN>; GatewayVM=<HNV 虚机 FQDN>;BackendSwitch=
<包含 HNV 逻辑网络的逻辑交换机名称>
```

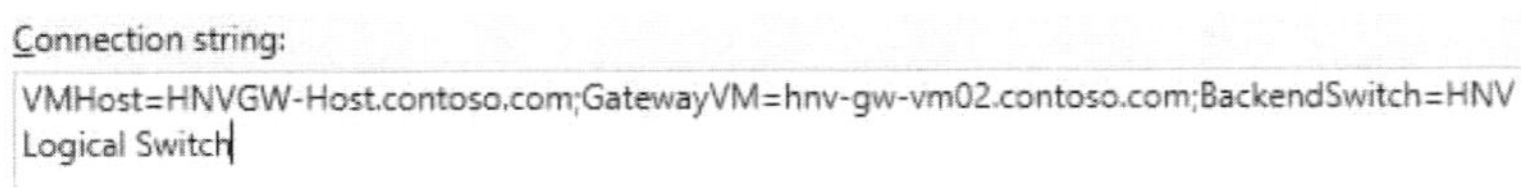

图 4-96　网络服务配置连接字符串

在验证网络服务配置提供者配置时，选择 Microsoft Windows Server Gateway Provider 进行测试。确保测试结果列表显示的测试项为已配置和通过，如果出现失败的结果，需要进行修复，否则无法创建网络服务，结果应如图 4-97 所示。

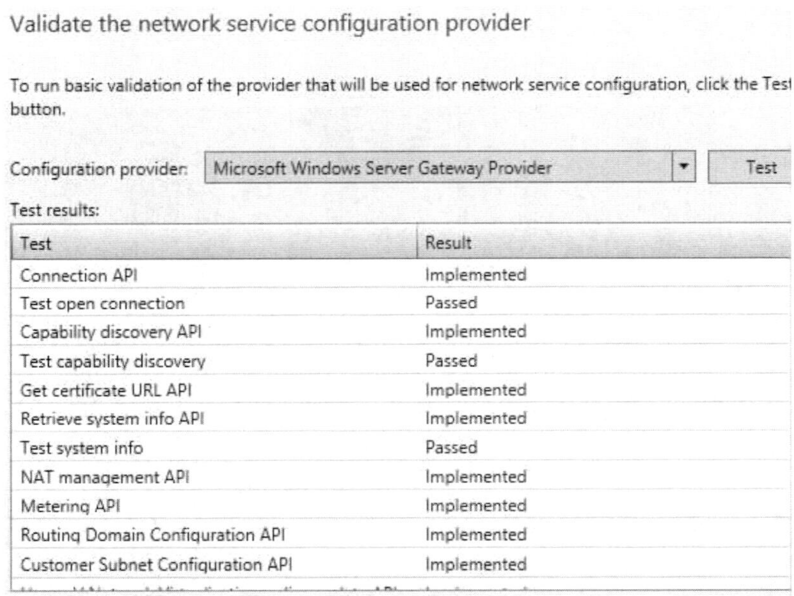

图 4-97　测试网络服务配置

通过测试后，设置网络服务作用范围为 HNV 网关主机组，完成网络服务的创建，如图 4-98 所示。

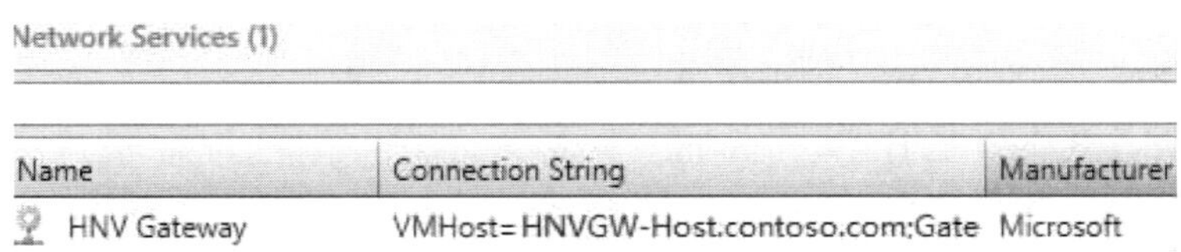

图 4-98　网络服务

注意，在创建好网络服务后，HNV 网关虚机还有一块网卡没有配置，这块网卡将连接到 HNV 网络。从“HNV 虚机—HNV 网关—外部网络”这个逻辑来看，HNV 网络桥接 HNV 虚机和 HNV 网关的网络，因此在整个 HNV 网关的网络服务层次来看，外部网络指的是前端网络，而 HNV 网络指的是后端网络。打开新建的网络服务属性，在“连接”配置窗口，选择启用前端连接并选择 HNV 网关虚机的外部网卡和外部逻辑网络，同时启用后端连接并选择 HNV 网关尚未分配虚机网络的网卡，选择 HNV 逻辑网络。HNV 网关虚机服务模板里的第三个网卡没有分配任何虚机网络，分配后端网络即为 HNV 网关虚机分配 HNV 逻辑网络。点击确定，SCVMM 将配置推送到 HNV 网关虚机，如图 4-99 所示。

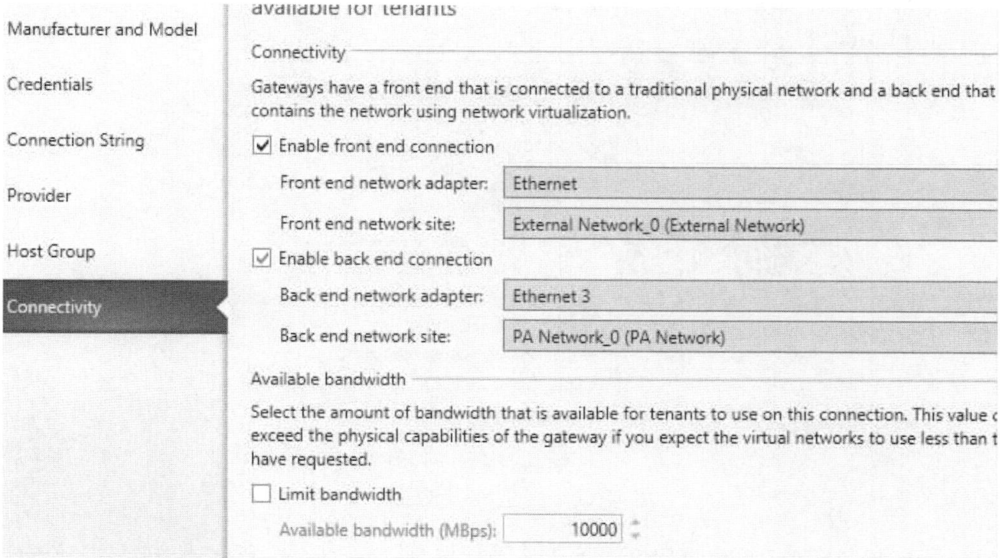

图 4-99　为网络服务设置前后端网络连接

配置完毕，登录到 HNV 网关虚机，输入 ipconfig 命令查看网卡信息。作为后端网络的第三块网卡已经正常连接，这块网卡并未分配 IP 地址，如图 4-100 所示。

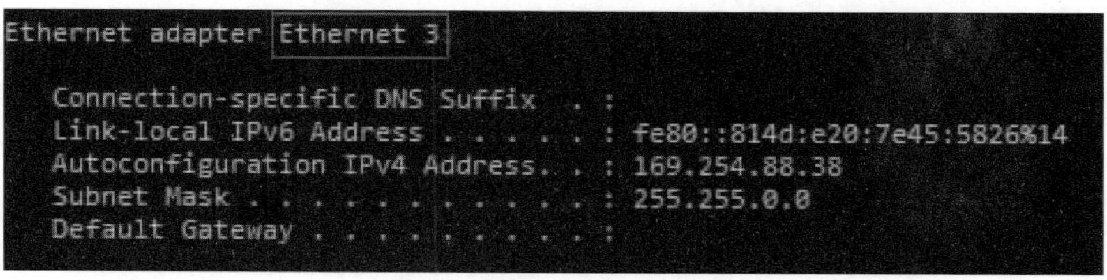

图 4-100　HNV 网关虚机第三块网卡

为 HNV 网关虚机配置完网络服务并设置正确的外部和后端网络以后，在 HNV 网关虚机的路由和远程访问控制台检索到该虚机已经启用了多租户 S2S VPN，如图 4-101 所示。

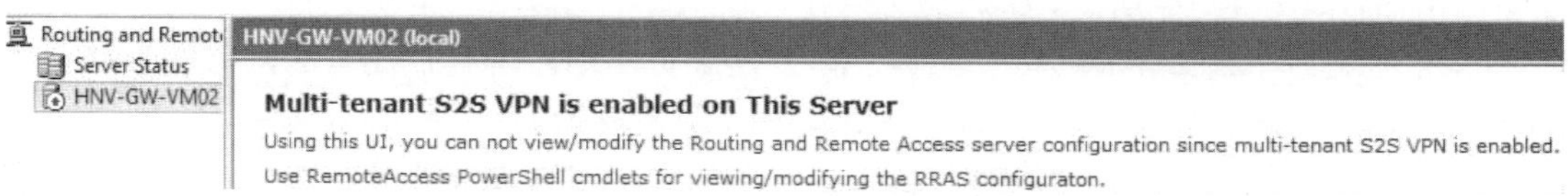

图 4-101　已将虚机配置成多租户 VPN 网关

4.6.8　设置到外部的路由网络

HNV 虚拟网络需要租户自己定义和创建，既可以通过 SCVMM 在 HNV 逻辑网络里创建 HNV 虚机网络，也可以在 Windows Aure Pack 租户门户里创建 HNV 虚机网络。先来看看如何在 SCVMM 里创建，打开 SCVMM 创建虚机网络的向导，在创建虚机网络窗口的连接性配置里，选择“直接连接到外部逻辑网络”并选择 NAT 模式，选择 4.6.7 节里配置的网络服务，如图 4-102 所示。创建虚机时使用这个虚机网络，即可以让虚机通过 NAT 访问 Internet。

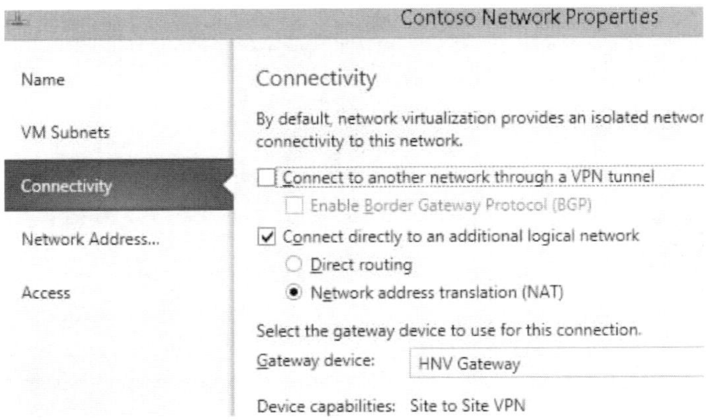

图 4-102　创建 NAT 虚拟网络

在 HNV 虚机网络创建向导的 NAT 设置里，手动从外部网络地址池里选择一个外部 IP 地址，或者接受由 SCVMM 自动分配一个外部网络 IP 地址池里面的 IP 地址，如图 4-103 所示。

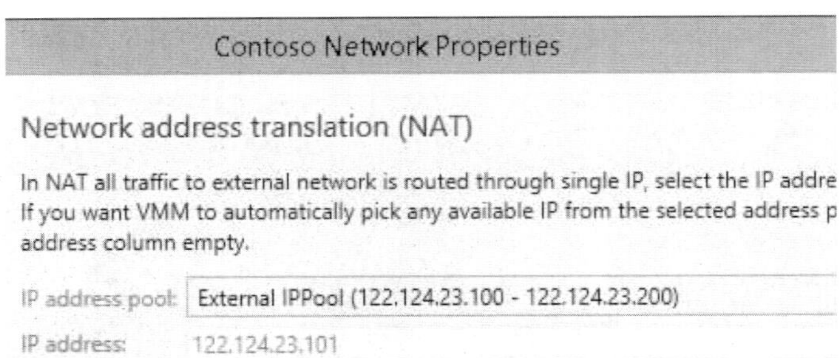

图 4-103　为 NAT 分配 IP 地址

创建 HNV 虚机网络和虚拟子网的任务也可以交给租户自己，但是需要借助微软私有云平台 Azure Pack。作为准备工作，需要先发布 HNV 逻辑网络到 SCVMM 云。发布 HNV 逻辑网络后，如图 4-104 所示，租户便可以在这个 HNV 逻辑网络里新建 HNV 虚机网络了。

租户登录到 Azure Pack 租户门户，在创建虚机网络时选择启用 NAT 方式直接访问 Internet，然后配置虚拟子网和 IP 地址池，如图 4-105 所示。

租户通过自主门户创建虚机时，将从自定义的虚拟网络地址池里获取 CA 地址，创建完虚机后，可以在自助门户上看到虚机网络用于 NAT 的外部地址，如图 4-106 所示。

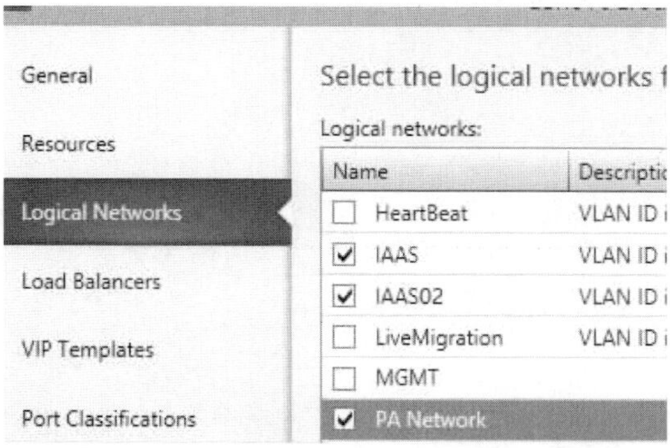

图 4-104　在 SCVMM 云发布 PA 逻辑网络

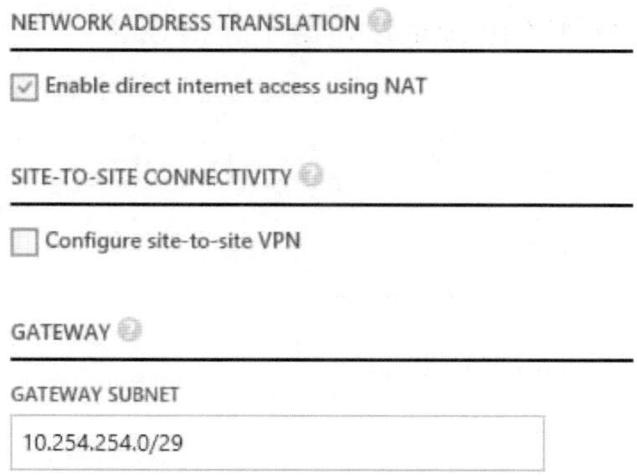

图 4-105　租户自定义带 NAT 功能的虚机网络

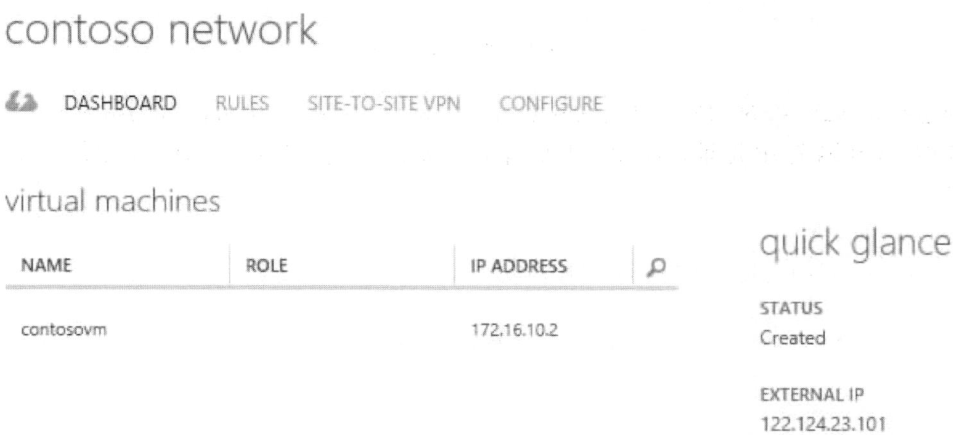

图 4-106　租户虚机 NAT 外部地址

4.6.9　设置 S2S VPN 网络

设置启用 S2S VPN 连接的虚机网络的方法和设置 NAT 虚机网络一样，可以使用两种方法，第一种方法是通过 SCVMM 在 HNV 逻辑网络里创建 HNV 虚机网络，在创建向导的连接性设置里配置；另外一种方法是租户借助微软私有云平台 Azure Pack 自助创建带 S2S VPN 功能的虚机网络。

下面简单介绍租户如何通过自助创建启用 S2S VPN 连接的虚机网络，首先在 Azure Pack 租户门户新建虚机网络，命名并创建虚拟子网和 IP 地址池，如图 4-107 所示。

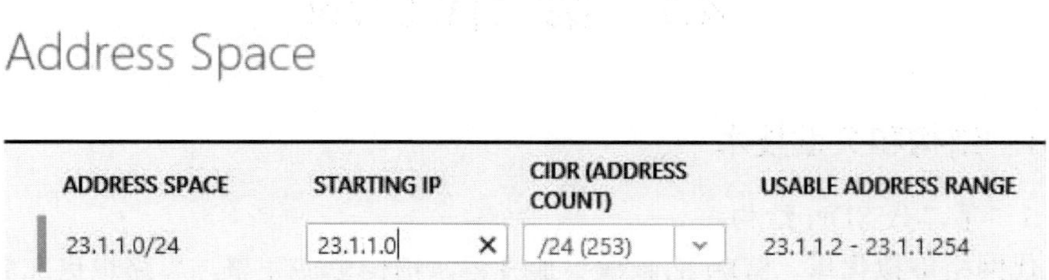

图 4-107　租户自助创建虚拟网络

选择 Site-to-Site VPN，并配置 S2S VPN 相关配置。包括对端网络 VPN 设备的 IP 地址，对端网络 IP 地址以及用于连接 S2S VPN 的共享密钥，如图 4-108 所示。

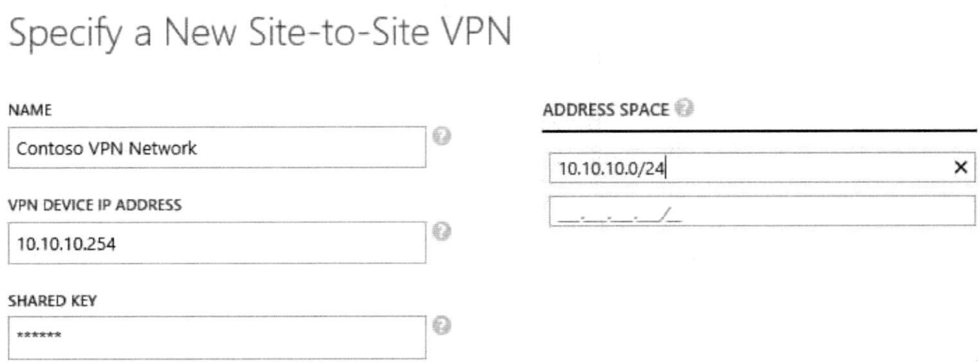

图 4-108　设置 S2S VPN

创建好带 S2S VPN HNV 的虚机网络后，在租户自助门户里可以看到用于从外部接入的 S2S 网 VPN 网关 IP 地址，如图 4-109 所示。这个 IP 地址是从外部逻辑网络里面获取的 IP 地址。

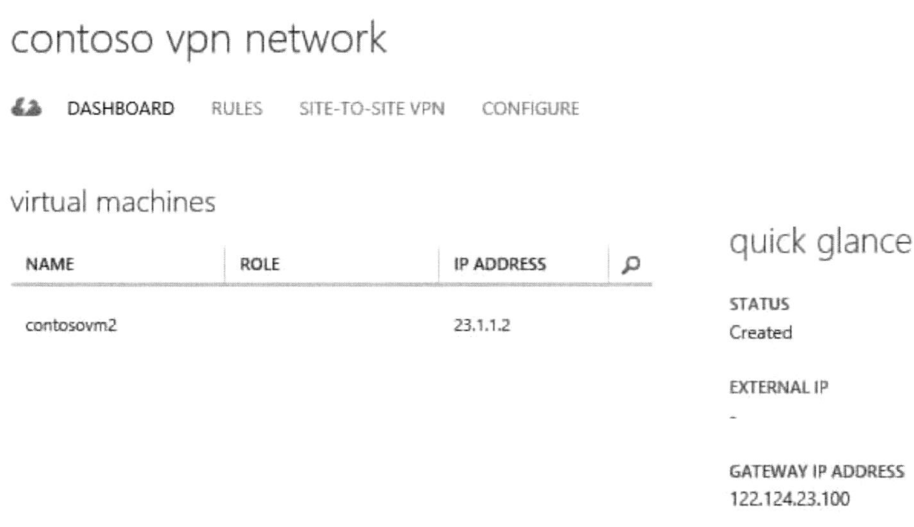

图 4-109　公有数据中心 S2S VPN 对端 IP 地址

4.7　第二代 SDN

4.7.1　结构和关键技术

4.7.1.1　第二代 SDN 结构

第二代网络虚拟化里，SDN 的画像更加完善，结构更加完整，思路也更加清晰。第二代 SDN 的结构包含了较为理想的三层平面，如图 4-110 所示。

- **数据平面**。数据平面层包含我们熟悉的 HNV 虚拟交换机，以及在 Windows Server 2016 所提供的部分 NFV 组件。不可忽略的是，构成 Underlay 网络的硬件网络设备也同样属于数据平面。
- **控制平面**。控制平面由网络控制器（Network Controller）实现，网络控制器是 Windows Server 2016 全新的功能，网络控制器是 Windows Server 2016 SDN 的集中控制面板，同时提供北向接口用于和管理平面交互，南向接口用于和数据平面交互。在网络控制器上履行控制平面的各种职责，包括策略的配置和分发，设备的健康检测等。除此之外，控制平面还能实现对传统网络设备进行管理，实现 SDN 的构想。
- **管理平面**。这个层面或称之为应用层，这一层包含了我们熟悉的最新的 SCVMM 和 Azure Pack/Azure Stack 等管理工具，这一层可使用 SCVMM 或者 PowerShell 等通过北向接口 API 管理网络控制器，SCVMM 除了执行以前创建 HNV 逻辑交换机的职责外，还部署配置网络控制器实例或群集以及部署配置 NFV 虚拟设备。

Windows Server 2016 全新一代的 SDN 更加契合标准 SDN 的框架，除了 SDN 的框架更为丰富之外，Hyper-V 虚拟交换新增了扩展功能，新增了软件负载均衡器功能并且增加了 VXLAN 封装协议实现 Overlay。其中，Hyper-V 虚拟交换机既引入了 Azure Virtual Filtering Platform（简称为 VFP）转发扩展功能，使用和微软公有云 Windows Azure 一致的虚拟交换机的转发功能，又可使用网络控制器提供的编程接口自定义对 Hyper-V 虚拟交换机进行扩展。接下来我们简单介绍一下 VXLAN 技术，软件负载均衡器的介绍详见 4.7.2.4 节。

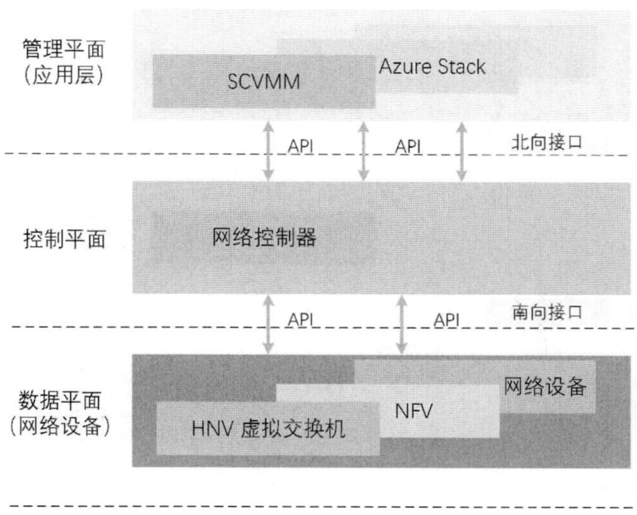

图 4-110　第二代 SDN 结构

4.7.1.2　全新的 Overlay 技术

VXLAN 是 Virtual eXtensible Local Area Network 的缩写，是除 NVGRE 以外的另一种隧道封装协议，相比 NVGRE 具有更为广泛的厂家支持。顾名思义，VXLAN 是可扩展的 VLAN，将二层报文加上 VXLAN Header，封装在 UDP 包中进行传输。UDP 目标 4789 端口用于标识 VXLAN 数据包，UDP 源端口包含内部原始数据帧的哈希信息，由 VTEP 提供，用于 ECMP 或者 LACP 负载共享。VXLAN 头附加在 UDP 报头之后，VXLAN 头包含 8 位标记位、32 位保留字段和 24 位 VXLAN 网络 ID（VXLAN Network ID，缩写为 VNID），因为VNID占有24位，所以VNID多达16777216个，VXLAN隧道进行封装时使用VNI Key分配VSID。随后原始CA二层帧（不带CA以太帧校验序列）附加到VXLAN头，VXLAN协议结构如图4-111所示。

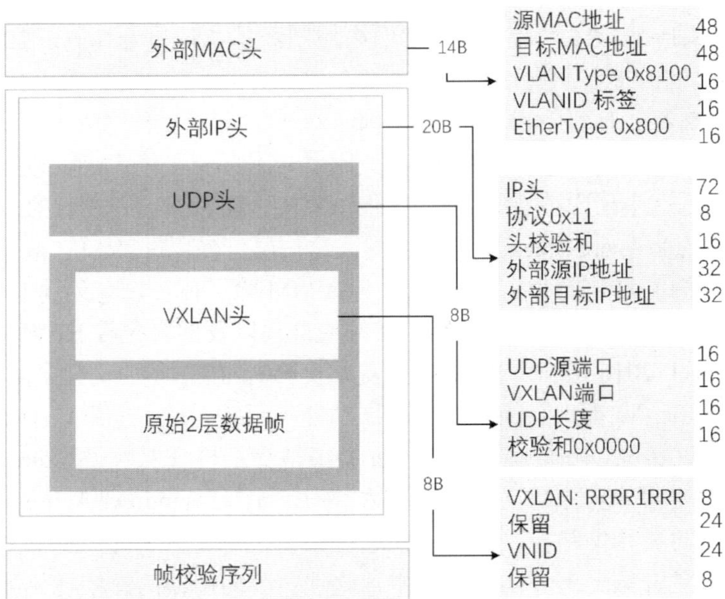

图4-111 VXLAN协议

VXLAN协议包含类似于HNV的封装技术VTEP，VTEP是VXLAN Tunnel End Point的简写，VTEP内置于Hyper-V网络虚拟化逻辑交换机里，起到如下作用。

- 提供UDP源端口信息。
- 在数据包发送和接收过程中，VXLAN使用VTEP进行封装和拆封隧道数据。
- 构建新的数据报头，在外部IP头里的源IP地址或者目标IP地址指的都是VTEP的IP地址。

4.7.1.3　新的控制平面——网络控制器

第二代SDN构建在第一代HNV基础之上，对HNV做了很大的改进和更新。网络控制器的结构和工作流程如图4-112所示，网络控制器位于整个SDN结构的中间，通过南北向接口和控制平面层的应用以及数据平面层进行交互，我们可以使用PowerShell或者SCVMM以及其他应用层程序部署网络控制器，并且通过南向接口为网络控制器配置策略，网络控制器使用OVSDB（Open vSwitch Database的缩写）管理协议通过南向接口推送HNV策略、防火墙策略、BGP策略等给主机代理，主机代理使用自定义VTEP架构存储策略。借助网络控制器，我们还可以在Hyper-V虚拟交换机上的性能引擎上编写复杂的网络规则，顺便提一句，Hyper-V交换机的数据流引擎以及网络控制器的堆栈和Microsoft Azure一样，Hyper-V虚拟交换机依靠内置于微软数据流引擎的匹配操作技术支持无状态和带状态数据流规则。网络控制器的北向API可以提供集中控制台用于收集网络信息、监控和配置网络，提供配置、监控和排错能力，SCVMM、PowerShell和REST API使用网络控制器北向接口部署和配置HNV环境所需的虚机或者其他的虚拟网络设备。

SDN 的宗旨之一是解开控制平面和数据平面的耦合，并通过统一的管理接口对不同厂家的网络设备进行集中管理。而微软第二代 SDN 发展方向也包含了物理网络的管理，比如微软几年前已经开始着手研究使用 PowerShell 管理网络设备，并于 2012 年创建了开放式管理基础结构（Open Management Infrastructure，简称为 OMI），OMI 致力于管理协议的开放，使得管理工具可通过标准、开放的协议集中管理基础架构设备，基础架构设备当然也包括了网络交换机等。

网络控制器可以借助 OMI 实现传统物理网络设备的管理，虽然微软是 ONF 联合发起者之一，ONF 定义的南向接口标准是 OpenFlow 协议，但是微软并没有使用 OpenFlow 协议，取而代之的却是 OMI，在 OMI 的框架体系下使用 DAL（Datacenter Abstraction Layer）和 PowerShell 实现。

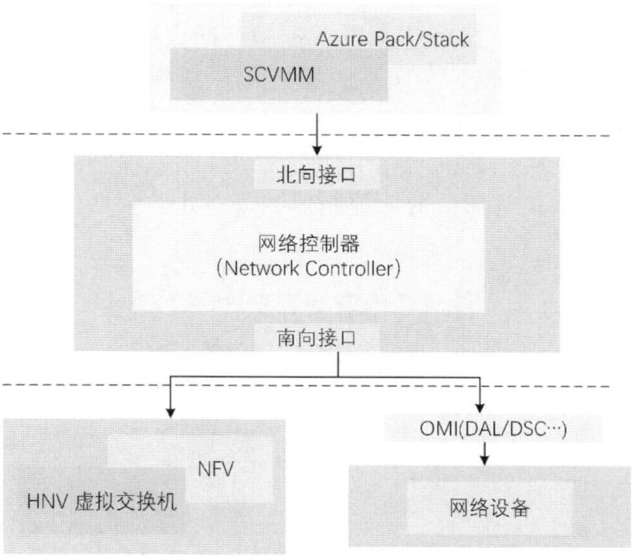

图 4-112　网络控制器结构和工作流程

网络控制器可以部署在工作组或者域成员服务器上：如果使用域环境，用户和网络设备使用 Kerveros 协议验证；如果部署在工作组环境中，用户和网络设备使用证书验证。网络控制器的部署详见 4.7.3.1 节。

4.7.2　网络功能虚拟化

在数据平面，Windows Server 2016 除了新增了 VXLAN Overlay 技术，还提供 NFV 技术，NFV 指的是通过诸如 x86 服务器等通用性硬件和软件技术解耦的过程将各种网络设备虚拟化。比如相对于专用的硬件防火墙、路由器和负载均衡器等，NFV 能够提供软件防火墙、路由器和软件负载均衡器。和网络虚拟化不同的是，NFV 功能实现仍然采用传统的网络协议，通常 NFV 和网络虚拟化功能紧密结合完成实现较为完整的 SDN 体系。Windows Server 2016 在网络方面的一大看点就是实现了数据中心防火墙、虚拟化网关和软件负载均衡器这 3 大 NFV 模块，下面我们就 Windows Server 2016 的 3 个常用 NFV 模块进行简单的介绍。

4.7.2.1　数据中心防火墙

防火墙在企业数据中心中承担信息安全防护的作用，早期的 Windows Server 自身具备有高级防火墙功能，保护着 Windows Server 自身的信息安全。而在数据中心演变过程中，Windows Server 开始延伸保护边界，从针对单台的服务器的保护延伸到针对数据中心的保护。在 Windows Server 2016 里新增加了数据中心防火墙，Windows Server 2016 数据中心防火墙工作在网络层，是一种 5 元组（协议、源和目标端口，源和目标 IP 地址）的防火墙，可支持多租户。利用 Windows Server 构建公有或者托管数据中心时，服务提供商使用 Windows Server 一站式提供虚机服务、虚拟网络服务的同时还可以提供防火墙服务。数据中心防火墙开放给租户管理员自助配置防火墙策略保护自己虚机的网络安全，防火墙策略是全方位的，既可以针对来自外部的流量也可以针对内部的流量。

不管公有数据中心管理员还是租户管理员都可以通过网络控制器和北向 API 管理防火墙策略。Windows Server 2016 提供的数据中心防火墙具备 NFV 的易管理、可扩展等普遍特征。在 Windows Server 2016 的网络虚拟化结构中启用数据中心防火墙策略，这些策略始终映射虚拟网络，意味着租户虚拟网络里，连接应用了防火墙规则的虚拟网络的虚机无论怎么迁移，租户虚机始终受到防火墙策略的保护。因为防火墙策略是分布式的，租户配置的防火墙策略都由网络控制器的分布式防火墙管理器统一集中管理，如图 4-113 所示。

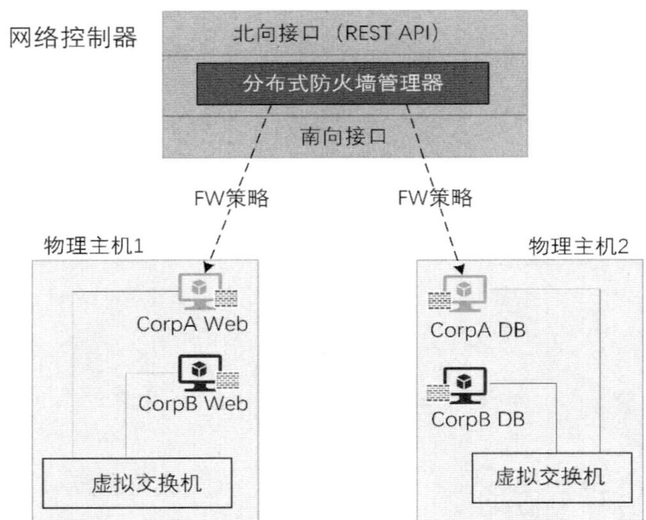

图 4-113　数据中心防火墙

4.7.2.2　网络虚拟化网关

在 Windows Server 2012（R2）时代，Windows Server 内置的 RRAS 可以作为物理网络和虚机网络之间的路由网关，4.4 节（第一代 SDN）介绍过如何使用 SCVMM 部署 RRAS 网关（也即 HNV 网关）作为租户路由和 VPN 网关。在 Windows Server 2016 里，RRAS 已经更名为 RAS。Windows Server 2016 RAS 网关提供多租户和 BGP 能力，池化的网关部署方式为 RAS 网关提供高可用，而且池化的 HNV 网关虚机可以同时启用以下功能。

- **S2S VPN**。RAS 网关允许租户使用 S2S VPN 将自己数据中心和托管在公有数据中心的网络连通。公有数据中心运行着多个租户的网络和虚机，RAS 网关可以提供多租户网关能力，让多个租户都能通过 S2S VPN 连接到公有数据中心网络。Windows Server 2016 RAS 网关支持 3 类 S2S VPN 连接：IKEv2 S2S VPN、L3 VPN 和 GRE 隧道。
- **P2S VPN**。RAS 网关支持点到站点 VPN，和 S2S VPN 不一样的地方是，PS2 仅仅为管理员提供访问和管理托管在公有数据中心网络的能力。
- **GRE 隧道**。租户虚拟网络可以通过 GRE 隧道连接到外部的网络，也就是我们熟知的 NAT。因为 GRE 协议是轻量级协议，大部分的网络设备都支持 GRE 协议，但是需要注意的是 GRE 隧道不支持数据加密。GRE 支持 S2S 隧道和多网关的能力解决了 Overlay 网络外部转发的问题。
- **动态路由 BGP**。BGP 具备动态路由特征以减少手动配置路由的工作，并且可以自动学习站点间的路由，通过 S2S VPN 连接的网络之间尤其需要自动路由学习。如果有多个站点互相连接，而连接这些站点的路由器又支持 BGP 的话，在发生网络故障时 BGP 可实现路由器自动计算和使用相互之间的有效路由重新分配路由信息。
- **BGP 路由反射器**。Windows Server 2016 RAS 网关包含了 BGP 路由反射器，BGP 路由反射器替代了 BGP 全网状连接的方式来同步路由器之间的路由。由路由反射器连接的路由器称之为 BGP 客户端，BGP 路由反射器作为路由同步桥头堡服务器，只需将路由反射器和 BGP 客户端连接即可，这种 BGP 路由反射器加 BGP 客户端的连接形式减少了路由同步结构的复杂程度并减少路由同步带来的网络流量。路由反射器学习所有路由，计算最佳路由路径并分发最佳路由信息给 BGP 客户端。

BGP 路由反射器位于网络的控制平面，用于解决复杂的租户 RAS 网关场景的难题，诸如为了达到性能需要单租户具备多个 RAS 网关的时候引发的路由管理和路由同步等难题。网络控制器使用 BGP 路由反射器让租户对公有数据中心网络结构透明化，BGP 路由反射器仅仅是位于 RAS 网关和网络控制器之间的控制平面逻辑组件，不会参与到数据平面路由。在添加新租户时，网络控制器自动配置第一个租户 RAS 网关作为路由反射器。每个租户都有相关的路由反射器，由租户所关联的其中某个 RAS 网关虚机所扮演。租户的路由反射器作为这个租户关联的所有 RAS 网关虚机的路由反射器，其他的租户网关将扮演路由反射器客户端角色。

路由反射器向网络控制器提供租户数据中心端的相关路由的更新信息，网络控制器依此在租户虚拟网络上配置和调整所需的网络虚拟化策略。如果租户在 CA 地址空间使用 BGP 路由，RAS 网关路由反射器就成了这个租户自家数据中心站点的唯一外部 BGP 邻居。不管公有数据中心里哪一个 RAS 网关作为租户自家数据中心站点 S2S VPN 隧道的终点，所有租户自家数据中心站点的外部 BGP 对端就是路由反射器。

4.7.2.3 网络虚拟化网关部署结构

在 Windows Server 2016 里可以部署多个不同类型的 RAS 网关池，RAS 网关池又可以包含多个 RAS 网关实例。我们可以简单地添加或删除 RAS 网关虚机来扩展或者缩小 RAS 网关池，删除或者增加 RAS 网关并不会影响 RAS 网关池的服务，同样，我们还可以在 RAS 网关池里设置活动和备用 RAS 网关节点。

以图 4-114 所示的结构为例，CorpA 和 CorpB 这两个租户之间的 S2S VPN 连接的外部 BGP 对端分别为 CorpA 和 CorpB 以及他们共同托管的公有数据中心。

在这个示例中，CorpA 公司站点 1 的 VPN 隧道终结在公有数据中心的网关 GW2，因为 CorpA 需要更多的网关带宽，而 CorpB 需要相对较低的带宽，所以网关池为 CorpA 的站点 2 分配了新的网关（GW3），CorpA 站点 2 和 CorpB 站点共享 GW3 网关，同属于一个公司的不同的站点 VPN 隧道在不同的网关服务器终结来保证充分的网络带宽。当公有数据中心添加租户到基础架构后，不管是 GW2 还是 GW3，因为它们都是网络控制器配置的第一个 RAS 网关，所以这两个网关也同时被配置为两个租户的路由反射器。GW2 是 CorpA 的路由反射器，GW3 是 CorpB 的路由反射器。GW2 作为路由反射器发送 CorpA 的 CA 子网路由到网络控制器，同样，GW3 发送 CorpB 的 CA 子网路由到网络控制器。网络控制器负责推送 HNV 策略到 CorpA 和 CorpB 虚拟子网，并推送 RAS 策略到 RAS 网关以及推送负载均衡策略给软件负载均衡设备池。

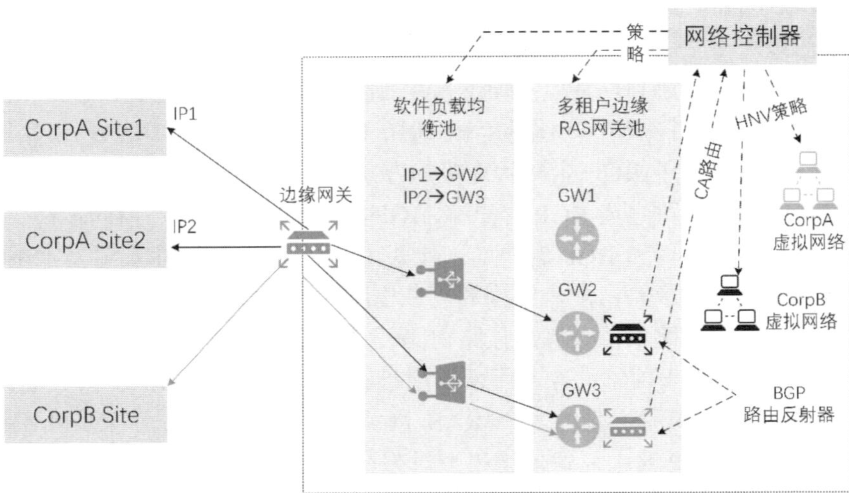

图 4-114　HNV 网关部署结构

接下来我们分析如何为新租户及其 CA 空间配置外部 BGP 对端。公有数据中心基础架构搭建完毕后就可以为租户提供网络和计算服务了，可按照如下步骤添加租户，其中大部分的任务由网络控制器和 RAS 网关外部 BGP 路由自动执行。

（1）为租户创建新的虚拟子网和虚机，虚机从该虚拟子网 IP 地址池获取地址。

（2）如果需要，配置租户自家数据中心和他们租用在公有数据中心虚拟子网之间的 S2S VPN 连接。在为租户配置 S2S VPN 时，网络控制器自动从 RAS 网关池里选择可用的 RAS 网关虚机并执行连接配置。

（3）在为新租户配置 RAS 网关的同时，网络控制器将 RAS 网关配置成 BGP 路由器并指派这个 BGP 路由器为新租户虚拟网络的路由反射器。这个 RAS 网关可以和其他租户共享，意味着之前这个 RAS 网关有可能已经分配给原有租户作网关或者路由反射器了。

（4）根据 CA 空间路由配置成静态路由还是动态 BGP 路由，网络控制器相应地在 RAS 网关和路由反射器上为租户网络配置静态路由，BGP 邻居或者同时配置两者。

（5）配置好租户自家数据中心和公有数据中心 S2S VPN 隧道后，隧道的静态路由自动提供给隧道的租户自家数据中心和公有数据中心两端。有了 CA 空间 BGP 路由后，在租户自家站点和公有数据中心之间的外部 BGP 对端的路由反射器也立即建立起来。

待租户站点自己和公有数据中心 RAS 网关路由反射器之间的外部 BGP 对端建立完毕后，路由反射器开始使用动态 BGP 路由学习租户站点所有的路由。路由反射器把这些路由同步给路由反射器客户端，以保证所有的路由器的路由信息完全一致。路由反射器使用路由同步机制将统一的路由信息更新给网络控制器。网络控制器接着将这些路由信息转译给 HNV 策略，同时配置基础架构网络以提供正确的端到端数据路由，配置好数据平面路由后，租户才能从自己站点网络访问托管于共有数据中心的虚拟网络。在所有参与路由的 RAS 网关虚机都具有所需的路由信息后，在数据平面路由层面，到达 RAS 网关虚机的数据包直接路由到租户的虚拟网络。同样，HNV 网络策略就绪后，租户虚拟网络数据包无需知道路由反射器而直接路由到 RAS 网关虚机并通过 S2S VPN 隧道路由到租户自家的站点，从租户虚拟子网返回到租户自家站点的网络流量会绕过软件负载均衡，使用直接服务器返回（Direct Server Return，简称为 DSR）流程。

4.7.2.4　软件负载均衡器

软件负载均衡器（Software Load Balancer，简称为 SLB）作为 Windows Server 2016 全新的功能，进一步补充了网络功能虚拟化，Windows Server 2016 软件负载均衡和 HNV 无缝集成。SLB 采用虚拟交换机数据平面的高效率数据流引擎，由网络控制器进行虚拟 IP（VIP）和动态 IP（DIP）映射的管理。SLB 依靠快速创建和删除虚机以及负载均衡终结点的能力以及使用现在逐渐普及的万兆网络达到伸缩特性。

SLB 主要负责映射 VIP 和 DIP，VIP 是单一 IP 地址，提供从外部公网访问后端一组配置成负载平衡的虚机池。在公有云环境中，VIP 通常暴露在公网，租户和租户的客户都可以通过 VIP 地址访问到租户运行在公有云环境中的资源。DIP 是位于 VIP 之后的负载均衡器成员虚机的 IP 地址。

VIP 位于 SLB 多工器（SLB Multiplexer，简称为 SLB MUX）中，MUX 包含了一台或多台虚机，网络控制器为每个 MUX 提供一个 VIP，每个 VIP 轮流使用 BGP 广播每个 VIP 给物理网络的路由器，BGP 允许物理网络路由器完成如下工作。

- 学习到 VIP 存在于每个 MUX 里，虽然 MUX 可能位于三层网络的不同子网。
- 使用等价多路径路由（Equal Cost Multi-Path，简称为 ECMP））均衡 VIP 流量到所有 MUX 设备。
- 自动检测 MUX 故障，移除或者停止发送流量到发生了故障的 MUX。
- 将负载从发生故障的 MUX 转移到运行状态正常的 MUX 设备。

当有来自 Internet 的访问请求时，SLB MUX 检查请求所包含的目标 IP 地址——VIP 后，找到映射关系并将请求重写以保证数据可以准确发送到 DIP。对于入站流量，需要两个步骤来完成数据交易，这两个步骤在 MUX 虚机和拥有 DIP 虚机的 Hyper-V 主机之间完成。

- **负载均衡**。MUX 使用 VIP 映射表选择 DIP 并封装数据包，然后将数据转发给运行拥有目标 DIP 虚机的 Hyper-V 主机。
- **NAT**。Hyper-V 主机解除数据封装，将 VIP 翻译成 DIP，重新映射端口后将数据转发给拥有目标 DIP 的虚机。

由网络控制器定义的负载均衡策略规则包含了协议、前端端口、后端端口以及分发算法，有了多元组算法，MUX 可以清楚地知道如何映射 VIP 给正确的 DIP。

租户虚机收到请求后，响应并发送出站网络流量到公网或者租户自家站点，因为 NAT 任务在 Hyper-V 主机上完成，Hyper-V 允许出站的数据绕过 MUX 直接从 Hyper-V 主机发送到边缘路由器，这种绕过 MUX 的机制我们称之为直接服务器返回。而且一旦初始化网络数据流建立起来，后续入站数据都会绕过 SLB MUX。

为了进一步说明 SLB MUX 在公有数据中心中的工作流程，我们假设租户将其网站虚机运行在启用 HNV 并同时部署了 SLB MUX 和 RAS 网关的公有数据中心里。租户自家或其客户从外部访问这个网站资源时的流程简要说明如下，如图 4-115 所示。

（1）用户解析到网站对应的 IP 地址（VIP）是 103.234.120.111，HTTP（S）请求发送到这个 VIP 地址。

（2）在 HTTP（S）请求到达公有数据中心边界后，公有数据中心有多个路径到达驻留在 MUX 里的 VIP，每个路由器都使用 ECMP 选择路径逐步到达 MUX。

（3）收到 HTTP（S）请求的 MUX 检查配置的策略发现 VIP 映射了多个 DIP 地址，比如 192.168.188.20 和 192.168.188.21 ，这两个负载均衡地址同时处理发送给 VIP 的请求。

（4）MUX 选择其中一个 DIP（比如 192.168.188.20）并使用 VXLAN 或者 NVGRE 封装数据包，再将封装好的数据包通过物理网络地址发送到运行拥有目标 DIP 虚机的物理主机。

（5）目标主机接收到封装好的数据包以后解除数据包封装并重写数据包，重写后的数据包的目标地址不再是 VIP 地址，而是 DIP 地址，这里的 DIP 地址是 192.168.188.20。于是数据包将发送到系统 IP 地址为 192.168.188.20 的虚机。

（6）HTTP（S）请求达到目标虚机后，虚机发送响应给请求客户端，使用虚机的 IP 地址作为源地址。虚拟交换机保存了 HTTP（S）请求客户端的 IP 地址记录，物理主机在虚拟交换机中断出站数据包，将 HTTP（S）请求响应数据包的源地址从 DIP 重写为 VIP，因此，在整个请求处理过程中，HTTP（S）请求客户端无法看到 DIP。

（7）主机直接将数据包转发给物理网络的默认网关，在物理网络链路上将数据包发送给 HTTP（S）请求客户端。

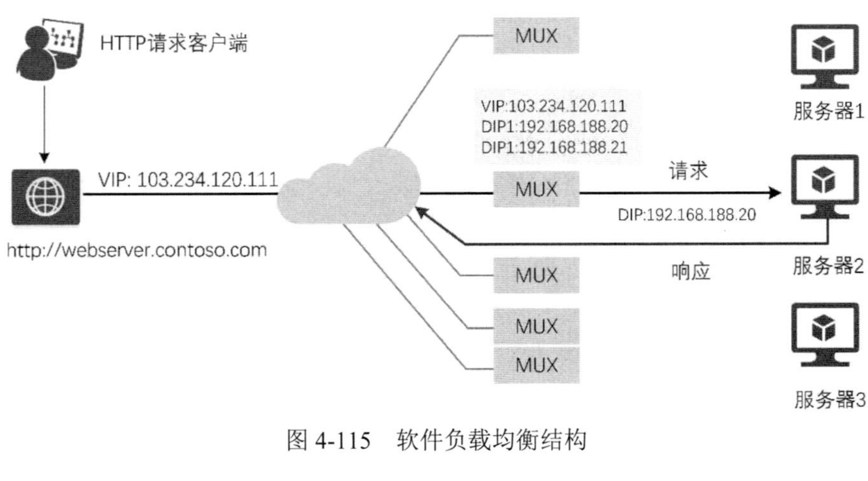

图 4-115　软件负载均衡结构

数据中心内部租户的虚机也存在负载均衡的需要，比如使用同一个虚拟网络但是运行在不同物理主机上的租户虚机之间，虚机所连接的 Hyper-V 虚拟交换机执行 NAT 的时候。在内部负载均衡结构里，第一个发送的请求发送给 MUX 处理，MUX 为请求选择合适的 DIP 并路由到选择的 DIP。首次选择好路由路径后，后续的数据将不再经过 MUX 而是直接从源虚机发送到目标虚机。

4.7.2.5　软件负载均衡器结构

要部署 Windows Server SLB，必须先部署 Network Controller 和一个或多个 SLB MUX 虚机，如图 4-116 所示。此外，必须为 Hyper-V 主机配置 HNV 虚拟交换机并确保 SLB 主机代理处于运行状态。Hyper-V 主机连接的路由器必须支持 ECMP 和 BGP，且要设置为接收来自 SLB MUX 的 BGP 对端请求。部署、配置和维护 SLB MUX 需要以下组件共同完成，我们逐一简单介绍。

- **SCVMM**。SCVMM 2016 作为管理平面，责任之一是配置网络控制器，网络控制器包含了 SLB 管理器和健康监视器；责任之二是部署 SLB MUX 和在物理机上安装 SLB 主机代理。

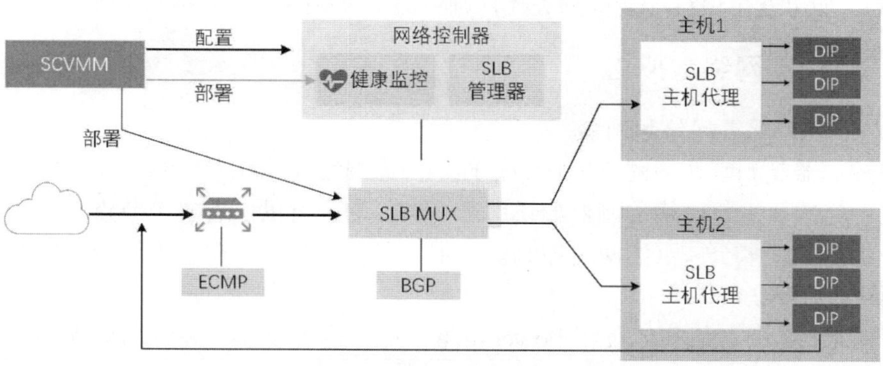

图 4-116　软件负载均衡逻辑结构

- **网络控制器**。网络控制器作为控制平面，包含了 SLB 管理器，执行如下操作。
  - 处理来自北向 API 的 SLB 命令，比如来自 SCVMM、PowerShell 或者其他网络管理程序的命令。
  - 计算分发给 Hyper-V 主机和 SLB 的策略。
  - 提供 SLB 基础架构健康状态信息。
- **SLB MUX**。SLB MUX 处理入站网络流量并映射 VIP 和 DIP，然后将数据包转发到正确的 DIP。每个 MUX 还使用 BGP 发布 VIP 路由到边缘路由器。如果有 MUX 虚机发生故障，BGP 使用保持存活（Keep Alive）机制通知其他健康的 MUX 虚机，健康的 MUX 虚机重新分发负载。
- **Hyper-V 主机**。Hyper-V 主机作为转发平面的主机，用于运行 SLB、基础架构和租户的虚机，对于租户的虚机来说，要使用 SLB 功能并不要求操作系统版本，只要受 Hyper-V 的支持即可，虚机操作系统既可以是 Windows，也可以是 Linux。
- **SLB 主机代理**。可以使用 SCVMM、Windows PowerShell 或其他管理程序为 Hyper-V 主机部署 SLB 主机代理，SLB 主机代理支持任何 Windows Server 2016 版本，甚至

包括 Nano Server。SLB 主机代理侦听来自网络控制器的 SLB 策略更新，此外，SLB 主机代理还可以提供自定义 SLB 规则编程接口，用于在 HNV 虚拟交换机上扩展 SLB 规则。

- **启用 HNV 的虚拟交换机**。要让虚拟交换机和 SLB 兼容，比如使用 Hyper-V 虚拟交换机管理器或者 Windows PowerShell 命令创建虚拟交换机，虚拟交换机必须启用虚拟过滤平台（Virtual Filtering Platform，简称为 VFP）。启用 HNV 的 Hyper-V 虚拟交换机为 SLB 执行如下操作。
    - ◆ 为 SLB 处理数据路径。
    - ◆ 接收来自 MUX 虚机的入站网络流量。
    - ◆ 让出站流量绕过 MUX，通过 DSR 直接将数据发送给路由器。
- **启用 BGP 的路由器**。对于 SLB 来说，BGP 路由器可以起到如下作用。
    - ◆ 使用 ECMP 路由入站流量到 MUX。
    - ◆ 使用 Hyper-V 主机提供的路由转发出站网络流量。
    - ◆ 从 SLB MUX 侦听 VIP 的路由更新。
    - ◆ 如果发生保持存活信息失败，则将该故障 SLB MUX 移除 SLB 轮询。

4.7.3 配置网络虚拟化

4.7.3.1 部署配置网络控制器

网络控制器起到南北向网络堆栈的管理，因此网络虚拟化对网络控制器的可用性和可靠性也有一定的要求，网络控制器如果用于测试目的，可以部署单个节点，但是在生产环境里，一定要部署多个节点的网络控制器。本文我们以单节点部署为示例简单介绍如何部署配置网络控制器。

部署网络控制器，既可以使用 PowerShell 命令，也可以使用 SCVMM 服务模板，这里我们介绍使用 SCVMM 模板部署，使用服务模板部署网络控制器的步骤和在 4.6 节里介绍的部署 HNV 网关大致相同。在创建网络控制器之前，需要先做好如下准备。

- SCVMM 2016 服务器和 Windows Sever 2016 虚机模板。
- 创建一个新的 AD 账号，或使用已有 AD 账号，在 SCVMM 控制台将该账号添加为运行方式账号。
- 创建一个新的 AD 本地安全组，比如 contoso\ncclient，这个组将指定为网络控制器客户端组，用于 SCVMM 和其他管理接口对接网络控制器，将第一个账号添加到该组。
- 创建第二个新的 AD 账号，或使用已有 AD 账号，在 SCVMM 将该账号添加为运行方式账号。
- 创建第二个 AD 本地安全组，比如 contoso\ncadmins，这个组将指定为管理网络控制器管理组，组里的账号用于 SCVMM 配置网络控制器，将第二个账号添加到该组。
- 在 SCVMM 里创建一个名为“.\Administrator”的本地管理员运行方式账号，标识清楚这个账号的显示名称，并设置该账号的密码。

网络控制器配置部署步骤简单说明如下。

（1）**获取服务模板配置文件**。首先需要从 Github 网站（https://github.com/Microso ft/SDN）下载服务模板配置文件。然后再创建管理逻辑网络以及 IP 地址池。

（2）**配置管理证书**。这个证书主要用于 SCVMM 和网络控制器建立 HTTPS 的安全连接，证书可以是自签名证书（用于测试环境），也可以是企业根证书。无论自签名证书还是企业根证书，证书一要具备服务器增强型密钥用法（ServerEKU，对应的 OID 为 1.3.6.1.5.5.7.3.1），二要满足证书使用者名称和网络控制器服务器 DNS 名称一致。我们这里不介绍使用企业根证书颁发机构创建证书，而是使用命令创建自签名证书，若要为单个名为 NC-VM01.contoso.com 的节点创建自签名证书，设置证书友好名为 NC Cert，可在 SCVMM 服务器上运行如下 PowerShell 命令。

```
PS C:\> New-SelfSignedCertificate -KeyUsageProperty All -Provider " Microsoft
Strong Cryptographic Provider" -FriendlyName "NC Cert" -DnsName
@("NC-VM01.contoso.com")
```

若要为 REST IP 为 192.168.1.101 的多节点网络控制器创建自签名证书，设置证书友好名为 NC Cert，可在 SCVMM 服务器上使用如下 PowerShell 命令。

```
PS C:\> New-SelfSignedCertificate -KeyUsageProperty All -Provider " Microsoft
Strong Cryptographic Provider" -FriendlyName "NC Cert" -DnsName
@("192.168.1.101")
```

创建好证书后，打开证书属性检查证书的 EKU 和证书使用者名称是否符合要求，其中证书 EKU OID 必须包含 1.3.6.1.5.5.7.3.1，使用者名称要和网络控制器的 DNS 名称或者 REST IP 一致，如图 4-117 所示的示例证书。

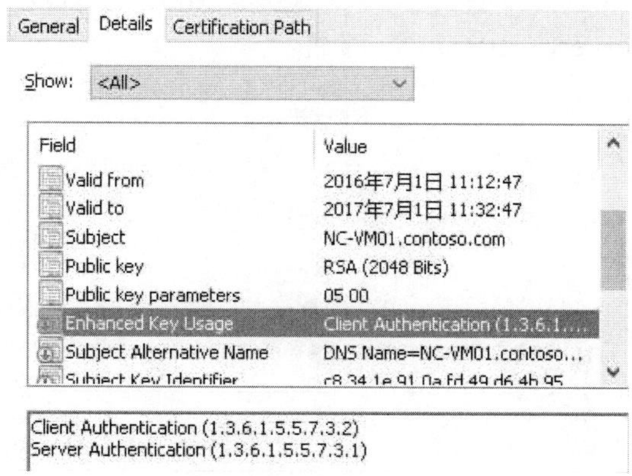

图 4-117　证书属性

证书创建好以后，需要在 SCVMM 服务器的证书管理器中，将上一步创建的证书导出为 PFX 证书，如图 4-118 所示。

导出证书要求选择使用保护私钥安全的机制，这里不要选择使用组或者用户名验证方式，而是选择密码保护的方式，因为在接下来配置网络控制器服务模板部署时要指定网络控制器保护密码，如图 4-119 所示。将导出的 PFX 证书文件保存到指定的路径。

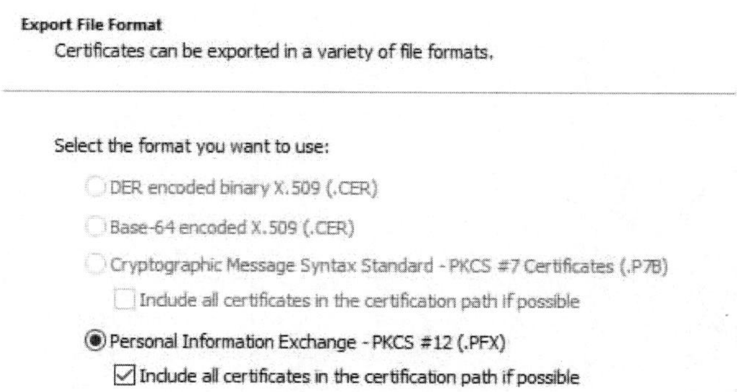

图 4-118　导出证书为 PFX 格式

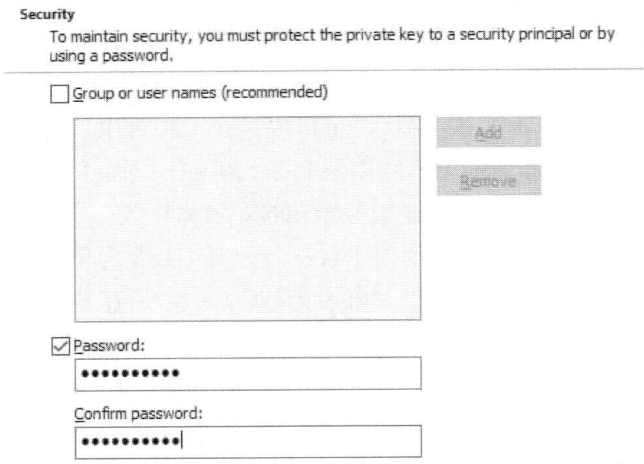

图 4-119　设置使用密码保护私钥

将从 Github 网站下载的网络控制器部署包解压并复制到 SCVMM 库共享文件夹里，刷新 SCVMM 库文件夹，直到能看到网络控制器部署包文件都已列出。网络控制器的部署包包含 3 个目录和 4 个 XML 配置文件，如图 4-120 所示；目录文件夹在 SCVMM 库里以 cr 为后缀，如图 4-121 所示。记得还需要把上一步导出的 PFX 证书文件复制到 ServerCertificate.cr 文件夹。

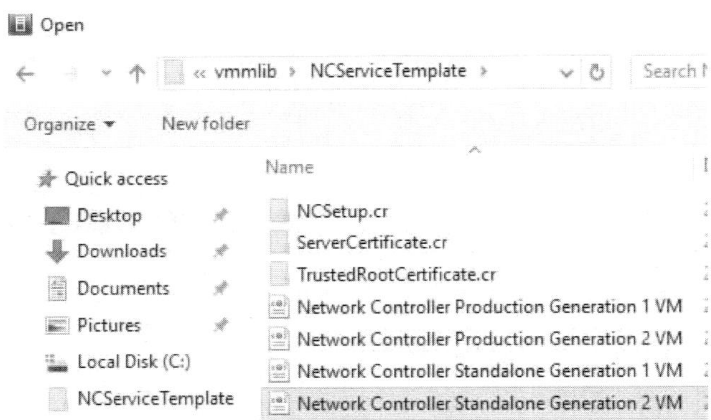

图 4-120　网络控制器部署包文件

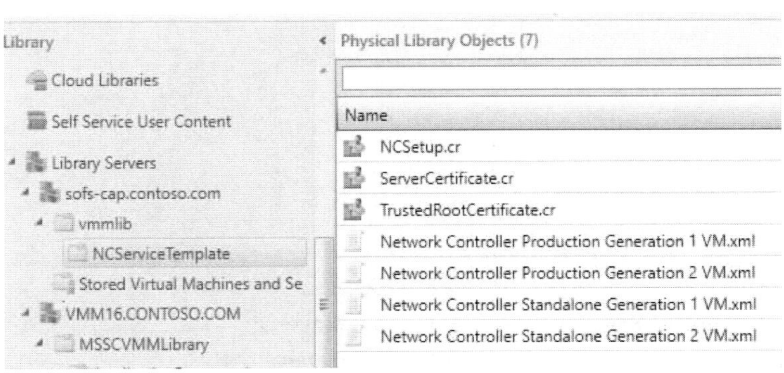

图 4-121　网络控制器部署包 SCVMM 库文件

在 SCVMM 控制台里选择服务模板，在上方菜单栏里选择导入模板，路径指向 SCVMM 库共享的网络控制器目录，选择合适的部署文件包里的 XML 文件，XML 文件包含 4 种不同的设置模板，用于“生产目的”的第一代虚机或第二代虚机（第二代虚机详见 5.1.5.8 节），用于“测试目的”的第一代虚机或第二代虚机。选择我们需要的模板即可，本文选择了“测试目的”的第二代虚机模板。

在导入服务模板向导中，需要映射资源，在网络控制器服务模板里，需要映射以下 4 个资源，如图 4-122 所示。

- TrustedRootCertificate.cr。映射 SCVMM 网络控制器库文件夹里的同名文件夹 TrustedRootCertificate.cr，该文件夹保持默认状态即可。
- WinServer.vhdx。映射 Windows Server 2016 虚机模板使用的 VHDX 文件，虚机模板要和在导入的服务模板时选择的第一或者第二代虚机一致，我们这里选择使用第二代虚机 VHDX。
- NCSetup.cr。包含了安装和设置网络控制器的脚本文件，映射 SCVMM 网络控制器库文件夹里的同名文件夹 NCSetup.cr。
- ServerCertificate.cr。该文件夹里必须包含导出的 PFX 证书，映射 SCVMM 网络控制器库文件夹里的同名文件夹 ServerCertificate.cr。切记 ServerCertificate.cr 文件夹只能有一个证书。

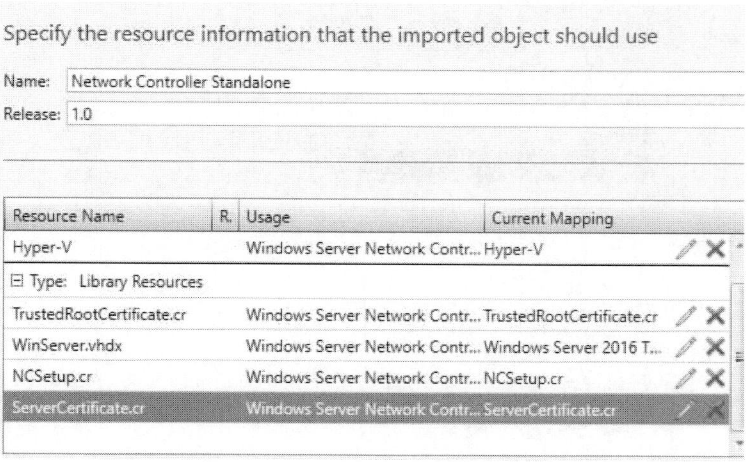

图 4-122　网络控制器服务模板映射

导入模板并关联映射之后，在服务模板里打开模板设计窗口，打开 Windows Server 网络控制器服务模板属性，选择左侧的操作系统配置，输入 Windows Server 产品密钥，并选择合适的时区，如图 4-123 所示。

设置网络控制器的服务模板后，选择该模板进行部署，在弹出的窗口输入服务部署名称和目标主机组，并选择网络控制器使用的管理虚机网络（确保在此之前已经创建并设置好管理虚机网络），如图 4-124 所示。

在服务模板部署窗口，最初给定虚机的放置主机的评级为警告，此时需要选择合适的主机组及主机，点击上方菜单栏里的刷新按钮刷新服务器模板部署配置，保证中间窗格网络控制器虚机放置的主机评级正常，接着给虚机命名，如图 4-125 所示。

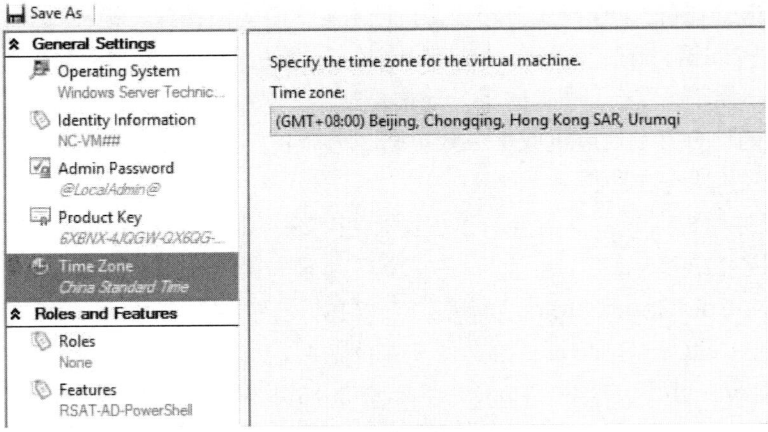

图 4-123　设置服务模板虚机操作系统属性

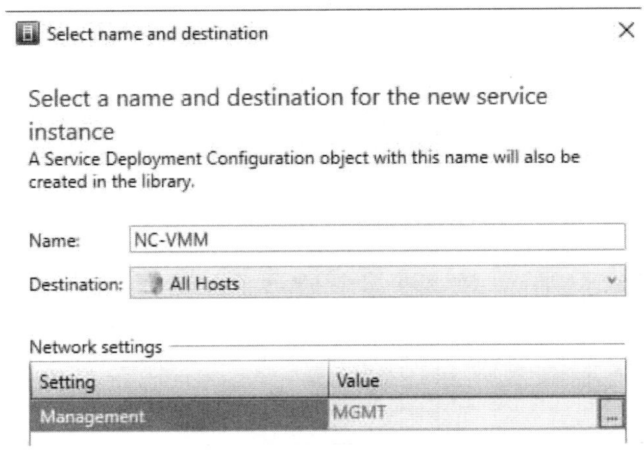

图 4-124　部署服务模板

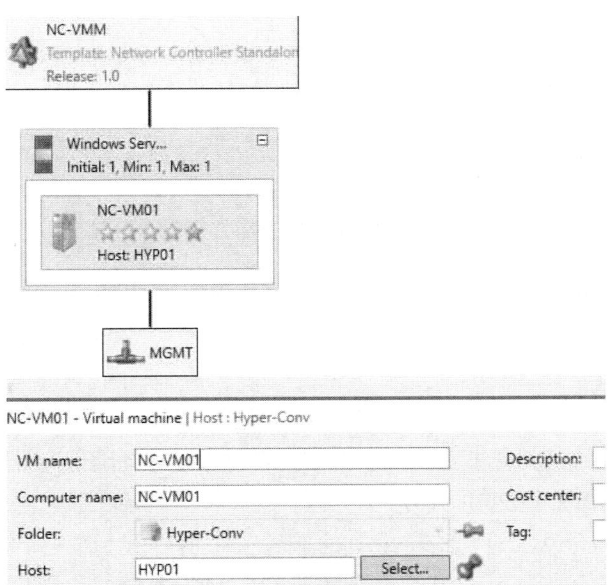

图 4-125　服务模板部署配置

接下来在左侧进行必须和非必须设置项的设置，首先设置网络控制器客户端安全组，指定之前准备好示例的 contoso\ncclient 安全组，因为网络控制器的日志存放在本地，所以不需要为日志指定共享文件夹以及该共享的权限，如图 4-126 所示。对于高可用多结节点的网络控制器群集来说，一定要事先准备好共享文件夹用于网络控制器群集日志的保存，并设置好相关的权限及其访问凭据。

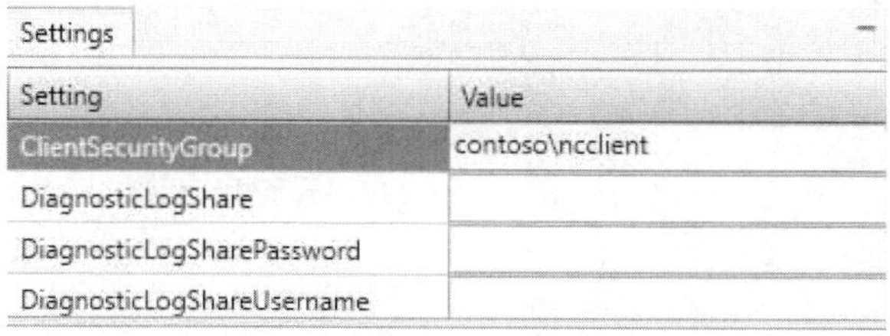

图 4-126　服务模板部署配置

指定事先在 SCVMM 运行方式账号里设置的本地管理员账号，确保管理网络选择了合适的管理逻辑网络，管理域账号选择加入到网络控制器管理组的账号，如图 4-127 所示。

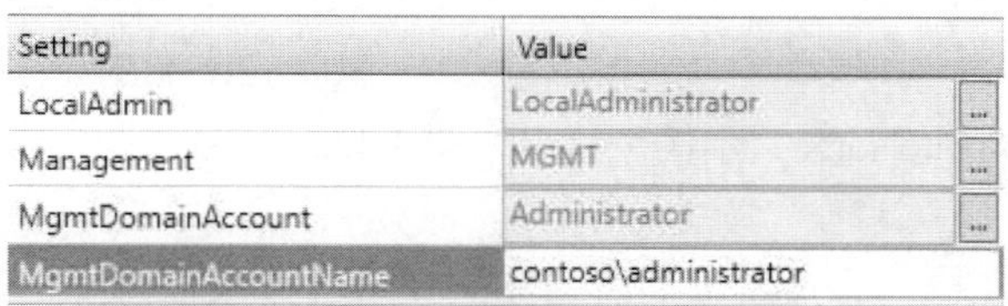

图 4-127　本地账号和域账号设置

指定管理组账号的密码，网络控制器虚机要加入的域的 FQDN 名称以及指定网络控制器管理组，然后将 PFX 导出时指定的密码输入服务器证书密码栏，如图 4-128 所示。

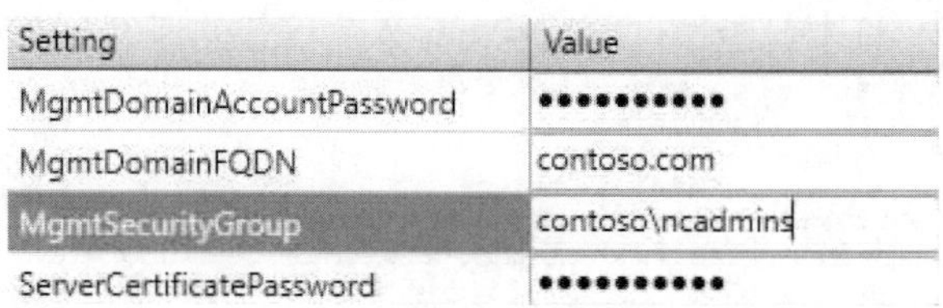

图 4-128　指定加入域的信息和管理安全组以及证书密码

设置完这些必要和非必要项后，开始部署网络控制器服务模板，等待部署完毕，在 SCVMM 控制台的虚机和服务导航区，选择网络控制器虚机所运行的主机或群集，在上方菜单里选择服务，查看服务及虚机部署结果和运行状态，如图 4-129 所示。

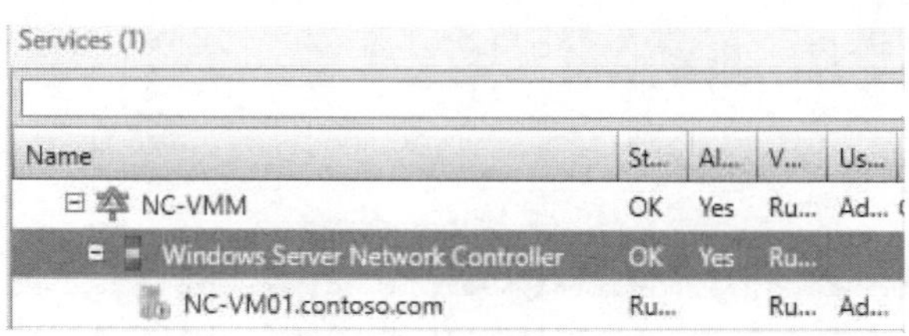

图 4-129　服务部署结果和运行状态

接下来完成网络控制器最后一步，也即在 SCVMM 控制台添加网络服务，在 SCVMM 控制台结构管理区域，选择网络下方的网络服务，打开添加网络服务向导，如图 4-130 所示。

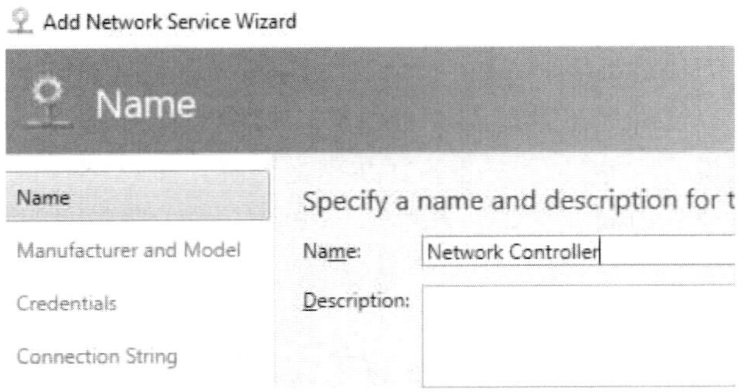

图 4-130　添加网络服务向导

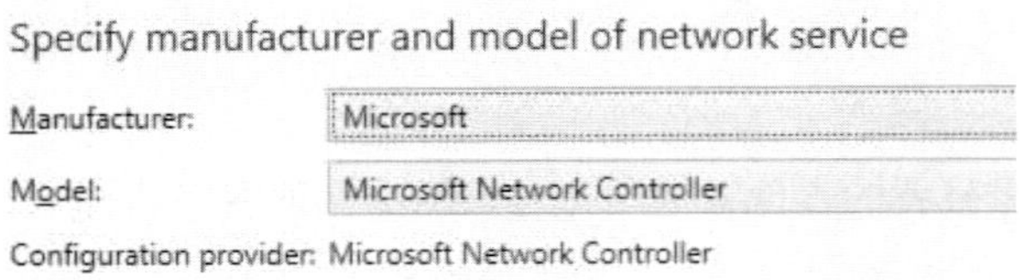

图 4-131　设置网络模型

在生产商一栏里保持默认的微软公司不变，在模型里选择微软公司 Network Controller，如图 4-131 所示。

在向导的链接字符串里，输入如下字符串，serverurl=https://ncserverFQDN; outhBoundIPAddress=NCServerIP; service name=VMMServiceTemplateName，示例字符串如图 4-132 所示。

图 4-132　网络控制器网络服务连接字符串

在向导的检查证书项里检查证书和之前导出的证书是否一致，选择证书是自签名颁发还是 CA 颁发的证书。选择“证书已经做过检查且可导入到信任的证书存储里”，如图 4-133 所示。

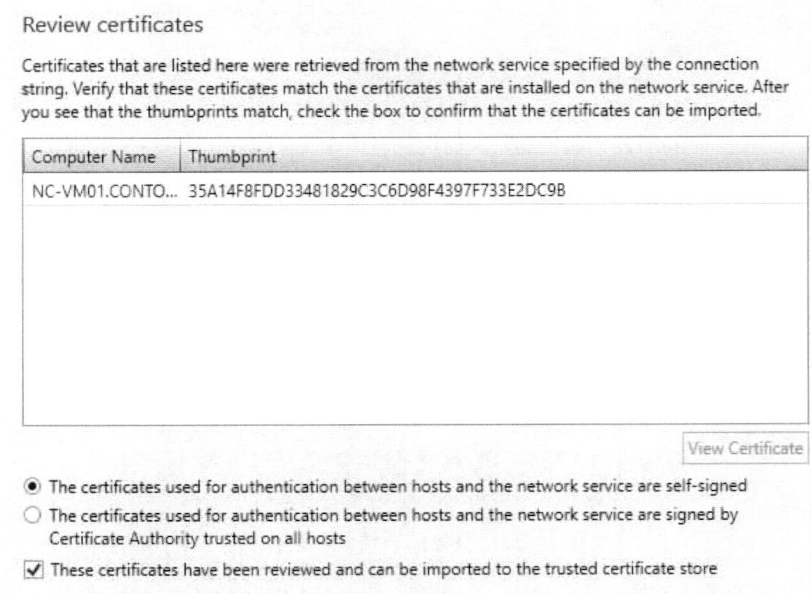

图 4-133　选择证书类型并设置证书可导入到信任证书存储里

在发现和导入网络服务向导，点击扫描提供商，等待输出结果，输出的名称要和链接字符串里指定的第一段 https://ncserverFQDN 一致；其他选项结果应如图 4-134 所示。

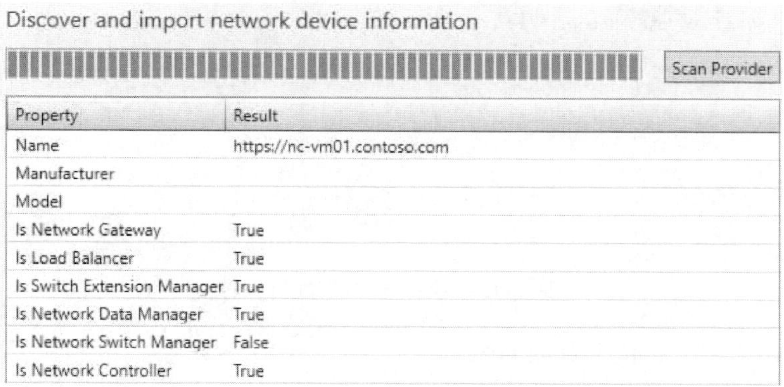

图 4-134　服务提供商信息

确认无误后，在下一步向导里选择作用的主机范围。

到此已经完成了网络控制器的网络服务配置，在网络服务窗口显示了网络控制器的连接信息，以及通过网络控制器树状结构可以看到，网络控制器实际上管理着网关管理器角色和负载均衡角色，如图 4-135 所示。

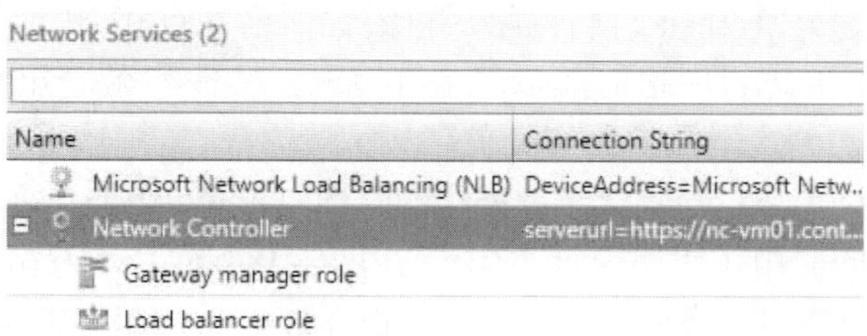

图 4-135　网络控制器网络服务信息

为了检测网络控制器服务部署情况，可以在 SCVMM 服务器上打开浏览器，输入 https://ncserverFQDN/networking/v1/servers，在弹出的验证窗口输入加入到网络控制器客户端组的账号和密码，如图 4-136 所示。

图 4-136　输入网络控制器服务 URI

在凭据有效的情况下，网络控制器配置文件提供下载即表明网络控制器已经成功配置完毕，如图 4-137 所示。

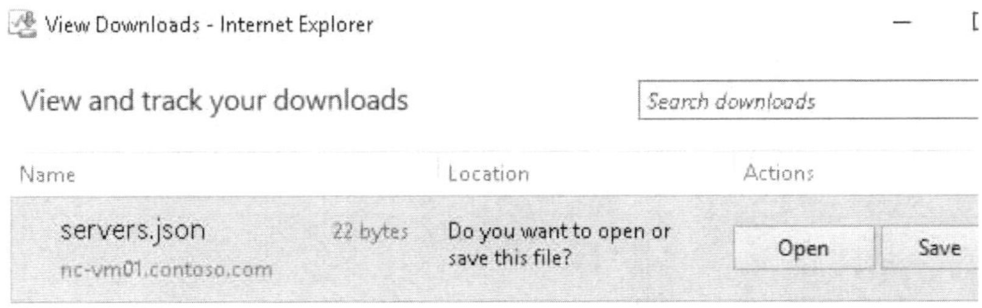

图 4-137　网络控制器配置文件

4.7.3.2　部署配置软件负载均衡器

在部署 SLB 之前，先将从 Github 网站（https://github.com/微软公司/SDN）下载的 SLB 软件包解压并复制到 SCVMM 库共享文件夹里，按说明准备好以下 3 个逻辑网络。

- **Transit 逻辑网络**。Transit 逻辑网络也称之为前端网络，RAS 网关、SLB/MUX 使用 Transit 逻辑网络交换 BGP 对端信息和南北（亦称之为内外）租户网络流量。每台 SLB/MUX 或者 HNV 网关虚机都需要从 Transit 逻辑网络里分配一个静态 IP 地址。在创建 Transit 逻辑网络向导中，一定要选择 Transit 逻辑网络由网络控制器管理。创建好 Transit 逻辑网络后再添加网络站点和 IP 地址，如果有必要，同时创建 Transit 逻辑网络的虚拟网卡端口配置文件和端口分类文件。并将 Transit 逻辑网络添加到上联端口配置文件。
- **Public 逻辑网络**。Public 逻辑网络指的是面对 Internet 的网络，用于访问公有数据中心的虚机的应用，比如 Web 应用。在创建 Public 逻辑网络向导中，一定要选择 Public 逻辑网络由网络控制器管理，并在下方选择 Public IP 地址网络，如图 4-138 所示。为 Public 逻辑网络创建站点，但是不要创建 IP 地址池。
- **Private 逻辑网络**。Private 逻辑网络负责分配 VIP 给 SLB 管理器，而 Transit 逻辑网络负责分配 DIP。Private 逻辑网络不需要路由到外部，只需在内部可访问即可。在创建 Private 逻辑网络向导中，一定要选择 Private 逻辑网络由网络控制器管理，如图 4-139 所示。为 Private 逻辑网络创建站点，但是不要创建 IP 地址池。

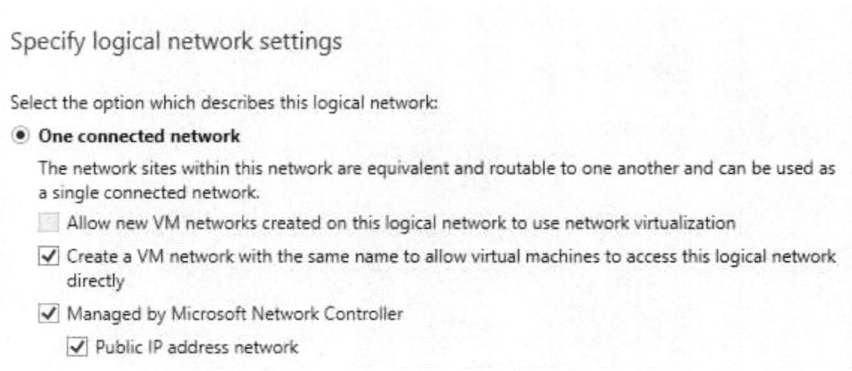

图 4-138　Public 逻辑网络设置由网络控制器管理

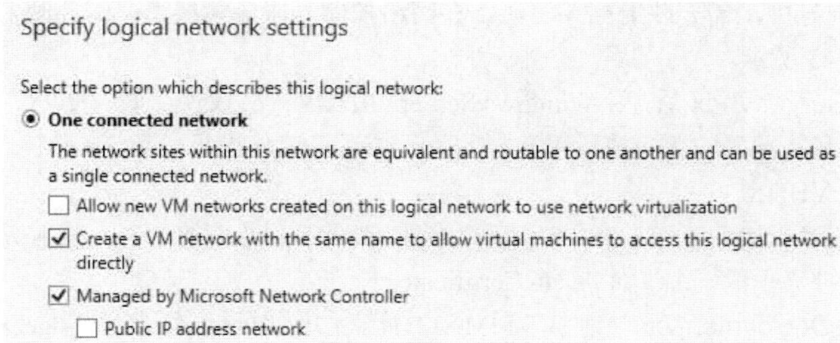

图 4-139　Private 逻辑网络设置

创建并配置好以上的逻辑网络后，把在 4.7.3.1 节里为网络控制器申请的证书导出为 CER 格式，如图 4-140 所示。

图 4-140　导出证书

复制 SLB 安装配置包到 SCVMM 库共享文件夹以后，刷新 SCVMM 库，等待刷新完毕，检查复制到 VMM 库文件夹的 SLB 安装配置包是否完整，SLB 完整的安装包应如图 4-141 所示。

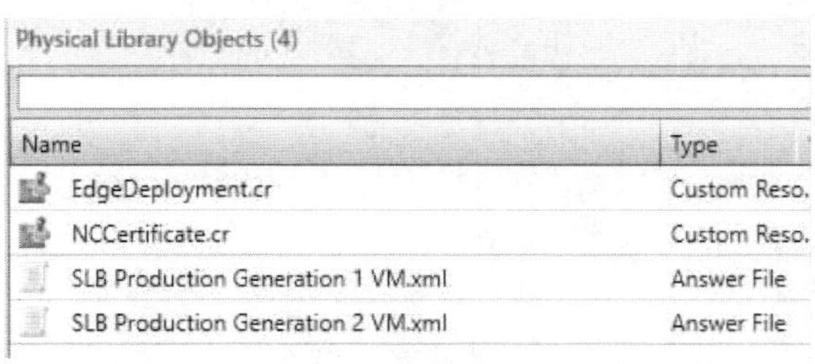

图 4-141　查看 SLB 配置文件包

切记将导出的证书复制到 NCSertificate.cr 文件夹里，确保该文件夹里只有一个证书，如图 4-142 所示。

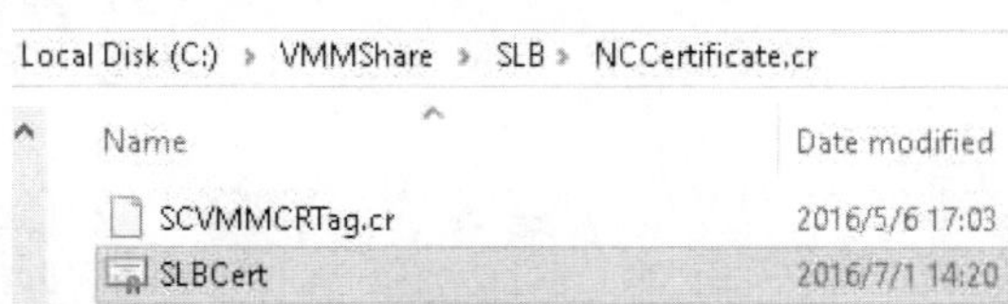

图 4-142　复制证书

在 SCVMM 控制台的选择服务模板，在上方菜单栏里选择导入模板，路径指向 SCVMM 库共享的 SLB 目录，选择合适的 XML 文件，XML 文件包含两种不同的设置模板，分别是用于“生产目的”的第一代虚机和第二代虚机。选择我们需要的模板即可，这里选择第二代虚机模板进行说明。

在导入向导中，需要映射相关资源，在网络控制器服务模板里，需要映射以下 3 个资源，如图 4-143 所示。

- WinServer.vhdx。映射 Windows Server 2016 虚机模板使用的 VHDX 文件，虚机模板要和在导入的服务模板里选择的第一或者第二代虚机一致，这里我们选择第二代虚机 VHDX。
- NCCertificate.cr。包含了 SLB 和网络控制器安全通信的证书，映射 SCVMM SLB 库文件夹里的同名文件夹 NCCertificate.cr。
- EdgeDeployment.cr。映射 SCVMM SLB 库文件夹里的同名文件夹 EdgeDeployment.cr。

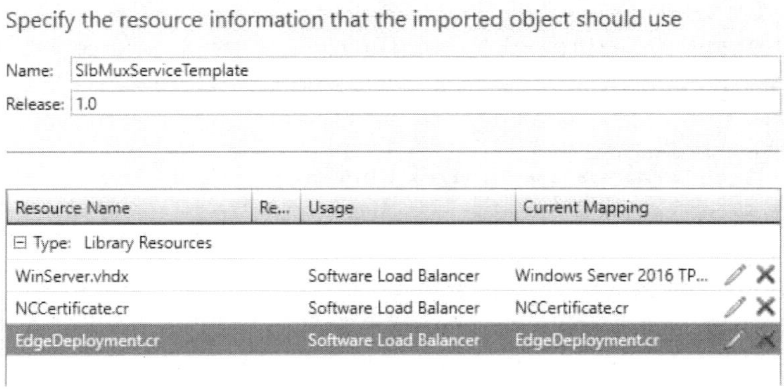

图 4-143　映射 SLB 配置

导入服务模板后，打开服务模板设计器，在设计窗口可看到 SLB 服务模板具有 3 块网卡，一块用于连接管理网络，一块用于连接 Transit 网络，一块先保持不连接任何虚机网络，如图 4-144 所示。

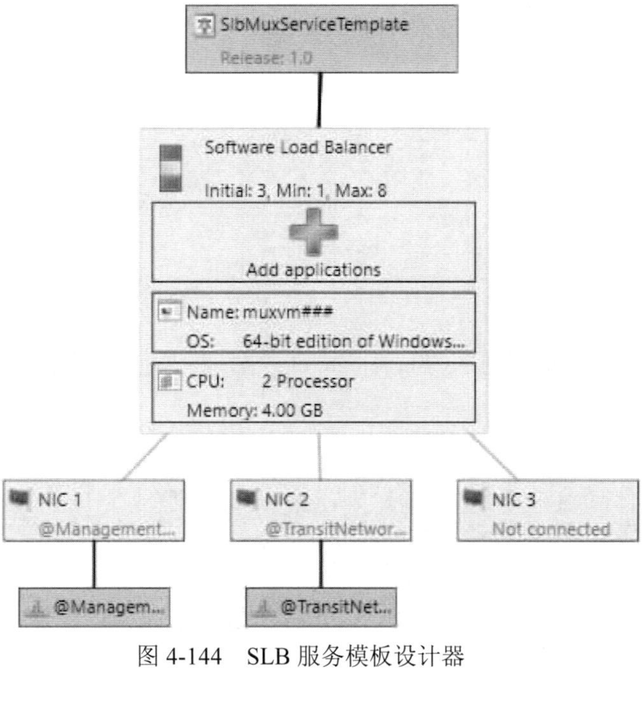

图 4-144　SLB 服务模板设计器

打开 SLB 服务模板属性，在操作系统里配置操作系统密钥、设定系统时区，如图 4-145 所示。

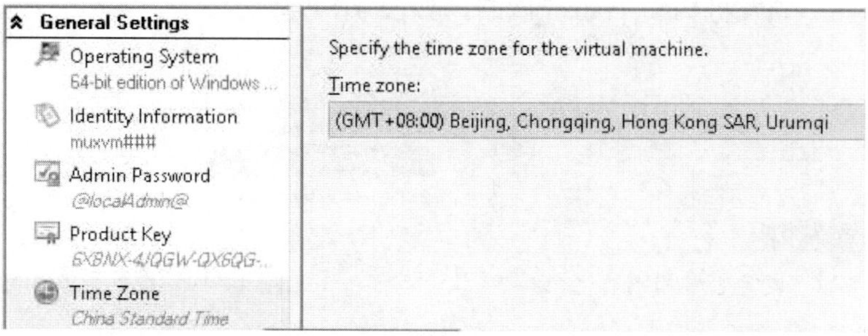

图 4-145　设置 SLB 服务模板操作系统属性

部署模板，输入服务模板部署名称，选择主机组并指定管理和 Transit 网络，如图 4-146 所示。

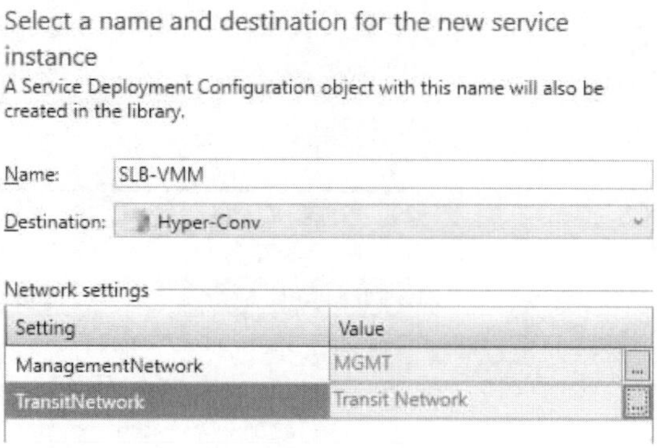

图 4-146　部署 SLB 服务模板

在服务模板部署窗口，最初给定虚机的放置主机评级为警告，此时需要选择合适的主机组及主机，点击上方菜单栏里的刷新按钮刷新服务器模板部署配置，保证中间窗格网络控制器虚机放置的主机评级正常，接着给各台虚机命名，如图 4-147 所示。

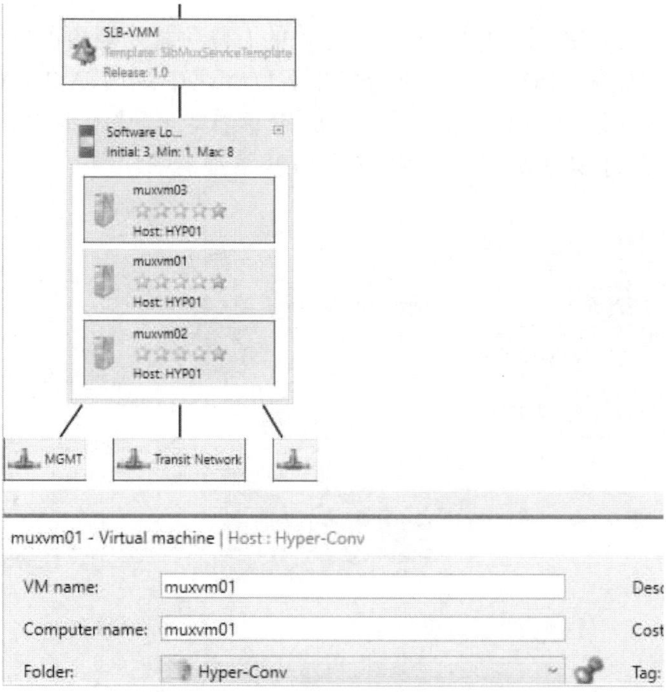

图 4-147　确定虚机放置主机

接下来在左侧进行必须和非必须设置项的设置，首先设置本地管理员、管理网络、加入域的账号及要加入的域，如图 4-148 所示。

接着设置证书颁发机构和 Transit 网络，如图 4-149 所示。

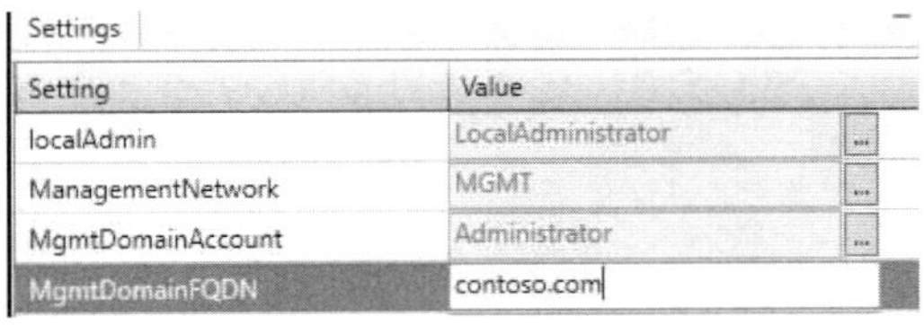

图 4-148　设置账号和域信息

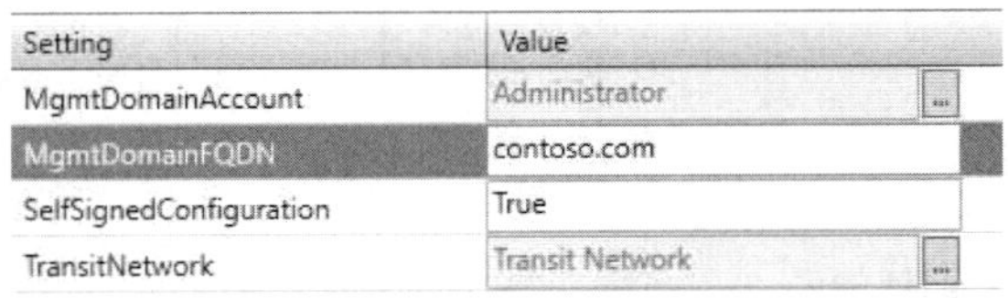

图 4-149　设置证书和网络

设置完毕后开始执行 SLB 服务模板部署，部署完毕后，可以看到默认运行 3 个 SLB 虚机实例，如图 4-150 所示。

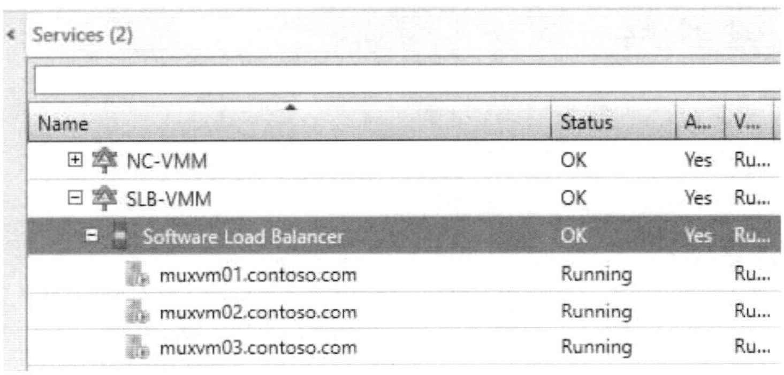

图 4-150　SLB 实例部署完毕

打开网络控制器网络服务的属性，在服务里的右侧负载均衡角色里就能看到新增加的 3 台 SLB 虚机实例，如图 4-151 所示，按照环境配置好管理 IP 地址、ASN（Autonomous System Number，简称为 ASN）以及 SLB MUX 所需的 BGP 信息即可，这一步的目的是将 SLB MUX 和网络控制器关联并将 SLB MUX 示例添加到 SLB 管理器中。

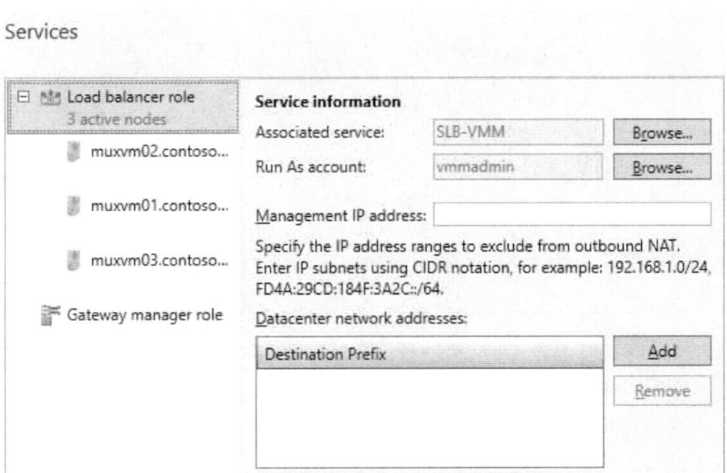

图 4-151　在网络控制器里配置 SLB

部署好 SLB MUX 并添加到 SLB 管理器后，我们还遗留下两个逻辑网络的 IP 地址池未配置，接下来就可以为 Public 和 Private 逻辑网络创建 IP 地址池了，这里不再赘述具体创建步骤。

4.7.3.3 部署配置 RAS 网关

在 Windows Server 2012（R2）里，HNV 网关由 RAS 角色实现，同样，Windows Server 2016 HNV 网关也是由 RAS 实现，所以下文里提到的 RAS GW 和 HNV GW 是一个意思。我们在 4.6 节介绍过第一代 SDN HNV 网关的部署和配置，这里不再过多赘述，仅介绍一下如何使用 SCVMM 部署 HNV 网关，大致步骤如下。

（1）在部署 SLB 之前，确保网络控制器和负载均衡器已经部署配置完毕，然后从 Github 网站（https://github.com/微软公司/SDN）下载的 RAS Gateway 软件包解压并复制到 SCVMM 库共享文件夹里。

（2）和使用 SCVMM 部署网络控制器以及软件负载均衡器一样，我们需要首先为 HNV 网关虚机创建管理逻辑网络，如果已经存在管理逻辑网络则还需要创建另外一个重要的逻辑网络——GRE VIP 逻辑网络及其包含的网络站点和 IP 地址池，这个 GRE VIP 网络用于给租户构建 GRE 类型的 S2S VPN，其所包含的 IP 地址池将分配给 RAS 网关虚机用于 S2S VPN 端点地址。如果有必要需要单独创建 HNV 网关所使用的逻辑交换机。

（3）在 SCVMM 控制台的选择服务模板，在上方菜单栏里选择导入模板，路径指向 SCVMM 库共享的 GW 目录，选择合适的 XML 文件，XML 文件包含两种不同的设置模板，分别是第一代虚机对应的 EdgeServiceTemplate_Generation1.xml 和第二代虚机对应的 EdgeServiceTemplate_Generation2.xml，选择我们需要的模板即可。

（4）在导入向导中，需要映射相关资源，在网络控制器服务模板里，需要映射以下 3 个资源。

- WinServer.vhdx。映射 Windows Server 2016 虚机模板使用的 VHDX 文件，虚机模板要和在导入的服务模板里选择的第一或者第二代虚机一致。
- NCCertificate.cr。包含了 GW 和网络控制器安全通信的证书，映射 SCVMM 库文件夹里的同名文件夹 NCCertificate.cr。
- EdgeDeployment.cr。映射 SCVMM 库文件夹里的同名文件夹 EdgeDeployment.cr。

（5）导入操作完毕，完成服务模板的导入任务，打开服务模板设计器，在操作系统里配置操作系统密钥、设定系统时区。检查其他设置，确认无误后，点击部署服务器，在弹出的窗口输入 HNV GW 服务的名称，并选择合适的 GW 主机，指定管理逻辑网络，如图 4-152 所示。

（6）在服务模板部署窗口，最初给定虚机的放置主机评级为警告，此时需要选择合适的主机组及主机，点击上方菜单栏里的刷新按钮刷新服务器模板部署配置，保证中间窗格网络控制器虚机放置的主机评级正常，接着给各台虚机命名。

（7）接下来在左侧进行必须和非必须设置项的设置，设置本地管理员、管理网络，以及指定的证书类型是否为自签名证书，并根据实际情况设置为 True 或 False。

（8）设置完毕后开始执行 RAS GW 服务模板部署，部署完毕后，可以看到默认运行 3 个 RAS GW 虚机实例。

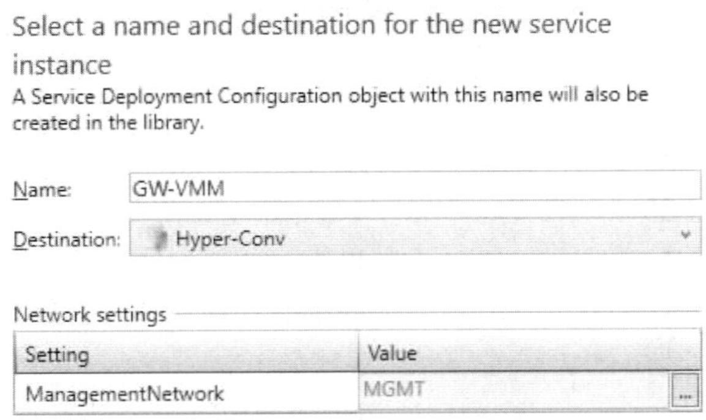

图 4-152　部署 RAS GW 服务设置窗口

（9）打开网络控制器网络服务的属性，在服务里的右侧选择管理网关角色，在服务信息下找到关联的服务并浏览之前部署的 RAS GW 服务。并执行以下配置。

- 在运行方式账号里选择用于被网络控制器管理的有效账号。
- 在 GRE VIP 子网里选择之前创建的 GRE VIP IP 子网。
- 在 Public IPv4 池里选择部署 SLB 时创建的 Public IP 地址池。
- 在 Public IPv4 地址里，选择 Public IPv4 IP 地址池里任意一个除了.1-.3 的 IP 地址。
- 在网关容量配置项里配置带宽大小，并接着配置用于备份容错的节点数，这个节点数应该遵循最佳实践所推荐的 M:N 设计，比如 3 个 RAS GW 时，选择一个节点作为备份节点。

（10）接下来为每台 RAS GW 虚机设置各自的配置项。

- 选择 IPv4 前端子网。
- 指定本地自治系统编号——ASN。
- 为 BGP 对端添加对端设备信息，这一项是可选项。

第 5 章　软件定义计算

软件定义计算部分包括了我们常用的 Hyper-V 虚拟化和 RDS（前身是 Terminal Service）两大节。软件定义计算是 SDDC 最为普及的一部分，因此我们在该章节里尽量讲一些新鲜和深入的内容。Hyper-V 虚拟化大纲如下，大家可以选择自己感兴趣的内容阅读，如果对 Hyper-V 虚拟化尚未有系统性的认识，建议从头开始阅读。

- 第 1 小节讲解 Hyper-V 虚拟化软件结构是怎样的。
- 第 2 小节讲解 Type 1 和 Type 2 类型虚拟化的区别，以及 Hyper-V 虚拟化属于哪一类。
- 第 3 小节分析微内核和单内核虚拟化软件的区别，并讲解 Hyper-V 虚拟化属于哪一种。
- 第 4 小节简单介绍 Hyper-V 虚拟化硬盘、CPU（着重强调虚机 CPU 如何分配）、内存（主要介绍动态内存）资源基本情况。
- 第 5 小节稍微深入分析如何通过 NUMA、VMQ、SR-IOV、巨型帧等技术提升 Hyper-V 虚机的性能，以及如何通过虚拟硬盘 QoS 和网络 QoS 优化虚拟化的性能；最后简单介绍了 Hyper-V 第二代虚机有什么特点。
- 第 6 小节介绍 Hyper-V 虚机如何消除干扰，如何保证 Hyper-V 虚机的安全。
- 第 7 小节复习了 Hyper-V 虚机高可用原理和 Hyper-V 复制实现容灾。
- 第 8 小节简单阐述 Hyper-V 虚机模板和 SCVMM 服务模板。

RDS（侧重在 RemoteApp）部分省去了过多的概念介绍，而是侧重在实际操作，RDS 和 Windows Server 关系非常紧密，RDS 的优化及附加配置都集成在了 Windows 策略和其他技术里，所以这一大节除了介绍 RDS 本身以外还借助 Windows Server 其他原生功能实现 RDS 的体验改善，大家可以部署一套环境对应该节内容进行实际测试，RDS 部分大纲如下。

- 第 1 和第 2 小节简单介绍基于服务器计算（SBC）和 RDS 基本概念。
- 第 3 小节介绍构成 RDS 的核心协议 RDP 的特点。
- 第 4 小节介绍 RemoteApp 的典型结构。
- 从第 5 小节开始到第 8 小节讲解如何通过零代码修饰 RemoteApp 门户和个性化应用图标。
- 从第 9 小节到第 13 小节讲解如何发布一些特殊的应用，包括 B/S 应用和集中保存用户文档的共享文件夹，以及如何有效保证用户间的工作目录的访问和安全。
- 第 14 和第 15 小节介绍用户共享文件夹的配额管理和用户配置管理（类似于漫游配置文件）。
- 第 16 和第 17 小节介绍用户在公司外部要如何使用 RemoteApp 以及如何用移动设备访问 RemoteApp 应用。

5.1　服务器虚拟化

服务器虚拟化是实现软件定义数据中心的关键模块之一，服务器虚拟化由虚拟化软件将操作系统和硬件解耦合实现。早期业界已经使用了模拟硬件技术实现了第一代虚拟化平台，微软于 2003 年收购的 Connectix 公司的 VPC 属于第一代虚拟化平台，第一代虚拟化平台对硬件资源的解耦合程度有限，导致虚机对物理机的耦合程度依然存在，第一代虚拟化平台多用于测试用途。第二代虚拟化平台（也称之为裸金属架构虚拟化平台）Hyper-V 随着 Windows Server 2008 的发布，开启了虚拟化时代的新纪元，那时我们将 Windows Server 2008 的 Hyper-V 称作 Hyper-V 1.0。Hyper-V 从 2008 年至今已经经历过好几次更新迭代，不论是产品功能还是稳定性已经非常成熟，已经有很多客户在使用 Hyper-V 虚拟化实现软件定义数据中心计算平台。从 Hyper-V 1.0 到 Windows Server 2016 的 Hyper-V 5.0，除了功能的快速完善，性能也呈现跳跃式的增长，我们在开始本节的内容之前，不妨先看看表 5-1 所示的历代 Windows Server Hyper-V 的性能比较。

表 5-1　　　　历代 Windows Server Hyper-V 的性能比较

性能方面	2008 R2	2012 R2	2016
宿主机最大内存	1TB	4TB	24TB
宿主机最多逻辑处理器	64	320	512
虚机最大内存	64GB	1TB	16TB
虚机最多虚拟 CPU	4	64	240

5.1.1　Hyper-V 结构

Hyper-V 是 Windows Server 的标准角色，在 Windows Server 上安装好 Hyper-V 以后，主机操作系统便被设置为父分区，构成虚拟化堆栈并且成为管理操作系统，用于虚机的创建、配置和管理等任务。

下面我们借助图 5-1 所示来进一步了解 Hyper-V 的重要概念。

- **虚拟化调用 API（Hypercall）**。接受 Linux 和 Windows 虚拟化接口库的调用。
- **虚拟化层（Hypervisor）**。由 Hyper-V 虚拟化软件实现，逻辑上处于硬件和（父分区或子分区）操作系统之间。主要职责是提供隔离的运行环境，隔离的运行环境在 Hyper-V 里称之为分区，包括父分区和子分区。虚拟化层控制和调度分区操作系统访问底层硬件。
- **父分区（Parent Partition）**。父分区就是我们说的 Hyper-V 物理机，在本书中，父分区、物理机、宿主机都是同一个意思。父分区管理设备一层的功能，包括设备驱动、设备电源管理以及设备添加和移除。父分区是唯一直接访问内存和硬件资源的分区。
- **子分区（Child Partition）**。子分区就是 Hyper-V 虚机，在本书中，子分区和虚机是同一个意思。子分区运行虚机操作系统，子分区系统通过虚机总线或者虚拟化层访问物理内存及其他物理资源。

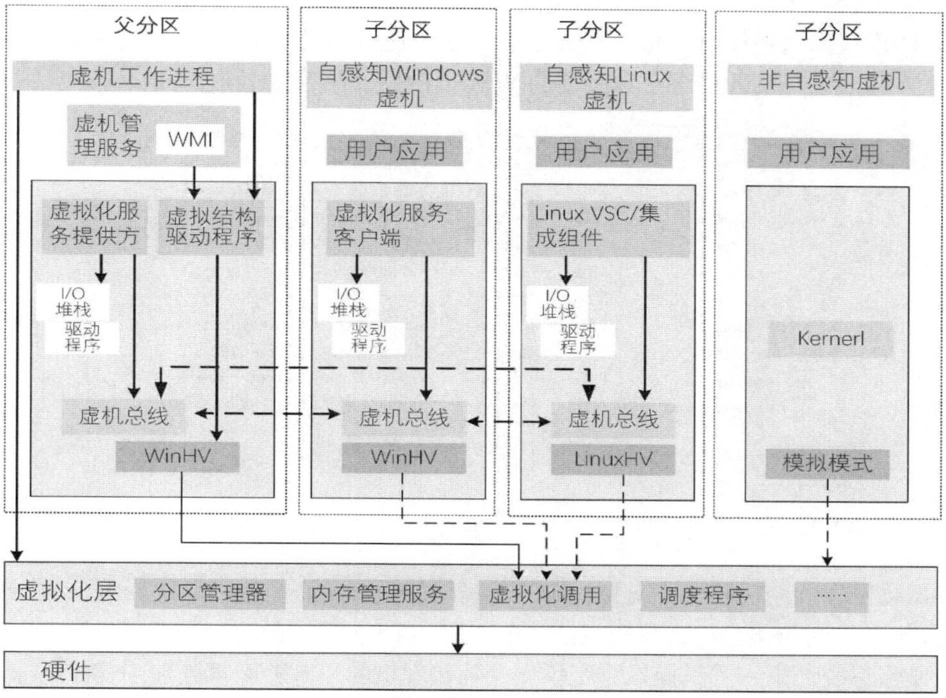

图 5-1　Hyper-V 组件

- **集成组件（IC）**。集成组件（Integration Component，简称 IC）又叫作集成服务，集成组件包含多个功能和服务，允许子分区和其他分区以及和虚拟化层通信。集成组件同时更新 IDE、SCSI、网络、视图、鼠标等方面并进行优化，同时起到关闭虚机、时间同步和在线备份等作用。
- **虚拟结构驱动程序（VID）**。虚拟结构驱动程序，提供分区管理服务，并为分区提供虚拟处理器管理服务以及内存管理服务器。
- **虚机总线（VMBus）**。基于通道的通信机制，在运行多个活动的虚拟分区时，用于各个分区间的通信和设备枚举。虚机总线和 Hyper-V 集成组件同时安装。
- **虚机管理服务（VMMS）**。虚机管理服务负责管理子分区的虚机状态。
- **虚机工作进程（VMWP）**。Virtual Machine Worker Process，简称为 VMWP，是用户模式下的组件，工作进程提供父分区的 Windows Server 实例到子分区操作系统的虚机管理服务。虚机管理服务为每台虚机生成一个相互隔离的工作进程，如图 5-2 所示。
- VSC。虚拟化服务客户端，是一个驻留在子分区的合成设备实例，VSC 使用由父分区的虚拟化服务提供方（VSP）提供的硬件资源。VSC 通过虚机总线和父分区相关的 VSP 通信进行设备 I/O 请求的处理。
- VSP。虚拟化服务提供方，驻留在父分区，为子分区通过虚机总线提供合成设备支持。
- WinHv。Windows 虚拟化接口库，WinHv 承担父分区操作系统驱动程序和虚拟化层的连接的重要作用，允许驱动程序使用标准 Windows 调用命令调用虚拟化层。

- LinuxHv。Linux 虚拟化接口库，LinuxHv 承担父分区操作系统驱动程序和虚拟化层的连接的重要作用，允许驱动程序使用标准 Linux 调用命令调用虚拟化层。
- WMI。虚机管理服务公开必要的 WMI API 用于管理和控制虚机。

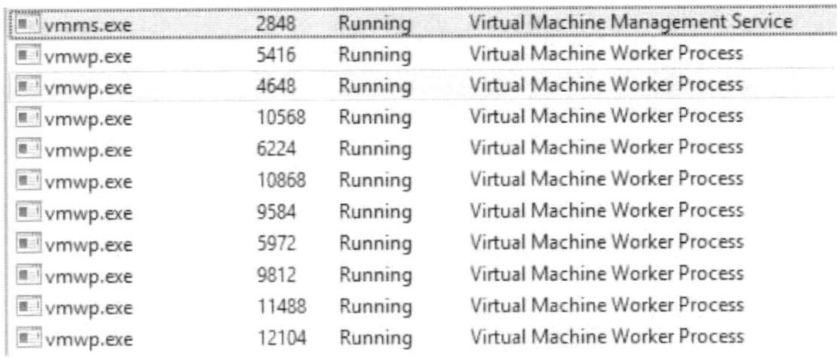

vmms.exe	2848	Running	Virtual Machine Management Service
vmwp.exe	5416	Running	Virtual Machine Worker Process
vmwp.exe	4648	Running	Virtual Machine Worker Process
vmwp.exe	10568	Running	Virtual Machine Worker Process
vmwp.exe	6224	Running	Virtual Machine Worker Process
vmwp.exe	10868	Running	Virtual Machine Worker Process
vmwp.exe	9584	Running	Virtual Machine Worker Process
vmwp.exe	5972	Running	Virtual Machine Worker Process
vmwp.exe	9812	Running	Virtual Machine Worker Process
vmwp.exe	11488	Running	Virtual Machine Worker Process
vmwp.exe	12104	Running	Virtual Machine Worker Process

图 5-2　Hyper-V VMWP 进程

5.1.2　Hyper-V 虚机类型

虚拟化的发展经历了两类虚拟化阶段，早期的虚拟化结构我们称之为第二类（Type 2）虚拟化，第二类虚拟化也称之为模拟硬件虚拟化，图 5-3 所示的第二类虚拟化中，Hypervisor 在主机操作系统之上，主机操作系统优先处理物理机的资源分配再处理 Hypervisor 的资源分配。第二类虚拟化是早期用于多实验环境的虚拟化架构。第一类（Type 1）虚拟化指的是裸金属结构虚拟化，裸金属架构的虚拟化指的是 Hypervisor 直接运行在物理硬件之上，如图 5-4 所示。微软 Hyper-V 属于第一类虚拟化，Hyper-V 的 hypervisor 直接运行在硬件上，确保虚机可以直接访问硬件，并且可以为虚机分配内存和计算资源并提供管理及监控接口。第二类虚拟化是早期的虚拟化结构，我们在本文中讨论的都是第一类虚拟化。

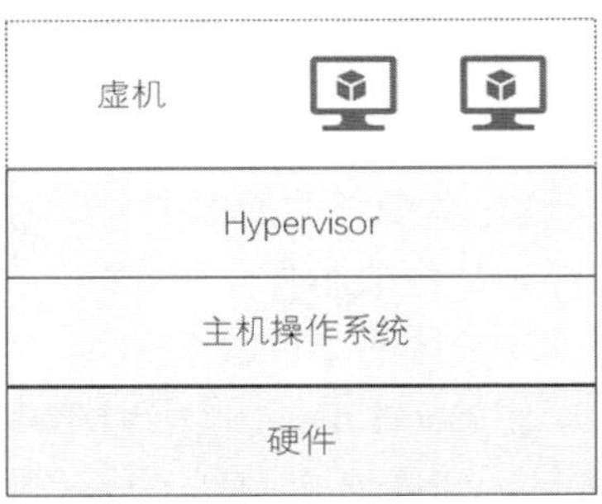

图 5-3　第二类虚机

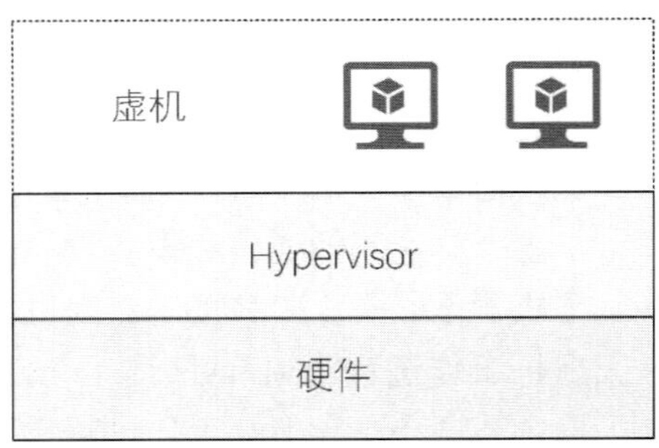

图 5-4　第一类虚机

在进一步了解 Hyper-V 之前，我们先看处理器的操作系统保护（Ring）和硬件访问模式。Ring 是操作系统通过 CPU 或者处理器访问模式强制保护边界，在标准的操作系统结构中，有 4 种 Ring。Ring 0 在硬件上一层，代表操作系统内核并且有最高的 CPU 访问特权，Ring 1 和 Ring 2 代表设备驱动或者特权代码，Ring 3 代表用户和应用。在 Windows 操作系统，只有两个 Ring 特权，代表内核模式的 Ring 0 和代表用户模式处理器访问的 Ring 3。

因为 Hyper-V 直接运行在硬件之上并处理 CPU 分配任务，因此按照通常的理解，Hyper-V 需要运行 Ring 0 特权，但是，父分区和子分区内核模式运行 Ring 0 特权，如果 Hyper-V 也运行 Ring 0 特权，可能会导致 Hyper-V 与父分区和子分区的操作系统内核发生冲突。为了解决这个问题，CPU 硬件厂家在他们的处理器上开发了硬件辅助虚拟化技术（Intel CPU 称之为 Intel VT，AMD 芯片叫作 AMD-V），这个技术提供了额外的特权模型 Ring-1，让 Hyper-V 运行在 Ring-1 特权。从而避免了 Hyper-V 与父分区和子分区的操作系统内核发生冲突。将物理机、虚机访问 CPU 特权与 Hyper-V 结构结合起来的工作模式如图 5-5 和图 5-6 所示。

父分区系统和子分区系统的内核模式具有相同的 Ring 0 访问特权，父分区在结构上是一个特殊的虚机，因为物理机不再直接像未虚拟化之前那样调用硬件，而是通过 WinHV 执行调用并同时接受 hypervisor 的资源调度。父分区定义为特殊的虚机，是因为父分区操作系统还兼任其他虚机的管理，这个管理模式指的是在用户模式下的管理行为。

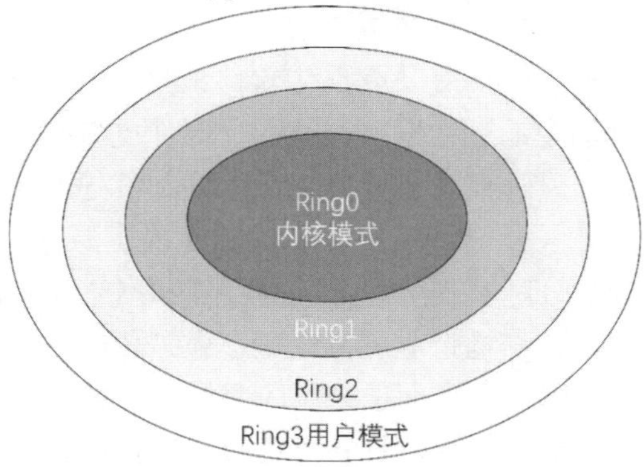

图 5-5　CPU 保护模式

Hyper-V 子分区的虚机又分为两种，一种叫作虚拟化感知型虚机，这种虚机使用合成设备，并且使用虚机总线进行分区间的数据交换，从内核到设备驱动都为虚拟化进行过优化以提升 CPU、内存以及其他性能。虚拟化感知型虚机内嵌了 Hyper-V 集成组件，在安装虚机系统时原生具有虚拟化服务客户端。大部分的 Windows Server 和部分高版本的 Linux 操作系统（比如 Windows Server 2012 和 Redhat Enterprise Linux 6.3）都是虚拟化感知型虚机系统。另外一种是模拟型虚机，这类虚机使用模拟化硬件资源，不具备虚拟化服务客户端，需要在这些系统里安装集成组件，这种虚机比虚拟化感知型虚机的性能差，而且不具备某些 Hyper-V 提供的高级功能，运行 Windows Server 2003 和 Redhat Enterprise Linux 5.7 等操作系统的虚机都是模拟型虚机，如图 5-6 所示。

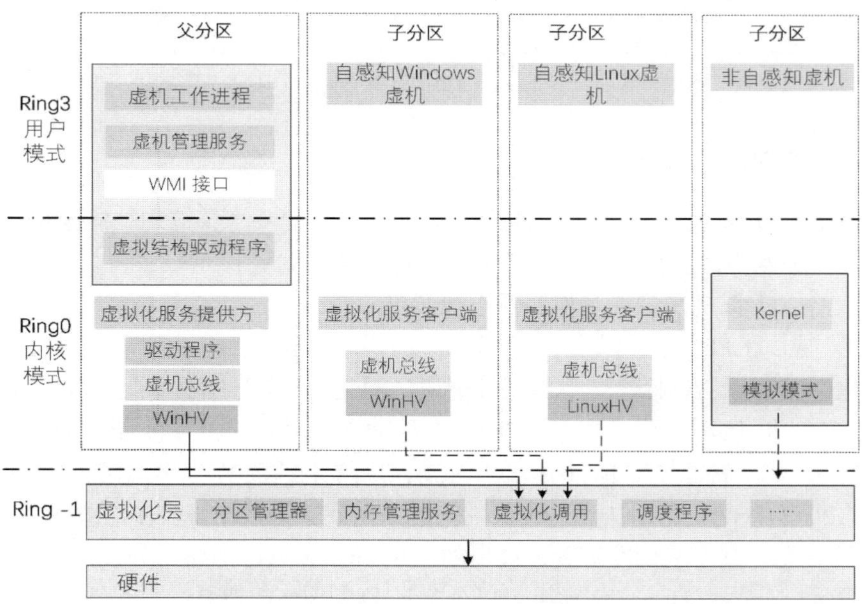

图 5-6　分区和虚机分类

5.1.3　Hyper-V 软件堆栈

验室 目前，主流的虚拟化软件堆栈可分为两大类——单内核和微内核，图 5-7 所示的虚拟化称之为单内核（Monolithic Kernel）虚拟化，图 5-8 所示的是微内核（Micro Kernel）虚拟化。单内核虚拟化软件内置了所有支持虚拟化软件必要的硬件驱动，资源分配完全由虚拟化软件调度，虚拟化软件掌控所有的硬件访问请求。这种内核的虚拟化需要对支持的硬件的驱动进行编写，从而对硬件支持有一定的范围限定。微内核虚拟化软件把核心关键的功能设计在内核模式，而驱动和其他非重要的核心功能都运行在用户模式下（最终加载到父分区），因此，微内核虚拟化的资源分配和调度机制和单内核不一样。微内核虚拟化软件的父分区负责所有分区的存储和网络调度，而虚拟化层负责内存和 CPU 访问的调度。不像单内核结构把驱动都运行在虚拟化软件里，微内核虚拟化软件结构中，网络和存储驱动运行在父分区，而子分区的虚机同样也要运行驱动。

两类虚拟化软件各有特点，微内核虚拟化软件具有更加广泛的硬件支持体系，而且代码量更小（微内核通常为几百 KB 的代码体积，单内核则为几十甚至上百 MB 的代码体积），意味虚拟化软件本身执行起来占用更少的硬件资源，在运行过程中也具有相对高的安全性，但是对父分区操作系统依赖性比起单内核结构要大一点儿。Hyper-V 使用的是微内核虚拟化软件，网络和存储的驱动运行在父分区的 Windows Server 操作系统。

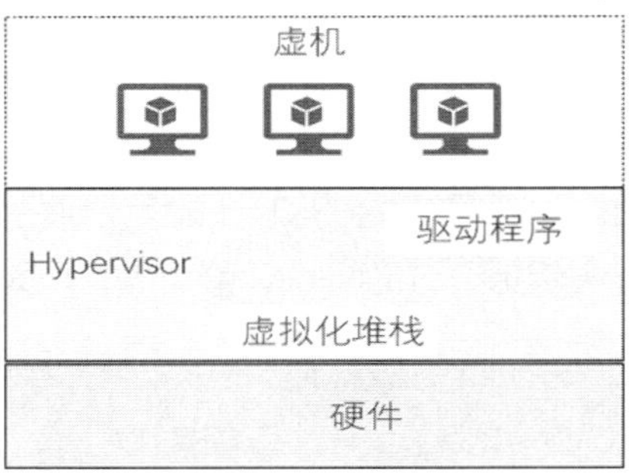

图 5-7　单内核虚拟化软件

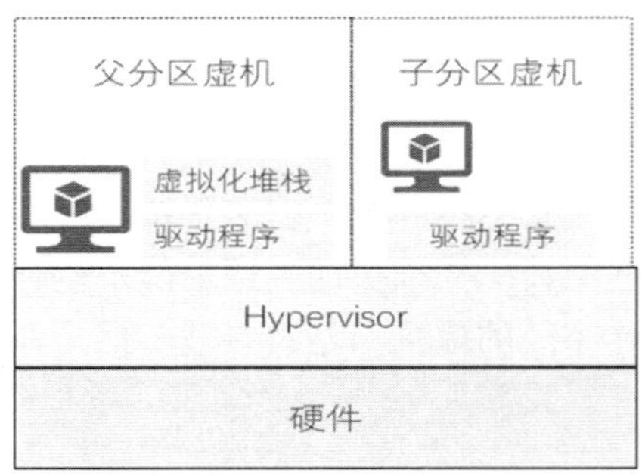

图 5-8　微内核虚拟化软件

5.1.4　Hyper-V 资源

在创建虚机或者为业务规划虚机性能时，通常要考虑 4 个关键的性能模块： CPU、内存、虚拟硬盘和网络。虚拟化网络已经单独列在第 4 章讨论，这里不再赘述。接下来分别就 CPU、内存和虚拟机硬盘的工作原理进行简单的介绍。

5.1.4.1　虚机 CPU

虚拟化和云计算的目标之一是能将计算资源池化，动态为虚机分配 CPU 资源和其他资源，当一台物理机上运行多个虚机实例时，这种动态使用 CPU 的效果就更加明显了。为虚机分配 CPU 操作起来非常简单，为虚机实时迁移重新分配 CPU 也不难，但是涉及物理 CPU 核与虚拟 CPU 的分配比却是个讨论已久的问题，困扰着很多用户。在虚拟化世界里，虚机 CPU 该如何分配一直没有标准答案，最新的 Windows Server 2016 物理机最多已经可以支持 512 个逻辑核，单个 Hyper-V 虚机可以分配最多 240 个虚拟 CPU，但是在单个虚机分配的虚拟 CPU 数无法超过其所运行的物理机的逻辑核数。如果物理机上运行多台虚机，这些虚机所分配的虚拟 CPU 总和却可以超过物理机的逻辑核数，甚至超过好几倍。因此，用户在为虚机设计 CPU 分配时往往会用到物理虚拟比或者分配比这个概念，比如一台物理机有 24 个逻辑核，上面如果运行的虚机分配的虚拟 CPU 总和为 24，那么就称虚拟化比为 1:1，如果运行的虚机分配的虚拟 CPU 总和为 48，那么虚拟化比为 2:1。

要找到相对科学的分配比，首先我们要知道虚机 CPU 的运行随着负载类型和负载处理的负荷变化而变化，这些因素输入的变量对 CPU 的分配比的输出都起着直接的作用。我们可以根据经验或者模拟测试得出大致的 CPU 分配比，下面将对这个问题进行简单的探讨。

接着要明确的是，并不是在虚机设置里分配给某台虚机几个虚拟 CPU，这几个虚拟 CPU 在虚机生命周期内就绑定给了这台虚机，理解起来更像是“租赁”给虚机，而且这种“租赁”周期和“租赁”的 CPU 核都不是确定的。在理解 Hyper-V 虚机 CPU 分配之前，我们先来大致了解 CPU 的工作机制。在纯物理环境里，CPU 核使用线程处理任务（线程指的是一系列的 CPU 指令，一个逻辑核同时只能执行一个线程），通常系统打开的应用的进程里包含一到多个线程。如果是单核 CPU，在处理多个任务时，系统通常采取逐个处理的方式，比如在处理任务 A 时，有更高优先级的任务 B 要处理，那么系统会暂停并保存任务 A 的线程，紧接着开启另外一个线程处理任务 B，系统决定着线程的开启和关闭，比如是否要新建进程来处理新的任务。但是如果系统有多个 CPU 逻辑核，就可以实现多任务并行处理而不是逐个处理。

所以在物理环境中，Windows Server 承担着 CPU“管理员”的角色，负责管理处理任务的线程。而在虚拟化环境中，因为 CPU 的调度和管理转移到了虚拟化软件层，所以虚拟化软件承担着“超级管理员”的角色，负责管理 CPU“管理员”，也就是 Windows Server 操作系统。在所有分区操作系统里（包含父分区和子分区）都有若干个进程和若干个线程，前面提到过虚拟化软件层的调度程序，虚拟化层调度程序和物理环境中的操作系统承担的角色大致相当，起到为虚机分配线程的职责。在虚机系统要处理某个任务时，虚拟化层调度程序为虚机在某一个或者多个逻辑核里启动一个或者多个线程。如果在调度那一刻有足够的可用的核，那么虚拟化层调度程序可以随机在某个可用的核里启动一个线程，但是如果当前没有可用的核，那么这个线程将在虚拟化层调度程序排队等候。为虚机分配的线程运行的逻辑核是动态的，而不会是固定的，比如虚机当前分配了两个线程运行在逻辑核 1 和 5 里，下一次分配的两个线程可能运行在 2 和 4 里，也就是说，每个逻辑核运行的线程是随机的。虚拟化层调度程序掌握着逻辑核分配权，在接到虚机任务请求后为虚机线程运行分配逻辑核，但是不由虚机选择运行在哪个逻辑核里。

我们在实际操作过程中，可以为多个虚机分配超过物理机 CPU 核总和，并且发现虚机在同时运行时，CPU 时间也不会到 100%，除非给虚机的 CPU 加压。这是因为在虚机执行线程的当前占用运行线程的逻辑核的 100%的时间，线程被虚拟化层调度程序“转移”到其他 CPU 核执行当前同样占用 100%的时间。CPU 处理时间有时候非常快，我们说的这个当前也许是个非常短的时间。因为我们在系统里面看到的测量间隔可能比线程处理的时间长很多，所以在性能监视器里看到的 CPU 时间是以系统收集时间刻度计算的平均值。举个例子，在一台 4 核 CPU 的物理机上运行着一台分配了两个虚拟 CPU 的虚机，虚机在第一个核里处理任务用了 0.1 秒，线程在这 0.1 秒里占用 100%的 CPU 时间，第二个核里处理任务用了 0.1 秒，线程又在这 0.1 秒里占用 100%的 CPU 时间，那么在 0.2 秒里虚机占用了 25%的总 CPU 时间（因为在整个 0.2 秒内还有一半的 CPU 核时间为 0）。但是如果我们在性能监视器里设置了 1 秒钟的收集频率，或者我们就是要计算 1 秒内的 CPU 平均使用时间，那么可以使用如图 5-9 所示的方式计算出在这 1 秒钟里，虚机实际上占用的 CPU 时间只有 5%（25%×0.2/1），如图 5-9 所示。

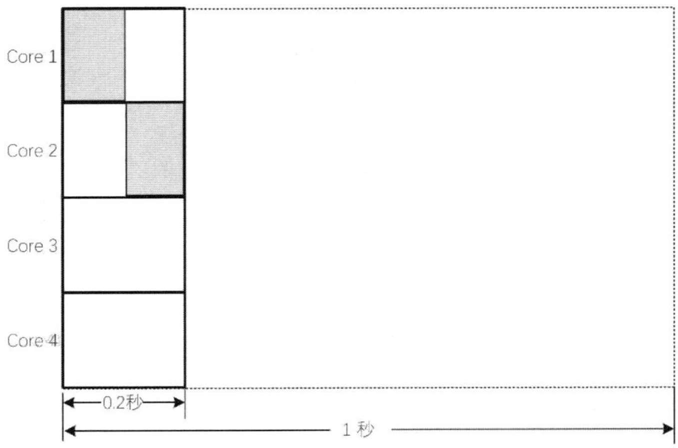

图 5-9　在一定时间内的 CPU 使用

所以即使在一台 24 核服务器上给 20 台运行的虚机分配超过 40 个虚拟 CPU，虚机如果处于空闲状态，或者处理任务的占用 CPU 核时间非常短，一个核在给定时间周期内能够依次运行多个虚机的线程，那么在性能监视器里看到的使用时间并不会是 100%，所以这个分配比决定因素取决于虚机线程的繁忙程度。对于 CPU 重量级使用负载，即使分配了 1:1 的 CPU，CPU 的使用率一直处于较高的水平，现象可能如图 5-10 所示（阴影部分面积）。对于 CPU 轻量级使用负载，即使为运行的虚机分配了 2:1 甚至更多的虚拟 CPU，CPU 的使用率有可能比 1:1 配比的 CPU 更低，现象可能如图 5-11 所示（阴影部分面积），这些现象在实际生产中经常见到。

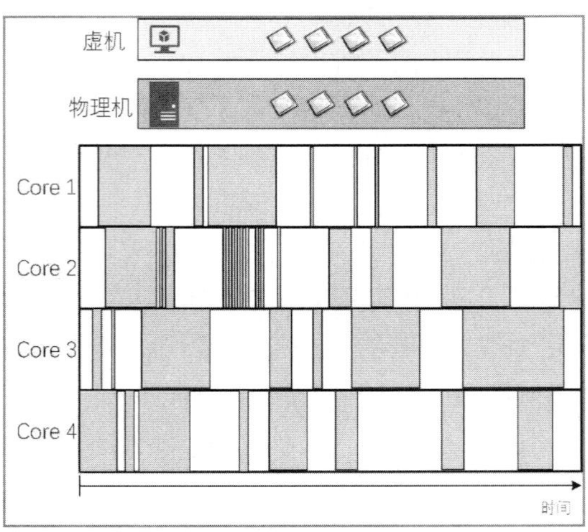

图 5-10　虚拟 CPU:物理总核=1:1

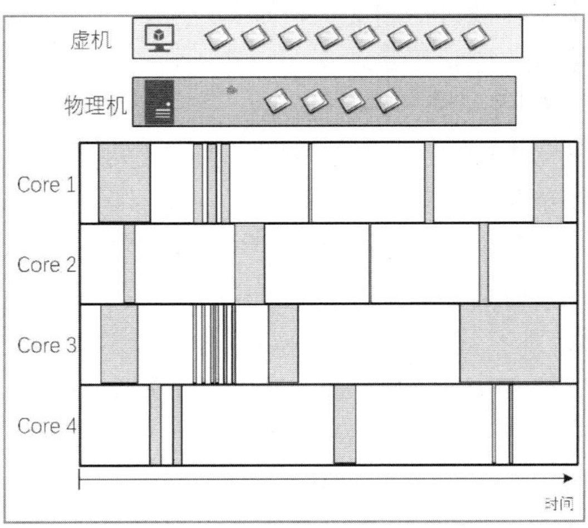

图 5-11　虚拟 CPU:物理总核=2:1

所以说一个固定的虚机 CPU 分配比适用于任何情况，需要根据实际负载进行评估，在可以收集到性能数据的环境里，比如用户自己的数据中心，可以使用微软提供的微软公司 Assessment and Planning（MAP）工具对服务器的负载进行一段合理的时间的收集，以此为依据来确定合理的硬件资源和虚拟化比。在无法收集和预测负载类型和负载使用情况时，比如在 IDC 或者托管环境里，不能使用 MAP 提前分析和规划，则可以考虑使用行业中的一些 CPU 基准测评软件进行评估。当然，无论最初怎么设计，一定要充分利用 Hyper-V 的性能优化功能，在物理环境出现 CPU 使用率较高的时候，可以考虑使用实时迁移进行性能的平均分配。

5.1.4.2　*虚机内存*

和 CPU 分配不同，虚机内存分配由物理机内存大小所限制，内存是决定单台物理主机上运行虚机最大数量的天花板因素。但是行业中有些虚拟化平台使用内存超用方式来增加物理机上的虚机密度，这些虚拟化平台允许运行的虚机分配的内存总和超过物理机安装的内存。如果虚机超过了物理机的内存，虚拟化软件将执行虚机内存回收，然后再按照相对平等原则重新分配给虚机。比方说这种虚拟化平台运行若干 Windows 的虚机，虚机系统内存页里面包含的内容十分接近，于是虚拟化软件找到并合并虚机里相同内容的内存页。这种方式通常叫作共享内存，共享内存在 Windows 系统里也常用到，共享内存对多个应用进程都可用，比如多个进程使用相同的 DLL，那么只需要把 DLL 代码页装入内存一次，所有映射了这个 DLL 的进程共享这些代码页即可。除了共享内存，还有一个常用的机制叫内存气球，顾名思义，内存分配可以像气球一样随着里面气压的变化而增大或缩小，当然，虚拟化平台的内存气球原理要复杂很多。内存气球采用从虚机回收空闲内存的方法来加强内存的使用率。如果虚机使用的内存页接下来不再使用，虚拟化软件尝试使用类似于气球充放气的方法回收这些内存页。要使用内存气球，要求虚机系统里内置特定的内存气球驱动，这个驱动负责从虚机内核释放内存，然后交给虚拟化软件，以便虚拟化软件可以重新分配给其他需要更多内存的虚机。虚机操作系统通常在虚机内部操作系统回收空闲内存，并转移到交换空间。内存气球实现虚机内存的回收和释放，但是还需要实现虚机内部的内存交换才能完成内存重新分配这个过程。虚拟化软件使用虚拟化内存交换技术完成快速的内存分配，即首先将内存页交换到硬盘，因此为了达到性能的提升，可以将内存交换到性能较好的 SSD 硬盘。

Hyper-V 虚拟化使用动态内存的机制完成虚机内存的重分配，Hyper-V 动态内存使用上面提及的内存时气球和虚拟化内存交换技术完成内存的回收和交换，也许基于安全性考虑，微软在设计 Hyper-V 动态内存时并没有使用共享内存这项技术，毕竟不同虚机可能共享内存页，这样虚机的数据没有得到完整的隔离。Hyper-V 动态内存除了使用这两项技术，还使用热添加内存技术，热添加内存技术使用虚机的动态内存驱动通知 Hyper-V 虚拟化调度程序虚机遇到了内存压力，需要更多的内存，如果有空闲的内存，那么就给虚机分配更多的内存。Hyper-V 动态内存可以设置最小内存和最大内存，使用热添加技术为虚机分配更多的内存，直到虚机分配的内存到达设置的最大内存值。

可在 Hyper-V 控制台里设置虚机的启动内存、最小内存和最大内存，如图 5-12 所示。最小内存不能大于启动内存，虚机在启动过程中仅使用启动内存，所以务必要保证启动内存满足虚机操作系统的最低要求，否则启动非常慢甚至无法正常启动虚机。

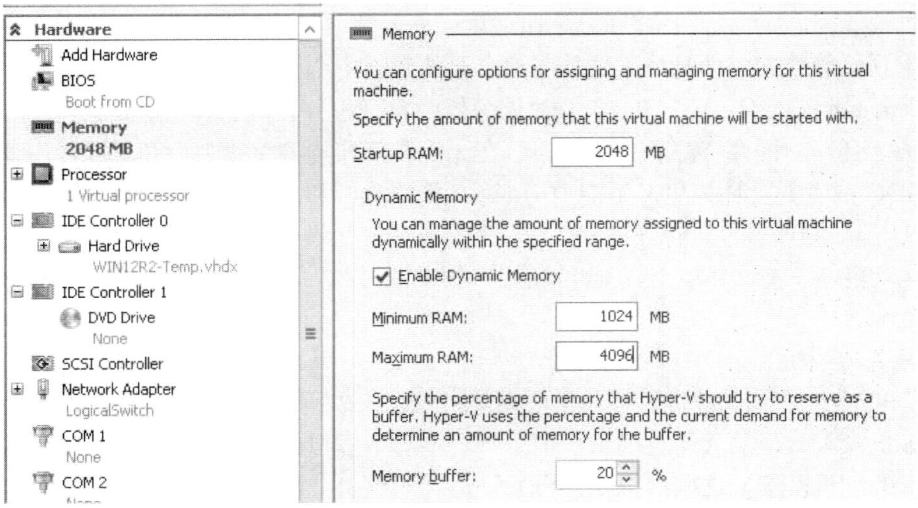

图 5-12　设置 Hyper-V 动态内存

我们可以简单测试一下动态内存的效果，首先将动态内存的启动内存设置为 800 MB，最小内存设置为 600 MB，最大内存设置为 4096 MB，如图 5-13 所示。

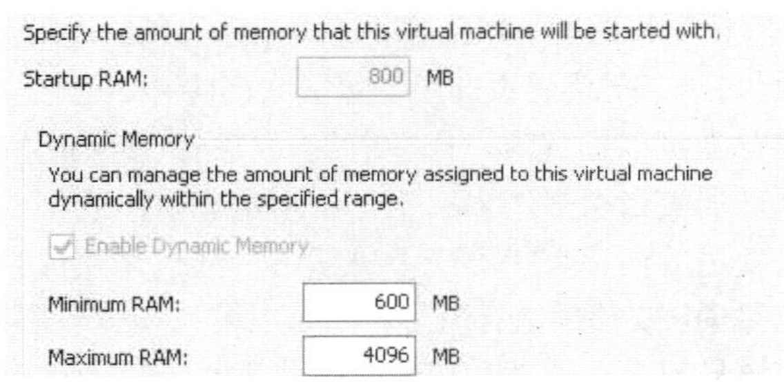

图 5-13　设置动态内存

启动虚机时，可看到系统分配了 800MB 内存，也就是启动内存，但是实际上系统只使用了 600 MB 左右的内存，如图 5-14 所示。

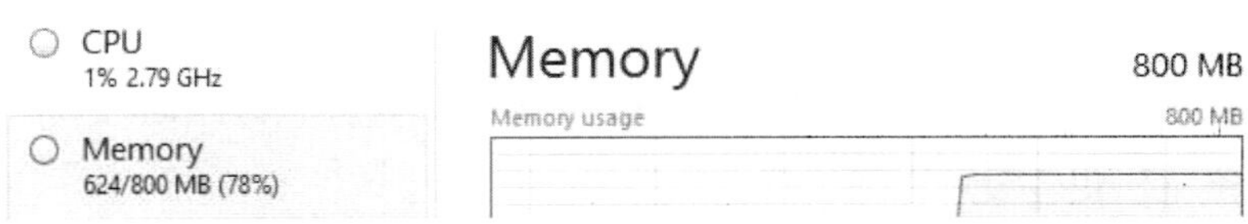

图 5-14　系统使用动态内存

给系统加压，让虚机请求更多的内存，这时虚机分配的内存将超过 800MB 的启动内存，如图 5-15 所示。

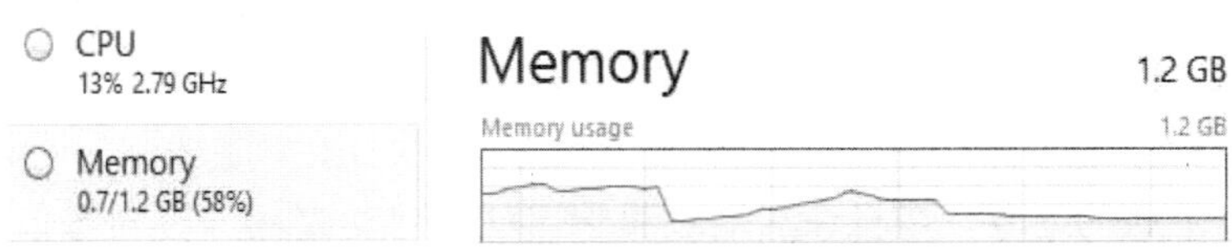

图 5-15　动态内存调整

5.1.4.3　虚拟磁盘

下面对常用的虚机存储及类型从理论上进行简单的介绍作为回顾和复习。虚机设备包括动态或者固定大小的 VHDX 磁盘、直通磁盘、FC SAN 和 ISCSI LUN。

- **可扩展的 VHDX 虚拟硬盘**。可扩展的 VHDX 磁盘的通俗叫法是“瘦供给”虚拟硬盘，Hyper-V 里称之为动态虚拟硬盘，动态 VHDX 本质是一个文件，但是这个文件在虚机系统里面看到的是块硬盘。动态 VHDX 有大小属性，在虚机系统里面看到的硬盘大小就是在 Hyper-V 里定义的大小，其初始创建时占用物理硬盘空间很小，随着虚机里存放的数据越来越多，动态 VHDX 的大小不变，但是占用物理硬盘空间会逐渐增大。动态 VHDX 创建非常快，因为它占用的物理空间小，在给动态 VHDX 备份时，也只需备份实际使用大小的空间，而不会备份未被使用的空白空间。动态 VHDX 还可超配但是不能超用，比如虚机动态 VHDX 所存储的物理卷只有 100GB，动态 VHDX 文件大小可以设置为 200GB 甚至更大，但是动态 VHDX 文件却不可以存储超过 100GB 的数据。动态 VHDX 虚拟硬盘写入磁盘比较零碎，加之动态 VHDX 虚拟硬盘在虚机往存储发生读写请求时首先查询块分配表，大致过程如图 5-16 所示，导致读写存储的 I/O 步骤较多，一定程度上会影响读写性能，适合对性能要求不高的应用。

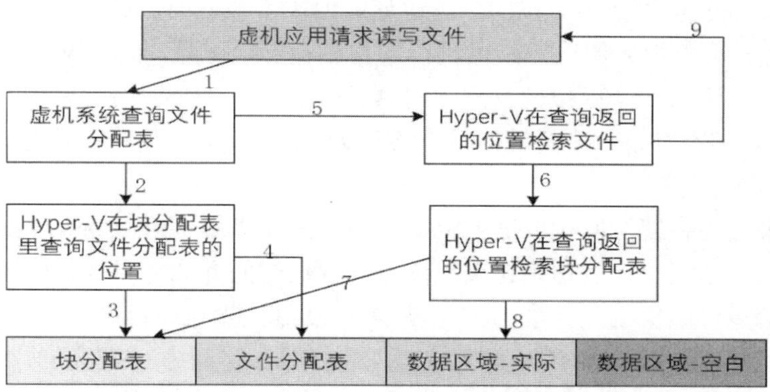

图 5-16　动态 VHDX 结构和 I/O 步骤

- **固定大小的 VHDX 虚拟硬盘**。固定大小的 VHDX 虚拟硬盘分配实际大小的物理存储空间，因为没有块分配表，固定 VHDX 具有更少的 I/O 处理步骤，如图 5-17 所示。固定大小的 VHDX 磁盘比动态 VHDX 磁盘性能更好。对于整个硬件存储，固定大小的 VHDX 的虚拟硬盘写入磁盘比动态 VHDX 写入相对有序。固定大小的虚拟硬盘更适合于性能要求较高的应用，但是固定大小的虚拟硬盘一开始就占用虚拟硬盘同样大小的空间，如果数据增长率不大，那么使用效率比动态 VHDX 虚拟硬盘要低。所以通常可以将动态 VHDX 虚拟硬盘和固定大小的 VHDX 虚拟硬盘混合使用。
- **直通磁盘**。直通磁盘是直接将物理机的物理硬盘分配给虚机，直通磁盘因为没有虚拟化这层堆栈，I/O 路径更短，相对 VHDX 磁盘性能更好。但是比起 VHDX 格式的虚拟硬盘，直通磁盘的灵活性稍差，VHDX 虚拟硬盘可以通过网络和其他存储介质复制和移动到其他的位置，可以实现虚机实时迁移，而直通磁盘不能跟随虚机实时迁移和离线移动，此外，Hyper-V VSS 技术也不支持在线备份虚机的直通磁盘。

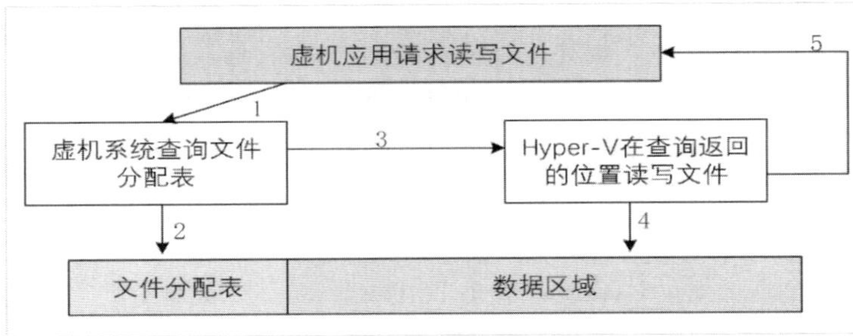

图 5-17 固定 VHDX 结构和 I/O 步骤

- **FC SAN 之 LUN 存储**。直接将 FC SAN 的 LUN 划分给虚机，虚机使用虚拟 HBA 卡通过物理光纤交换机虚拟端口连接到FC SAN，要给虚机分配LUN，需要有支持NPIV的 FC 交换机。FC SAN 为虚机提供了共享存储，可以用于虚机群集的虚机磁盘。
- **IP SAN 之 LUN 存储**。直接将 IP SAN 的 LUN 划分给虚机，虚机使用网络而不用虚拟 HBA 块连接到 IP SAN，IP SAN 为虚机提供了共享存储，可以用于虚机群集的虚机磁盘。

5.1.4.4 共享虚拟硬盘

除了 IP/FC SAN 可以作为虚机的共享存储，VHDX 所具有的共享特性同样可以分配给虚机作共享存储，可以很方便地构建虚机群集和设置群集磁盘。共享 VHDX 虚拟硬盘技术允许多个虚机同时读写一个虚拟硬盘，但对其条件有一定的要求，共享的虚机磁盘必须存储在 CSV 里，否则不具备共享特性。共享 VHDX 虚拟硬盘的格式可以是动态的也可以是固定大小的。

注意，如果使用存储空间构成的 CSV，则必须把存储空间的 LogicalSectorSize 配置成 512b。否则在虚机系统里无法初始化虚拟硬盘，存储空间介绍详见 3.1.2 节。

如果需要给多台虚机创建共享的 VHDX 虚拟硬盘，先在一台虚机上的 SCSI 控制器下新建硬盘控制器并创建一个 VHDX 虚拟硬盘，选择保存路径为 CSV 卷或者在 CSV 卷上创建的 SOFS SMB 共享文件夹，如图 5-18 和图 5-19 所示。在新建的 VHDX 高级功能里一定要勾选启动虚拟硬盘共享，如图 5-20 所示。

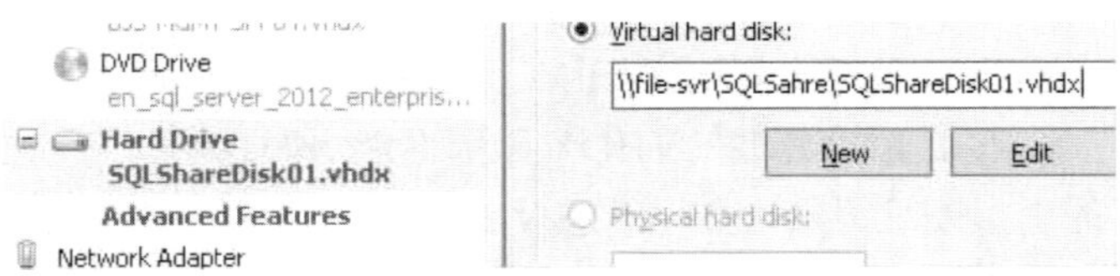

图 5-18 创建共享 VHDX 虚拟磁盘

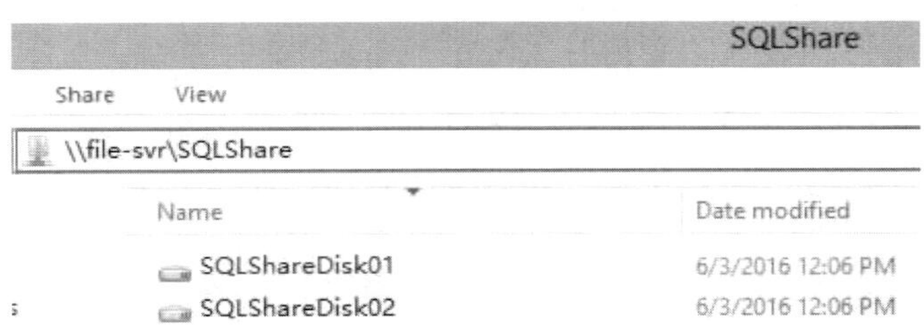

图 5-19 共享 VHDX 存储在 SOFS SMB 共享

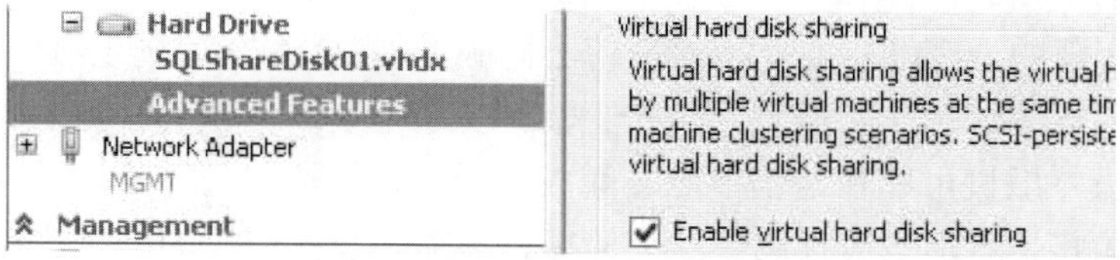

图 5-20　设置 VHDX 磁盘为共享磁盘

在第一台虚机上设置完毕后，再到其他要使用这些共享 VHDX 虚拟硬盘的虚机设置里，在 SCSI 控制器下创建一个硬盘驱动器，浏览并选择上一步创建的 VHDX 虚拟硬盘。记住，虽然在第一个虚机上已经将虚拟磁盘设置为共享 VHDX 磁盘，在其他虚机设置里同样要在 VHDX 高级功能勾选启动虚拟硬盘共享，否则这个虚拟硬盘无法被真正被多个虚机共享。

安装应用时可以像传统共享 SAN 存储一样使用群集磁盘，比如 SQL Server 数据库群集使用群集磁盘存储群集数据库文件，如图 5-21 所示。

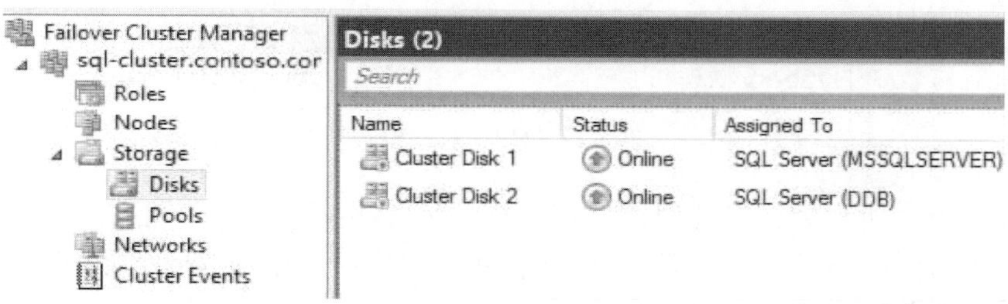

图 5-21　SQL Server 群集使用共享 VHDX 作为群集磁盘

5.1.5　Hyper-V 性能优化和加速

5.1.5.1　CPU 兼容模式

即使品牌相同，版本不同的 CPU 具有的功能和指令集也可能不同，指令集结构扩展是 CPU 厂家引入的用于提高 CPU 性能和安全性的功能，这个功能使用特定的硬件处理特定的任务。比如在处理图形渲染时，需要用到 CPU 加速计算能力，而这些功能不适用于普通的应用处理。操作系统和应用在初始启动时对 CPU 进行功能枚举，稳定的 CPU 功能为应用的稳定性提供了保障，在物理机上通常不会轻易发生 CPU 的改变，除非更换 CPU 芯片。

但是虚机却不同，虚机会发生实时迁移或者导入导出到其他物理机的情况，当虚机迁移或者导入到其他物理机，应用程序枚举新的 CPU 指令集时，如果发现比之前的 CPU 缺少某些指令集，可能会出现某些操作无法执行的后果。所以我们在设计群集时，往往会要求群集节点服务器的 CPU 是同一个品牌并且版本高度一致，因为同版本 CPU 支持的指令集相同。有些用户为了节约，可能会将一些具有相同品牌不同版本的 CPU 的物理服务器加入到同一个群集里，虚机在这些新旧 CPU 混合群集发生实时迁移时，比如从高版本 CPU 节点向低版本 CPU 节点迁移，虚机将无法用到高版本 CPU 的功能和指令集，为了避免潜在的问题发生，群集通常在默认情况下会阻止虚机的实时迁移。

为了解决这个问题，Hyper-V 虚机里引入了虚机处理器兼容模式，处理器兼容模式下的虚机只使用有限的处理器指令集，保证跨不同版本 CPU 的物理机主机的 CPU 功能和指令集统一，如图 5-22 所示。实际上，处理器兼容模式隐藏了当前 Hyper-V 物理机较新的 CPU 指令集，虽然虚机可以在这些节点之间成功迁移，但是虚机将可能牺牲使用最新 CPU 功能的机会，尤其是对那些运行比如浮点计算、压缩和加密应用的虚机。

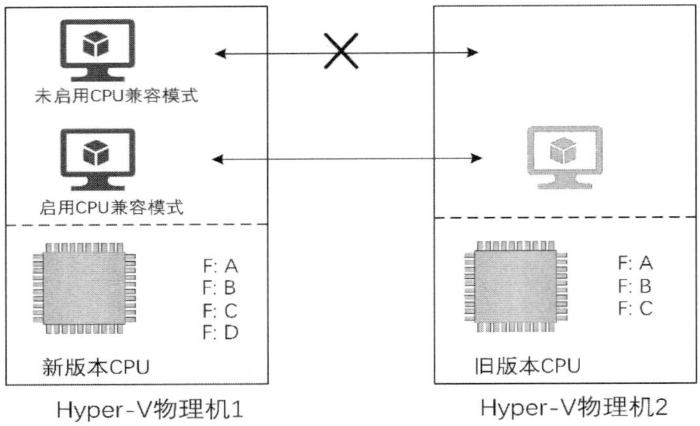

图 5-22　CPU 兼容模式

默认情况下，所有虚机的处理器兼容模式都是关闭的，只有在经过评估后，在不影响虚机上的应用为提前下开启处理器兼容模式。可以使用 Hyper-V 管理器或者 PowerShell 命令行开启处理器兼容模式，如图 5-23 所示。

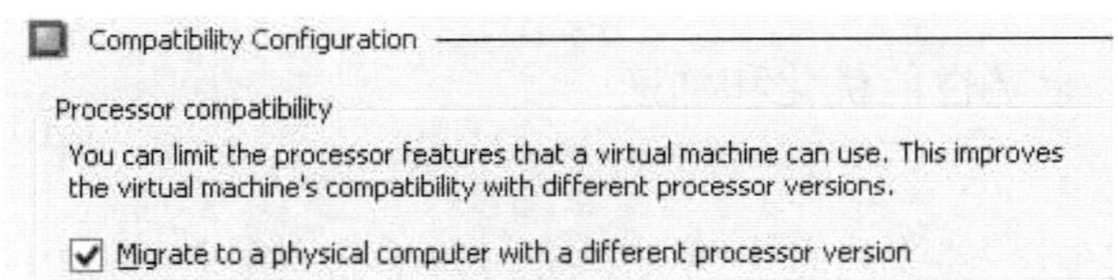

图 5-23　开启 CPU 兼容模式

5.1.5.2　NUMA 映射

相对对称多处理器（SMP，也称之为一致内存访问）来说，NUMA 具有更好的扩展性。NUMA 将 CPU 和相近的内存配对组成节点，在每个 NUMA 节点里，CPU 都有本地内存，访问距离短，性能好。NUMA 比 SMP 具有更好的扩展性，SMP 使用共享内存控制器，所有的 CPU 使用共享内存总线访问内存，如图 5-24 所示。在 CPU 不多的时候，SMP 可以很好地工作，但是一旦 CPU 的数量很大，这些 CPU 既可能造成内存总线的压力，也可能发生 CPU 之间相互“争夺”对共享内存总线的访问的情况。NUMA 采用分组的形式，限制一个 NUMA 节点里面的 CPU 数量和内存大小，并使用缓存一致性内部连接总线将各个 NUMA 节点连接起来，如图 5-25 所示。在服务器 CPU 日益增多和虚拟化普及的时代，NUMA 更能适应高密度虚拟化环境的要求。

那么虚机是否能用到 NUMA 的特性呢？从 Windows Server 2012 开始，Hyper-V 虚机可以映射虚拟的 NUMA 拓扑，在虚机配置了较多内存的时候，使用 NUMA 拓扑映射能保证分配给虚机的 CPU 只访问本地的内存，从而达到提升性能的目的。Hyper-V 为虚机提供虚拟 NUMA 节点，虚拟 NUMA 的拓扑结构及原理与物理机的 NUMA 拓扑及结构一致，虚拟 CPU 和虚机内存组合成虚拟 NUMA 节点，每个虚机的虚拟 NUMA 节点都映射到相关的物理 CPU 上，如图 5-26 所示。Hyper-V 虚机能够感知物理机 NUMA 拓扑并在启用 NUMA 时进行默认映射，通常如果虚机虚拟 CPU 没有超过物理机单颗 CPU 的核数，那么通常只生成一个虚机 NUMA 节点。虽然我们可以进行自定义给虚机分配设置多个虚拟 NUMA 节点，但是跨 NUMA 节点的拓扑偏离了物理机的拓扑结构，会影响性能的提升速度，所以在一些高负载应用场景下不建议不经规划设置多个虚拟 NUMA 节点。

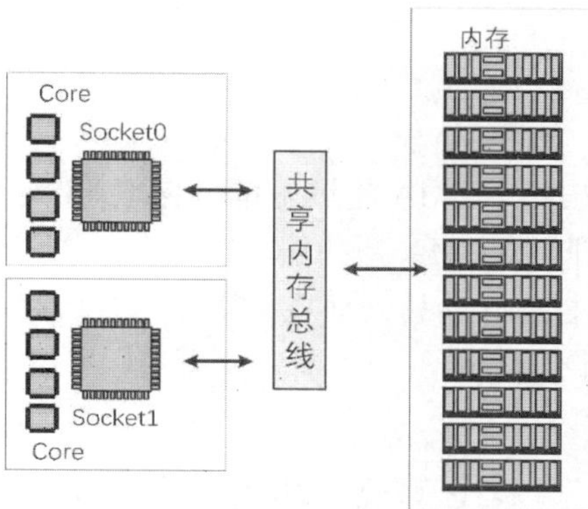

图 5-24 SMP 内存和 CPU 对应关系

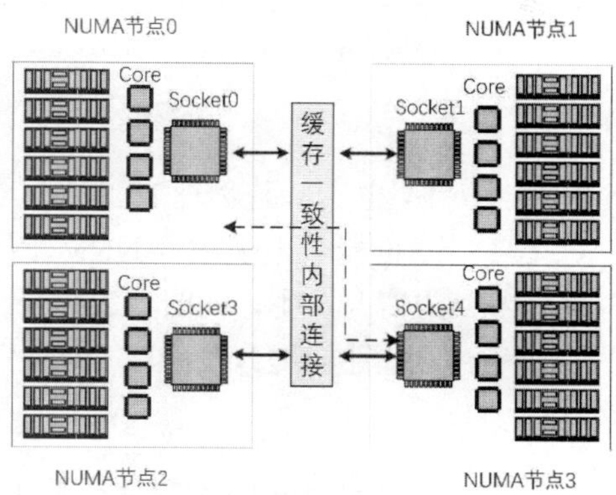

图 5-25 NUMA 内存和 CPU 对应关系

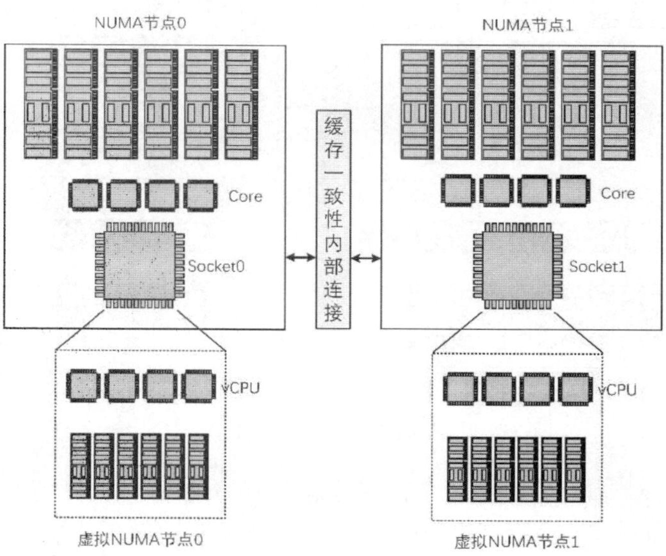

图 5-26 虚拟 NUMA 拓扑映射

举个例子，物理机有两颗 CPU，每颗 CPU 有 20 个逻辑核，因此该物理机一共有 40 个逻辑核和 256GB 内存，所以每个 CPU 逻辑核对应约 6.4GB 内存。每颗 CPU 和它临近的内存组成一个 NUMA 拓扑节点，因此物理机一共有两个 NUMA 节点，每个 NUMA 节点包含 20 个逻辑核和 128GB 内存，如果虚机启用 NUMA 映射，那么这个虚机的 NUMA 节点拓扑里包含最大的虚拟 CPU 数是 20，内存数是 128GB，如图 5-27 所示。

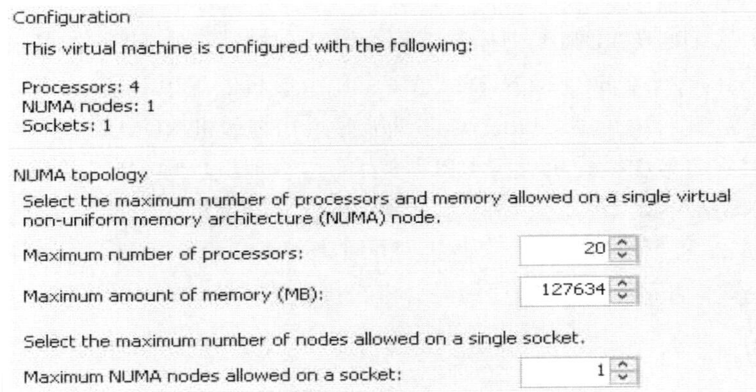

图 5-27　虚机 NUMA 拓扑内存和 CPU

虚拟 NUMA 也支持跨物理 NUMA，如果单个虚拟 NUMA 超过了单个物理 NUMA 节点的 CPU 数量，可能会出现虚机 NUMA 拓扑和物理机 NUMA 拓扑偏离的情况，导致 CPU 访问远程内存的情况发生，如图 5-28 所示。因为远程内存的访问速度比本地内存访问速度慢，因此可能导致性能提升没有在 NUMA 拓扑内那么明显。

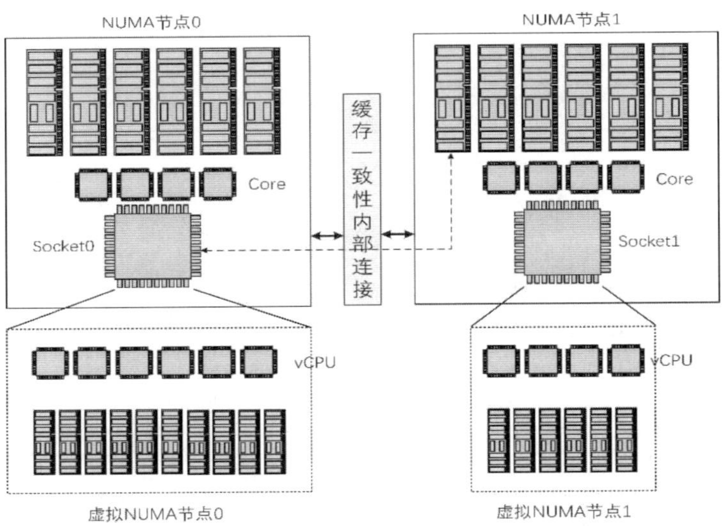

图 5-28　跨物理 NUMA

再举个例子，给虚拟 NUMA 拓扑设置成最多 10 个虚拟 CPU，那么依据当前的环境，按照 NUMA 拓扑的最大内存应该限制在 64GB 内存，如果虚机分配了 10 个 CPU 和超过 64GB 内存，则虚机必然要访问其 NUMA 节点之外的远程内存。同理，如果虚机的 NUMA 节点的 CPU 超过了物理机 NUMA 节点的 CPU，这些 CPU 也将访问其他 NUMA 节点的远程内存。

要查看物理机的 NUMA 拓扑，可以在服务器系统的任务管理器查看，也可以使用 PowerShell 命令查看。在系统里打开任务管理器，再打开资源监视器，选择 CPU 选项卡后，可以查看 NUMA 的节点数和每个节点的 CPU 使用情况，如图 5-29 所示。

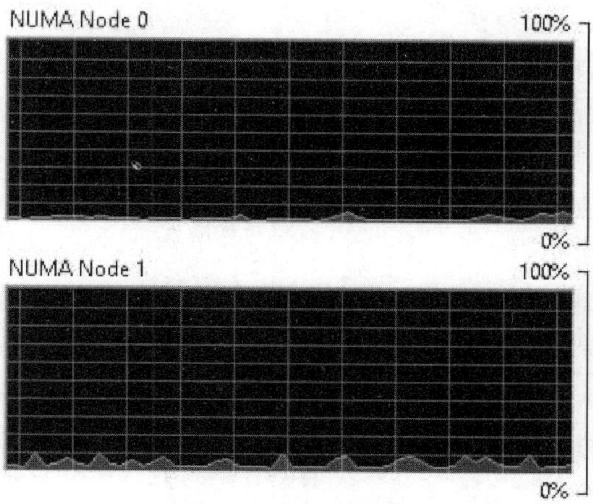

图 5-29　在任务管理器查看 NUMA 拓扑

使用 PowerShell 命令 Get-VMHostMumaNode 可以查看更详细的物理机的 NUMA 节点信息，包括内存以及剩余内存，如下示例所示。

```
PS C:\> Get-VMhostNumaNode
NodeId                    : 0
ProcessorsAvailability    : {0, 0, 0, 0...}
MemoryAvailable           : 38459
MemoryTotal               : 131035
ComputerName              : Host01

NodeId                    : 1
ProcessorsAvailability    : {0, 0, 0, 0...}
MemoryAvailable           : 38470
MemoryTotal               : 131072
ComputerName              : Host01
```

5.1.5.3　虚机队列（VMQ）

在介绍虚机队列（Virtual Machine Queues，以下简称为 VMQ）之前，我们先来看看在传统的物理服务器上，网卡是如何接收网络数据的。在物理机上，大部分的网卡都已经支持接收端缩放（Receive Side Scaling，以下简称为 RSS），物理机网卡如果支持多个硬件接收队列，则会将接收的数据分发到网卡的多个队列里，在具备多核的物理服务器上，通过网卡的 RSS 技术将多个队列中断不同的 CPU 逻辑核来提高数据接收效率，如图 5-30 所示。RSS 技术的目的在于为队列找到最佳的 CPU 逻辑核来平衡网络的 CPU 开销。

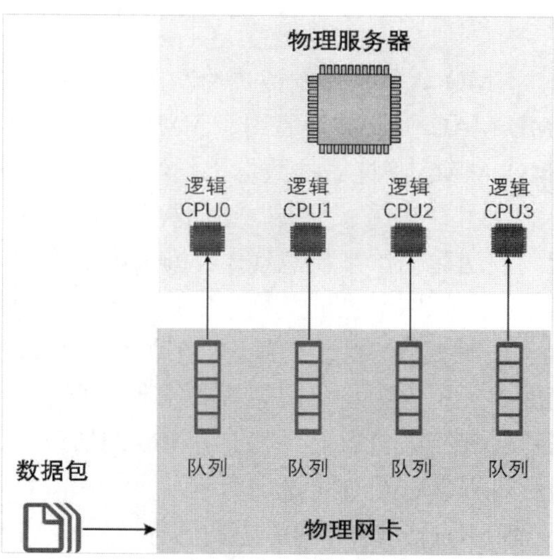

图 5-30　RSS 队列中断 CPU

虚拟化环境的情况比物理环境要复杂些，其一是因为物理机网卡发生“形变”成为虚拟交换机之后网卡丧失了 RSS 功能，其二是由于物理机上运行了若干台虚机，物理机和虚机通过相同的网卡接收数据包，所以需要寻求同等有效的方法来平衡网络的 CPU 开销，并同时保证虚机的网络性能。VMQ 技术因需而生，VMQ 是一种特殊的队列，采用和网卡硬件类似的队列，并采用类似于 RSS 为队列中断不同的 CPU 逻辑核的机制。所不同的是，VMQ 筛选和分配数据包与网卡硬件队列的逻辑不一样，在只有物理机的情况下，物理机的网卡只考虑物理机自己数据队列，而在虚拟化环境中虚拟交换机不仅要平衡物理机的队列还要照顾虚机的队列。

在介绍 VMQ 工作原理之前，我们先来了解虚拟交换机数据包的路由路径，Hyper-V 虚拟交换机存在两种队列——VMQ 和默认队列。默认队列的数据先后通过虚拟交换机的路由、筛选、扩展、访问控制列表和转发路径，最后由虚机总线进行数据分发，如图 5-31 所示。

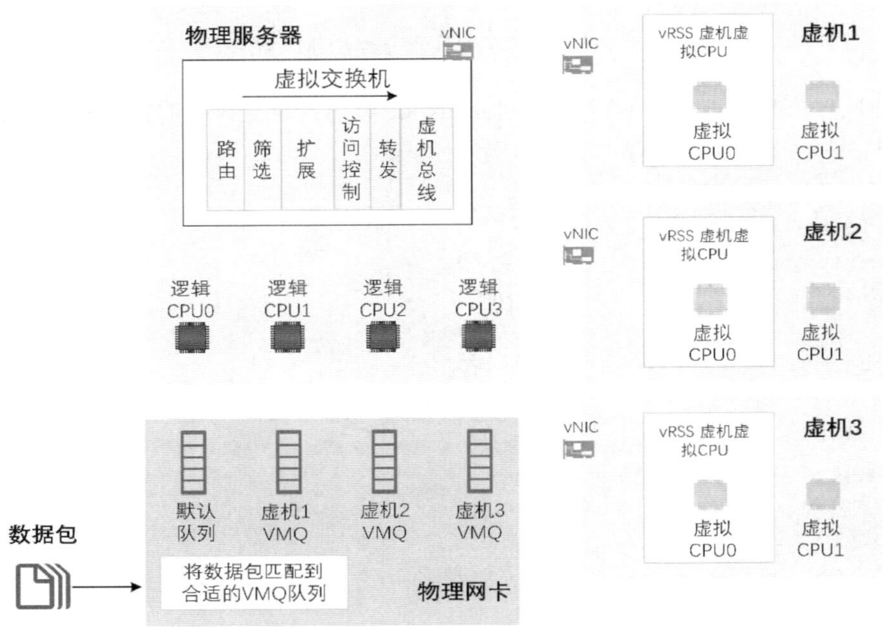

图 5-31　虚拟交换机数据转发路径

VMQ 队列在分发数据给队列之前先将虚机虚拟网卡的 MAC 地址收集起来，然后通过 VMQ MAC 筛选器为启用了 VMQ 的虚机分配 VMQ 队列，未启用 VMQ 的虚机和不能匹配 VMQ MAC 筛选器的数据将继续放置在默认队列里。VMQ 队列不像默认队列一样通过完整的路由、筛选、扩展、访问控制列表和转发路径，而是“插队”到扩展通过更少的路由代码发送数据给虚机总线，数据由虚机总线发送给虚拟网卡后，虚机使用虚拟 RSS（vRSS）技术为虚拟网卡上的队列中断虚拟 CPU，如图 5-32 所示。

从图 5-32 中我们可以清楚地认识到 VMQ 带来的好处。如果虚机网卡属性启用了 VMQ 功能，虚拟交换机将绕过虚拟交换机层层路由代码，如此一来可以保证数据能够精确而快速将转发给虚机，对比没有 VMQ 的情况，不但可以减少处理路由所需的 CPU 资源占用，而且可以降低数据传送的延迟。

VMQ 又有动态和静态的区分，静态 VMQ 指的是 VMQ 队列和中断的 CPU 逻辑核关联关系是固定的。图 5-32 所示为典型的静态 VMQ，网卡里给虚拟 1 分配的 VMQ 队列和逻辑

CPU1 关联，给虚拟 2 分配的 VMQ 队列和逻辑 CPU2 关联，在虚机 1 和虚机 2 整个生命周期内不会改变，可以认为虚机 1 的数据一直由逻辑 CPU1 处理，而虚机 2 的数据一直由逻辑 CPU2 处理。静态 VMQ 在虚机关联的 CPU 繁忙时可能会导致虚机网络处理变慢，因此从 Windows Server 2012（R2）开始引入了动态 VMQ 的机制，动态 VMQ 更加智能，顾名思义动态 VMQ 允许虚机网络根据负载和其关联的逻辑 CPU 进行动态关联调整。如图 5-33 所示，当逻辑 CPU2 处于相对空闲状态时，虚机 1 和虚机 2 的 VMQ 队列都关联到逻辑 CPU2。

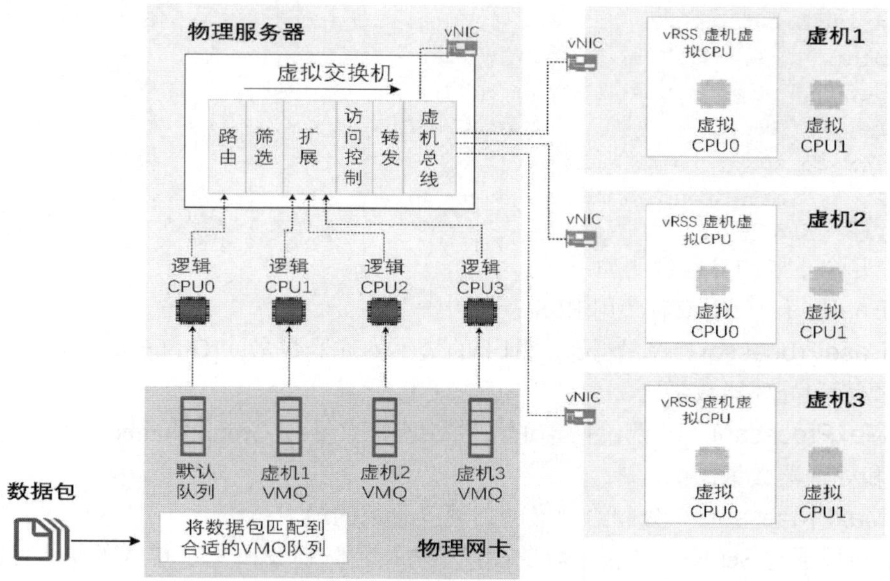

图 5-32　VMQ 队列和默认队列

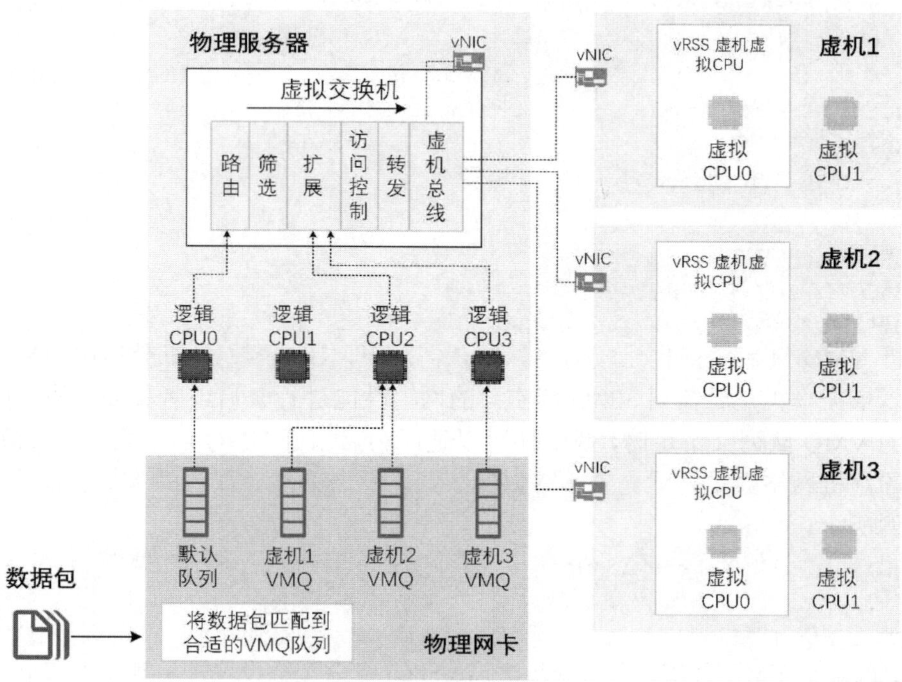

图 5-33　动态 VMQ

在了解了 VMQ 和动态 VMQ 基本原理后，我们可以实际了解一下网卡的 RSS 和虚拟网卡的 vRSS 默认接收队列数和默认使用处理器数量信息，以下示例命令和结果显示了网卡的队列数和使用的处理器数，示例中的 Ethernet 4 这块网卡 RSS 默认接收队列数为 8，默认使用最多处理器数量为 16。

```
PS C:\> Get-NetworkAdapterRss -Name "Ethernet 4"

Name                          : Ethernet 4
InterfaceDescription          : Intel Ethernet CNA X540-T2 #2
Enabled                       : True
NumberOfReceiveQueues         : 8
Profile                       : NUMAStatic
BaseProcessor:[Group:Number]  : 0
MaxProcessor:[Group:Number]   : :
MaxProcessors                 : 16
```

其中几个重要的参数说明如下。

- Enabled。启用或者禁用 RSS。
- BaseProcessor。系统分配给网卡的最小处理器数量；[Group:Number]为处理器组数量和处理器数量比。
- MaxProcessor。分配给网卡的最大处理器数量；[Group:Number]为处理器组数量和处理器数量比。
- MaxProcessors。分配给网卡的处理器总数的最大值。

我们可以通过 Set-NetAdapter 命令设置参与接收队列数和 RSS 中断的最大 CPU 数量，如下示例显示，网卡 Ethernet 4 的 RSS 默认接收队列数为 16。

```
PS C:\> Set-NetworkAdapterRss -Name "Ethernet 4" -NumberOfReceiveQueues 16

Name                          : Ethernet 4
InterfaceDescription          : Intel Ethernet CNA X540-T2 #2
Enabled                       : True
NumberOfReceiveQueues         : 16
Profile                       : NUMAStatic
BaseProcessor:[Group:Number]  : 0
MaxProcessor:[Group:Number]   : :
MaxProcessors                 : 16
```

虚机 VMQ 开启关闭也比较简单，默认情况下，Hyper-V 虚机会启用 VMQ 功能。我们可以依据虚机是否需要 VMQ 和实际的网卡性能进行开启或者关闭。如果虚机过多而网卡的 VMQ 队列又不足时，我们还可以适时为启用了 VMQ 的虚机设置 VMQ 权重，权重高的虚机网络数据将优先置于 VMQ 队列，反之亦然，默认的 VMQ 权重是 100，如下示例所示。

```
PS C:\> Get-VMNetworkAdapter -VMName VM01 |fl VMQweight
  .
VMQWeight  : 100
```

要更改虚机 VMQ 权重，可以通过 PowerShell 命令进行设置，示例命令如下。

```
PS C:\> Get-VMNetworkAdapter -VMName vmname -VMQweight 50
```

5.1.5.4 虚机网络巨型帧

目前以太网的标准 MTU（最大传输单元）最大为 1500 字节，而启用了巨型帧的网卡的 MTU 可以达到 9014 字节，每一帧的传输单元增大为标准数据传输帧的 6 倍。启用巨型帧既可以提高数据传输速度又可以降低 CPU 使用率。因为分配给交换机和路由器的 CPU 每次只能处理一个帧，所以传输一个同样大小的数据包，比如传输 15KB 的文件，使用默认的帧需要处理 10 个左右的数据帧，而启用巨型帧时处理的帧数仅为两个。假设网络使用 CPU 硬中断（网络可使用轮询方式和 Burst 间隔及长度来减少 CPU 中断次数，这里的 CPU 硬中断仅仅是用来举例说明），如果 Hyper-V 虚机交换机使用 1Gbit/s 满负荷网络时，需要产生$(1\times1024^3)/8\times1005=83333$ 次 CPU 中断，而使用巨型帧 CPU 中断次数将缩减为 1/6。

在介绍实际环境中如何为虚机启用巨型帧之前，我们先看看示例环境。在两台物理机上测试虚机启用巨型帧的效果，两台虚机分别运行在两台物理机上。两台物理机各有两块千兆网卡连接到同一台物理交换机，使用网卡组合将两块网卡组合成一块网卡，然后将这个组合的网卡配置成标准虚拟交换机。两台虚机的虚拟网卡连接到各自所在的虚拟交换机，如图 5-34 所示。当然，启用巨型帧需要 Hyper-V 物理机所连接的物理机交换机支持，因此首先要确保物理交换机已经启用了巨型帧，这里不介绍如何在交换机上配置巨型帧的步骤。

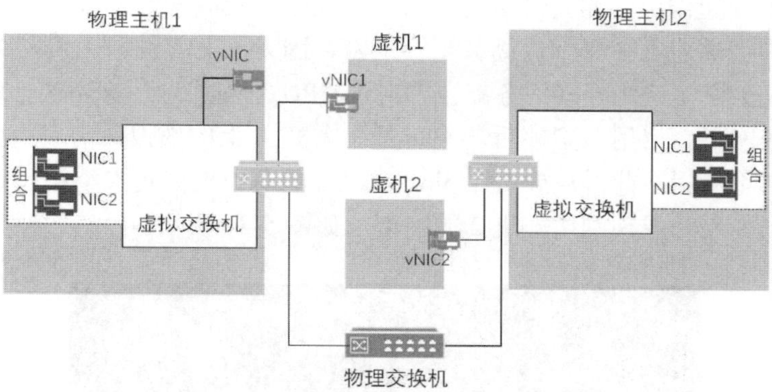

图 5-34 虚机网络极大帧设置环境拓扑

为了看到巨型帧的效果，我们先尝试在虚机 1 上使用 ping 命令 ping 虚机 2 的 IP 地址，因为默认的帧大小是 1500 字节，所以我们把 ping 的数据包大小设置成了比 1500 大的 6000，同时启用-f 参数阻止帧分片。在尝试使用 6000 字节 ping 对方虚机时，返回结果告知需要对数据包分片但是 ping 命令又设置为阻止帧分片，因此数据包将被丢弃，如图 5-35 所示。如果使用 1500 字节（由于需要封装包，帧的大小实际上可能不到 1500，笔者环境为 1472 字节）以下的数据包是可以 ping 通对方的。接着我们需要启用巨型帧来让超过 1500 字节的数据包不通过分片也可以成功送达对方。

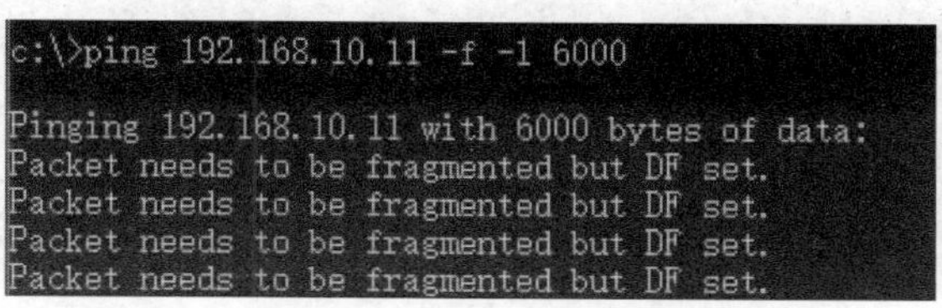

图 5-35 超过默认帧大小的数据将被丢弃

首先，我们需要在两台物理机的两块真实物理网卡 NIC1 和 NIC2 上启用巨型帧，并把数据帧大小值设置为 9014 字节，如图 5-36 所示。接着还需要在两台虚机的虚机网卡启用巨型帧并设置同样大小的帧。需要注意的是我们并不需要在两台物理机的 Hyper-V 虚机交换机上启用巨型帧。

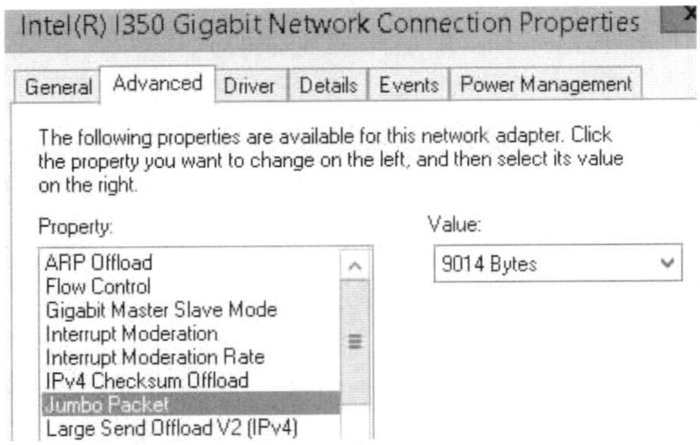

图 5-36　为物理机网卡启用巨型帧

如果要巨型帧起作用，需要给所有参与数据发送和接收的虚机都启用巨型帧并选择同样的帧大小，否则性能不会得到提高甚至会下降，因为不兼容的原因可能会导致数据被丢弃或发生数据帧分段，这些分段任务都会占用到 CPU 时间。为了验证这一说法，我们在两台物理机的两块网卡上启用巨型帧后，不妨先在虚机 1 上的虚拟网卡启用巨型帧，虚机 2 上的虚拟网卡暂不启用，此时从虚机 1 ping 虚机 2 的时候数据包大小超过虚机 2 网卡的默认帧大小，数据包无法成功到达虚机 2 的网卡，如图 5-37 所示。

```
c:\>ping 192.168.10.11 -f -l 6000

Pinging 192.168.10.11 with 6000 bytes of data:
Request timed out.
Request timed out.
Request timed out.
Request timed out.
```

图 5-37　Ping 未启用巨型帧的虚机超时

当我们在虚机 2 的虚拟网卡上启用巨型帧后，在虚机 1 上执行的 ping 虚机 2 的操作，在 Ping 的参数后指定使用 6000 字节的数据包时，数据包可以成功从虚机 1 发送到虚机 2，如图 5-38 所示。证明启用巨型帧后，虚机网卡可以发送超过 1500 字节的数据而且不会发生分段现象。

```
c:\>ping 192.168.10.11 -f -l 6000

Pinging 192.168.10.11 with 6000 bytes of data:
Reply from 192.168.10.11: bytes=6000 time=1ms TTL=128
Reply from 192.168.10.11: bytes=6000 time<1ms TTL=128
Reply from 192.168.10.11: bytes=6000 time=1ms TTL=128
Reply from 192.168.10.11: bytes=6000 time<1ms TTL=128
```

图 5-38　巨型帧数据传输

5.1.5.5　单根虚拟化（SR-IOV）

单根虚拟化（Single Root I/O Virtualization，简称为 SR-IOV）是一种 PCIE 功能扩展接口。SR-IOV 是 CPU 和 PCI 总线上提供的 3 类硬件虚拟化技术之一，SR-IOV 网卡通过不同的 PCIE 硬件功能独立访问不同的资源来加速网卡，是虚拟化网卡硬件加速解决方案之一。PCIE 功能和 SR-IOV 结构如图 5-39 所示，各个组件的功能介绍如下。

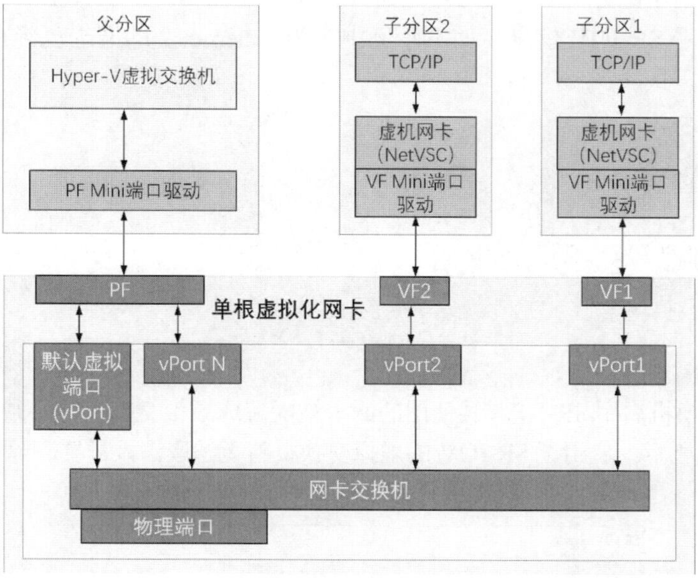

图 5-39　单根虚拟化结构

- **物理功能**（Physical Function，简写为 PF）。PF 是 PCIE 的主要功能，PF 和 Hyper-V 父分区关联，该功能起到广播网卡的单根虚拟化功能的作用。
- **PF Mini 端口驱动**。PF Mini 端口驱动工作在 Hyper-V 父分区，负责管理 VF 所使用的网卡资源，在资源分配之前首先在父分区操作系统加载 PF Mini 端口驱动。
- **虚拟功能**（Virtual Function，简写为 VF）。由 PF 扩展出来的多个 VF 实例，VF 和其他 VF 及 PF 共享内存和网卡端口等资源，每个 VF 关联一个 Hyper-V 子分区且都有独享的 PCI 配置区域。
- **VF Mini 端口驱动**。VF Mini 端口驱动工作在 Hyper-V 子分区用于管理虚机的 VF。VF 与 VP 及 PF 之间是隔离的，同一块网卡上的 VF 驱动执行的操作都不能影响其他的 VF 或 PF。
- **虚拟端（Vport）**。VPort 是虚拟出来的网卡接口，在 SR-IOV 结构里属于内部接口，每个 VPort 关联一台虚机的 VF 或者物理机的 PF，VF 和 PF 使用 VPort 发送和接收数据。
- **物理端口**。我们常见的物理网卡端口，这里的网卡指的是支持 SR-IOV 的网卡，物理端口在 SR-IOV 网卡逻辑结构里属于外部接口，提供外部连接。
- **网卡交换机**。支持 SR-IOV 的网卡具备一个内部数据交换桥，网卡交换机和物理交换机功能类似，网卡交换机上联物理端口，下连 VPort 为 VPort 所关联的 PF 或者 VF 转发虚拟端口和物理端口之间的数据。

启用 SR-IOV 功能可以让虚机或者物理机绕过 Hyper-V 交换机的堆栈路由，转而使用 VF 与虚拟机（VF Mini 端口驱动）进行数据交换，让虚机的虚拟网卡性能更加接近物理网卡。但是需要注意的是，SR-IOV 本身可以让数据包绕过整个 Hyper-V 虚拟交换机，而前面所讲的 VMQ 还需要使用虚拟交换机，只能绕过 Hyper-V 虚拟交换机部分路由路径，虽然二者作用相似，但是虚机的虚拟网卡启用了 SR-IOV 的同时启用 VMQ，VMQ 便失去意义了。

SR-IOV 需要网卡硬件支持，此外还需要在服务器的 BIOS 设置里启用 SR-IOV，可以使用如下命令查看 SR-IOV 信息。如下示例中名为 Ethernet 2 的网卡已经启用 SR-IOV，默认支持 62 个 VF。

```
PS C:\> Get-NetAdapterSriov -Name 'Ethernet 2'


Name                          : Ethernet 2
InterfaceDescription          : Intel(R) Ethernet Server Adapter X520-2
Enabled                       : True
SriovSupport                  : Supported
SwitchName                    : DefaultSwitchName
NumVFs                        : 62
```

要为虚拟交换机启用 SR-IOV，其使用的网卡被配置成虚拟交换机时必须选择启用 SR-IOV 特性，如图 5-40 所示。启用了 SR-IOV 的虚拟交换机将无法取消，需要删除重新创建。

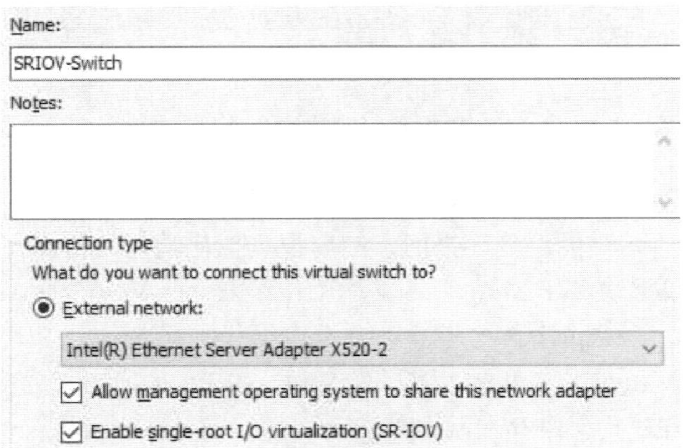

图 5-40　虚拟交换机启用 SR-IOV

给虚机分配虚拟网卡时同样要启用虚拟网卡的 SR-IOV，如图 5-41 所示。和虚拟交换机不同的是，虚拟网卡 SR-IOV 功能可以随时关闭和开启。

为虚机的虚拟网卡启用 SR-IOV 后，可登录到虚拟操作系统打开设备管理器，在设备管理器里新增了一个带 Virtual Function 的虚拟网卡实例，如图 5-42 所示。

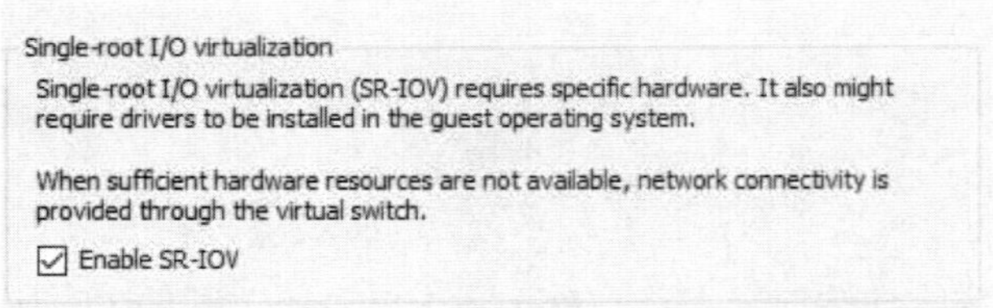

图 5-41　虚机虚拟网卡启用 SR-IOV

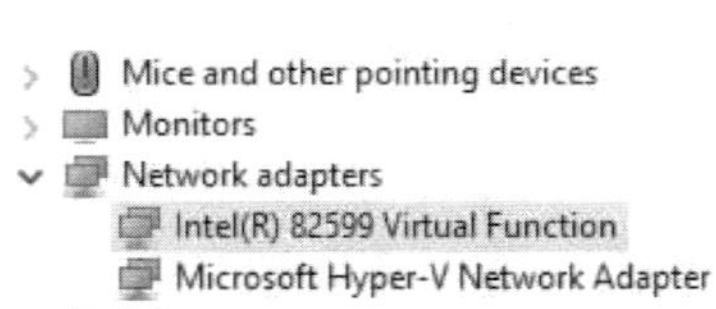

图 5-42　VF 虚拟网卡实例

给虚机网卡启用 SR-IOV 后，在物理机上运行 Get-NetAdapterSriovVf 命令查看虚机关联的 VF 信息，示例如下。

```
PS C:\> Get-NetAdapterSriovVf | ft Name, FunctionID, VPortID, VmFriendlyName
Name           FunctionID     VPortID      VmFriendlyName
----           ----------     -------      --------------
Ethernet 2     0              {1}          VM02
Ethernet 2     1              {2}          VM01
```

5.1.5.6 虚机网络 QoS

在虚机层面，可以为虚机每一块网卡进行网络带宽限制，注意这个限制只针对虚机出站流量有效，虚机进站流量需要借助防火墙等外设完成。并不是所有防火墙都支持以 IP 地址为粒度的网络带宽 QoS。笔者曾经遇到过客户生产环境里某台虚机往外发大量的数据包的意外情况，意外情况的发生导致出口防火墙流量激增，而且出现了短暂的网络出口带宽瓶颈，对其他业务也造成了不小的影响。在发生这些问题时，如果防火墙本身不支持高颗粒度的限流策略而无法在防火墙上设置带宽限制，又不能草率停止虚机来阻断流量时，为虚机启用带宽限速无疑是个不错的选择。此时将虚机的带宽暂时限制到一定的大小可以很快缓解出口网络压力。

在虚机设置面板可以设置允许虚机出站流量使用的最小的网络带宽和最大网络带宽，单位为 Mbit/s，如图 5-43 所示。

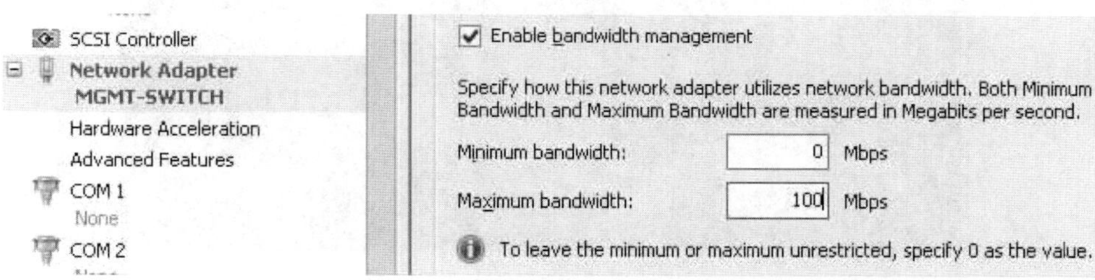

图 5-43 虚机虚拟网卡网络 QoS

在 Hyper-V 控制台只能逐台为虚机限制带宽，如果使用 PowerShell 命令操作则更为方便，比如要为名为 VM01 的虚机限速为 50 Mbit/s，执行如下示例命令即可。

```
PS C:\> Set-VMNetworkAdapter -VMName VM01 -MaximumBandwidth 50000000
```

注意，-MaximumBandwidth 后面设置带宽大小，单位为 bit，因此限制为 50 Mbit/s，需要输入 50000000。

如果每台虚机的配置都一样，还可以在虚机名称（VMName）参数后面使用通配符来为单台物理机执行限速设置。在命令后面加上计算机名称（ComputerName）则可以为其他物理机上的虚机设置网络限速。举个例子，要设置 HOST02 上的所有虚机的出口带宽为 50Mbit/s，可以执行如下示例命令：

```
PS C:\> Set-VMNetworkAdapter -VMName * -MaximumBandwidth 50000000 -ComputerN
ame HOST02
```

在 4.3.3.5 节介绍过，SCVMM 创建虚机模板或者部署虚机时，也可以在虚拟网卡端口配置文件里就定义好虚机的出口带宽。基于职责分管的数据中心里，虚机自带网络带宽 QoS 的能力也在一定意义上简化了网络管理员的负担。

下面我们就网络 QoS 做个简单的测试，我们给虚机设置最大 500Mbit/s 的出站网络限制，如图 5-44 所示。

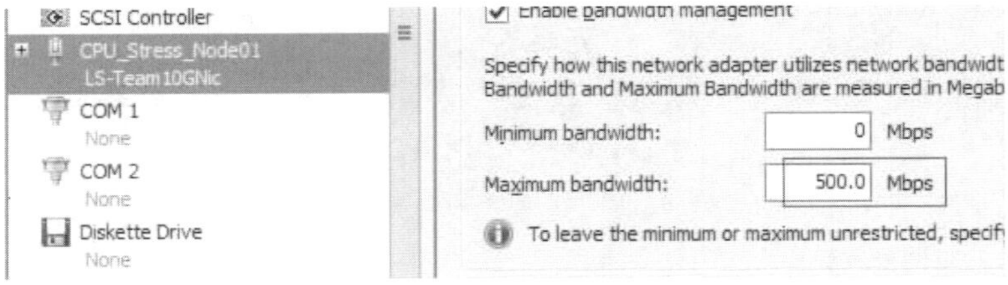

图 5-44　设置虚机网络 QoS

然后使用 iperf 等工具，在做了网络限速的虚机里发送数据包到其他服务器或者虚机，在测试过程中，可以看到 iperf 工具输出的结果中，虚机出站的流量被限制在了 500Mbit/s，如图 5-45 所示。在虚机性能计数器里可看到一致的结果，如图 5-46 所示。

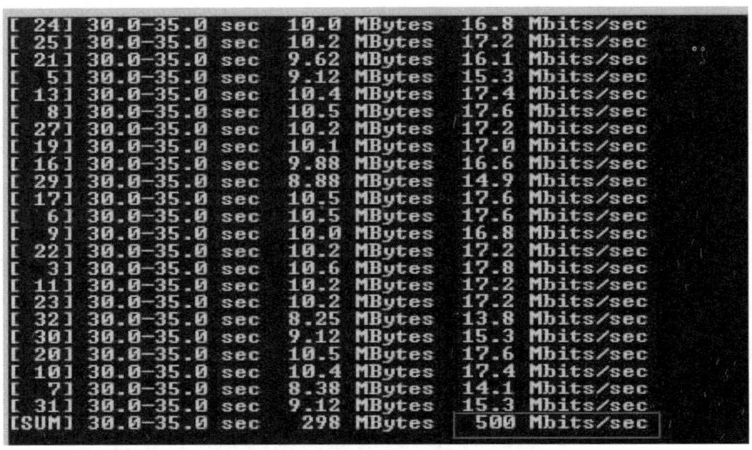

图 5-45　虚机网络 QoS 限制效果

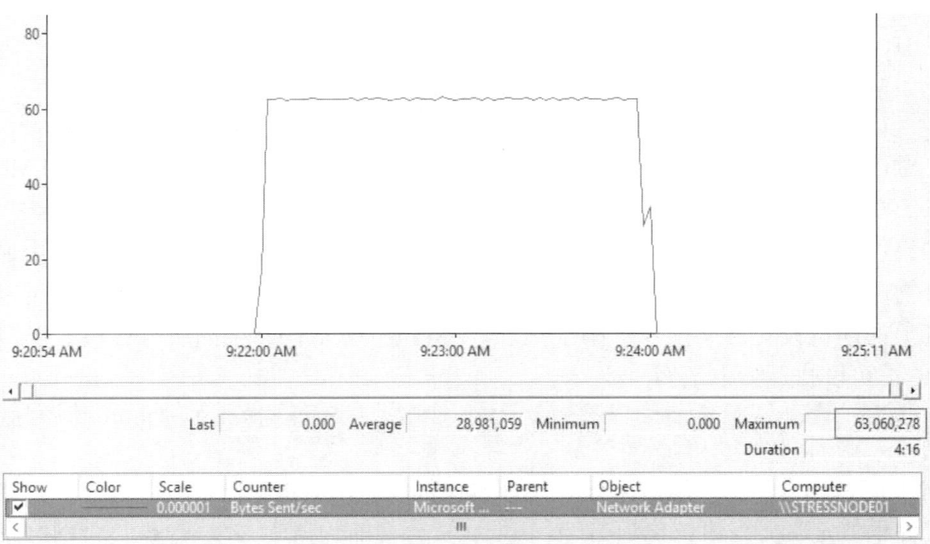

图 5-46　性能计数器显示限速效果

5.1.5.7　虚拟磁盘 QoS

Windows Server 2012（R2）内置有 Hyper-V 虚机磁盘 QoS 功能，Hyper-V 虚机磁盘的 QoS 设置的性能指标是 IOPS，以虚拟硬盘为颗粒度进行 IOPS 的设置。IOPS 策略包括了置最小 IOPS 和最大 IOPS，如图 5-47 所示。默认情况下，最小 IOPS 和最大 IOPS 都设置为 0，意味着默认情况下虚机的虚拟硬盘不启用 QoS。

虚拟磁盘最小 IOPS 设置不像其他资源 QoS 设置，设置最小 IOPS 并不保证虚机磁盘使用的 IOPS 不会低于设置的最小值，比如你为虚机的数据虚机磁盘设置了最小 20 个 IOPS 并不保证虚机虚拟磁盘的最小 IOPS 等于或者高于 20。这个设置用于虚机虚拟磁盘在无法获得最小的 IOPS 时产生系统告警，而最大 IOPS 指虚机虚拟磁盘使用物理存储的最大 IOPS 不能超过这个阈值。

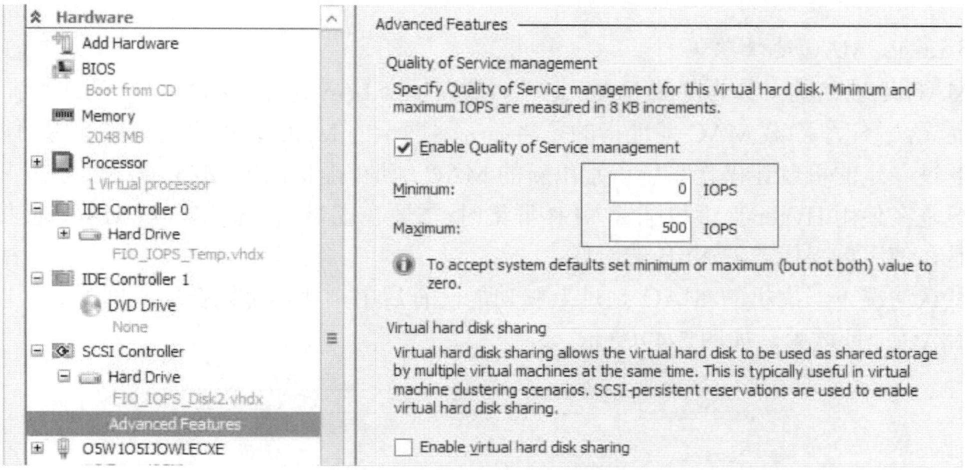

图 5-47　虚拟磁盘 IOPS 限制

5.1.5.8　第二代虚机

第二代虚机是在 Windows Server 2012（R2）中引入的全新结构的虚机，相比于第一代虚机，第二代虚机具有一些明显的特征。

- 第一代虚机启用基于 BIOS，而第二代虚机基于 UEFI。
- 第一代虚机如果要使用 PXE 引导安装系统，那么在创建虚机时，必须使用 Legacy 网卡，在第二代虚机里，可以直接用标准虚拟网卡做 PXE 引导。
- 第二代虚机支持更少的传统存储设备，第一代虚机的系统磁盘只能使用 IDE 控制器，非系统磁盘可以使用 SCSI 控制器。而第二代虚机系统磁盘和非系统磁盘都能使用 SCSI 控制器。因为第一代虚机的在启动过程中只能使用模拟的硬件，包括网卡和硬盘控制器，第二代虚机在启动过程中则使用 VMBus。第二代启动磁盘分区默认只能使用 GPT 格式，如图 5-48 所示。
- 第二代虚机因为没有使用模拟设备，因此占用更少的主机资源。
- 支持安全启动。安全启动依赖于 UEFI，UEFI 支持第二代虚机在启动时，虚拟化软件检查每个参与启动过程的组件的数字签名。在设备的数字签名有效的前提下才允许系统启动；在最新的 Windows Server 2016 Hyper-V 中，不论是 Windows Server 虚机还是 Linux（对版本有一定的要求）虚机都可以支持第二代虚机的安全启动能力。

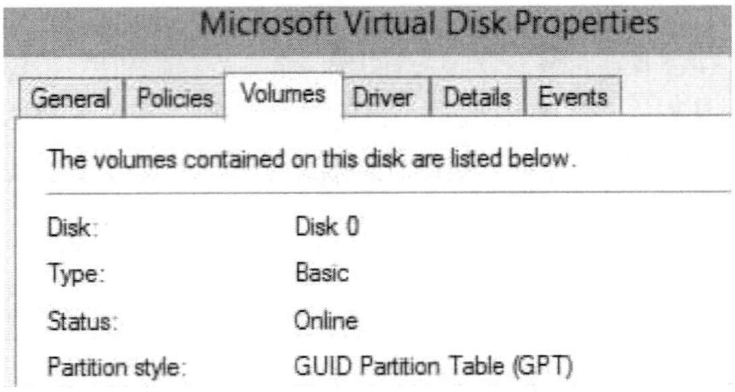

图 5-48　第二代虚机 GPT 格式的磁盘分区

5.1.6　Hyper-V 虚机保护和安全

5.1.6.1　MAC 地址欺骗

MAC 地址欺骗又称为隐藏 MAC 地址，通常服务器网卡的 MAC 地址在出厂之前已经写死而无法修改，隐藏 MAC 地址指的是将服务器网卡的 MAC 地址通过上层的驱动重新修改并通过一定的机制让操作系统识别出新的 MAC 地址。虚机网卡 MAC 地址欺骗使用最多的情况是在使用 Hyper-V 虚机配置 NLB 群集时，需要在虚机的属性里开启 MAC 地址欺骗，尤其是在使用单播模式的 NLB 的时候。

默认情况下，虚机的 MAC 地址欺骗功能没有启用，我们可以在虚机网卡高级属性里启用 MAC 地址欺骗，如图 5-49 所示。

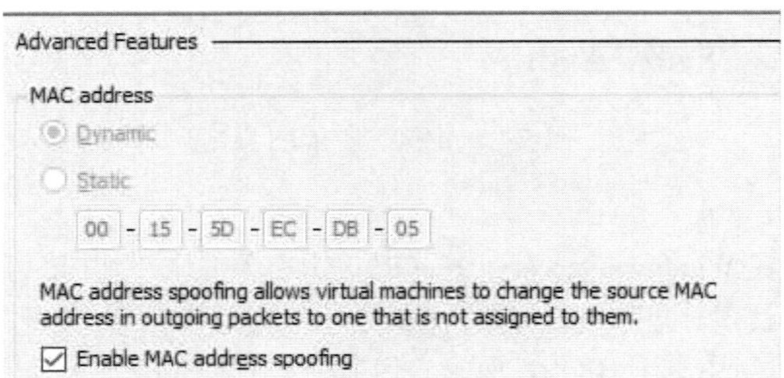

图 5-49　启用 MAC 地址欺骗

5.1.6.2　DHCP 保护

私有云通过自助能力让一些有权限申请虚机的管理员通过虚拟化技术方便创建虚机，但是如果虚机用作 DHCP 服务器，那么可能会干扰到公司正常 DHCP 服务器分配 IP 地址，尤其是使用 Windows Server DHCP 时，从而影响用户使用网络。笔者曾经有同事遇到过这样的问题，明明网络连接看起来是正常的，但是就是连接不到公司的网站和其他资源。后来经过 IT 的排查发现这位同事的电脑获取的 IP 地址不是公司使用的 IP 地址，通过进一步调查发现，是另外的同事在搭建测试环境时使用了 DHCP 服务器。对于管理员来说，调查一台没有资产记录的 DHCP 虚机是件耗时费力的事，而对于不怎么了解网络知识的人来说虽然是小问题但是也难以发现和解决。Windows Server 2012 的 Hyper-V 里引进了 DHCP 保护并沿用至今，DHCP 保护阻止未授权的 DHCP 服务器捣乱，默认情况下，虚机网卡的 DHCP

保护功能是禁用的，只要在虚机的网络高级属性里勾选启用 DHC 保护前的复选框就可以阻止这台虚机用于 DHCP 服务器了，如图 5-50 所示。启用了 DHCP 保护并不能阻止虚机配置为 DHCP 服务器，如果有虚机配置了 DHCP 角色，网络里的 DHCP 客户端发送的 DHCP 会发现广播包仍然可以到达这台虚机，但是虚机发送的 Offer 包在经过 Hyper-V 虚拟交换机时会被虚拟交换机丢弃导致 Offer 包无法送达 DHCP 客户端。大家可以回顾一下 DHCP 的工作步骤，如果 DHCP Offer 包无法发送给 DHCP 客户端，那么 DHCP 客户端无法进一步发送 DHCP 请求，虚机 DHCP 功能失效。

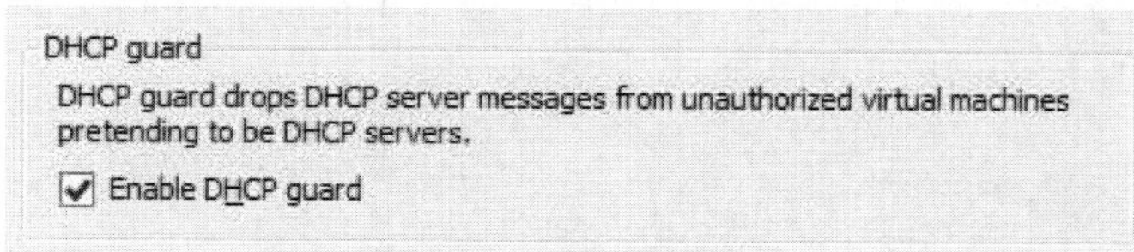

图 5-50 启用 DHCP 保护

我们也可以通过以下示例 PowerShell 命令开启名为 VM01 的虚机的网卡的 DHCP 保护。

```
PS C:\> Get-VMNetworkAdapter -VMName vm01 | Set-VMNetworkAdapter -DhcpGuard on
```

5.1.6.3 路由器保护

Windows Server 可以通过 RRAS 功能实现简单软件级路由器，私有云通过自助能力让一些有权限申请虚机的管理员通过虚拟化技术方便创建虚机，但是如果虚机用作虚机路由器，可能会对数据中心网络环境造成一定的影响，比如将用户发送的数据路由到错误的网络等。

和 DHCP 保护的效果一样，Windows Server 2012 的 Hyper-V 里引进了路由器保护并沿用至今，路由器广播保护阻止未授权的由 Hyper-V 虚机配置的路由器捣乱。但是如果启用了路由器广播保护后，常用的网络操作同样也会被阻止，虚机在启用路由保护属性后，以下数据包会被 Hyper-V 虚拟交换机丢弃。

- ICMPv4 Type 5（重定向消息）。
- ICMPv4 Type 9（路由广播）。
- ICMPv6 Type 134（路由广播）。
- ICMPv6 Type 137（重定向消息）。

我们要启用虚机的路由器广播保护，可以打开虚机网卡高级属性，勾选启用路由器广播保护即可，如图 5-51 所示。

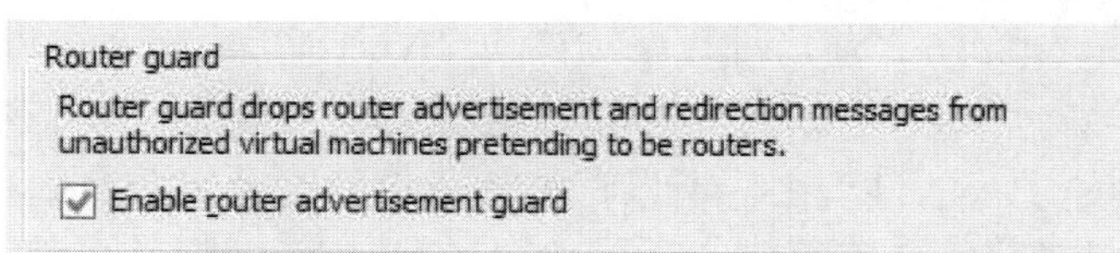

图 5-51 启用路由器广播保护

我们也可以通过以下示例 PowerShell 命令开启名为 VM01 的虚机的网卡的路由器广播保护。

```
PS C:\> Get-VMNetworkAdapter -VMName vm01 | Set-VMNetworkAdapter-RouterGuard on
```

5.1.6.4　受保护的网络

在物理机上，可通过网卡组合技术将多块网卡组合在一个 LBFO 组里实现网卡的冗余，Hyper-V 虚拟交换机可以使用组合的网卡实现虚机网络连接的高可用。受保护的网络（Protected network）由故障转移群集实现，所以只有虚机运行在群集而且被配置为高可用虚机时，受保护的网络才有效。群集实时监控着虚机网络连接，如果虚机网络连接丢失，群集便将虚机实时迁移到其他的具有同样的网络设置的物理机主机，而且虚机迁移到这台物理机后恢复网络连接。所以受保护的网络又可以定义为虚机网络链路高可用。默认情况下，虚机创建好以后，所有网卡都会开启受保护的网络功能，我们可以在虚机网卡高级属性里查看或者关闭保护的网络，如图 5-52 所示。

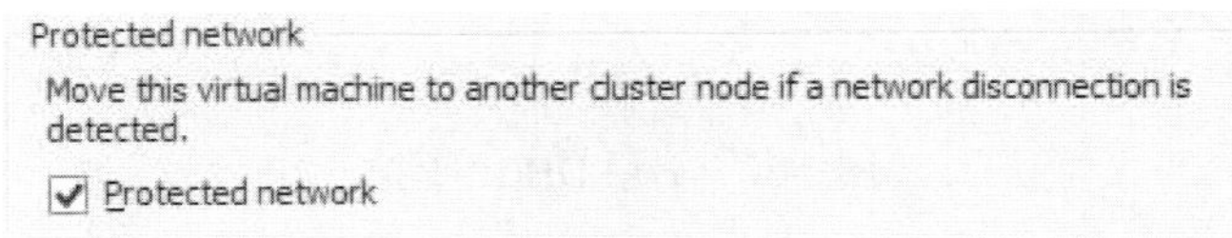

图 5-52　启用受保护的网络

说 受保护网络只有在群集里仍然存在有效网络的节点时才能起作用，意味着如果群集里运行着虚机的节点和其他节点网络连接都失败了，那么受保护的网络也失去保护作用了。在规划受保护的网络时，如果虚机有多个网络，要考虑是否为每个网络启用受保护的网络，比如一些不重要的虚机网络可以不启用受保护的网络，因为这些不重要的网络如果失去连接并不会影响虚机服务，反而会因为不重要的网络失效导致虚机发生不必要的实时迁移。同样，在群集里包含多个节点，多个节点最好能连接到不同的交换机，达到以交换机为故障域隔离的效果。举个例子，将群集物理机节点不开放置在不同的机柜里并且上联不同的 ToR 交换机，并在物理机上使用组合网卡作为 Hyper-V 虚机交换机。只有底层和虚机层同时配置网络链路高可用才能进一步提高虚机的网络可用性。

我们可以视情况关闭虚机网卡的受保护网络的功能，比如，高可用虚机 VM01 连接到名为 PrivateSwitch 的虚拟交换机时，我们可以使用如下示例 Power Shell 命令关闭虚机 VM01 网卡的受保护的网络功能。

```
PS C:\> Get-ClusterGroup vm01 |Get-VM | Get-VMNetworkAdapter |Where-Object
{$_.SwitchName -eq "PrivateSwitch"} | Set-VmNetworkAdapter -NotMonitoredInC
luster $True
```

5.1.6.5　生产环境快照

在 Windows Server 2016 之前，我们已经接触过 Hyper-V 虚机快照，Windows Server 2016 之前版本的 Hyper-V 虚机在生成快照时同时捕获磁盘、应用内存状态和硬件配置，即使有些应用数据仍然处于写的过程中，所以早期的虚机快照多用在测试和实验环境，以及无需关注应用一致性的生产环境的虚机里。Windows Server 2016 发布了一项全新的快照技术——生产环境快照（Production Checkpoint），相对于早期用于实验和测试环境的快照，生产环境快照意味着其可适用于生产环境。如果虚机运行的是 Windows Server 操作系统，那么 Hyper-V 生产环境快照将直接使用内置于虚机系统里面的 VSS 技术静默应用程序状态再生成快照，快照不会捕获内存状态和硬件配置。VSS 技术相信大家不会陌生，微软 SCDPM

就是使用 VSS 技术备份 Windows Server Hyper-V 虚机、系统状态、数据库、Exchange 和文件等，生产环境快照使用成熟的 VSS 技术，能保证 Hyper-V 虚机应用一致性。如果虚机设置为使用生产环境快照，每次在 Hyper-V 控制台为虚机创建快照后，都会弹出成功创建生产环境快照的提示窗口，并告知在虚机操作系统里使用了备份技术创建快照，而且生产环境快照并没有捕获运行的应用状态，如图 5-53 所示。

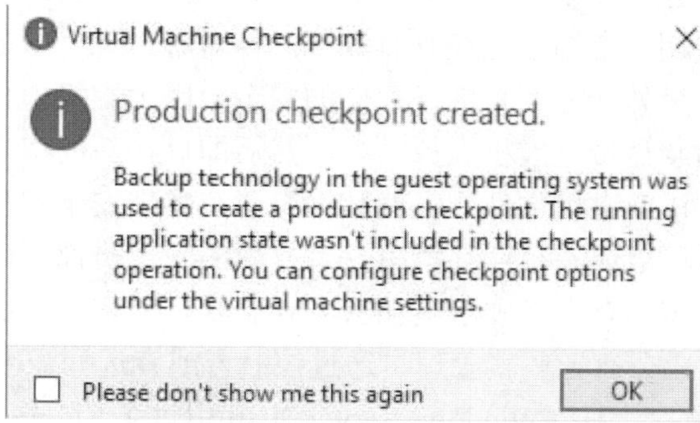

图 5-53　生产环境快照

如果虚机运行的是 Linux 操作系统，Hyper-V 生产环境快照依靠 Linux 文件冻结技术，保证在执行快照时，不会获取任何内存信息的快照，从而保证 Linux 虚机文件级别的一致性。

在 Windows Server 2016 Hyper-V 里，虚机快照分为两类，一类是早期的虚机快照，我们称之为标准快照；一类是最新的生产环境快照。我们可以使用 Hyper-V 管理控制台或者 PowerShell 给每个虚机选择快照类型，在选定生产环境快照时，可以选择在无法创建生产环境快照的时候回退到标准快照的选项，如图 5-54 所示。

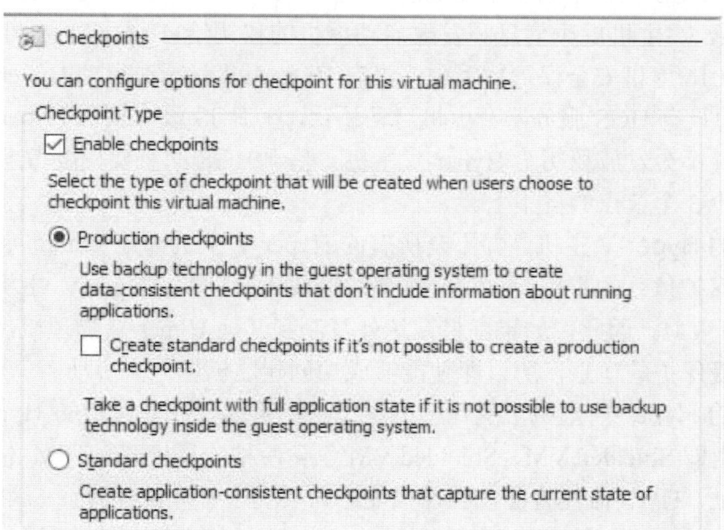

图 5-54　选择虚机快照类型

由于生产环境快照使用的是备份技术，所以虚机需要使用较新的配置版本，而且在还原快照过程中虚机会自动关闭，等待快照还原完毕之后，需要重新开启虚机。

5.1.6.6 Shielded VM

虚拟化安全一直是备受关注的问题，虚拟化安全和传统服务器安全一样，需要构建一个纵深全面的安全体系。虚机系统和所运行的应用程序及数据可以利用现有环境的安全保护措施，比如操作系统杀毒软件、防火墙、上网行为管理、入侵检测、邮件安全、文档协作安全等。因为虚拟化采用了共享资源池，始终和底层资源有若干关联，因此我们除了要考虑传统的安全因素，还需要考虑其他两个方面的安全。一个方面是虚拟化平台自身安全，在虚拟化如此成熟的时期，市场上已经具有成熟的针对虚拟化平台的专有安全解决方案，我们不在此进行讨论；另外一方面是虚机存储的安全，因为虚机虚拟硬盘本质是文件，移动方便，比如通过移动硬盘带走虚机虚拟硬盘，然后即可在新的宿主机上采用创建虚机或者挂载虚机硬盘的方式访问虚机文件。虽然数据中心有物理安全和宿主机系统安全的层层保护，但是在供应商云环境或者企业环境里，有权限的管理员都可以将虚机的虚拟硬盘带出数据中心，所以我们需要有虚机硬盘级加密方式和其他加密方式保证被带出数据中心的硬盘无法访问，或者阻止公有云环境管理员通过控制台或者远程命令访问虚机。

不着 在虚机存储安全方面，Windows Server 2016 引进了 Shielded VM 技术，将由来已久的物理机安全机制继承到 Hyper-V 虚机，比如在 Windows 7 时代引进的 Bitlocker 硬盘加密技术，以及操作系统安全启动技术。在物理机设备上，我们使用 TPM(Trusted Platform Module)和 Bitlocker 技术对物理机硬盘进行加密，而 Windows Server 2016 Hyper-V 第二代虚机使用物理机的 TPM 2.0 技术、虚拟的 TPM 2.0 技术和 Bitlocker 对虚机虚拟硬盘进行加密。当然，Windows Server 2016 使用的不仅是单一的技术而是完整的安全体系对虚机进行访问授权，这个安全体系包含了 3 个部分。

- **主机保护服务**。Host Guardian Service——HGS，是 Windows Server 2016 系统的标准角色。HGS 包含了两个重要的服务——验证服务和秘钥保护服务，用于 HGS 验证 Hyper-V 主机健康信息和发放启动虚机的秘钥给 Hyper-V 主机。在 Windows Server 2016 虚机安全保护体系中，没有 HGS 服务就无法启动 Hyper-V 主机上的虚机，因为只有 HGS 服务器有虚机启动秘钥，在 HGS 没有验证 Hyper-V 主机是否健康之前并不会发放秘钥给 Hyper-V 主机。基于 HGS 的重要程度考虑，HGS 通常部署在至少 3 个节点的群集上。
- **受保护的 Hyper-V 主机**。并不是所有的 Hyper-V 主机都是 Windows Server 2016 虚机安全保护体系的主机，只有经过 HGS 成功验证的 Hyper-V 主机才被授权运行 Shielded VM。因此，如果虚机被意外复制到其他 Hyper-V 物理机，因为这些物理机不是受保护的宿主，所以即使能够成功创建虚机也无法启动。
- **受保护的 Hyper-V 虚机**。受保护的虚机指的是运行在受保护的 Hyper-V 主机上的虚机，也即 Shielded VM，Shielded VM 包含两种验证模式—TPM 信任验证和管理信任验证。TPM 信任验证在验证强度方面要优于管理信任验证，因为使用 TPM 模块我们不仅可以保护虚机，还可以更进一步保护虚机虚拟硬盘，比如虚拟硬盘被盗走时也无法通过操作系统挂载打开虚拟硬盘，因此 TPM 信任验证是 Shielded VM 首选验证方法。在 Hyper-V 物理机硬件缺乏 TPM 2.0 模块或者其他原因不能使用 TPM 模块时可使用管理信任的验证对虚机进行保护。管理信任的验证只需要在指定的 AD 的安全组里添加受保护的 Hyper-V 主机即可；而 TPM 信任验证的虚机除了要求 Hyper-V 物理机具有 TPM 2.0 模块以外，还要求 Hyper-V 物理机使用 UEFI 2.3.1 并启用安全启动功能。

为了进一步解释 HGS 如何保护虚机安全，我们来看看 Windows Server 2016 HGS 和 Shielded VM 安全体系的工作流程，如图 5-55 所示，主要步骤如下。

- **请求验证**。在 Hyper-V 主机启动后以及每隔 8 个小时，或者在发出启动虚机命令后，受保护的 Hyper-V 主机都会发送健康验证请求给 HGS 服务器，HGS 根据验证类型要求不同的验证因素。对于管理信任的验证，Hyper-V 主机将发送 Kerboros 票据以证明其在 HGS 指定的 AD 安全组里，如果 Hyper-V 主机在指定的 AD 安全组里，则表示 Hyper-V 主机是可信任且健康的；TPM 信任验证相对复杂些，Hyper-V 主机将发送 TPM 认证信息、最近的主机启动顺序过程信息（TCG 日志）、应用到 Hyper-V 主机的代码完整（Code Integrity）策略，启动顺序过程信息和代码完整性共同决定着 Hyper-V 主机的健康性。
- **授权**。HGS 如果验证成功 Hyper-V 主机健康，那么 HGS 将发送验证证书给 Hyper-V 主机，以授权 Hyper-V 主机运行 Shielded VM；如果验证失败，则无法授权 Hyper-V 主机运行 Shielded VM。验证证书除了授权 Hyper-V 主机运行 Shielded VM，还用于授权秘钥保护服务发放虚机启动秘钥。
- **秘钥申请和发放**。在 Hyper-V 主机拿到虚机启动秘钥之前，用户在第一次时将无法启动虚机，所以成功验证的 Hyper-V 主机还需要向 HGS 主机请求虚机启动秘钥。于是 Hyper-V 主机将验证证书和通过秘钥保护器加密的秘钥发送给秘钥保护服务，秘钥保护服务使用其他特定的秘钥对虚机启动秘钥进行加密。秘钥保护服务检查 Hyper-V 主机发送的验证证书的有效性，而且必须信任验证证书颁发者，如果验证证书有效，那么秘钥保护服务将解密秘钥并将秘钥发送给 Hyper-V 主机，Hyper-V 主机使用秘钥启动虚机。

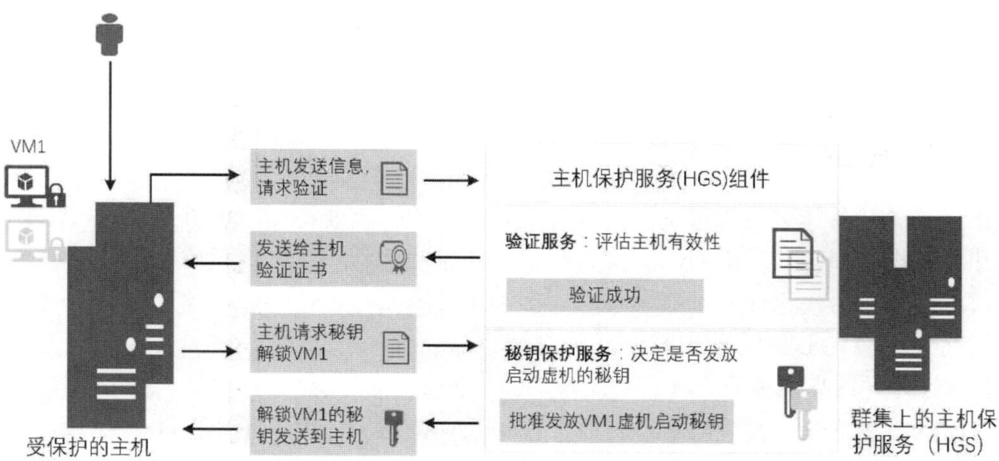

图 5-55　Shielded VM 启动过程

那么，受到保护的虚机能实现哪些功能呢？首先，Shielded VM 无法使用控制台连接，这样避免了非法用户使用暴力破解的可能，但是仍然可以通过远程桌面连接到虚机，如图 5-56 所示。

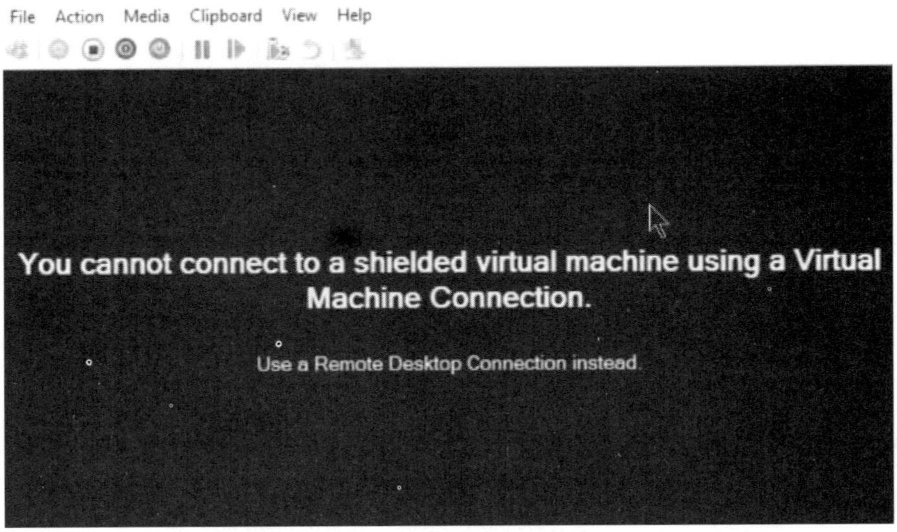

图 5-56　Shielded VM 无法通过控制台连接

经过虚拟 TPM 2.0 模块和 Bitlocker 加密的虚机对虚机存储增加了一层高级保护特性，如果有人恶意将虚拟硬盘复制到移动硬盘，在挂载到物理机上时则无法访问，如图 5-57 所示。

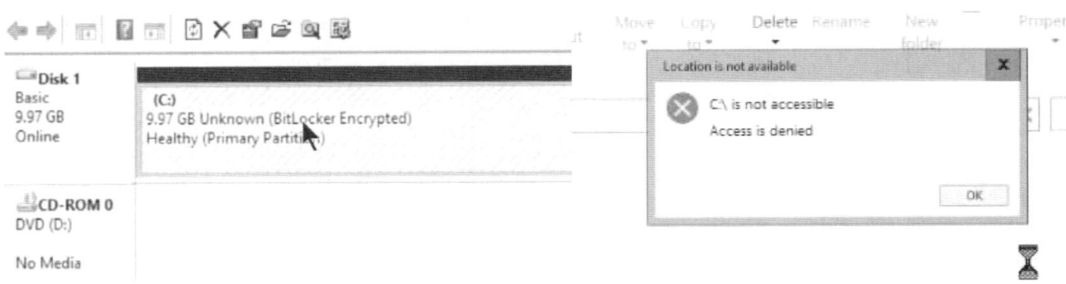

图 5-57　Bitlocker 加密虚机虚拟硬盘

5.1.7　Hyper-V 高可用实现

虚机具备迁移能力是摆脱虚机对物理机系统依赖的重要特性，虚机迁移进一步解开了虚机和物理机的耦合，目前 Hyper-V 虚机提供丰富的迁移手段来实现虚机的高可用性和容灾。虚机迁移分为快速迁移、共享实时迁移和无共享实时迁移，虚机的迁移类型决定了服务连续性等级，下面我们逐一进行介绍。

5.1.7.1　群集共享存储虚机实时迁移

实时迁移虚机指的是虚机在运行时，使用迁移技术保证虚机在迁移过程中零停机。迁移虚机之前不需要对虚机进行任何配置，虚机在迁移过程中用户和应用毫无察觉。完成虚机实时迁移需要具备两个前提条件：一个是 Hyper-V 群集，一个是共享存储。虚机实时迁移实际上是虚机配置、虚机内存内容和虚机状态的迁移，因为虚机 VHDX 和配置文件都保存在共享存储里，并被每个物理节点同时访问，所以实时迁移不包含存储资源的迁移。虚机实时迁移分步迁移虚机配置、虚机内存内容和虚机状态，步骤如下。

（1）初始化虚机实时迁移

初始化虚机迁移阶段，源主机和目标主机先建立连接，这个连接用于从源物理机传输虚机配置数据和内存数据到目标物理机。建立连接之后，在目标物理机生成一台空的虚机并分配内存，如图 5-58 所示。注意，这台空的虚机在迁移完成之前并不会显示在目标物理机的虚机管理界面。

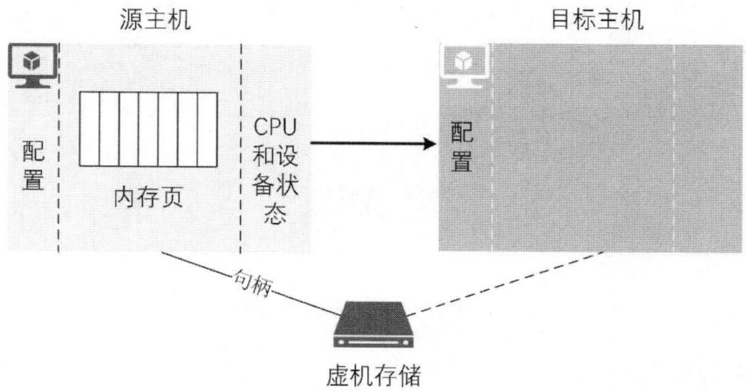

图 5-58　初始化虚机实时迁移

（2）传输内存页

第二阶段，通过网络传输虚机的内存到目标主机。这里的内存指的是虚机的“工作集”，内存页大小为 4KB。如果虚机分配了 2GB 静态内存，那么虚机的工作集就是 2GB。虚机系统正在使用的工作集内存页将传输到目标主机，如图 5-59 所示。在传输虚机工作集内存页到目标主机期间，Hyper-V 同时监控着源主机的工作集内存页，跟踪并标记虚机内存页的更新。从工作集开始传输后，Hyper-V 便记录一个内存页更新列表。

虚机在迁移过程中一直处于运行状态，内存数据也在不断更新，Hyper-V 不断复制更新的内存，但是复制的更新周期越来越短，更新内存页越来越少。在工作集完全复制到目标主机后，开始下一步骤。

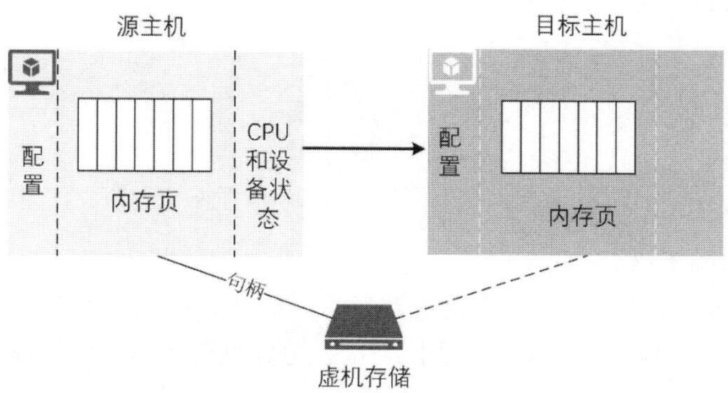

图 5-59　传输内存页

（3）传输更新内存页

第三阶段将更新内存页复制到目标主机，同时源主机将 CPU 和设备状态传输到目标主机，如图 5-60 所示。这个阶段源主机和目标主机之间的网络对于实时迁移效率非常关键，推荐至少千兆网络，万兆网络是最佳选择。这个阶段，不同的虚机更新内存页数量不同，取决于虚机访问和更新内存的活跃程度。更新内存页复制到目标主机后，目标主机拥有了和源主机一致的虚机内存工作集。

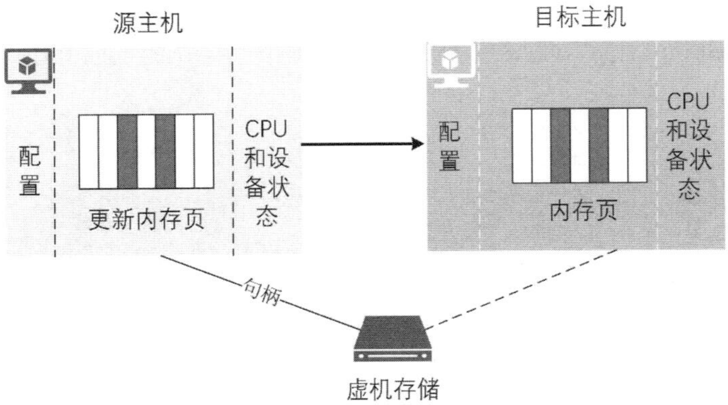

图 5-60 传输更新内存页

（4）源主机将存储句柄转移给目标主机

第四阶段，虚机的硬盘不发生迁移，但是虚机的存储控制权，比如虚机 VHDX 虚拟硬盘的控制权转移给目标主机。

（5）在目标主机启动虚机

第五阶段，目标主机拥有一致的虚机内存工作集，并拥有了虚机存储的控制访问权，这个阶段在目标主机上完成虚机的启动，如图 5-61 所示。

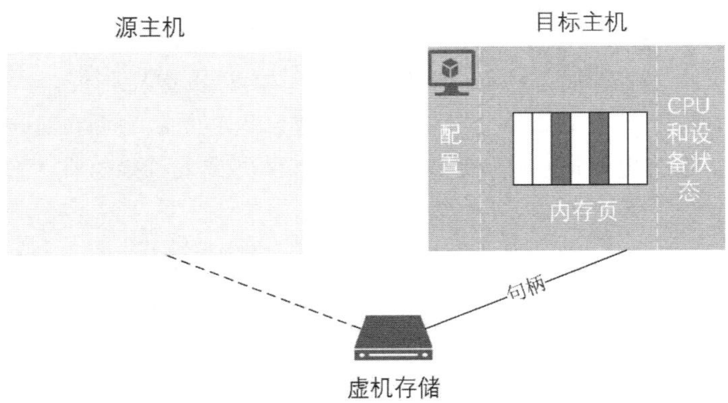

图 5-61 文件控制句柄的转移

（6）清理虚拟网卡

最后一个阶段，当虚机在目标主机上开启后，Hyper-V 发送消息给虚拟交换机，如果虚机使用动态 MAC 地址，那么虚拟交换机为虚机分配新的 MAC 地址保证虚机使用正确的虚拟交换机端口。

Hyper-V 使用 TCP/IP 连接并使用 SMB 3.0 协议传输内存页数据，实时迁移可以借用 SMB 直通和多通道技术（详见 3.1.2.13 节关于 SMB 3.0 的介绍），同时使用内存压缩技术减少传输数据量，并加速迁移速度。

此外，Hyper-V 虚机可以设置多个并发迁移并指定入站迁移使用的网络，多个并发迁移设置如图 5-62 所示，还可为群集迁移网络设置优先级和带宽 QoS（详见 2.7 节关于群集网络的介绍）。完成虚机实时迁移所花费的时间取决于虚机内存大小和参与迁移的网络及其带宽，在规模稍大的数据中心，推荐使用万兆甚至更快的网络作为虚机实时迁移网络。大多数情况下，在带宽足够大时，迁移完成时间不会因为并发迁移的虚机增多而增长。

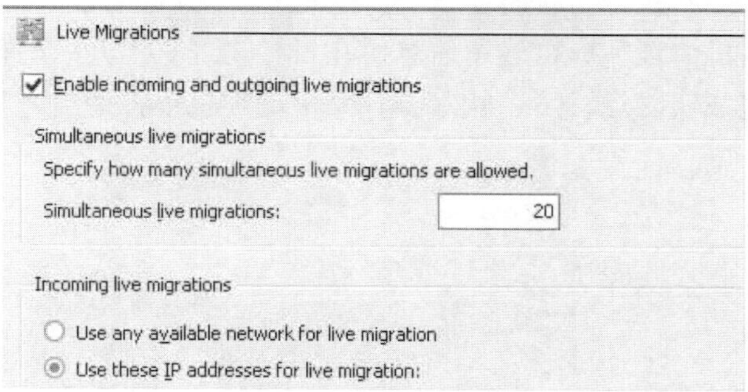

图 5-62　并发迁移设置

5.1.7.2　SMB 共享存储实时迁移

使用 SMB 3.0 共享存储虚机可以达到群集 CSV 存储虚机同样的实时迁移虚机的目标，SMB 共享还支持虚机不依赖 Windows Server 故障转移群集进行实时迁移。在存储端，SMB 3.0 文件共享存储和实时迁移使用的 CSV 共享存储一样，都可以被不同的物理主机访问，因此实时迁移过程一致，在发生虚机实时迁移后，文件共享控制句柄被转移到目标主机。

5.1.7.3　无共享存储虚机迁移

虚机实时迁移不需要在 Hyper-V 群集基础上完成，在两台独立的物理机之间即可实现无共享实时迁移，虚机保存在源物理机的本地存储，迁移的到目标物理机后，仍然是保存在目标物理机的本地存储。尽管如此，整个迁移过程中虚机不用保存或停机。无共享实时迁移的主要步骤如下。

（1）无需关闭或者保存源物理机上的虚机，在虚机运行过程中启动虚机迁移，虚拟硬盘从源物理机通过网络复制到目标物理机，如图 5-63 所示。

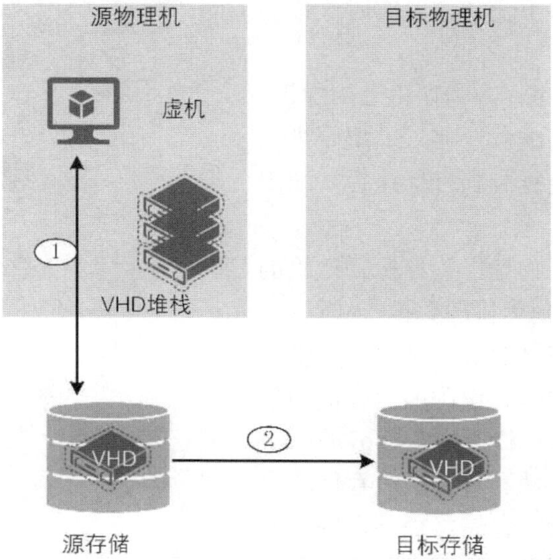

图 5-63　启动无共享实时迁移

（2）虚拟硬盘从源物理机到目标物理机的复制完成后，后续写入到虚机的数据通过 I/O 镜像为一式两份，将数据一份写到源存储里的虚拟硬盘，一份写到目标存储里的虚拟硬盘，让源虚机存储和目标虚机存储的数据保持一致，如图 5-64 所示。等到源虚机存储和目标虚机存储完全同步后，接着执行与实时迁移同样的过程，完成配置、虚机内存、CPU 和设备状态的复制，在源主机清理完虚机残留信息后在目标物理机上开启虚机。

（3）等待虚机完成实时迁移后，删除源存储上的虚机虚拟磁盘，如图 5-65 所示。

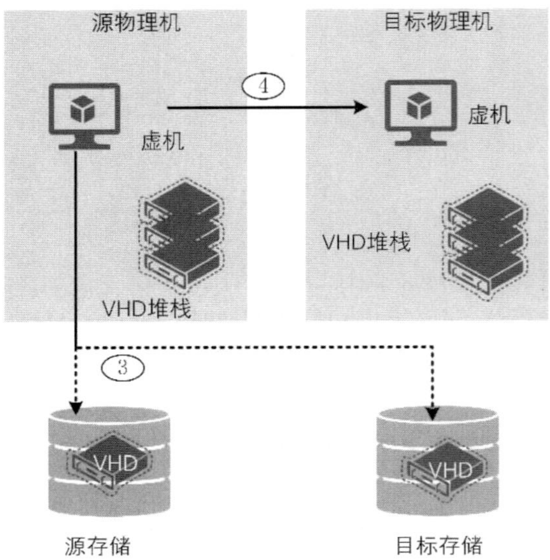

图 5-64　数据一式两份，分写两端

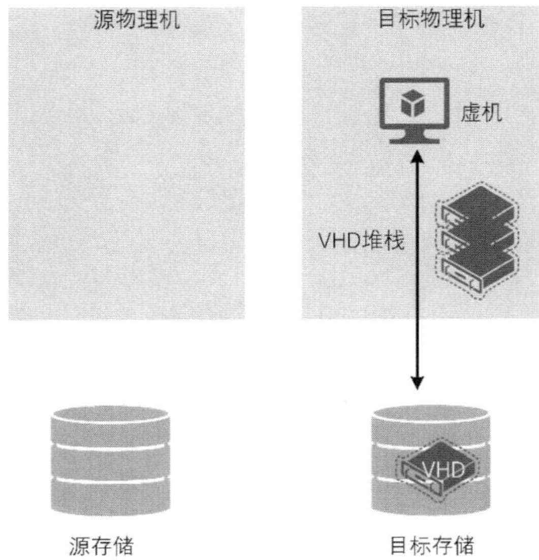

图 5-65　删除源存储路径的虚机文件

5.1.7.4　存储实时迁移

存储迁移可以达到与虚机实时迁移同样的几乎零停机的效果，存储迁移的目的在于将虚机的存储位置从源路径迁移到其他路径，而运行虚机的物理机保持不变。存储实时迁移的主要步骤如下。

（1）无需关闭或者保存源物理机上的虚机，在虚机运行过程中启动虚机迁移，虚拟硬盘从物理机源路径通过系统复制到目标路径，如图 5-66 所示。

（2）虚拟硬盘从源物理机到目标物理机的复制完成后，后续写入到虚机的数据一式两份，将数据一份写到源存储里的虚拟硬盘，一份写到目标存储里的虚拟硬盘，使源虚机存储和目标虚机存储的数据保持一致，如图 5-67 所示。

（3）等到源虚机存储和目标虚机存储完全同步后，虚机切换到新的存储路径下，删除源路径下的虚机磁盘，如图 5-68 所示。

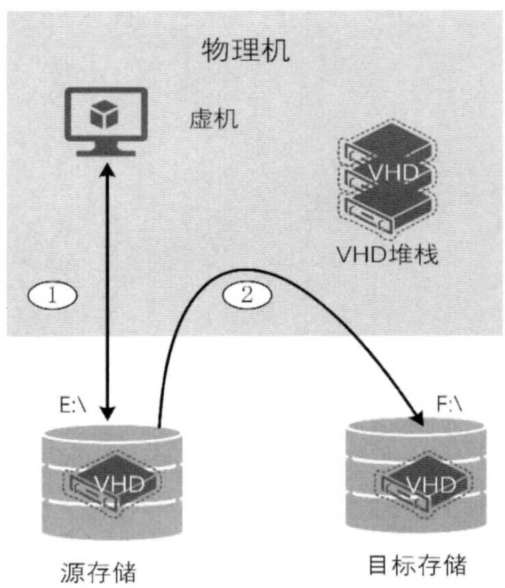

图 5-66　启动实时存储迁移

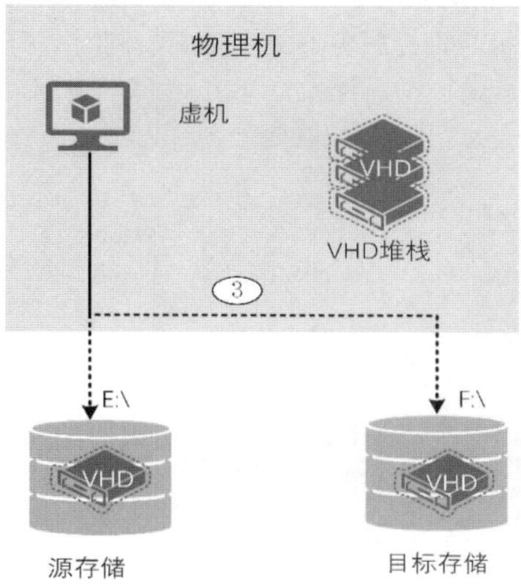

图 5-67　数据一式两份分别写到源和目标存储

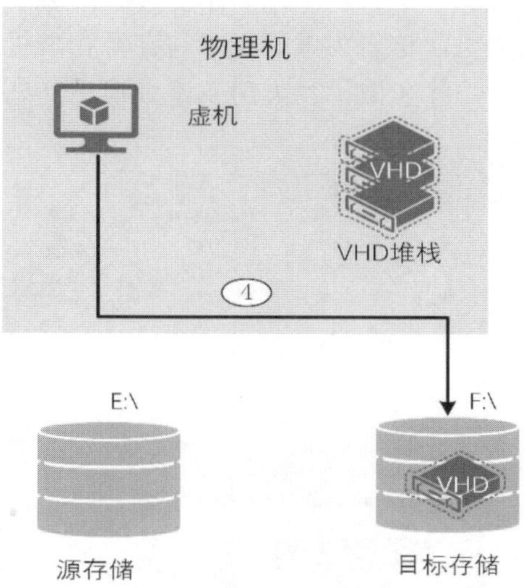

图 5-68　删除源存储路径的虚机文件

5.1.7.5　Hyper-V 复制

Hyper-V 复制（Hyper-V Replica）是内置在 Windows Server 2012（R2）Hyper-V 里的功能，采用异步同步的方法将虚机从一个站点复制到另外一个站点，不同站点可以有不同的定义，比如在同一栋楼的不同数据中心机房，或者在相隔几十公里甚至更远距离的不同数据中心机房。

Hyper-V 复制要求物理服务器（或群集）采用 Kerberos（HTTP 协议）或者证书（HTTPS 协议）方式验证，如图 5-69 所示。使用证书验证方式需要使用双方都信任的证书颁发机构为源物理机（群集）和目标物理机（群集）同时颁发证书。证书颁发机构可以是企业内的证书颁发机构，也可以是独立的证书颁发机构。

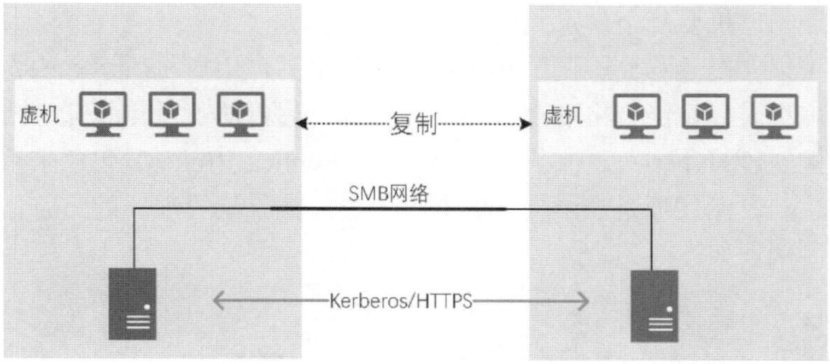

图 5-69　Hyper-V 复制使用的验证方式

同时需要在源站点物理机（群集）和目标站点物理机（群集）上启用 Hyper-V 复制，并设置验证方式和端口，默认情况下，Kerberos 验证（HTTP 协议）使用 80 端口，证书验证（HTTPS 协议）使用 443 端口。另外还要设置允许的源服务器和复制虚机所保存的路径，如图 5-70 所示。如果在服务器上设置了选择使用 Kerberos 并选择允许所有经过验证的服务器，那么将允许所有加入同一个域或者信任域的服务器将虚机复制到这台服务器，或者允许导入了同一个证书颁发机构的证书的服务器。

在物理机（群集）启用 Hyper-V 复制后，在目标物理机（群集）上将创建一个完全一样的虚机，称之为虚机副本，在源物理机的主虚机和目标服务器的副本虚机同时只有一个在运行，除非做了容灾切换，否则一直只有主节点虚机在运行。

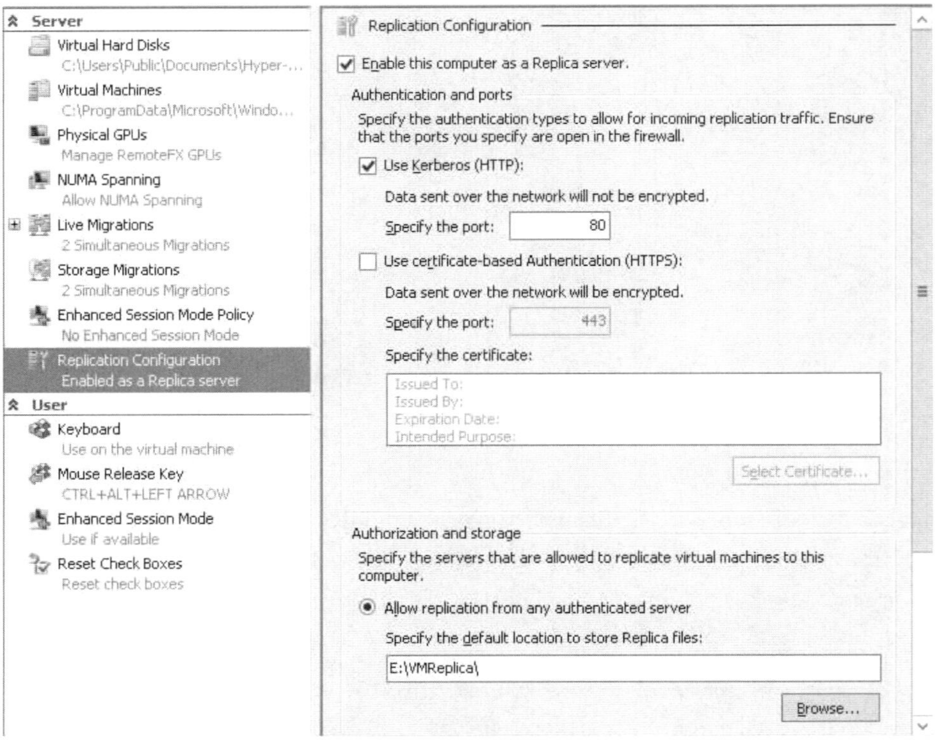

图 5-70　开启并设置虚机复制

虚机复制的源和目标可以是独立物理机和群集，复制的设置是一样的，但是群集虚机在复制时比独立物理机要复杂一点儿。

因为虚机可以实时迁移到不同的物理机，群集里高可用虚机所运行的物理机是动态变化的，在复制虚机时，可能会出现源物理机和目标物理机的点对点验证方式不一致，这时候需要在群集里创建 Hyper-V 复制代理（Hyper-V Replica Broker）角色来承担群集对外统一验证。Hyper-V 复制代理是一个标准的群集角色，在群集管理器的角色里创建即可，群集 Hyper-V 复制代理如图 5-71 所示。

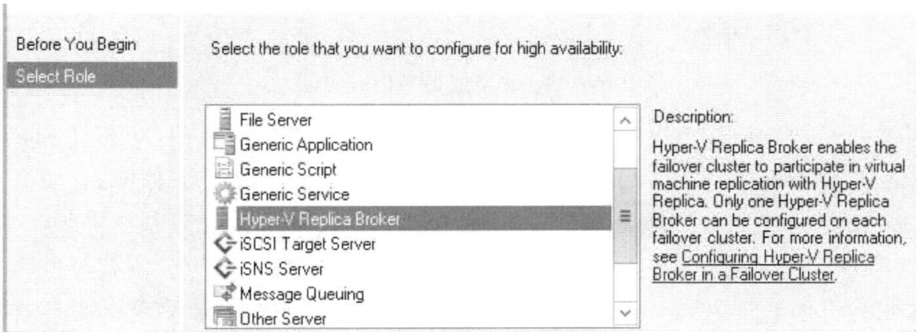

图 5-71　创建 Hyper-V 复制代理

Hyper-V 复制代理是一个计算机账号，也是一个标准的 AD 对象，Hyper-V 复制代理分配了 IP 地址用于客户端访问，因此可以给 Hyper-V 复制代理分配证书，保证 Hyper-V 复制代理可以使用 Kerberos 和 HTTPS 方式进行验证。所以不论虚机在群集里任何一个节点上运行，都由 Hyper-V 复制代理执行身份验证。Hyper-V 复制代理发送复制命令给物理机节点，而实际传输虚机数据则由虚机所在的物理机执行，Hyper-V 复制代理仅仅是配置和验证窗口，这就如同火车站是统一售票和检票窗口，但是实际上运输旅客和货物的是不同铁路公司的火车。Hyper-V 复制代理和物理机节点之间不发生数据传输，即使虚机发生实时迁移也不会影响虚机复制。Hyper-V 复制代理和独立物理机之间发生复制时，是双向验证关系，意味着 Hyper-V 复制代理既可以作为出站复制代理又可以作为入站复制代理，如图 5-72 所示。如果群集和群集之间发生虚机复制，则需要在两个群集里各配置 Hyper-V 复制代理，如图 5-73 所示。

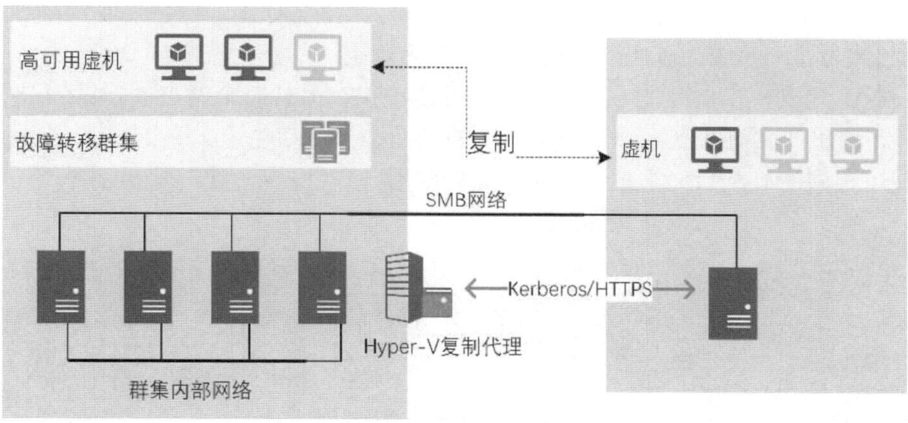

图 5-72　群集到独立服务器的 Hyper-V 复制

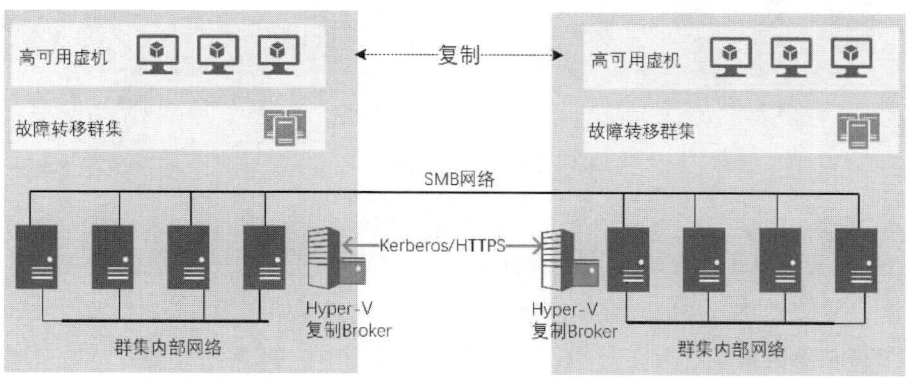

图 5-73　群集到群集的 Hyper-V 复制

Hyper-V 复制代理只需要在群集里配置一次，而不需要在每台物理机节点上进行重复配置。Hyper-V 复制代理全局配置将取代节点配置，实际上，在群集配置 Hyper-V 复制代理后，群集节点上无法修改。

Hyper-V 复制虚机的步骤概括如下。

- 在源物理机（群集上）选择要复制的虚机，右击并选择启用复制。
- 选择目标物理机或群集复制代理。

- 选择验证方式和是否要启用复制压缩。
- 选择要复制的虚机 VHDX 磁盘。
- 选择增量复制的频率，有 30 秒、5 分钟和 15 分钟 3 个频率选项。
- 选择为主虚机保留恢复点来保证虚机可以恢复到早些时候的状态。多个恢复点创建默认间隔为 1 小时，最多可以创建 24 个恢复点，也可以任意定义 1～24 之间的任意个恢复点。同时，还可以为安装了最新的集成组件的 Windows 虚机选择应用一致性 VSS 快照，默认频率为每 4 小时生成一次快照，当然也可以自定义快照频率。
- 选择发送初始副本到目标服务器的方式，有通过网络方式复制、介质离线复制和以现有副本作为初始副本 3 种方式。如果选择网络复制，还可以选择复制立即开始还是稍后某个时间开始。如果使用介质离线复制初始副本，需要先导出虚机到移动介质，并把该介质寄送到目标站点，在目标站点里将导出的虚机复制到物理机。
- 到此为止，已经配置完毕，可以立即开始复制。

Hyper-V 还支持扩展复制，扩展复制允许给虚拟在另外一个站点创建第二个非活动副本，这样，虚机一共有 3 个副本，一个活动的和两个非活动的，如图 5-74 所示。扩展复制和复制使用相同的机制，但是扩展复制不支持应用一致性。

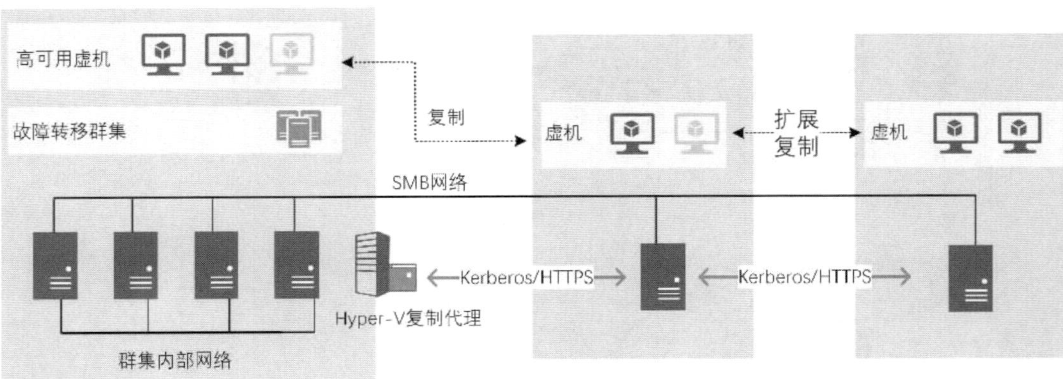

图 5-74 Hyper-V 扩展复制

Hyper-V 复制故障切换不是自动的，意味着主虚机发生故障，副本虚机不会自动启动，需要手动启动副本虚机。Hyper-V 故障切换分为 3 种方式。

- **测试故障转移**。类似于容灾演练，测试部分虚机是否能够正常启动，测试故障转移时将副本虚机文件复制一份，然后在副本虚机所运行的同一台物理机上创建一台和副本虚机一样的测试虚机并开启该测试虚机，这样做不会干涉副本虚机的复制。这台测试虚机可以在测试完毕后删除。
- **计划内的故障转移**。对于预期内的故障转移，比如主站点虚机需要进行短暂的维护时，采用计划内故障转移。在执行虚机故障转移之前，先关闭主虚机，副本虚机开启之后，副本虚机会执行反向复制到主虚机。
- **计划外的故障转移**。对于预期外的故障转移，比如主站点虚机发生意外故障停机，在执行故障转移之前，先要检查恢复点是否正常。

为了保证切换效果，以及保证故障转移后的副本虚机开启后能正常工作，在启用了 Hyper-V 复制的虚机网卡属性里会默认添加 TCP/IP 设置选项和测试故障转移虚拟交换机选择项。对于故障转移测试，需要预先为复制的虚机分配虚拟交换机，如果在虚机复制的网络里有特殊的网络配置要求，那么可以在给虚机启用复制后设置副本虚机的 TCP/IP 网络，如图 5-75 所示。

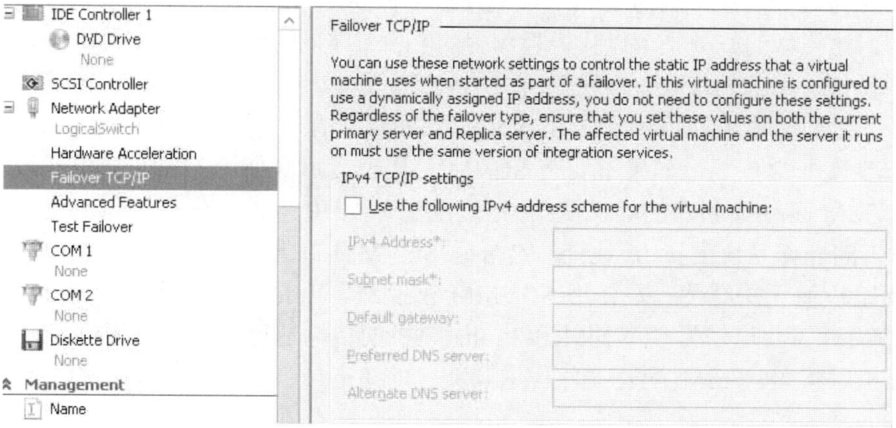

图 5-75　设置副本虚机的系统 IP 地址

5.1.8　Hyper-V 虚机模板

5.1.8.1　Windows 虚机基础模板

在安装 Windows 虚机模板之前，一定要确定该 Windows 版本是否具有最新的 Hyper-V 集成组件，如果没有或者没有最新的集成组件，需要在安装好系统后，插入集成组件安装文件安装或者升级集成组件。安装或者升级后需重启虚机。

对于 Windows Server 系统，存在唯一标识符——安全标识符（Secure ID，SID），SID 是区分系统的重要标识。SID 不仅代表机器本身的标识，还代表其他安全主体，包括域计算机账号、用户和安全组，具有同一个 SID 的服务器将会被视为一台机器，具有相同 SID 不能同时加入到一个域里。SID 会在安装好系统以后，在配置过程中生成，使用模板部署的虚机很容易发生虚机的 SID 重复的问题，因此作为模板的虚机要想办法清除掉 SID。在早期的 Windows Server 里可以使用 NewSID 等小工具清除虚机系统已有的 SID。但从 Windows Server 2008（R2）开始，这个工具已经不能使用了。取而代之的是系统自带的 sysprep.exe 命令，打开命令提示符，输入以下命令打开系统准备工具配置窗口。

```
C:\> Windows\System32\Sysprep\sysprep.exe
```

在系统准备工具窗口的系统清理操作选项里选择默认的进入全新体验 OOBE，勾选通用，关机选项选择关机，如图 5-76 所示。在这个设置窗口不能选择重新启动，因为系统准备工具在清除完 SID 后，如果重新启动会给虚机生成新的 SID，这样起不到清除 SID 的效果。

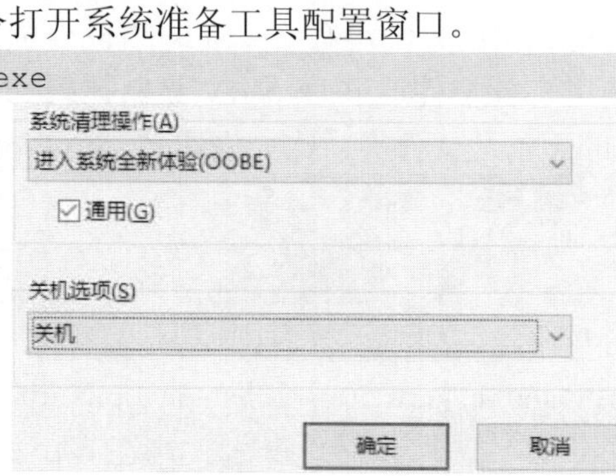

图 5-76　系统 SID 清理窗口

5.1.8.2　Linux 虚机基础模板

Linux 不需要清除 SID，但是也需要遵循一些指导才能保证模板能够顺利地部署 Linux 虚机。

（1）在安装 Linux 虚机模板之前，一定要确定该 Linux 版本是否具有内置的 Hyper-V 集成组件，如果没有集成组件，需要在安装好 Linux 系统之后第一时间安装最新的 Hyper-V 虚拟化集成组件。

（2）作为最佳实践，因为 Linux 虚机模板不需要网络通信，那么可以把虚机的虚拟网卡删除掉，这样做的好处是可以让模板部署的 Linux 虚机的网卡名称从 eth0 开始。

（3）做好通用的系统配置，比如防火墙配置，是否要启用 VNC 或者 SSH 等。

（4）在 Linux 模板虚机里安装 SCVMM Agent，如果使用 SCVMM 模板部署 Linux 虚机，这一步就非常重要，如果不安装 SCVMM 代理，那么使用 Linux 模板部署虚机时，虽然 SCVMM 可以给新建的虚机从 IP 地址池里分配 IP 地址，但是不能成功给部署中的 Linux 虚机的操作系统配置 IP 地址，会导致 SCVMM 部署虚机的时候一直卡在 Linux 系统自定义阶段而无法继续。在使用 SCVMM 模板部署 Linux 虚机时，内置于 Linux 模板里的 SCVMM Agent 作为 SCVMM 和 Linux 虚机的传输通道，在每次通过 SCVMM 部署 Linux 虚机时将 SCVMM 配置文件传递到新建的 Linux 虚机里，包括虚机系统名称、IP 地址和 root 密码等。

可参考以下步骤给 Linux 虚机安装 SCVMM Agent。

（1）从 SCVMM 安装路径下的 C:\Program Files\微软公司 System Center 2012（R2）\Virtual Machine Manager\agents\Linux 将 Linux 文件夹整个复制出来。该文件夹下有 5 个文件，如图 5-77 所示，注意，SCVMM 版本不同文件版本也会不同。

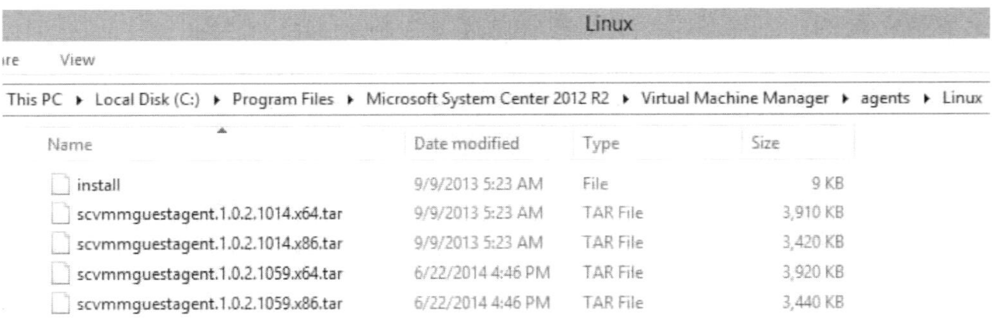

图 5-77　安装 SVMM Linux 代理

（2）把这个文件夹拷贝到 Linux 虚机，有很多方法复制文件到 Linux 虚机，如果遵循之前介绍的方法没有给 Linux 模板虚机分配网卡，此时无法通过网络复制文件。通常可以使用 ISO 文件通过 Hyper-V 光驱挂载 ISO 文件。挂载好光驱设备，用以下命令将其复制到 Linux 本地文件夹，比如先新建一个 LinuxAgent 的文件夹。

```
# mkdir /opt/LinuxAgent
# mount /dev/cdrom /media
# cp -a /media/Linux/ /opt/LinuxAgent/
```

注意，如果系统内核缺少某些驱动程序而不能挂载，需要先运行# insmod/lib/modules/$(uname -r)/kernel/drivers/ata/ata_piix.ko。

（3）进入安装文件目录，选择相应的版本。如果提示无权限运行则先运行 chmod +x install 或者 chmod 555 install；接着运行./install scvmmguestagent.1.0.2.1059.x64.tar（具体安

装哪个文件要看系统的版本）。

（4）在创建模板之前，我们需要清除 Linux 虚机的网络规则，以便后续通过该模板创建的虚机新增的网卡能够标识为 eth0，输入以下命令。

```
# rm /etc/udev/rules.d/70-persistent-net.rules -f
```

5.1.8.3 SCVMM 高阶模板

在有了 Windows 和 Linux 基础虚机模板后，虽然可以使用存储的基础模板创建虚机，但是使用基础模板创建的虚机还需要做很多后期配置。使用 SCVMM 可实现模板的按需“拼装”，在虚机模板里配置好各种需要的项目，省去后期配置的麻烦。在 SCVMM 库共享里统一存储各种虚机基础模板的 VHDX 文件，并使用 SCVMM 虚机模板添加如下配置。

- 硬件配置，包括 CPU、内存、网络连接、虚拟磁盘、虚拟 NUMA、高可用设置等常用配置。
- 为虚机从 IP 地址池里分配静态 IP 地址和静态 MAC 地址，以及应用端口配置文件，4.4 节有关于虚拟化网络的端口配置文件的介绍。
- Windows 操作系统配置，包括管理员密码、操作系统密钥、加域配置、安装 Windows Server 角色和功能、配置安装应答文件。
- Linux 操作系统配置，设置 Linux root 密码或者 SSH。
- 为 Windows Server 虚机模板设置预安装应用或者数据库。

虚机模板是部署单实例虚机的配置集合，除了虚机模板，还可以使用 SCVMM 部署服务，所谓的服务，其实是一组分别承担不同角色构成完成应用的虚机实例。SCVMM 服务模板把虚拟机组合在一起进行自动部署和配置，并作为单个实体进行管理。服务模板中包括一些未在虚拟机模板中提供的功能，如下所述。

- 服务模板可用于部署多个虚机实例，虚拟机模板只能用于部署单一虚拟机。
- 服务模板可包括用于在虚拟机上安装 Windows Server 角色和功能的设置。
- 除了虚拟硬盘、硬件配置文件和操作系统配置文件的标准构建基块外，服务模板还可利用其他配置文件，如下。
    - **应用程序配置文件**。SCVMM 支持在虚机上自动部署应用，首先需要部署模板应用（需要先安装好应用，将其作为后期部署的模板），然后采用以下 3 种常用应用程序打包技术将模板应用配置和参数提取出来：Server App-V、数据层应用程序（DAC）和 WebDeploy。有了应用配置模板后，接着使用命令行和工具来执行应用的组装。常用的脚本和工具包括 Windows Installer（MSI）、Setup.exe 安装程序、Windows PowerShell Desired State Configuration（DSC）、Puppet 软件和 Chef 软件创建的脚本。
    - **SQL Server 配置文件**。SQL Server 配置文件提供用于服务模板的一部分，在服务模板所部署的应用包含 SQL Server，那么在服务模板里需要进行 SQL Server 实例的安装和配置。SQL Server 配置文件也需要通过 DAC 提取模板数据库配置和参数，然后使用脚本和工具依照模板安装 SQL Server 数据库引擎并配置数据库。

5.2 会话虚拟化

5.2.1 概述

我们知道，现在所流行的基于服务器计算（Server Based Computing，简称为 SBC）将客户端计算能力重新进行了定义并使用数据中心计算能力实现，所以会话虚拟化也是软件定义数据中心可选且重要的模块。

服务器虚拟化是将服务器系统和硬件进行解耦，让单台物理机并行运行多个虚机操作系统，而应用会话虚拟化是将用户桌面端系统和应用及数据解耦，让多个用户可在同一台设备上并行使用应用程序并集中或者分散存储数据。数据和应用解耦技术在早期的用户文件漫游里用得较多，而会话虚拟化侧重于操作系统和应用的解耦。

5.2.2 了解 RDS

微软的会话虚拟化技术使用的是远程桌面服务（Remote Desktop Service，简称为 RDS），远程桌面服务可让客户端通过远程桌面服务器协议（Remote Desktop Protocol，简称为 RDP）远程访问 Windows 应用和图形桌面。根据远程桌面服务提供访问的目标是应用还是桌面又分为两类：一类是远程应用——RemoteApp，这类 RDS 服务让多个用户使用独立的会话连接到服务器；另外一类是远程虚拟桌面 VDI。这里我们只讨论 RemoteApp，VDI 更偏向于系统虚拟化，因此不再列为单独的章节。

5.2.3 认识 RDP

RDP 是 RDS 的核心协议，是实现 VDI 和 RemoteApp 的关键技术。在客户端设备连接 Windows 服务器的上虚拟桌面和远程应用时起到远程显示和输入输出的作用。RDP 协议具备多通道能力，允许多个隔离的虚拟通道传送设备通信以及显示来自服务器端的数据，在输入过程中，RDP 为客户端的鼠标和键盘输入数据加密，RDP 能支持的传输通道多达 64 000 个。

在显示过程中，服务器端 RDP 使用显卡渲染显示输出，使用 RDP 协议封装渲染信息数据包并通过网络发送到客户端后，客户端的 RDP 接收渲染数据然后将数据包翻译给相关的显示卡设备接口 API 调用。在输入过程中，客户端鼠标和键盘活动将从客户端重定向到服务器，服务器端的 RDP 使用服务器的键盘和鼠标驱动器接收来自客户端的鼠标和键盘活动。

RDP 主要提供如下功能。

- **加密**。RDP 使用 RC4 密码进行加密，RC4 是一种流加密，主要用于小数据的加密。RC4 实现网络安全通信的目的，有 56 位或者 128 位两种密钥可供选择，其中 128 位 CR4 提供高等级加密功能。
- **优化带宽**。RDP 具备多种减少在网络上传输的数据量的机制，包括数据压缩、位图永久缓存以及图像字符和分段内存缓存。永久缓存位图在带宽很窄的连接下能显著改善连接性能，在使用位图较大的应用时的改善尤为明显，比如在浏览远程视频文件时。
- **断开重连**。用户手动或者意外断开远程桌面会话而未注销时，不管用户使用原来的设备还是其他设备，在重新登录系统后就可以自动连接到之前断开的会话。比如用户打开一个 Word 远程应用，终端设备网络故障导致用户断开和连接远程 Word 文档会话的连接，在用户会话被注销之前如果使用其他可用的终端登录，依然可以看到打开的 Word 文档并继续工作。

- **剪贴板映射**。使用剪贴板映射可以在终端本地和远程服务器运行的应用之间或者会话之间删除、复制和粘贴文本和图片。
- **打印重定向**。将服务器端的文件重定向到客户端设备连接的打印机打印。并且支持轻松打印，启用轻松打印后，不需要在 RDS 服务器上安装打印机驱动。
- **虚拟通道**。RDP 虚拟通道实现通道扩展能力，允许开发者添加客户端设备和远程应用之间通信的其他功能。
- **远程控制**。计算机支持远程桌面会话查看和控制。在两个远程桌面会话过程中的共享输入和图形显示功能可以让服务支持人员执行远程诊断和解决故障。
- **网络负载均衡**。RDP 可以支持 NLB 功能。
- **颜色深度支持**。RDP 可以支持 32 位颜色深度。
- **低带宽优化**。在低带宽环境中，使用带宽优化增加会话连接性能。
- **身份验证**。除了支持询问密码验证，还支持智能卡身份验证。
- **重定向**。支持声音、端口和网络打印机重定向，在远程服务器端产生的声音可以在连接终端听到，终端的设备可以映射到远程服务器端。

5.2.4　RemoteApp 典型架构

RemoteApp 的结构设计如图 5-78 所示，RemoteApp 应用可以结合 SDS 和服务器虚拟化作为软件定义数据中心的实际应用。

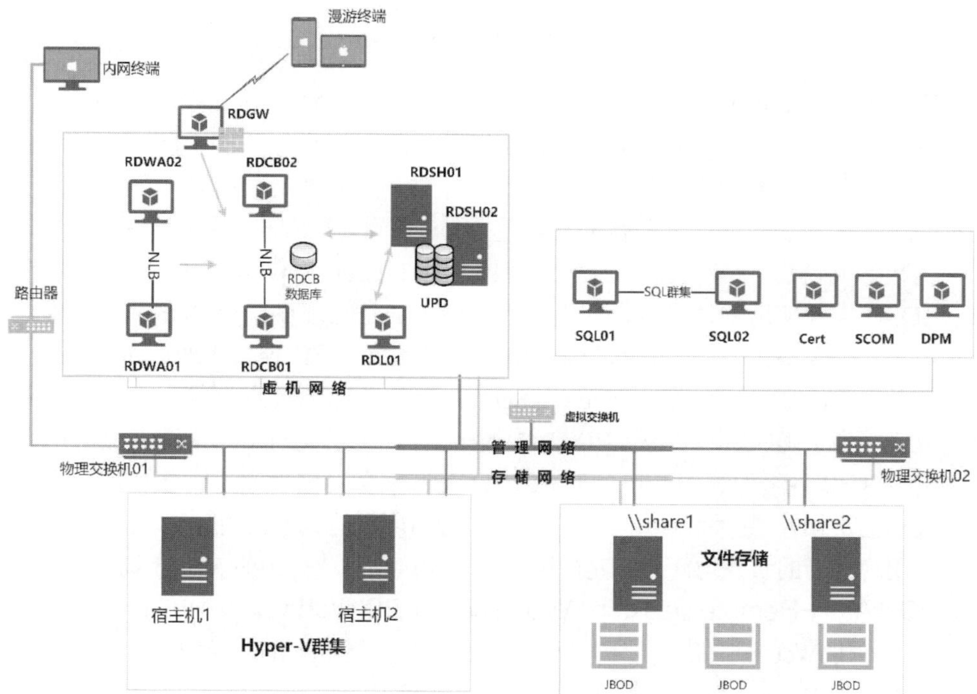

图 5-78　RDS 典型部署结构

通用 RemoteApp 的架构分为 5 个部分。

- 连接虚机和公司网络的虚拟化网络以及物理网络。
- 运行 RemoteApp 角色的虚机的 Hyper-V 宿主机。
- 保存 RemoteApp 角色虚机的软件定义存储——SOFS SMB 存储。
- RemoteApp 角色虚机和物理机。
- RemoteApp 所依赖和附加的角色的虚机，比如 SQL Server 虚机是 RemoteApp 实现高可用的基础虚机；监控和备份在方案里虽然是可选的，但是对于整个环境的监控以及容灾备份起到至关重要的作用。这里的监控和备份都使用微软 System Center 方案，其中由 SCOM 实现监控，由 SCDPM 实现虚机和用户数据备份。

RemoteApp 角色由 5 个核心角色组成，这 5 个角色承担不同的职责，协同工作为用户提供应用访问，如图 5-79 所示。

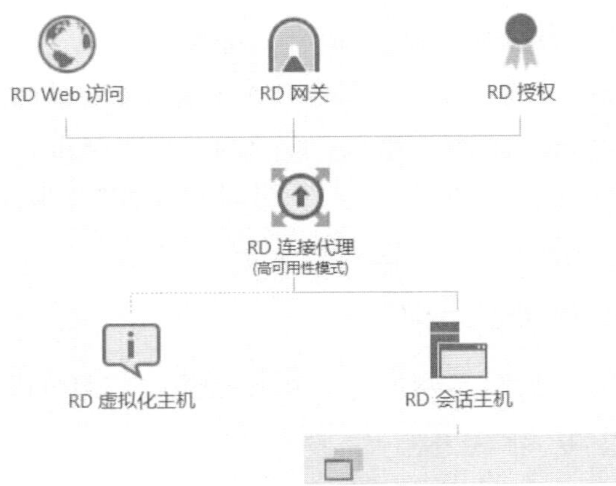

图 5-79　RDS 组件构成

- RDSH——Remote Desktop Session Host（RD 会话主机）。RemoteApp 系统角色之一，RDSH 角色由 Windows Server 提供，该角色提供应用宿主，也即程序安装发布点，负责安装程序、加载程序、执行计算、返回结果。可以部署多台 RDSH 以提供冗余和负载均衡，但是要求这些 RDSH 间要配置相同的应用程序。用户通过远程访问的应用都安装在这个角色上。在 RemoteApp 并发用户数较多的时候，RDSH 推荐使用物理机，本文设计方案中用的是物理机作为 RDSH 服务器。
- RDCB——Remote Desktop Connection Broker（RD 连接代理）。RemoteApp 系统角色之一，RDCB 角色由 Windows Server 提供，RDCB 也即连接中介，确保客户端可以连接到正确的应用资源。RDCB 在逻辑结构上以及在工作流程中都处于中间角色，它把 RDS 各组件连接、联系在一起。RDCB 服务存储用户远程桌面会话状态信息，包括会话 ID、其关联的用户名以及每个会话所在的服务器的名称。RDCB 还可以实现用户会话的负载均衡，并允许用户重新连接到负载均衡的 RDSH 场中的现有会话。
- RDWA——Remote Desktop Web Access（RD Web 访问）。RemoteApp 系统角色之一，RD Web 访问角色使用户可以通过运行计算机上的开始菜单或通过 Web 浏览器来访问 RemoteApp 和桌面连接。RD Web 访问角色向用户提供 RemoteApp 程序列表视图。

- **RDL——Remote Desktop License（RD 授权）**。RemoteApp 系统角色之一，RD 授权角色管理 RDS CAL，设备或者用户连接到 RDSH 时需要 RDS CAL，RD 授权用来安装、颁发 RDS CAL 以及跟踪 RDS CAL 是否可用。
- **RDG——Remote Desktop Gateway（RD 网关）**。RemoteApp 系统角色之一，使授权远程用户可以从任何连接到 Internet 并且可以运行 RDC 客户端的设备连接到内部企业网络或专用网络上的 RemoteApp 程序。RD 网关使用 HTTPS 上的远程桌面协议（RDP）在 Internet 上的远程用户与应用程序之间建立安全的加密连接。

RDWA、RDCB 和 RDSH 这 3 个角色可在服务器管理器上的添加功能和角色向导里完成，其他角色可在配置好这 3 个基础的角色后，通过 RemoteApp 设置窗口添加，比如 RDL 和 RDG 角色。打开添加和安装角色向导，在安装类型里必须要选择"基于会话的桌面部署"，如图 5-80 所示。在接下来的向导里给承担不同角色的服务器选择安装这 3 个不同的 RDS 角色即可。

图 5-80　选择基于会话的桌面部署

RemoteApp 的 5 个核心角色里，RDWA、RDCB 和 RDSH 这 3 个角色是核心里的关键，通常需要设计成高可用模式。注意，如果要在其中一台角色服务器上配置 RemoteApp 属性，首先需要对 RemoteApp 所包含的所有角色的虚机和物理机都添加的服务器管理器进行管理。

对于 RDCB 服务器，其高可用依靠 SQL Server 实现，所有的 RDCB 服务器都将必要的信息存储到数据库里，除了要在 RDCB 服务器上安装 SQL Server Client 程序，还要授予 RDCB 服务器对数据库实例合适的操作权限。登录到 RDCB 服务器，打开服务器管理器，在远程桌面服务的架构图里，点击 RD 连接代理选择配置高可用，在高可用配置向导里填写如下示例信息。

- 指定数据库连接字符串，如下示例所示。

```
DRIVER=SQL Server Native Client 11.0;SERVER=SQL.contoso.com;Trusted_Connect
ion=Yes;APP=Remote Desktop Services Connection Broker;Database=RDCB-DB
```

- 指定存储数据库文件的文件夹，比如：D:\MSSQL11.MSSQLSERVER\MSSQL\DATA。
- 在 DNS 轮训机制名称里填写高可用 RDCB 名称，这个 DNS 名称映射两台 RDCB 服务器的 IP 地址，比如：RDCBHA.contoso.com。

配置完毕后，点击 RD 连接代理选择添加 RDCB 服务器，按照向导完成两台或更多 RDCB 服务器的配置，配置过程中会自动为新的 RDCB 服务器安装 RDCB 角色。

RDWA 角色是 Web 应用，给两台以上的服务器安装 RDWA 角色，然后即可使用 NLB 技术将多个 RDWA 服务器配置成负载均衡群集，如图 5-81 所示。

对于 RDSH 角色，在远程桌面服务的架构图里的 RD 会话主机右击添加 RD 会话主机，在弹出的向导里选择要添加的服务器，将会自动为服务器安装 RDSH 角色并将该服务器添加到 RDSH 服务器池里，如图 5-82 所示。

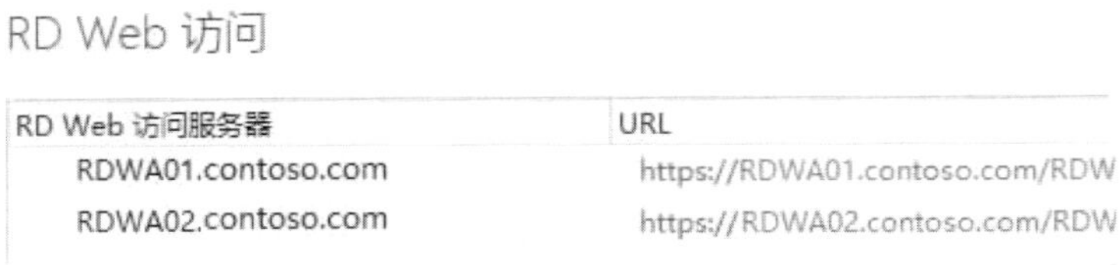

图 5-81　RDWA 角色高可用配置

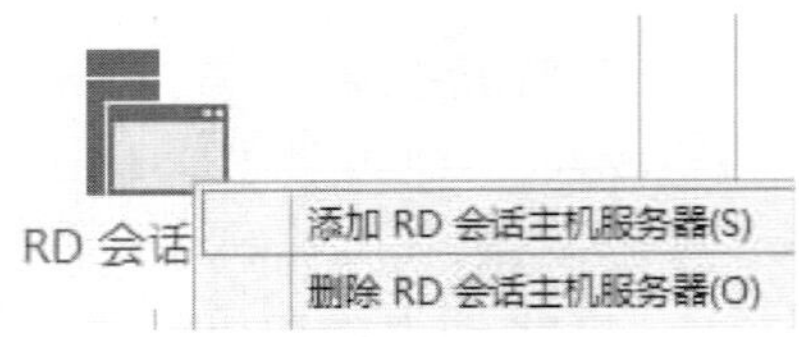

图 5-82　配置 RDSH 池

配置好 RemoteApp 角色以后，接下来新建应用集合，应用集合按照用途进行区分并按用户组进行分配，比如集合包含有 Office 2013 程序并分配给 RDSGroup 这个组，那么这个组的用户便可以使用这些发布的 Office 2013 RemoteApp，不在这个组的用户无法使用发布的 Office 2013 RemoteApp。在集合里还可设置用户会话行为、查看用户连接状态，以及添加或者删除其他 RDSH 服务器并设置负载均衡。每个集合里包含一到多台 RDSH 服务器，集合里面的每台 RDSH 服务安装完全一样的应用，才能保证 RDSH 的高可用。RDSH 服务器按照权重分配用户连接，权重从 0 到 100，数字越大，权重越高，而每台 RDSH 服务器使用最大会话数来限制用户会话，如图 5-83 所示。另外，如果 RDSH 服务器处于维护模式或者不方便访问的时候，还可以关闭用户端与这台 RDSH 服务器的连接。

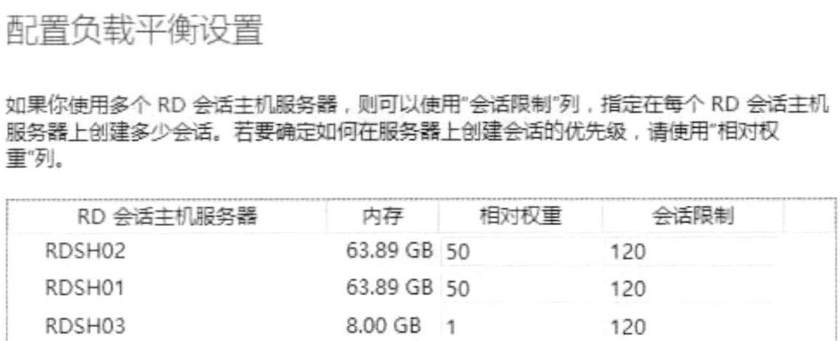

图 5-83　配置 RDSH 负载均衡

5.2.5　RD Web 界面友好定制

RD Web 原生界面相对比较简洁，用户可以根据需要自行装饰。这里介绍的是无代码美化和自定义 RD Web 界面。RD Web 构建在 IIS 站点基础之上，网站主题都是可以通过配置文件进行自定义的。

RD Web 主题、网页背景、主题和图标都可在 RD Web 服务器上的 C:\Windows\Web\RDWeb\Pages\Images 文件夹下进行编辑。RD Web 门户背景实际上是一张图片，我们选择一张 1199×1288 分辨率的图片，命名为 bg_globe_01，为了防止重名，我们把\Pages\Images 里名为 bg_globe_01 的原图改成其他的名字，比如后缀加_bak，然后将自己选择的图片复制到 C:\Windows\Web\RDWeb\Pages\Images 文件夹里，如图 5-84 所示。

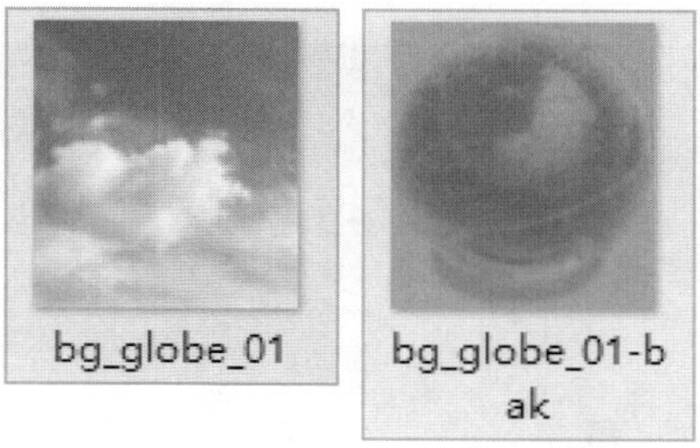

图 5-84　更换 RD Web 门户背景

选择一张 900×90 的.JPG 图片命名为 banner_01，在 Pages\Image 下，为了防止重名，我们将原有的图片改成其他名字，比如后缀加_bak。然后将自己选择的命名为 banner_01 的图片复制到 C:\Windows\Web\RDWeb\Pages\Images 文件夹里。

选择一张 900×50 的.JPG 图片命名为 banner_02，在 Pages\Image 下，为了防止重名，我们将原有的图片改成另外的名字，比如后缀加_bak。然后将自己选择的命名为 banner_02 的图片复制到 C:\Windows\Web\RDWeb\Pages\Images 文件夹里。

选择一张小的.PNG 图片命名为 logo_01，在 Pages\Image 下，为了防止重名，我们将原有的图片改成另外的名字，比如后缀加_bak。然后将自己选择的命名为 logo_01 的图片复制到 C:\Windows\Web\RDWeb\Pages\Images 文件夹里。

选择一张小的.PNG 图片命名为 logo_02，在 Pages\Image 下，为了防止重名，我们将原有的图片改成另外的名字，比如后缀加_bak。然后将自己选择的命名为 logo_02 的图片复制到 C:\Windows\Web\RDWeb\Pages\Images 文件夹里。

如图 5-85 所示，我们替换了 5 张背景和 Logo 图片。如果需要改回原样，可以删除自定义的图片，然后把系统默认图片的名字改回原来的名字。

图 5-85　更换 RDWeb 门户主题

改完后的效果如图 5-86 所示，背景换了，在顶部换了两个同长不同宽的横条，并且换了两个图标。

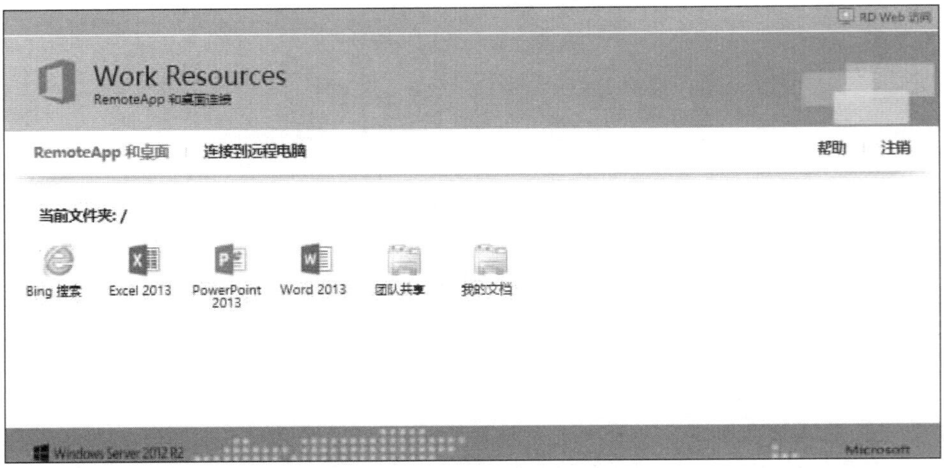

图 5-86　更换门户背景的效果

要修改 Web 主题，进入 C:\Windows\Web\RDWeb\Pages 目录下修改，注意在修改任何一个配置文件前需要备份一份副本。在 RDWeb\Pages 用记事本打开 Site.xsl，找到如下部分。

```
<td class="headingCompanyName"><xsl:value-of select="@workspacenam
e"/></td>
```

将这一行替换成如下内容。

```
<td class="headingCompanyName"><xsl:value-of select="$strings[@id =
'HeadingCompanyName']"/></td>
```

然后在 C:\Windows\Web\RDWeb\Pages\zh-CN\用记事本打开 RDWAStrings.xml，添加以下这条信息即可，加底色的内容是要替换的字符，我们示例将公司名字定义为“Contoso 公司”，加底色的内容可以替换成你自己定义的名称。

```
<string id="HeadingCompanyName">Contoso 公司 </string>
```

同时，在底下的副标题里把加底色部分替代成自己要定义的名字即可，我们示例将应用名字定义为“远程应用体验”，加底色的内容可以替换成你自己定义的名称。

```
<string id="HeadingApplicationName">远程应用体验 </string>
```

如果要修改门户右上方的标题，把如下加底色的部分替代即可，我们示例将标题改为“RD Web 访问”，加底色的内容可以替换成你自己定义的名称。

```
<string id="HeadingRDWA">RDWeb 访问 </string>
```

RD Web 还有两个链接：“RemoteApp 和桌面”和“连接到远程电脑”，这两个链接分别打开 RemoteApp 和远程桌面连接。这两个链接可以在 C:\Windows\Web\RDWeb\Pages\zh-CN 下，使用记事本打开编辑 default.aspx，把以下两条信息改成要显示的内容，我们示例将远程应用标签改为“我的远程应用”，将桌面标签改为“我的桌面”，加底色的内容可以替换成你自己定义的名称。

```
const string L_RemoteAppProgramsLabel_Text = "我的远程应用 ";
const string L_DesktopTab_Text = "我的桌面 ";
```

但是这个修改只针对 RemoteApp 生效，如果切换到连接到远程电脑链接，那么现有的连接名又会变成“RemoteApp 和桌面”和“连接到远程电脑”，所以还需要在 C:\Windows\ Web\RD Web\Pages\zh-CN 下，使用记事本打开编辑 Desktops.aspx 把以下两条信息改成和 default.aspx 里面修改的一样的内容。加底色的内容可以替换成你自己定义的名称。

```
const string L_RemoteAppProgramsLabel_Text = "我的远程应用 ";
const string L_DesktopTab_Text = "我的桌面 ";
```

这样就改完了 RD Web 的主题，从客户端打开 RD Web，定义效果如图 5-87 所示。如果使用了多台 RDWA 服务器，则需要把其他 RDWA 服务器的原配置文件备份好后再把在第一台服务器上配置修改复制到其他 RDWA 服务器。

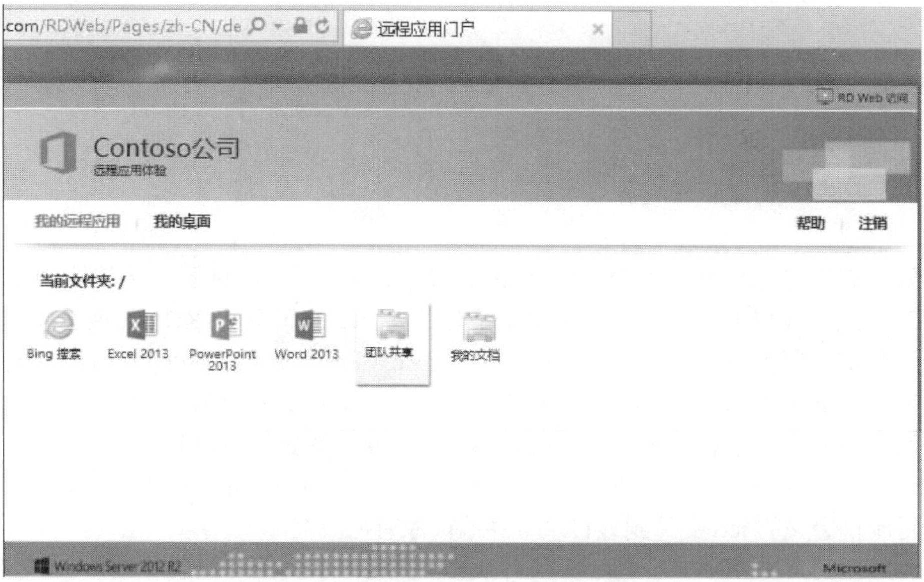

图 5-87　更换 RD Web 门户元素的效果

5.2.6　个性化应用图标

RemoteApp 可以同时多次发布一个应用程序，此时，它们的图标都是完全一样的，除了视图不够友好，用户在使用时也不太好分辨。我们可以在 RDCB 服务器上完成应用图标的个性化。多次发布同一个应用时，RemoteApp 按照应用进程发布顺序给应用进程后缀用数字按序进行标识，比如发布多个基于 IE 的 B/S RemoteApp 程序，那么 RemoteApp 程序的别名分别为 iexplore、iexplore(1)、iexplore(2)、iexplore(3)……，如图 5-88 所示。记住 RemoteApp 程序显示名和别名将有助于接下来我们自定义应用图标时能准确找到 RemoteApp 程序。

登录到任意一台安装有 RDCB 角色的服务器，打开 C:\Windows\Remote Packages\Cpub Farms\collectionname\CPubRemoteApps 目录。其中，collectionname 是 RemoteApp 集合的名字，如果有多个集合，则需要进入不同的路径下修改。在更改应用显示图标之前，首先需要为应用找到相关的 ico 图标文件，ico 文件就是 RDWA 门户上看到的应用缩略图图标。通常有两种方法获取自定义 ico 文件。第一种就是从电脑缓存里获取，比如在访问过 www.bing.com 的网页后，会在本地缓存 bing 的站点图标，将图标复制出来备用。另一种方法是在线制作 ico 图标文件，上传一张选择好的 jpg/png 图片，按照期望的分辨率生成 ico 文件并下载到本地备用。

图 5-88　发布多个相同的应用

比如我们新建了一个名为 Office_Apps 的集合，并基于 IE 浏览器发布了 Bing 搜索网站的 RemoteApp（如何发布和配置浏览器应用详见 5.2.9 节），在 RDWA 网页上看到的图标就是一个 IE 图标，在后台文件显示的别名是 iexplore。把名为 bing 的 ico 图标复制到 C:\Windows\RemotePackages\CPubFarms\Office_Apps\CPubRemoteApps 里即可，为了避免重名，我们将原来的 iexplore 的名字变更为 iexplore-bak，然后将名为 bing 的 ico 文件改名为 iexplore，如图 5-89 所示。如果发布了多个基于 IE 的 RemoteApp，则需要找到正确的应用别名，复制自定义的 ico 文件到该目录下并改成原有的别名。

图 5-89　准备自定义应用图标

改完的效果如图 5-90 所示，原来图标的别名（改成了 iexplore-bak）因为无法被 RemoteApp 系统所识别，所以这个图标暂时失效。

图 5-90　后台更换应用图标

登录到 RDWA 页面，可以看到原来的 IE 图标换成了 Bing 的网页图标。这样一眼就能分辨出来是什么应用，如图 5-91 所示。

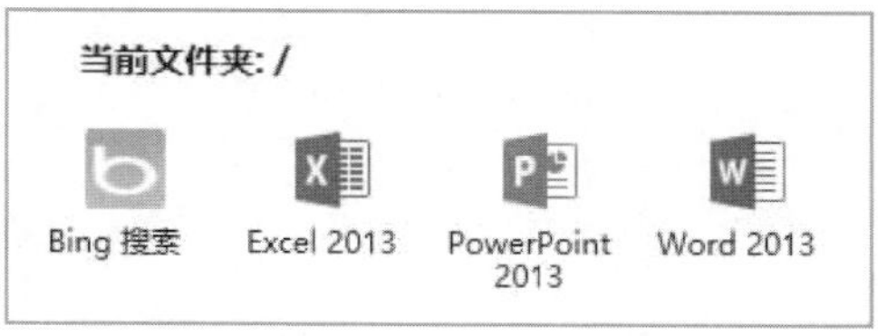

图 5-91　RD Web 更新到自定义图标

同样的原理，可以为其他 RemoteApp 程序修改图标，比如图 5-92 所示的团队共享文件夹（5.2.12 节将详细说明如何发布共享文件夹）的图标和普通文件夹的图标完全不一样。

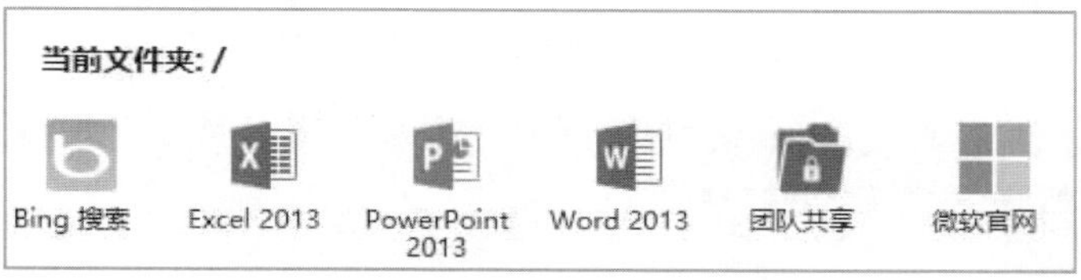

图 5-92　更换其他应用图标

5.2.7　如何优化用户体验

将应用运行在数据中心服务器端，通过终端远程访问应用时难免会因干扰项给用户的使用体验带来影响。在 RemoteApp 默认的配置下，用户连接 RDS 后，其使用的终端的驱动器会映射到 RDSH 服务器，打开 RremoteApp 以后，又能看到 RDSH 服务器的卷。所以用户在初次使用 RemoteApp 保存或者打开文档时，在保存时选择目标会看到两组卷标一样的磁盘，可能会感到困惑，不知道该把文件保存到哪个路径下。如图 5-93 所示，在保存窗口里有两个 C 盘，对用户下一步的操作产生了干扰。那么能否设置成让用户像在自己电脑上一样只看到一组磁盘卷呢，比如要么保存在访问终端的本地磁盘，要么保存在服务器的数据磁盘里。

如果想要将数据保存在用户访问终端的本地磁盘，可以通过策略将 RDSH 上的磁盘隐藏起来。打开 RDSH 本地策略编辑器，在用户配置—管理模板—Windows 组件——文件资源管理器里找到并打开“隐藏‘我的电脑’中的这些指定的驱动器”这一项。选择已启用，并选择要隐藏的驱动器，如图 5-94 所示。隐藏驱动器只是把访问磁盘的快捷方式隐去了，实际上还是可以通过绝对路径（比如 C:\Windows\System32）进行访问的。注意，这条策略需要在 RDSH 本地策略里设置，而且需要在每一台 RDSH 上做同样的设置，而不能在域组策略里设置，因为这是个用户策略，针对用户生效的情况下，用户登录到任何电脑都会无法看到隐藏的驱动器。

隐藏之后，用户在保存 RemoteApp 文档时只能看到由自己终端映射过去的磁盘，如图 5-95 所示。

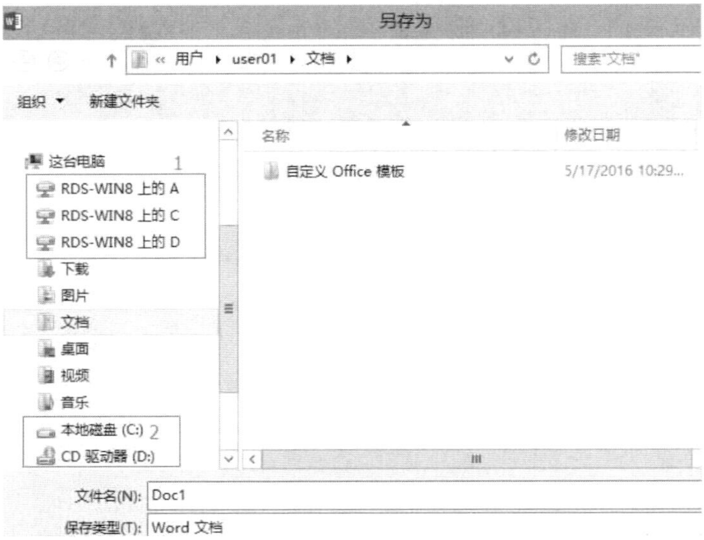

图 5-93　初始磁盘界面较杂乱

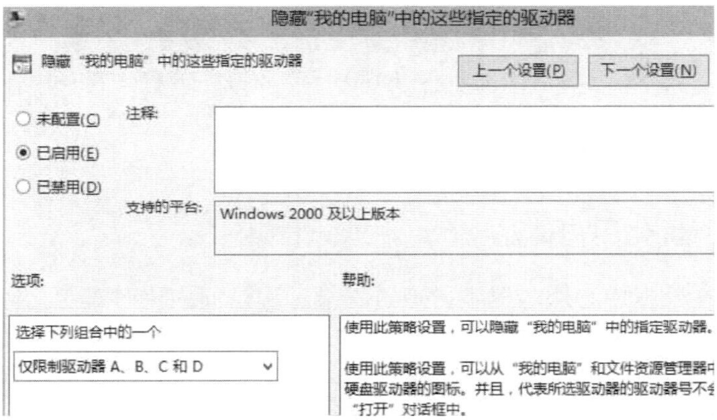

图 5-94　隐藏 RDSH 本地驱动器的策略

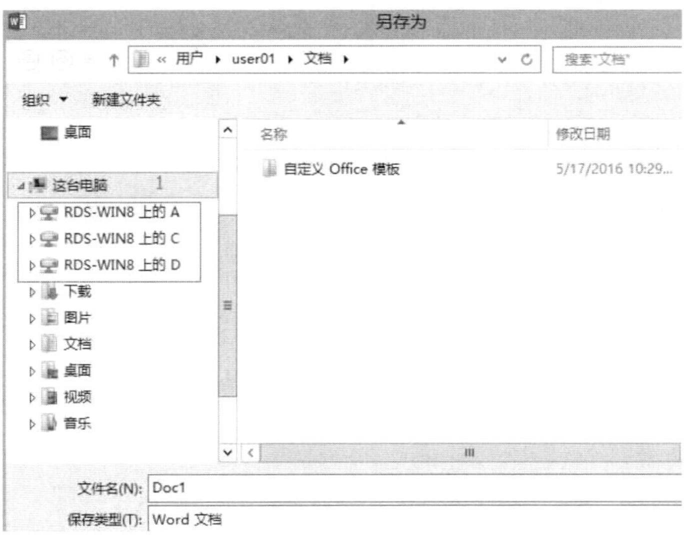

图 5-95　隐去 RDSH 本地驱动器的效果

如果要将文档保存在 RDSH 磁盘里，那么需要限制终端映射磁盘。可以在 RemoteApp 角色服务器管理器里打开 RemoteApp 的会话集合属性，在客户端设置里将驱动器重定向取消，如图 5-96 所示，这样，用户的终端设备的硬盘将不能映射到 RDSH 服务器。

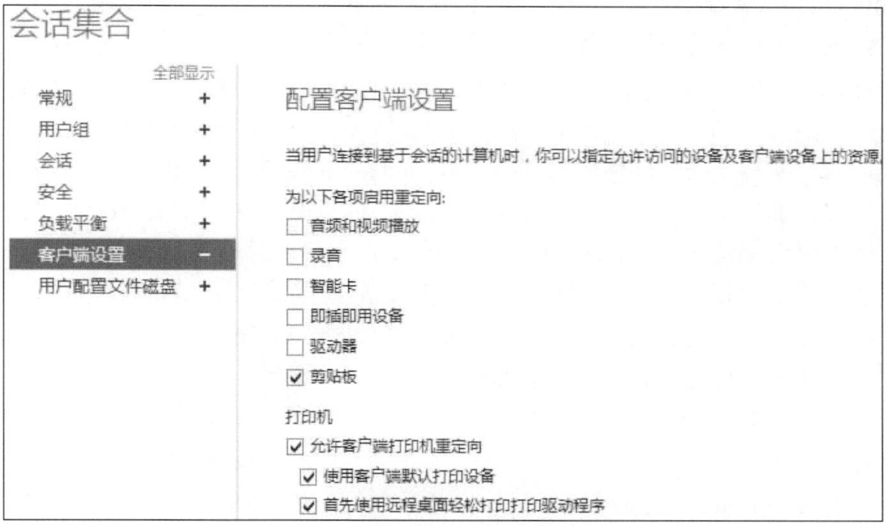

图 5-96　禁用客户端驱动器重定向

如图 5-97 所示，在取消终端驱动器映射和隐藏 RDSH 磁盘后，用户在使用 RemoteApp 打开或者保存文档时，已经看不到任何的磁盘了。取消终端驱动器映射和隐藏 RDSH 磁盘都可以消除对用户的干扰，这些驱动器都属于本地存储，如果需要将用户文件统一集中存储，我们还有其他的方法，详细内容可参考 5.2.11 节和 5.2.12 节所介绍的用户工作目录创建和发布。

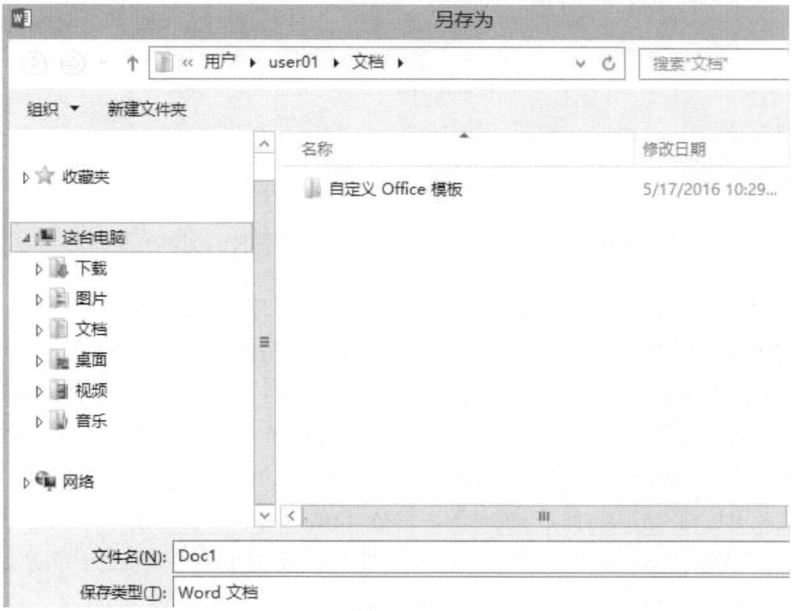

图 5-97　优化过的体验

5.2.8　如何改进用户操作

在本地使用 Office 软件打开 Word 和 PPT 文件时，都是通过双击的方式直接打开文档。而在 RemoteApp 默认配置环境下，应用进程加载到 RDSH 上，而文档在用户终端或者保存在共享文件夹时，从终端系统看到的文档是没有关联任何程序的，无法通过双击打开文档。而是需要好几步才能完成，比如先打开程序，然后在程序里通过打开按钮定位到文档路径找到文档。虽然在 Windows Server 2008（R2）版本的 RemoteApp 里可以使用离线安装 RemoteApp rdp 包的方式，将终端的文档和 RemoteApp 程序进行关联，实现在终端就能通过双击打开文档的效果。但是从 Windows Server 2012 之后，离线安装 RemoteApp rdp 包的方式被弃用，仅仅保留了 RemoteApp 和桌面连接客户端，通过策略将 RemoteApp 应用快捷方式推送到终端设备。接着我们通过示例说明如何为终端推送 RemoteApp 应用关联。

一开始，终端在没有接收 RemoteApp 和桌面连接快捷方式配置推送时，文档不能通过默认的应用打开。如图 5-98 所示，Word 文档和 Word 程序并没有关联。

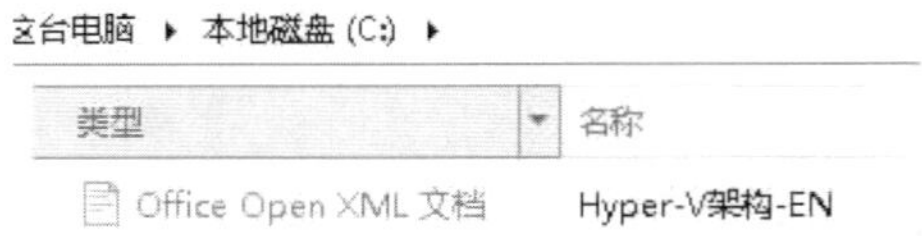

图 5-98　没有关联打开程序的 Word 文档

首先，需要在 RemoteApp 的集合里，打开发布的应用的属性，选择把相关的文件类型和这个应用进行关联，如图 5-99 所示。

图 5-99　在 RDS 集合里为应用选择要关联的文件类型

Windows 系统里面 RemoteApp 和桌面连接类似于 RemoteApp 客户端，这个组件可以不用通过访问 RDWA 获取和访问 RemoteApp 应用。在 RemoteApp 和桌面连接客户端里可通过 RemoteApp 的 feed 目录的 URL 和有权限的用户名和密码来获取 RemoteApp 应用。当然，可以通过 AD 组策略为多个用户推送 RemoteApp 和桌面连接设置。在组策略里打开用户配置—管理模板—Windows 组件—远程桌面服务—RemoteApp 和桌面连接。在右侧打开指定默认连接 URL 配置，选择启用策略，输入 https://RDWA.domain. com/rdweb/feed/webfeed.aspx，如图 5-100 所示。RDWA.domain.com 是实际使用的 RDWA 的 FQDN。比如，RDWA 的 FQDN 是 rds-svr01.contoso.com，则需要输入：

https://rds-svr01.contoso.com/rdweb/feed/webfeed.aspx。

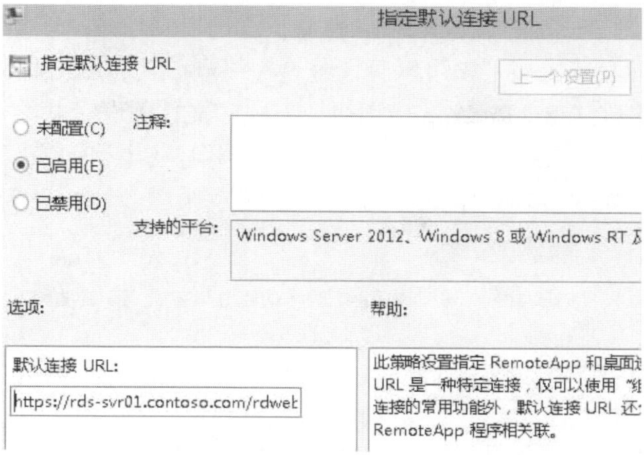

图 5-100　设置 RemoteApp 应用链接

设置完毕，在域控和客户端系统更新组策略。更新完组策略，使用具有访问 RemoteApp 应用权限的域账号登录终端，在访问终端打开控制面板的 RemoteApp 和桌面连接窗口，默认情况下已经配置好了 RemoteApp 和桌面连接的应用，如图 5-101 所示。

图 5-101　客户端配置应用列表

RemoteApp 应用快捷方式已经推送到终端系统，可以像在本地操作系统使用应用一样使用这些 RemoteApp 应用，比如固定快捷方式到桌面，删除快捷方式等，如图 5-102 所示。

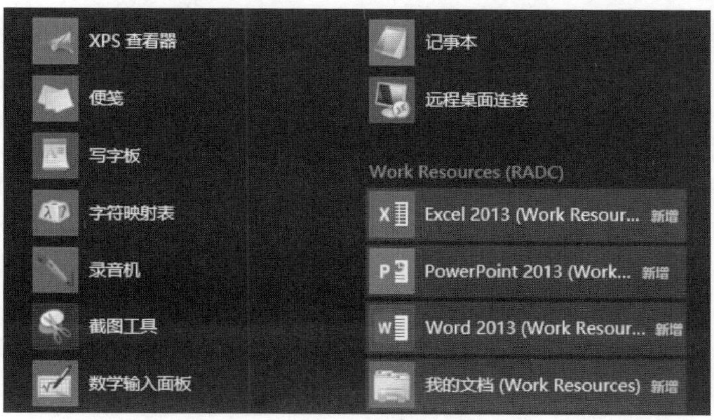

图 5-102　客户端自动配置应用

目前已经完成了关联文件类型和 RemoteApp 程序以及通过组策略推送 RemoteApp 和桌面连接两个必要的配置。接下来可以验证是否在终端成功将应用和文件进行了关联，要明确的是组策略仅仅推送 RemoteApp 应用快捷方式和文件关联策略给终端，而并非把应用安装到终端系统，在终端系统的控制面板打开应用和程序可看到没有任何与 RemoteApp 所发布的同样的应用，如图 5-103 所示。

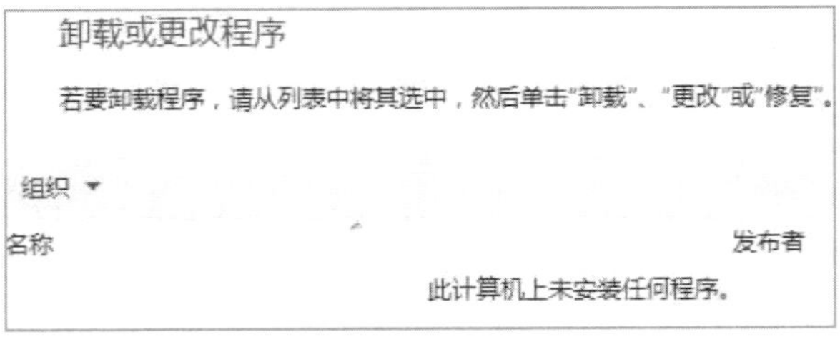

图 5-103　客户端并未安装任何程序

但是，我们通过 Windows 资源浏览器打开文档所在的目录可以看到，应用关联程序已经默认配置好，这样就能双击使用默认的应用打开文档，如图 5-104 所示。通过以上的设置，用户即可体验和本地近乎一样的操作方式。

图 5-104　关联了程序的 Word 文档

5.2.9　发布浏览器应用

RemoteApp 可以发布 IE 或其他浏览器的应用。也许有人会问，既然访问终端都带有浏览器，那么为什么还要使用 RemoteApp 发布浏览器应用呢？其实在某些情况下，RemoteApp 发布浏览器能帮助我们解决一些问题，比如因隔离原因，不能访问 Internet 网站的员工，偶尔需要浏览 Internet 网站，或者用户使用的移动终端的浏览器不被应用所支持，等等。RemoteApp 可以作为桥梁实现用户访问 Internet，RemoteApp 发布的浏览器的应用既可以解决不能直接访问 Internet 的用户访问 Internet 的需求，还可以帮助构建一个统一的应用访问入口。

下面以 IE 浏览器作为例子介绍如何使用 RemoteApp 发布浏览器应用。和发布其他应用一样，首先要在 RemoteApp 管理控制台新建集合或者使用现有集合。然后打开发布应用程序向导，IE 浏览器不在标准应用列表里，需要自行在%ProgramFiles%\Internet Explorer 路径里找到 iexplore 程序并添加，如图 5-105 所示。

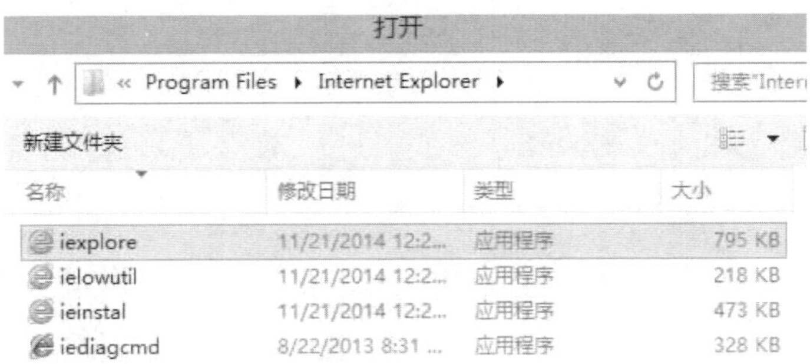

图 5-105　发布 IE 浏览器

发布应用后，打开这个应用的属性，给这个应用按照用途命名。举个例子，这里要发布 Bing 搜索网站，就输入 Bing 搜索，如图 5-106 所示。

图 5-106　定义 RemotApp 应用

在参数配置里输入网址，输入 bing 搜索网站地址，如图 5-107 所示。参数的意义在于 RemoteApp 发布应用后，在打开 IE 浏览器时将参数的值传递给浏览器地址栏。

图 5-107　定义 RemoteApp 参数

成功发布后，从终端登录 RDWA 并打开刚发布的浏览器应用，打开的结果不再是个空白的浏览器，而是 bing 搜索网站，如图 5-108 所示。

图 5-108　打开 IE 应用

5.2.10　浏览器应用使用限制

RemoteApp 发布浏览器应用如果不加限制，会出现用户随意使用发布的浏览器，不仅会占用过多系统资源，而且会有安全隐患，所以 RemoteApp 发布浏览器应用需要加以限制。这里不讨论使用上网行为管理软件执行限制，而是使用 IE 浏览器默认的审查策略来实现。

在 IE10 之前，打开 IE 浏览器属性的内容选项，可以看到默认 IE 浏览器使用了审核配置入口，这个审核配置用于限制用户使用 IE 浏览器访问某些网站，作用和上网行为管理相近。

如果是高版本系统的 IE（比如 IE 10/IE 11），默认情况下，内容审查程序是关闭的，如图 5-109 所示。需要在 RDSH 本地组策略或者域组策略里启用。

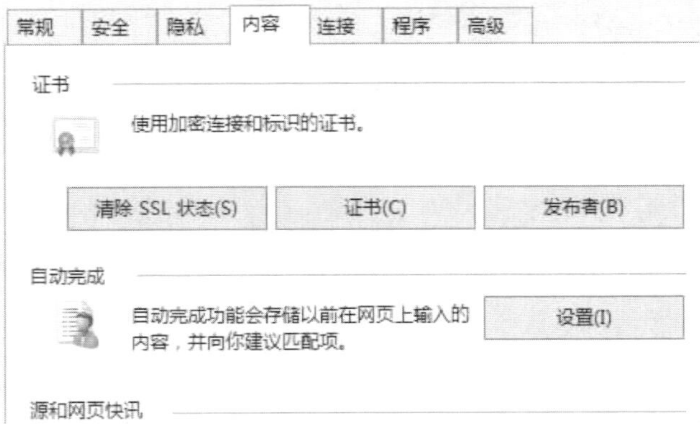

图 5-109　IE 10 以上浏览器默认禁用审核配置

打开 RDSH 本地策略管理器，展开用户配置—管理模板—Windows 组件—Internet Explorer—Internet 控制面板—内容页，选择并编辑“在‘Internet 选项’上显示‘内容审查程序’”，把默认的未配置改成已启用，如图 5-110 所示。

图 5-110　设置组启用 IE 内容审核

策略生效后，IE 浏览器审核里的内容选项多出了内容审查设置。点击启用内容审查程序打开内容审查程序窗口，如图 5-111 所示。

在内容审查程序窗口设置网站白名单，可使用网站分级分类和精确黑白名单来限制网站的访问，但是因为我们发布 IE 应用的目的是只允许访问许可的网站，所以选择明确白名单列表的方法。只需要在允许的网站里输入允许的网址即可，需要注意的是，某些网站有多个路径，可使用通配符，也可能网站会有其他网站的链接跳转，这些关联的网站如果需要也要一并输入，如图 5-112 所示。

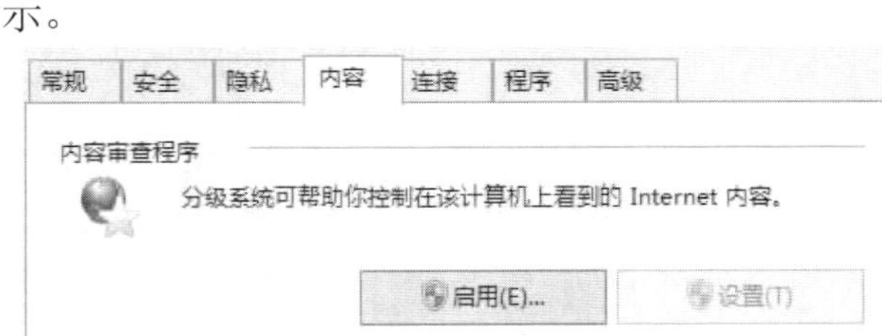

图 5-111　启用 IE 内容审核

确认后，需要输入密码。这个密码可以用于管理员设置内容审查时的验证，也可以作为最终用户访问白名单以外的网站时进行验证，如图 5-113 所示。建议取消将密码用于用户访问受限制内容验证的目的。

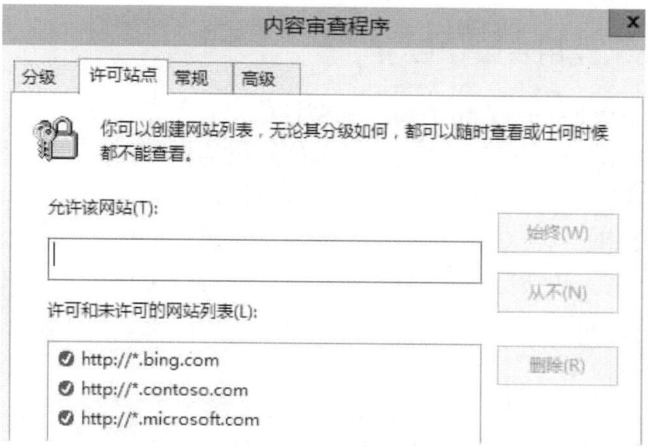

图 5-112　输入允许的网站

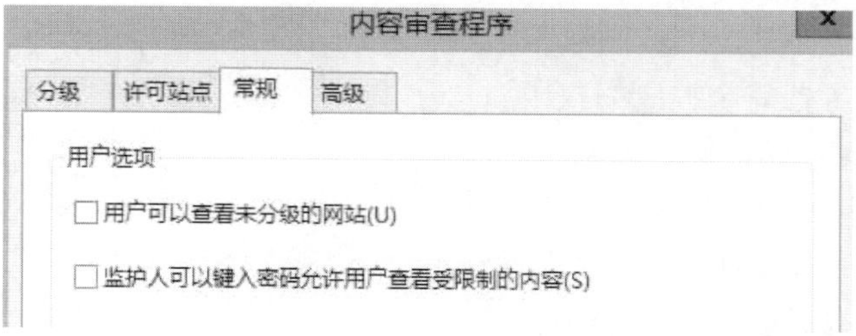

图 5-113　设置是否使用密码限制限制内容

发布浏览器并限制访问站点后，用户登录到 RDWA 打开发布的 IE 浏览器应用，输入一个不是白名单列表里的网址，由于这个网站不被允许，因此将无法打开这个网址并且弹出内容审查信息，如图 5-114 所示。

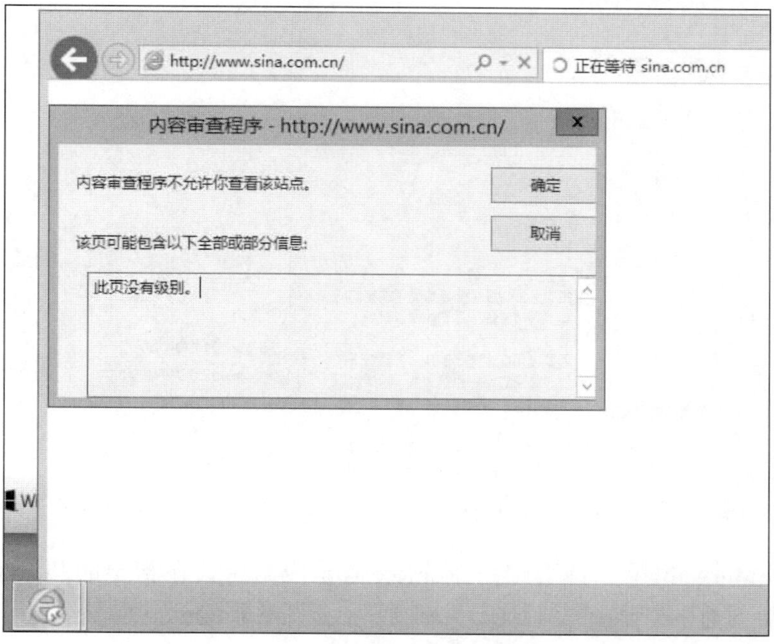

图 5-114　无法打开不被允许的网站

5.2.11　自动创建用户工作目录

如果企业要求使用RemoteApp的员工的文档集中存储并统一管理，并进行一定的隔离，则需要给每个用户创建一个共享文件夹，设置好必要的权限，然后映射到RDSH服务器或者用户终端系统。在 RemoteApp 用户不多的情况下，手动操作没有太大问题，但是一旦RemoteApp用户多起来，手动操作就会占用太多的时间。我们可借助RemoteApp内置的自动创建用户共享文件夹并映射到RDSH系统的策略，每个用户在RDSH系统里只能看到自己创建的映射为驱动器的共享文件夹。启用策略后，用户在第一次使用RemoteApp时，就会创建好这个文件夹。

我们以实际的例子来说明，rdsgroup组成员已经分配了访问 RemoteApp 的权限，rdsgroup组有5个成员，如图5-115所示。接着准备一个共享文件夹，给这个文件夹设置所有的RDSH服务器完全控制的权限。

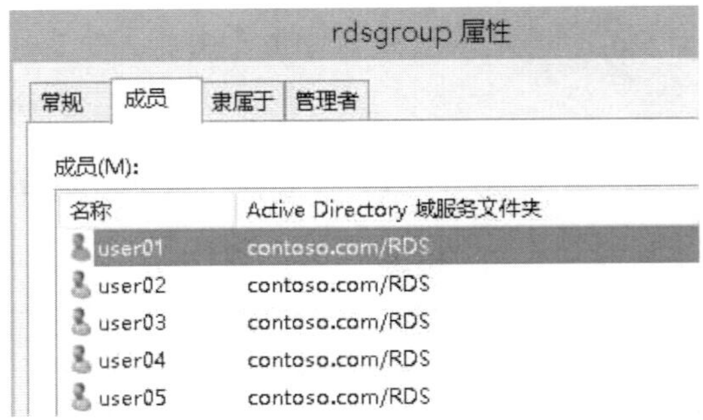

图5-115　RDS授权用户

打开AD组策略，在计算机策略—管理模板—Windows 组件—远程桌面服务—远程桌面会话主机—配置文件里找到“设置远程桌面服务主目录”。选择启用该策略，位置设置为“在网络上”，输入之前准备的共享文件夹，因为这个文件夹还要映射成驱动器，因此选择要映射的驱动器号，如图5-116所示。

配置完毕，在相关的服务器上更新组策略。

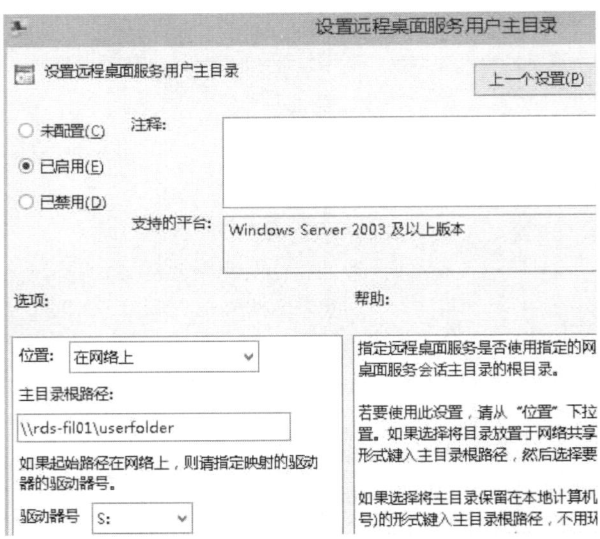

图5-116　设置用户目录路径和驱动器

图5-117　自动为用户创建个人用户文档

每个 RemoteApp 用户首次使用 RemoteApp 应用后，在指定的共享文件夹里可以查看系统自动创建的子共享文件夹。共享文件夹以user.domain的格式命名，如图5-117所示。

用户打开 RemoteApp 程序并将编辑好的文档保存到某个路径时，可以看到在资源浏览器里多出了一个映射成驱动器的共享文件夹，同时包含这个共享文件夹的共享路径，如图 5-118 所示。

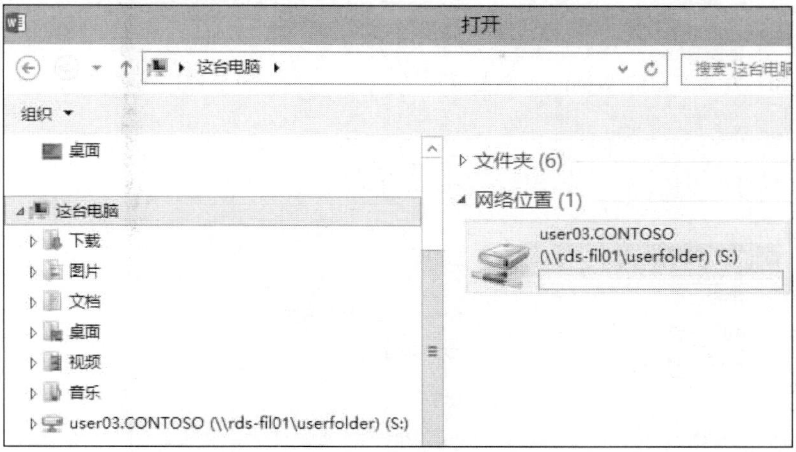

图 5-118　用户共享目录映射到终端

在以后保存文档时，可以直接将文档保存在记录过的驱动器号里，如图 5-119 所示。

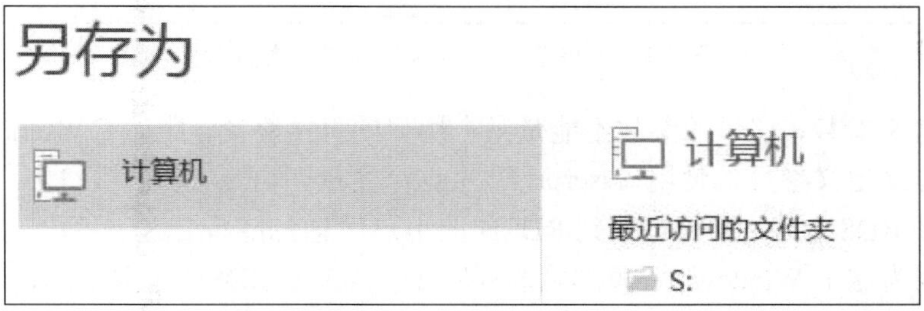

图 5-119　用户保存文档到映射的共享文件夹

5.2.12　发布用户工作目录

大家可能已经注意到了，每次用户都需要先打开 RemoteApp 程序并且在保存和打开文件时才能看到属于自己的共享文件夹或者“我的文档”(这个“我的文档”指的是位于 RDSH 服务器上的而非用户终端操作系统上的)。如果用户需要打开昨天保存在自己所属的共享文件夹或者“我的文档”的文件，怎样才能快速访问呢？如果是共享文件夹，用户输入共享网络路径就可以了，但是如果保存在“我的文档”，可能就麻烦了，用户完全找不到路径。所以为了帮助客户避免去记网络路径的麻烦，可以直接访问到 RDSH 服务器的“我的文档”文件夹，接下来我们使用发布用户文档文件夹的方法来实现。

实现这样的需求使用的方法和发布常规 RemoteApp 一样，首先，在 RemoteApp 里发布一个 Windows 资源浏览器程序 explorer，如图 5-120 所示。

发布成功后，编辑 explorer 的属性，如图 5-121 所示，大家可能明白我们是要为发布的 Windows 资源浏览器程序设置名称和参数了。

首先，我们将发布我的文档，给发布的 RemoteApp 命名为我的文档，如图 5-122 所示。

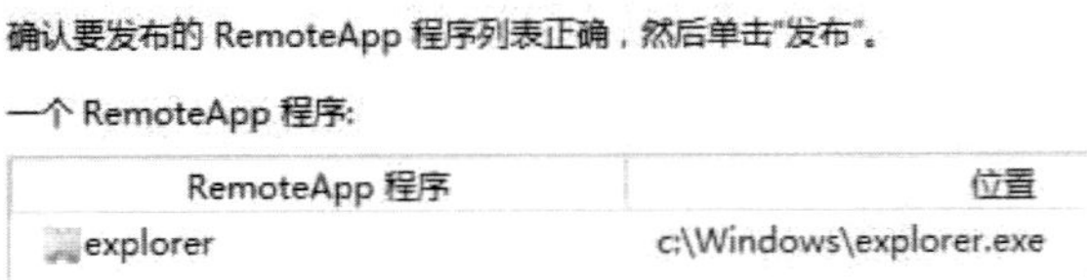

图 5-120　发布空白的 Windows 浏览器程序

图 5-121　编辑 Windows 浏览器属性

图 5-122　设置 Windows 浏览器应用名称

接下来定义参数，这里的参数不能是某个用户的直接路径，比如 C:\users\user01，而是使用变量的方式定义参数，使用%userprofile%这个变量即可，如图 5-123 所示。用户使用域账号登录到 RDSH 后，当前登录到 RDSH 的用户信息会传递给这个参数。

注意：因为这个 Windows 资源浏览器程序 explorer 是 RDSH 服务器的，用户打开以后浏览到的是 RDSH 服务器的 Windows 资源浏览器，参数里不必添加 RDSH 服务器信息。

图 5-123　设置 Windows 浏览器程序参数

成功发布后，用户登录到 RDWA，在 RemoteApp 应用列表里多出了一个文件夹图标的应用，如图 5-124 所示，这个应用就是刚才发布的我的文档文件夹。

打开我的文档，可以看到打开的是当前用户在 RDSH 中的我的文档文件夹，如图 5-125 所示。

图 5-124　完成发布我的文档

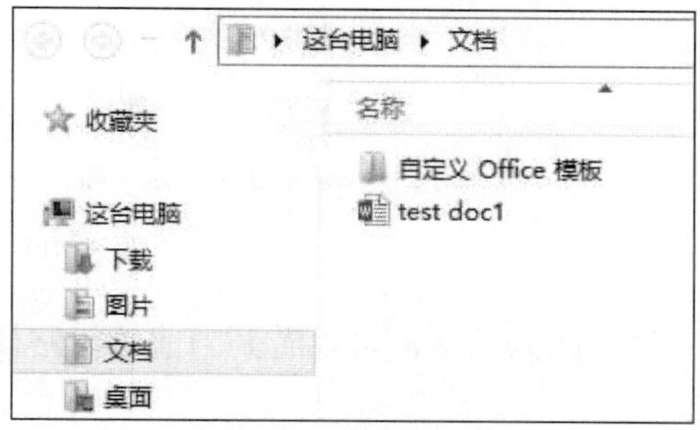

图 5-125　打开我的文档

接下来发布共享文件夹，同样使用 RemoteApp 发布第二个 Windows 资源浏览器程序 explorer。这个浏览器的别名将会是 explorer(1)，如图 5-126 所示。

图 5-126　发布新的 Windows 浏览器程序

给发布的 Windows 资源浏览器程序进程 explorer 命名并设置参数。因为这个文档是共享文件，所以我们可以命名为“团队共享”之类的符合应用特征的名称，如图 5-127 所示。

图 5-127　设置 Windows 浏览器属性

在命令参数里，指定共享的路径。这和发布我的文档不一样，共享文件夹的访问路径是唯一的，所以直接填写共享文件夹的路径即可，如图 5-128 所示，如果要让用户直接登录自己所属的共享文件夹，在 5.2.11 节里我们讨论了策略自动为用户创建的共享文件夹名称为 username.domain，因此可以将参数设置为\\fileserver\share\%username%.domain 的格式。

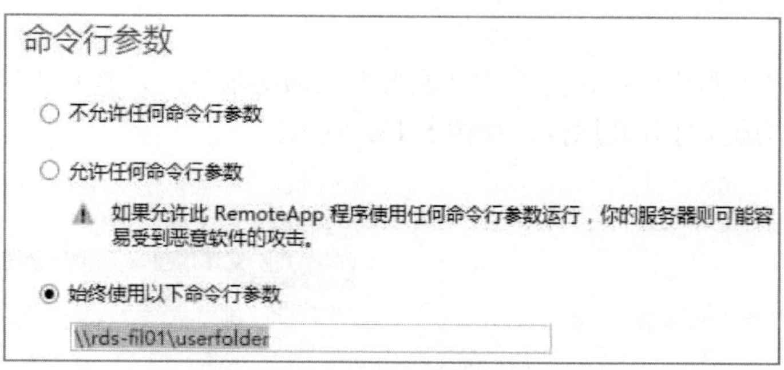

图 5-128　设置 Windows 浏览器参数

成功发布后，用户登录到 RDWA，在 RemoteApp 应用列表里多出了一个文件夹图标的应用，如图 5-129 所示，这个应用就是刚才发布的共享文件夹。

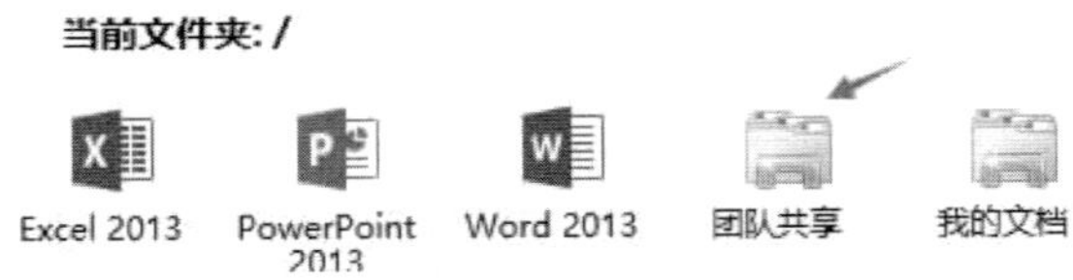

图 5-129　发布共享文档

打开团队共享，可以看到当前访问路径里的团队共享文件夹，如图 5-130 所示。

图 5-130　通过 RemoteApp 访问共享文档

我的文档和共享文件夹已经发布成功，这时候，只要用户登录 RDWA 门户，就能直接双击打开我的文档和共享文件夹并浏览里面的文件了。

5.2.13　安全隔离用户目录

前面我们讨论了发布团队共享文件夹方便用户访问，可是当我们打开团队共享时，却可以看到共享文件夹里所有用户的子共享文件夹。集中文档存储要求将所有用户的文档都存放在一个共享路径时，这种不能阻断对其他用户文件夹可视甚至访问的情况，在一些对数据安全比较敏感的企业或者部门可能不太容易接受，因此我们需要做一些设置来安全地隔离用户目录，让用户打开共享文件夹后，只能看到自己的共享文件夹，其他用户的文件夹都隐藏起来。除此以外，还要设置合理的权限，让文件夹所有者能够完全控制自己的共享文件夹，而其他用户甚至管理员通过任何方式都无法访问。

我们将使用 Windows Server 自带的基于访问的枚举的功能来实现用户文件夹的安全隔离。首先我们需要在运行共享文件夹的文件服务器上安装文件服务器角色，如图 5-131 所示。

安装好文件服务器角色后，打开文件服务器的服务器管理，选择保存用户共享文件的共享文件夹，右击选择打开其属性，如图 5-132 所示。

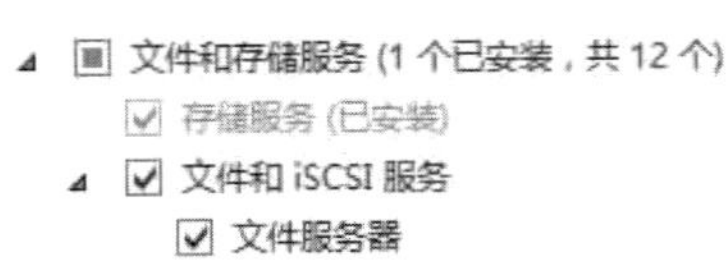

图 5-131　安装文件服务器角色

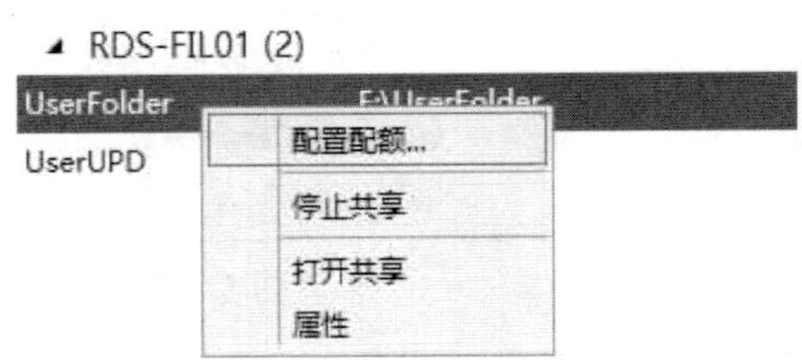

图 5-132　设置共享文档属性

在用户文件夹的属性选择设置中，确保在设置里勾选了“启用基于访问的枚举”这一项，如图 5-133 所示。启用基于访问的枚举后，用户如果没有读取文件或访问文件夹的权限，那么 Windows Server 将从该用户视图里隐藏这个文件或者文件夹。

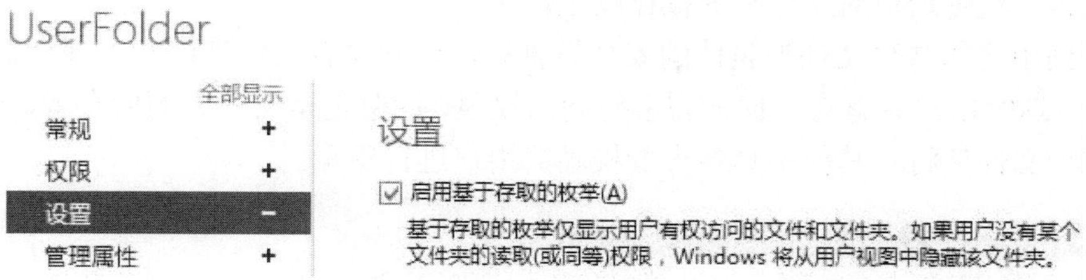

图 5-133　启用基于访问的枚举

在 Windows 资源浏览器里打开用户所属的共享文件夹属性，选择安全选项卡，在属性窗口下方选择高级，打开文件夹高级安全设置窗口，如图 5-134 所示。

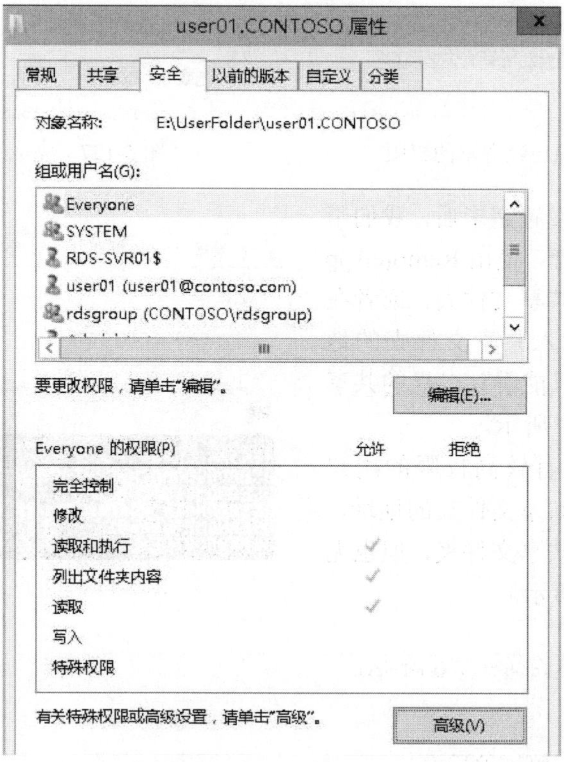

图 5-134　设置共享文档高级权限

在文件夹高级安全设置窗口，选择权限选项卡并选择禁用继承，如图 5-135 所示。

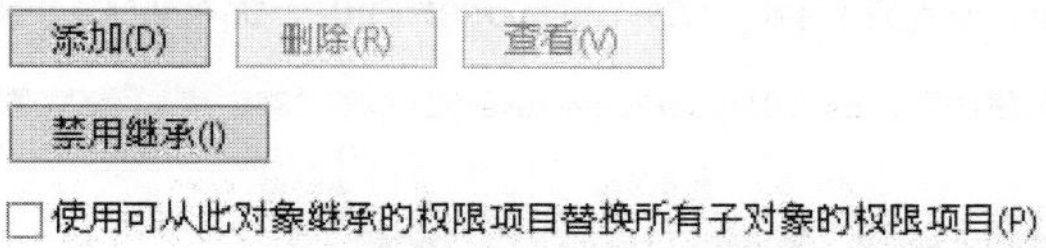

图 5-135　设置禁用继承

在弹出的阻止继承窗口，选择从此对象中删除所有已继承的权限，如图 5-136 所示。因为共享文件夹是按照组策略由每个用户自动创建的，所以这个文件夹的默认所有者是创建这个文件夹的用户，删除继承将同时删除来自于父文件夹的权限，因为父文件夹的权限可能会包含一些管理员对文件夹的操作权限。

再回到用户的共享文件夹属性的安全设置里，看到只有文件夹创建者列在访问控制列表名单里。这个用户具有对文件夹完全控制的权限，同时也是文件夹的所有者，如图 5-137 所示。这个文件夹将对其他不具备查看权限的用户进行隐藏。

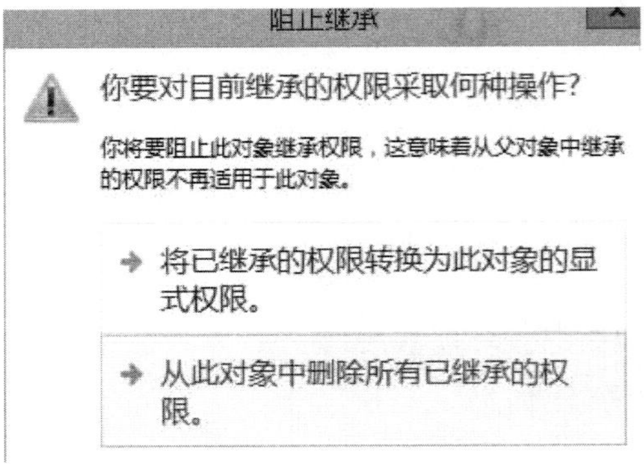

图 5-136　删除已经继承的权限

图 5-137　完成用户共享文档配置

等待所有用户都设置完毕后，我们用 user01 登录到终端系统，使用 RemoteApp 打开之前发布的团队共享文件夹，或者在资源浏览器里直接输入共享文件夹的地址。结果是这个用户只能看到自己的共享子文件夹，如图 5-138 所示。

如果管理员等具有较高权限的用户在资源浏览器里输入共享文件夹的地址，虽然可以看到所有子共享文件夹，但也无权访问，如图 5-139 所示。

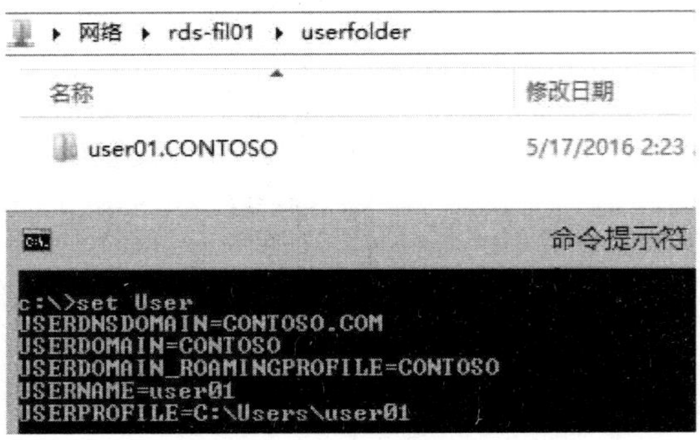

图 5-138　用户查看共享文档

图 5-139　特权用户权限隔离

5.2.14　用户配额管理

不像用户自己的电脑，用户可以随意存放硬盘空间所能允许大小的数据，如果用户随意将数据存储在集中的共享文件夹或者 RDSH 本地硬盘，一定会导致非常庞大的存储量。所以，我们要尽可能对用户的使用空间和存放的文件类型做限制。我们将使用 Windows Server 自带的文件资源管理器对用户保存的文件类型进行管理并限制用户存储配额。

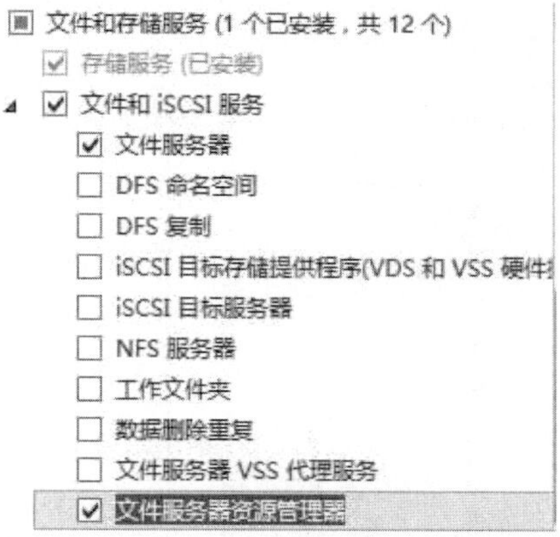

图 5-140　安装文件服务器资源管理器

首先安装文件服务器资源管理器所需角色，如图 5-140 所示。

打开文件服务器资源管理器控制台，设置限制模板，指定每个用户能使用的最大空间，并将配额模板设置为硬性配额，意味着用户使用的空间无法超过这个阈值，如图 5-141 所示。

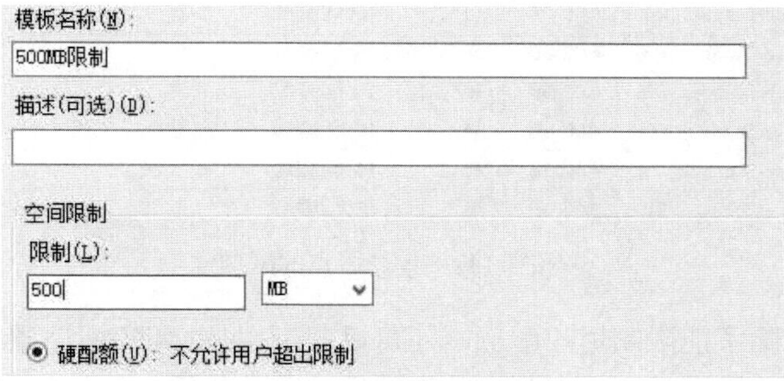

图 5-141　设置用户配额

将模板应用到共享文件夹，在配额路径里选择模板针对的文件夹，如图 5-142 所示。注意，配额路径不能使用 UNC 路径，而是使用本地文件夹路径。配额路径作用范围有两种，第一种是在路径上创建配额，这个选项只在父文件夹下作用，所有用户在父文件夹里保存的文件总和不能超过模板限制的大小；第二种是在子文件夹下应用模板，每个用户的子文件夹里保存的文件不能超过模板限制的大小。

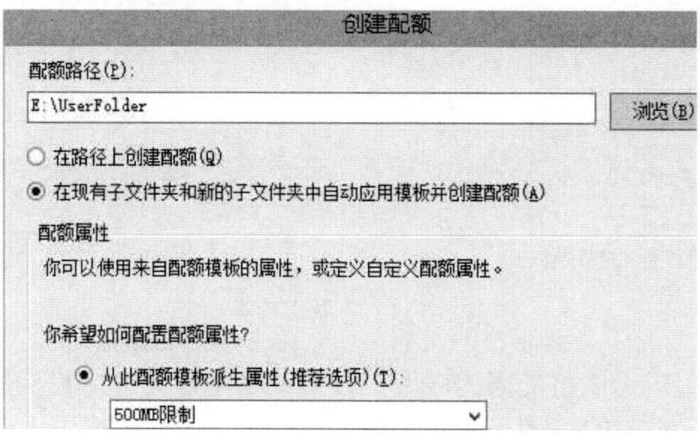

图 5-142　为文件夹分配配额

因为每个用户有属于自己的共享文件夹，而策略应用范围是子文件夹，所以在配额管理器里看到的每个文件夹内的空间配额都是一样的，用户在使用过程存储的文档受到硬性配额的限制，如图 5-143 所示。

筛选:全部显示: 114 项

配额路径	已...	限制	配额类型	源模板	匹配模板	描述
源模板: 4G大小限制 (114 项)						
D:\UserDatas...	5%	4.00 GB	硬	4G大小限制	是	
D:\UserDatas...	9%	4.00 GB	硬	4G大小限制	是	
D:\UserDatas...	19%	4.00 GB	硬	4G大小限制	是	
D:\UserDatas...	0%	4.00 GB	硬	4G大小限制	是	
D:\UserDatas...	5%	4.00 GB	硬	4G大小限制	是	
D:\UserDatas...	0%	4.00 GB	硬	4G大小限制	是	
D:\UserDatas...	5%	4.00 GB	硬	4G大小限制	是	
D:\UserDatas...	0%	4.00 GB	硬	4G大小限制	是	
D:\UserDatas...	16%	4.00 GB	硬	4G大小限制	是	
D:\UserDatas...	0%	4.00 GB	硬	4G大小限制	是	
D:\UserDatas...	48%	4.00 GB	硬	4G大小限制	是	
D:\UserDatas...	0%	4.00 GB	硬	4G大小限制	是	
D:\UserDatas...	0%	4.00 GB	硬	4G大小限制	是	
D:\UserDatas...	0%	4.00 GB	硬	4G大小限制	是	
D:\UserDatas...	0%	4.00 GB	硬	4G大小限制	是	
D:\UserDatas...	78%	4.00 GB	硬	4G大小限制	是	

图 5-143 单个用户的配额

配额管理工具除了能限制用户配额，还可以限制用户文件类型，限制用户随意保存文件既可以起到安全的作用又可以起到高效率使用共享的作用。比如我们可以限制用户把可执行文件和非工作相关的文件保存在共享文件夹里，如图 5-144 所示。

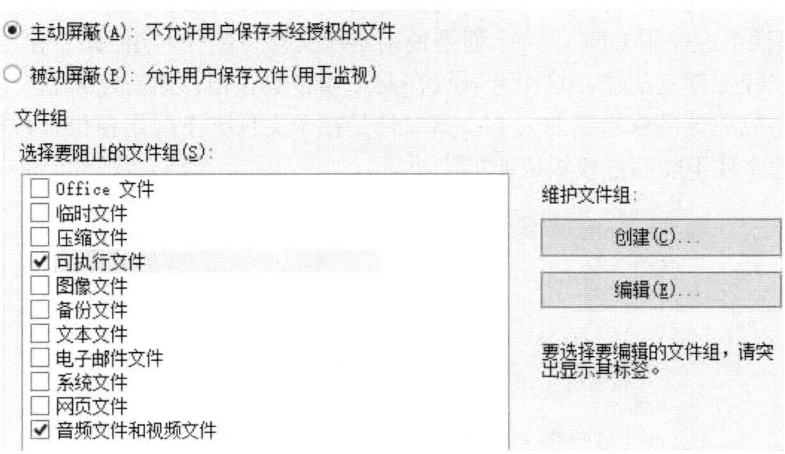

图 5-144 限制文件类型

做完限制后，用户无法将受限的应用上传到共享文件夹里，我们选择一个音频文件试试，如图 5-145 所示的 MP3 文件。

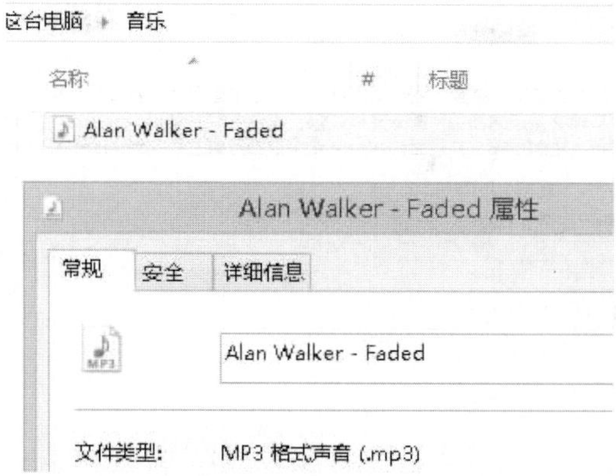

图 5-145　模拟用户复制受限制的文件

因为音频文件是被禁止的，在尝试复制音频文件时，系统发出无权限的警告，如图 5-146 所示，实际上是文件后台限制了在文件夹里存储这个文件类型。

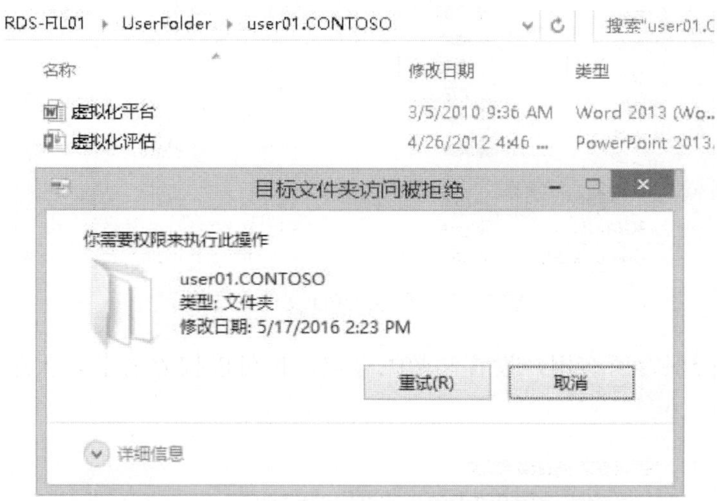

图 5-146　无法复制受限制的文档

5.2.15　用户配置管理

用户配置文件磁盘（User Profile Disk，简称为 UPD）可以让用户在一个集中的位置存储用户配置和个人文件夹，这个功能类似于活动目录的漫游，但是 UPD 实质上是个虚拟磁盘，每个用户拥有一个 UPD，UPD 虚拟磁盘需要保存在一个共享文件夹里以保证所有用户都能访问，如图 5-147 所示。可以在 RemoteApp 集合里设置 UPD 相关配置，比如 UPD 存储路径、UPD 大小和 UPD 所能包含的个人文件夹。

UPD 可以设置成保存用户常规个人文件夹（比如用户目录下的音乐、图片、文档、桌面等路径）中的文档和漫游用户配置文件数据及用户注册表，我们找一个示例 UPD 虚拟磁盘，在这个实例 UPD 虚拟磁盘可以看到里面所包含的文件夹结构，如图 5-148 所示，这些都是我们电脑里常见的个人文件夹。

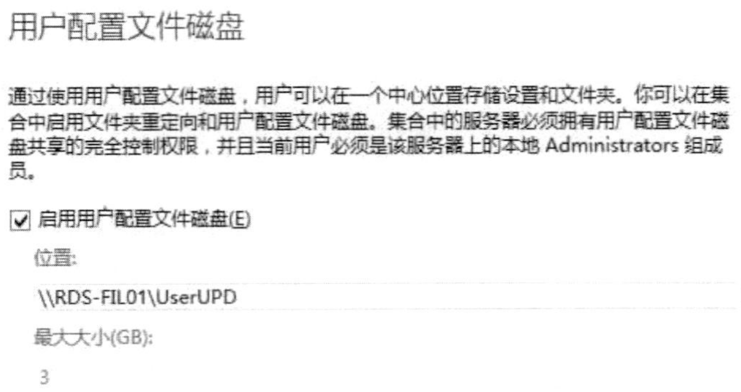

图 5-147　设置用户配置磁盘

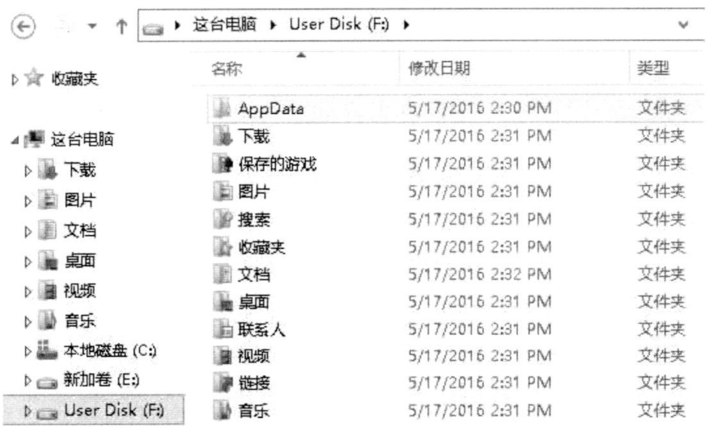

图 5-148　默认 UPD 文件夹结构

默认 UPD 会保存所有用户设置和数据存储，也可以按照需求只保存部分文件夹，如图 5-149 所示。

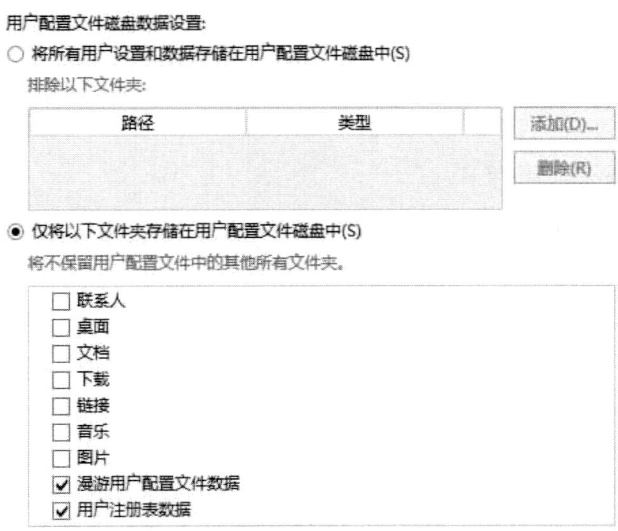

图 5-149　修改 UPD 里的用户文档

如果选择仅保存漫游用户配置文件和用户注册表数据到 UPD，那么只能看到用户的配置文件夹 AppData，如图 5-150 所示。

图 5-150　打开修改后的 UPD 虚拟磁盘

5.2.16　外部用户使用

很多企业的员工处于移动办公状态，或者希望从自己家里使用 RemoteApp，那么员工除了采用 VPN 方式接入公司内网，还有其他方法吗？显然，如果将 RemoteApp 服务器全部映射出来是绝对不推荐的，因为有很大的安全隐患。那么该怎么办呢？其实可以使用 RDS 的网关角色来实现安全的访问。RD 网关使用 HTTPS 上的远程桌面协议（RDP）在 Internet 上的远程用户与应用程序之间建立安全的加密连接。需要在 RemoteApp 设置里指定 RD 网关服务器并配置好证书实现安全认证和验证，如图 5-151 和图 5-152 所示。RD 网关服务器需要放置在 DMZ 区，RD 网关服务器的 IP 地址映射为外部 IP 地址并做好 DNS 域名备案，备案的域名和 RD 网关服务器的证书使用者 DNS 名称要一致，映射的 IP 地址只需要开放 443 端口。

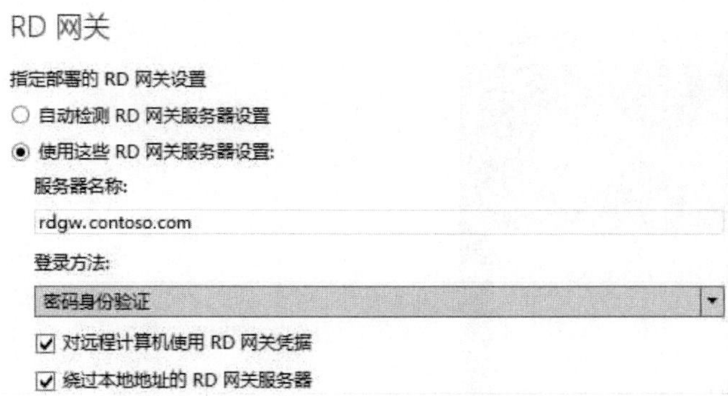

图 5-151　配置 RD 网关

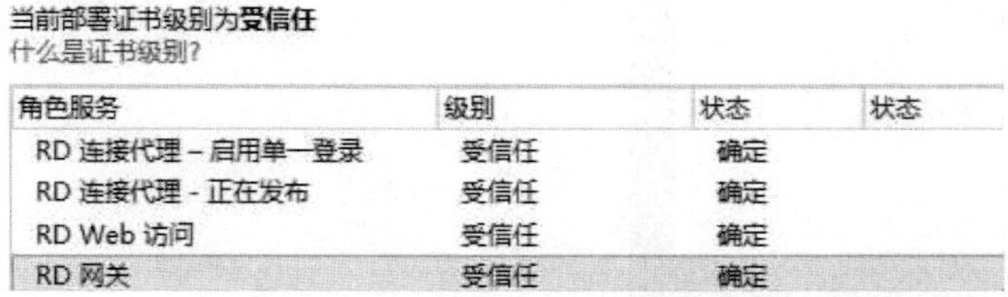

图 5-152　设置 RD 网关证书

在 RD 网关服务器属性设置好连接数、http 和 UDP 传输以及服务器场等属性。此外，还要设置连接授权策略和资源授权策略。默认已经存在有连接授权策略和资源授权策略，我们可以按需修改或者新建策略。在连接授权策略里，我们可以设置 Windows 身份验证方法和授权访问 RD 网关的用户组或者计算机组，以及设备重定向等配置。在资源授权策略里可以设置授权访问 RemoteApp 的资源的用户组、用户访问的计算机资源和客户端连接远程桌面的端口等。

5.2.17　移动用户使用

移动办公处于逐渐升温的趋势，RemoteApp 可以支持使用手机或者平板电脑等移动设备。目前能支持 3 个主流的移动端操作系统，移动端设备要支持 RemoteApp，首先要去 APP 市场下载远程桌面客户端（RD Client）的应用，并且添加资源 Feed URL，这个 URL 与 RemoteApp 和桌面连接的 URL 是同一个，格式为 https://RDWA.domain.com/rdweb/feed/webfeed.aspx，在输入 Feed URL 后，再输入有权限使用 RemoteApp 资源的账号，如图 5-153 所示。RemoteApp 应用会自动推送到远程桌面客户端，只要双击就可以打开应用，初次打开应用时，点击信任证书即可。

用户在使用手机访问 RemoteApp 时，一定很关心移动端设备使用 RemoteApp 应用的网络流量，尤其在使用按流量计费方式的网络时。使用移动设备访问 RemoteApp 应用和文档时，实际上并不是把源文件从服务器下载到手机端，而是传输应用和文档的画面以及变化的位图。因此并不会使用很多流量，甚至比我们所认为的要少很多，但是具体的流量要看屏幕图片质量、手机分辨率、文档的内容和文档内容的变化速度等因素。

我们可以尝试使用手机通过 RemoteApp 访问大型文件，这个大型文件是一个超过 200MB 的 Excel 文件，如图 5-154 所示，这个 Excel 在打开和操作过程中，位图变化不大，为了获取具体流量数据，我们在使用 RemoteApp 访问文档的同时启用手机流量监控。

图 5-153　手机端 RDS 客户端配置

图 5-154　从手机 RDS 客户端打开大型 Excel 文件

在手机端检查 RDS 客户端使用流量统计会发现，其实打开一个色彩和图像简单而且位图变化很小的大型文件使用的流量远远小于文件本身的大小，打开文档所使用的流量也只有 1MB 甚至更少（数据仅供参考，实际数据以用户自己测试为准），如图 5-155 所示。

图 5-155　RDS 客户端使用流量

第 6 章　容器技术基础

前 5 章讲的是 Windows Server 软件定义数据中心基础架构，Windows 容器则侧重在构建软件定义数据中心的应用部分，对于使用者来说，应用是可以直接触碰到的部分，因此我们必须谈一谈 Windows 容器。本章介绍了 Windows 容器的基础，分为以下 8 节。

- 第 1 节讲述一个能带领我们初识容器和 Docker 的故事。
- 第 2 节介绍我们所关心的容器和虚拟化的区别。
- 第 3 节扼要介绍微软早期的一些类似于容器的技术。
- 第 4 节介绍 Windows 软实现容器镜像的基础镜像技术。
- 第 5 节介绍 Windows 容器基本技术，包括微软容器的定位以及和 Docker 的关联、容器类别、容器镜像、容器文件、容器网络、容器资源管理和容器数据卷。
- 第 6 节简单介绍 Windows 容器的隔离。
- 第 7 节结合实际操作讲解如何在 Windows Server 2016 上安装 Docker 服务，并简单创建了一个示例容器应用。
- 第 8 节结合实际操作讲解如何在 Windows 10 上安装 Docker 服务，并简单创建了一个示例容器应用。

6.1　容器的故事

很久以前，人类都还赤着双脚走路，有一位国王到某个偏远的乡间旅行，路面崎岖不平，有很多碎石头，硌得国王的脚又痛又麻。回到了王宫后，他下了一道命令，要将国内所有的道路都铺上一层牛皮。国王认为这样做不只是为了他自己，还可造福所有民众。但即便杀尽国内所有的牛，也收集不到足够的皮革，而所花费的人力更不知多少，百姓知道这个愚蠢的命令根本不能实现，但因为是国王的命令，大家也只能摇头叹息。一个聪明的仆人大胆向国王谏言：国王啊，我知道您牺牲那么多头牛，花费那么多金钱是为了百姓好，只是您何不只用两小片牛皮包住您的脚呢？国王听了很惊讶，但也当下领悟，于是立刻收回成命，采纳了这个建议。据说，这就是皮鞋的由来。

这个故事通俗地解释了何为容器，故事虽简单但道出了容器的基本属性：如果将皮鞋比作容器，脚比作应用，皮鞋为脚服务恰如容器为应用服务，而且皮鞋（容器）使用非常少的牛皮（计算资源）、制作方便（易于开发）、换新（更新）简单、隔离保护（应用互不干涉依赖）、适应性广。

一种新的技术要想在业界快速传播，首先其信息要积蓄足够的力量，其次吹风要强劲，哪怕是星星之火也可以燎原。如果说服务器虚拟化是一个渐进式创新技术，那么 Docker 容器一定是个颠覆式创新技术，Docker 共享单一操作系统模式挤掉了虚拟机的多个操作系统实例的“水分”，让系统变得更加轻量级。Docker 作为 dotCloud 公司内部的一个业余项目，从 2013 年宣布开源，在 3 年多时间里已经在 IT 圈子家喻户晓。在一切即服务的云时代，人们又借助 Docker 技术实现容器即服务（Container as a Service，简称为 CAAS），一跃与 IAAS、PAAS、SAAS 等齐头并进。将 Docker 容器比喻成集装箱最恰当不过，为了找到它们之间的对应关系，我们不妨把陆运或者海运工具当成服务器，将运送的货品当成应用，货品的属性是千变万化的，有软的硬的、易燃易爆的、金属塑料的……货品的形状是不规则的，有圆的方的、长的短的、曲的直的、大的小的……同样，应用的属性也是千变万化的。为了方便地将不同属性和形状的货品有效地装箱和转运，集装箱技术应运而生，集装箱能够更好地利用运输空间、隔离货品、快速转运等；回到服务器上，如果服务器虚拟技术解决的是运输工具的便利性，那么容器技术就是解决了应用的便利性。运输工具越来越丰富，所对应的数据中心构造技术也越来越多——小型实验室、传统数据中心、私有云数据中心、公有云数据中心、托管数据中心，等等。运输工具始终只能解决运输的问题，货品封装和转运属于更上一层的问题，而 Docker 容器解决的就是上层应用的问题。Docker 实现的容器技术的目的也就是将各种应用程序和它们所依赖的运行环境打包成标准的容器/镜像，然后发布到不同的平台上运行。Docker 容器封装各种应用负载，使应用更加轻量级，增强其移植性，比如容器可以封装静态网站、用户数据库、分析数据库、Web 前端和队列等。

6.2　容器与虚拟化的区别

自从解耦合的概念逐渐应用到 IT 环境后，不同专长和不同领域的人开始将各种资源进行解耦和重装。在人们的认识里，虚拟机属于 IAAS 范畴，虽然容器自成一派称之为 CAAS，但是容器更接近 PAAS 服务，容器解开了应用和计算的耦合，形成应用的开发框架为软件开发提供平台。PAAS 和 CAAS 不依赖于 IAAS，但是 IAAS 可以加速 PAAS 和 CAAS 环境的构造，而且 IAAS 和 CAAS 可以相得益彰，比如我们接下来要介绍 Hyper-V Container 就是容器和虚拟化的结合。服务器虚拟化是构成 IAAS 的主要技术，因此总体上说，虚拟化和容器技术有相似性和互相包容性，彼此的界限并没有那么清晰，关系也没有那么对立，各自渗透到自己适用的使用场景。因此笔者认为虚拟化和容器将长期共存，这种灵活的应用部署场景让各方都受益——具有了更加灵活的应用开发和部署资源的方式，并且可以在虚拟化边界和容器边界之间依照需求做可行性切换。两者提供相似的隔离技术，区别如下。

- **结构差异**。虚拟化结构（这里指的是第一类虚拟化）早已被大家所熟悉，所有虚机共享宿主资源，通过虚拟化软件隔离各个分区，在每个分区具有自己独立的操作系统内核，而且包含完整的操作系统内核环境和用户环境。而容器应用除了共享宿主的资源，还共享操作系统内核环境和用户环境。如图 6-1 所示。
- **隔离机制**。容器使用命名空间进行隔离，通过操作系统内核提供的运行时隔离能力为应用提供独立的用户域、文件系统、网络以及进程运行空间；虚拟机的每个实例自带操作系统，从内核到用户模式进行彻底隔离，虚机比容器具有更好的“私密”空间。

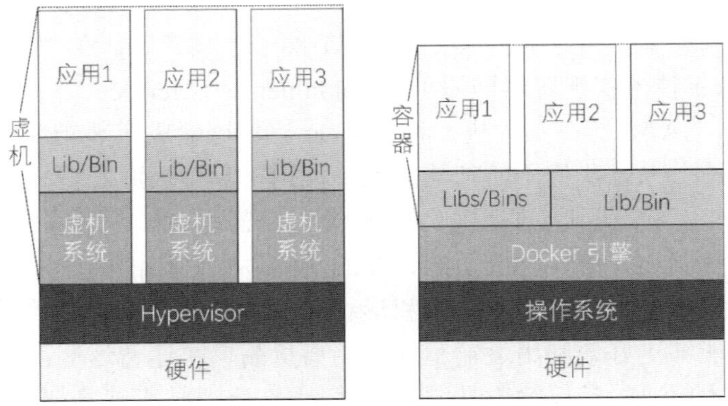

图 6-1　虚拟化和容器结构的区别

- **使用方式**。容器可开箱即用，容器以应用为中心，让容器镜像可以部署在支持的基础系统之上，并且可以在系统之间移植，只要在系统上 Pull 容器镜像并运行即可。而虚机以系统为中心，在系统之上进行部署应用才能提供服务。
- **兼容性**。其实在谈到兼容性时二者对兼容的定义略有差别，容器是向下兼容运行环境（操作系统），而虚机则是向上兼容（兼容应用），容器虽然可以移植，但是对底层的运行环境有一定的要求；作为平台化的产物，虚机无疑具备更好的兼容，无论是向上的应用兼容还是向下的硬件兼容。
- **占用资源量级**。容器专用于应用，体积小，我们在公共镜像库里查找容器镜像时会发现很多镜像只有几十 MB，甚至几 MB 大小。而虚拟机包括内核在内的通用进程运行环境，它的镜像偏向于大而完整的全功能集合，动辄好几 GB，即使精简镜像的体积也有几百 MB。
- **环境适应**。当前，虚机拥有比容器更高颗粒度的资源控制，让虚机具备复杂环境的适应能力。
- **启动速度**。容器在启动速度和运行性能上更有优势，通常在几秒内完成，快的甚至达到毫秒级，而虚机启动通常要几十秒甚至更长时间。
- **性能**。虽然虚拟化可以通过各种硬件虚拟化和性能加速技术实现虚机性能无限接近宿主机原生性能，但是虚机会有一点儿性能减损，而容器可以使用宿主的性能。两者都可以通过资源调度程序设置性能范围。
- **安全性**。由于隔离的机制和隔离的边界不同，虚拟机进程相对容器更加安全，尤其在一些不可预知和规划的环境里。比如我们可以将虚拟化（或者 Hyper-V 和虚拟化结合的 Hyper-V 容器）用于多租户环境，而将纯容器用于多租户环境则是慎之又慎的事。当然，开源社区正在努力加强容器的隔离技术提升容器安全，比如 Cgroup 和写时复制（Copy-On-Write）等技术。

虚拟化和容器还有很多区别，我们就不再一一罗列了，容器技术很新，虚拟化技术走过了 10 多个年头，但不是坚持虚拟化就意味着守旧，一些特定的应用和场景不能因为容器而削足适履。

6.3　微软类容器技术

微软很早就在数据中心里使用类容器技术，之所以称之为类容器技术，是因为这些技术和容器不是完全一致的，而是略有差别。这些技术是一个个独立的技术，称之为子集，下面我们介绍这些类容器的技术。

- **SCCM 系统镜像捕获**。System Center Configuration Manager（SCCM）是微软很早发布的一个用于实现桌面系统管理的工具，SCCM 主要负责操作系统部署（OSD）、补丁管理、IT 资产收集、应用安装和远程控制等。而和本书容器的话题相关的是 OSD 技术，OSD 实现了零接触和轻量解除操作系统部署模式。在部署操作系统之前，首先要获取基础操作系统镜像，我们可以使用 SCCM 提供的镜像捕获工具像 Ghost 一样将操作系统捕获成镜像，使用镜像部署出和原来一致的操作系统。系统的驱动、应用程序会连同操作系统一起捕获，作为标准化系统的模板，如图 6-2 所示。虽然系统镜像颗粒度比较粗糙，体积也比较大，但是依靠镜像部署操作系统能为我们加速系统就位和应用配置。

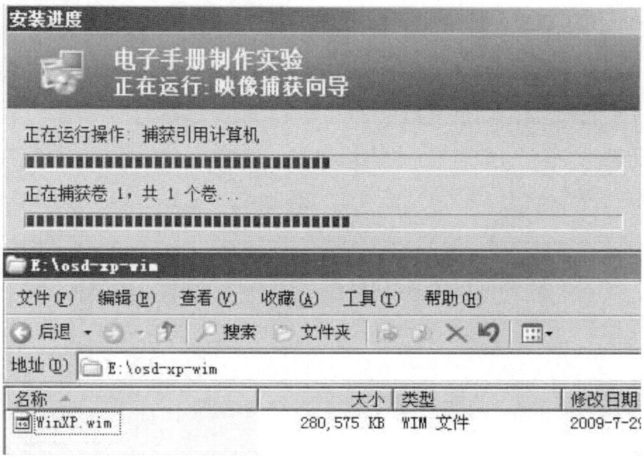

图 6-2　SCCM 捕获系统镜像

- **IIS 和数据库打包**。在微软 SCVMM 里提供服务模板功能，服务模板的原理是将一个多层次组件的应用（比如数据库+应用）打散成更细的原子组件，然后分别将这些组件按照类别打包成文件放在不同的“抽屉”里（这个抽屉指的是 SCVMM 库文件），比如将 Web 配置打包放在一个文件“抽屉”里，将数据库配置文件打包放在一个文件“抽屉”里。这些打包的文件在部署时从抽屉里拿出来按照逻辑重新组合进行部署，服务模板和容器的镜像略有相似之处，不同的是，这些打包文件需要和其宿主系统绑定一起部署，意味着要部署服务模板里的应用，必须创建虚机，而不是立旧现有宿主系统。为了进一步说明服务模板的结构，接下来我们以微软演示 Web 应用 Petshop Web 为例进行阐述，Petshop 应用配置成一个简单的两层 Web 结构：SQL Server 和 IIS。

在应用的第一层是 SQL Server 数据库层，这一层里我们将用数据层应用（Data-tier application，也称之为 DAC）进行 SQL Server 配置打包，DAC 是包含应用所使用的所有数据库和实例对象的实体，这些对象可以看作我们前面所提到的原子，DAC 提供统一的窗口编辑、部署和管理数据层对象，避免了对数据库对象进行逐一编辑。有了 DAC，在开发应用时可以将应用和数据紧密集成，并可为管理员提供更加详细的系统资源使用视图。我们不再赘述 DAC 的细节，下面以 Petshop 应用数据库为例，简单说明通过 DAC 制作数据库包的过程。首先登陆 SQL Server Management Studio 控制台，展开数据，从任务里选择提取数据层应用程序，如图 6-3 所示。按照向导完成 DAC 属性设置、验证对象依赖性、创建 DAC 包，设置好 DAC 包保存路径点击开始提取，向导会自动完成 DAC 包的文件配置。

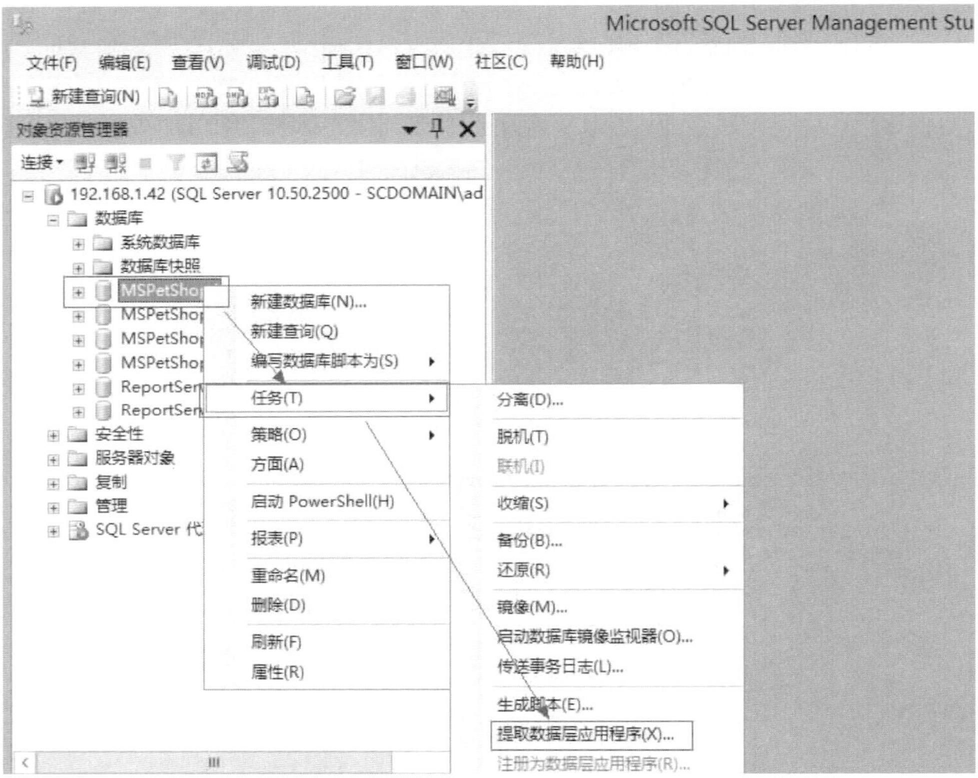

图 6-3　提取 SQL Server 数据层应用程序

配置完 DAC 包以后，返回 SQL Server Management Studio 控制台，为数据库生成脚本，这些脚本可以保存起来用于以后在 SQL Server 实例里创建数据库或者发布数据库给数据库发布 Web 服务。按照向导指定脚本保存路径并执行完脚本生成步骤，如图 6-4 所示。到此，我们已经将应用的数据库提取完毕。

我们在 IIS 管理器里可以直接将已有的 Web 应用打包成文件用于后期部署，登录 Petshop Web 应用服务器，打开 IIS 管理器，在网站节点选择 PetShop 应用名称，然后在右侧操作栏里选择“导出应用程序”，在弹出的导出应用程序包里可以选择将创建应用程序和文件系统内容全部导出。下一步先将 Petshop Web 应用基本参数设置好，接着设置该应用程序其他参数，比如数据库连接字符串，如图 6-5 所示。

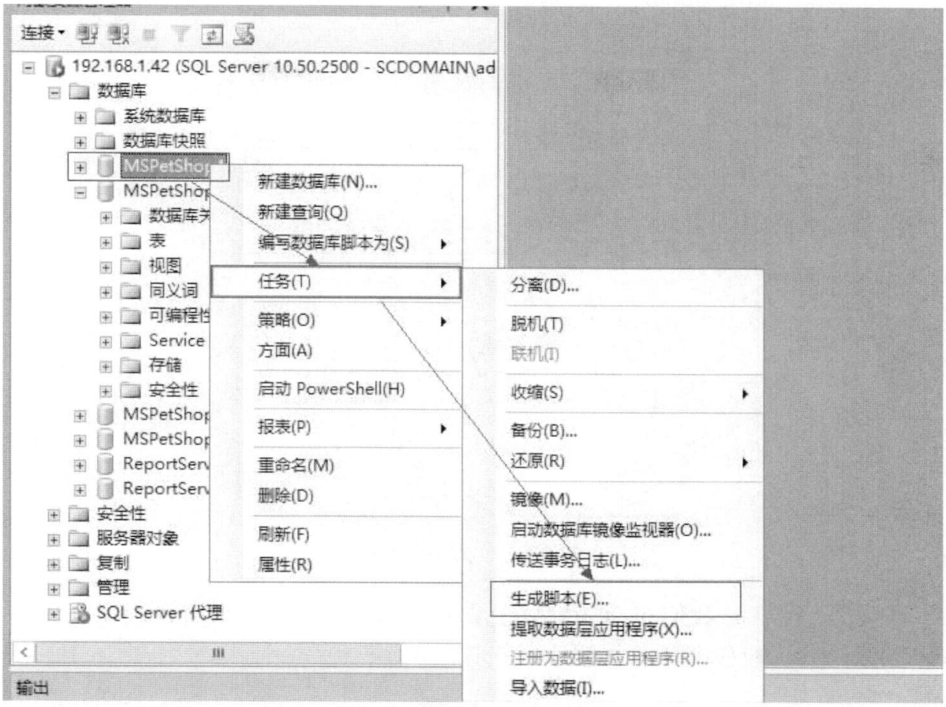

图 6-4　为数据库生成脚本

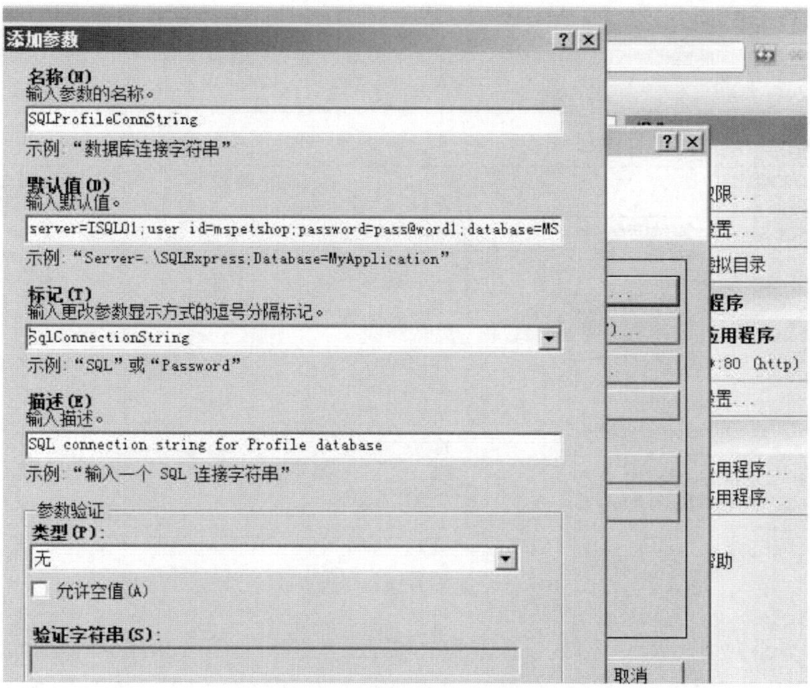

图 6-5　导出 IIS 配置

接着添加参数化的特性以及匹配正则表达式，如图 6-6 所示，这些变量将在部署的时候赋值，即使使用服务模板进行多次部署获得多个应用实例，互相之间也是隔离和独立的。

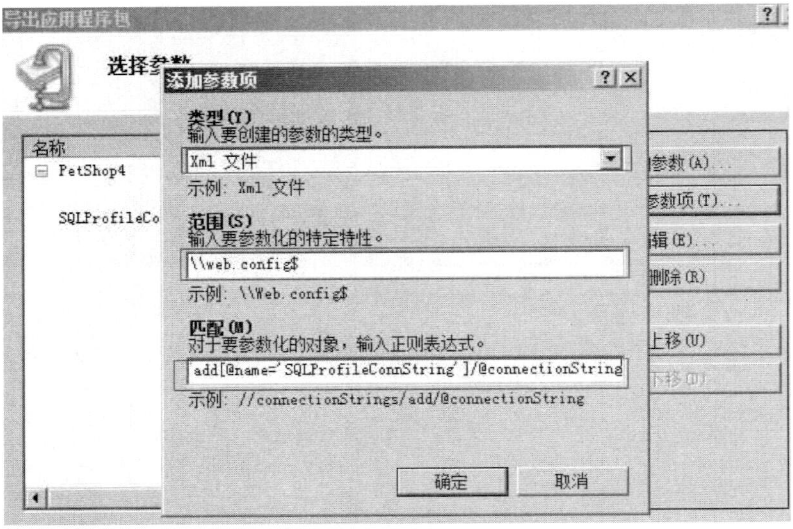

图 6-6 配置 IIS 参数

具备了部署包以后，我们在 SCVMM 上创建一个两层结构的服务模板，将导出的 DAC 包和脚本关联给服务模板即可，如图 6-7 所示。

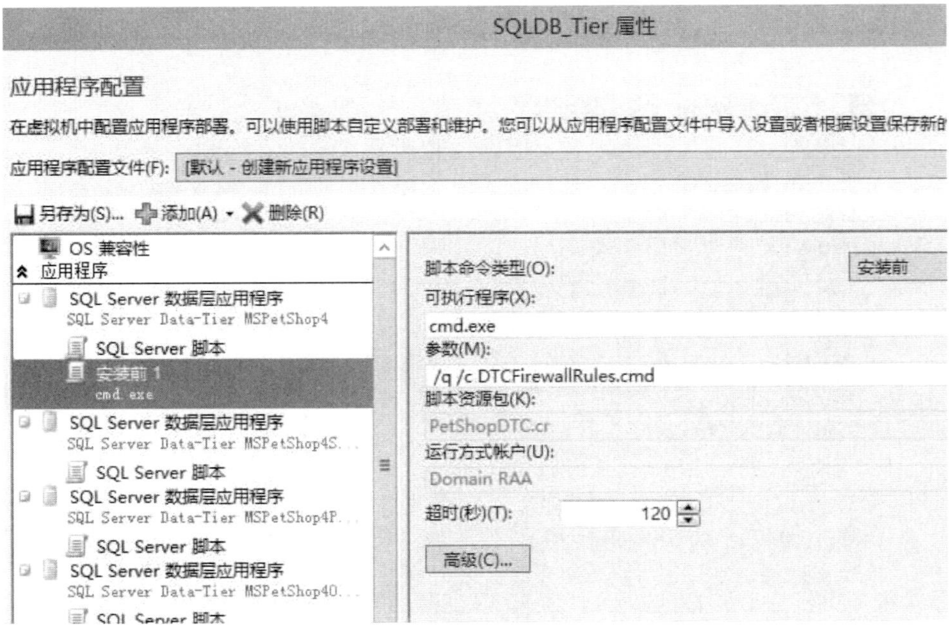

图 6-7 设置服务模板数据库层配置

接着为 Web 应用层配置相关参数和脚本以及连接字符串，如图 6-8 所示。

虽然 SCVMM 服务模板并没有像容器那样通过代码随处部署，但是服务模板所具备的数据库和应用镜像封装（打包）技术也算是容器技术的子集之一。

- App-V。App-V 的前身是 SoftGrid，是微软提供的最早的企业级 SAAS 服务之一。App-V 实现应用的序列化后可以将应用代码以流的方式分发到客户端操作系统，分发给客户端的应用代码并不会执行像传统软件一样的安装。序列化后的应用程序可以实现在线使用的效果，做到边使用边下载应用代码，实现终端用户可以按应用功能下载代码流。用户在首次安装应用时，只需下载 5%～20%的代码用以基本运行（Just Enough Code，我们称之为最少启动代码）。App-V 通过抽象出应用和操作系统的耦合性，将应用的注册表信息、字体、COM/DCOM 对象、服务和命名空间等打包成应用代码镜像，这样的应用部署非常具有移植性。因为客户端系统只是提供了应用的运行资源，如果当前运行环境（笔记本或者台式机）出现故障，在其他设备上可以通过拉取应用代码的方式迅速接管运行环境，通常只需要几秒钟就可以完成启动。App-V 应用之间的隔离性也是非常好的，虚拟化的应用程序被用户启动后，就会运行在一个 SystemGuard 环境中，每个 App-V 分发的应用都有自己的 SystemGuard 环境，这样的程序之间以及程序和操作系统之间都是相互隔离的。同时，用户修改应用程序的设置会被保存在用户自己的配置文件中，下一次用户启动同样的程序时，系统会自动使用用户的预先设置启动该程序。从实现方式和效果来看，App-V 非常接近容器技术，只不过 App-V 使用范围在客户端应用，而容器技术多用在服务器端应用。

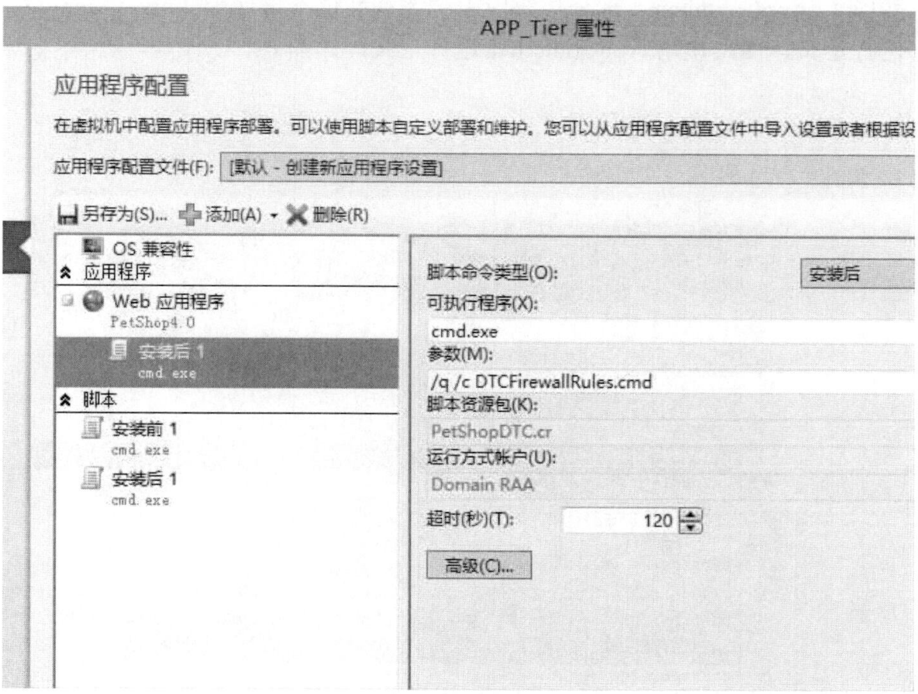

图 6-8 设置服务模板应用层配置

- RetmoteApp。在第 5 章里讨论的 RemoteApp 会话虚拟化技术也可以理解为以用户会话为隔离的应用虚拟化技术，在服务器上可以同时登陆多个用户，每个用户具有自己的会话，如图 6-9 所示。当用户通过终端使用 RDP 连接到 RDS 服务器的 3389 端口后，用户会话被唯一的 SessionID 标识并关联新的控制台会话（键盘、鼠标和字符模式信息）。

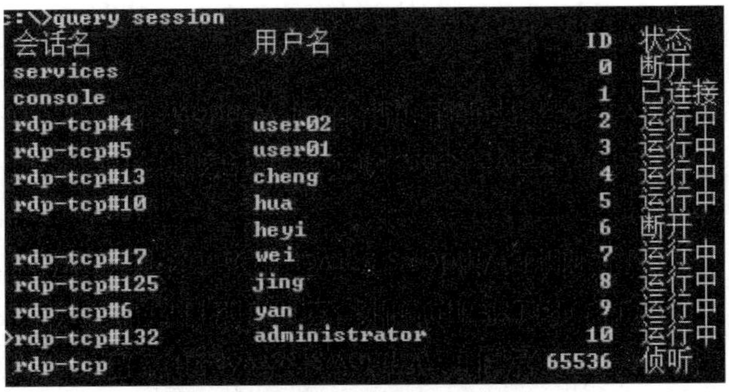

图 6-9　RDS 多用户并发和隔离

- AppContainer。AppContainer 是从 Windows 8 系统开始引进的沙盒技术之一（AppContainer 和 Lowbox 共同组成 Windows 8 沙盒），提供了更细粒度的权限控制，能够阻止对未授权对象的读写访问。AppContainer 一开始主要用于 Windows 8 Modern App 的安全隔离，后来逐渐应用到了传统应用的隔离。App Container 和 Andorid 以及 IOS 应用的沙箱技术类似默认不允许访问操作系统的多数部分，对外设访问要申请权限等。从 ProcessExplorer 里可以看到，除了商店应用的完整性级别变成了 AppContainer，部分传统应用的完整性也不再使用 Low、Medium 和 High 进行定义，而是使用 AppContainer 进行定义，如图 6-10 所示。

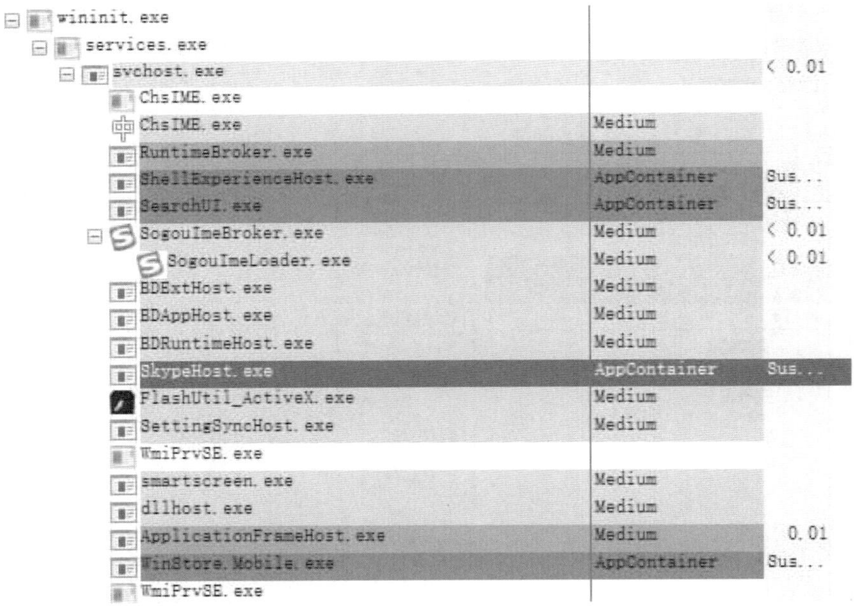

图 6-10　Windows AppContainer 完整性

6.4　微软容器宿主系统平台

6.4.1　Server Core

操作系统领域近几年发生了有趣的现象，Linux 系统从传统的命令行管理方式延伸到图形化界面，而微软从 Windows Server 2008 开始引入了非图形化界面——Windows Server Core，Windows Server Core 可以使用 CMD、PowerShell 或者命令进行本地或者远程管理，也可以通过远程管理工具进行管理，如图 6-11 所示。

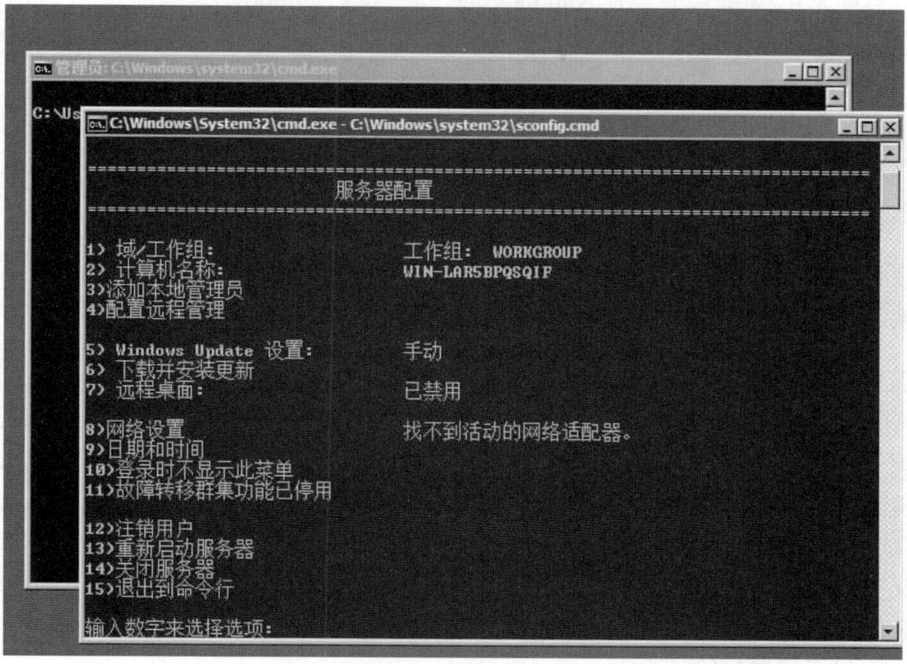

图 6-11　Windows Server Core

图形界面和非图形界面各有优点和不足，我们在此不做细节讨论。Windows Server Core 非图形界面安装模式减少了操作系统对硬盘资源的占用，消耗的运行资源更少，启动更快并增加了安全性，但同时也减少了对传统图形界面 Windows Server 兼容的应用的支持。Windows Server 2008，Server Core 仅能支持有限的基础服务，比如 AD、DNS、DHCP、File Server、Hyper-V、Print 和 IIS 等。但是到了 Windows Server 2012 后，Server Core 成了 Windows Server 一个标准的功能，可以通过添加或删除这个功能自由地在图形和非图形界面之间切换，Server Core 不仅能支持基础的 Windows Server 服务，还能在 Windows Server Core 上安装 SQL Server 等高级应用。

在 Windows Server 2016 里，Server Core 除了具备传统的功能，还可以为 Windows Server 容器服务，在 Windows Server 容器体系里可以使用 Windows Server Core 作为容器操作系统镜像。

6.4.2　Nano Server

Nano Server 是 Windows Server 2016 推出的最小化系统安装模型，Nano Server 和 Windows Server Core 一样都是非图形界面，但是比 Server Core 的安装和运行资源小很多，启动速度快很多，也更安全。而且 Nano Server 必须使用远程管理，这和 Server Core 不一样，Server Core 可以在本地使用命令进行配置和管理，也可以使用远程管理工具进行图形化远程管理。Nano Server 没有本地登录功能，需要通过远程管理工具对 Nano Server 进行配置和管理。初始的 Nano Server 是个干净原始的框架性操作系统镜像，对资源占用(footprint)非常少，Nano Server 需要先安装角色/功能包才能添加相关的角色功能，比如 IIS、File Srever、Hyper-V 等标准的 Windows Server 角色已经从 Nano Server 里分离，我们需要按需将分离的角色/功能包安装到 Nano Server。这一点和 Windows Server 及 Windows Server Core 都大不一样，Windows Server 上已经内置了角色/功能包，只需要启用这些角色和功能即可，在 Nano 里如果不事先安装好角色/功能包便没办法启用相关角色/功能。

在 Windows Server 2016 里，Nano Server 可以支持 Hyper-V、SOFS 和 IIS 等重量级角色，还可以为 Windows Server 容器服务，在 Windows Server 容器体系里可以使用 Nano Server 作为容器操作系统镜像。到目前为止，Windows Server 2016 可以支持 Windows Server Core 和 Nano Server 这两个操作系统镜像。

6.4.3 嵌套虚拟化

顾名思义，Hyper-V 嵌套虚拟化（Nested Virtualization）是在 Hyper-V 虚机里运行虚机。Hyper-V 嵌套虚拟化是在 Windows Server 2016 和 Windows 10 版本引入的，在此之前的版本中，因为 Hyper-V 嵌套虚拟化只负责调用资源而不会进一步虚拟化扩展于是无法将处理器扩展能力开放给子分区虚机，所以这些虚机无法使用 CPU 虚拟化技术，因而无法使用嵌套虚拟化。在 Windows Server 2016 虚拟化技术里，我们可以使用 Hyper-V 虚拟化软件进一步虚拟化扩展，并将虚拟化后的扩展开放给具备条件的子分区虚机，这些虚机使用虚拟化扩展安装嵌套虚机，如图 6-12 所示。嵌套虚机可以帮我们在有限的物理机资源中构建复杂的环境，比如搭建群集等。

当然，作为容器技术章节的内容，嵌套虚机技术诞生的一个主要目的就是为了实现微软自己的容器技术之一——Hyper-V 容器（详见 6.5.2 节），要在 Hyper-V 虚机里实现 Hyper-V 容器，就必须要用到嵌套虚拟化技术。

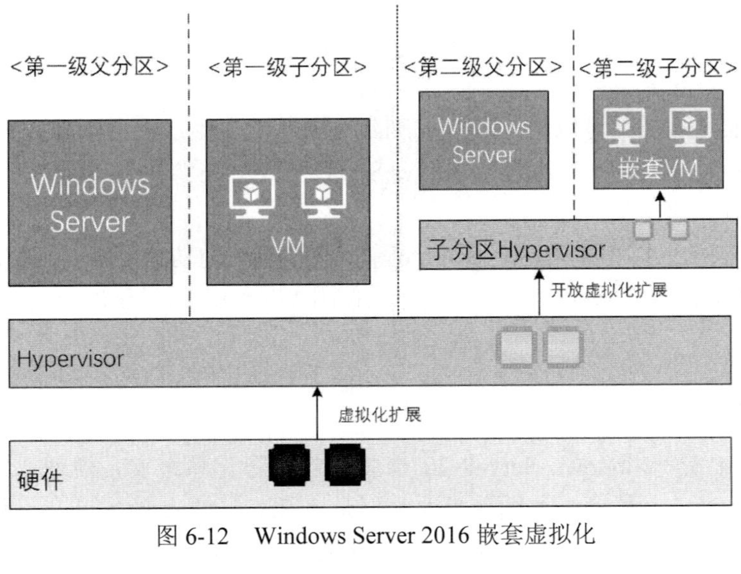

图 6-12 Windows Server 2016 嵌套虚拟化

下面我们简单说明如何开启嵌套虚机以及一些基本注意事项（本书中提到的条件只适用于当前的版本）。

（1）我们要求使用 Intel-VTx 技术，AMD-V 技术暂时不支持嵌套虚拟化。

（2）关闭设备保护（Device Guard）和基于虚拟化的安全（Virtualization Based Security，简称为 VBS），开启设备保护或 VBS 时，Hyper-V 虚拟化无法将虚拟化扩展开放给子分区虚机。

（3）Hyper-V 物理机和用于安装嵌套虚机的虚机使用相同的操作系统版本。

（4）在物理机上创建一台虚机（这台虚机作为嵌套虚拟化“主机”），该虚机需要关闭，在物理机上使用 PowerShell 命令开放虚拟化扩展，虚拟化扩展不是全局设置，而是针对单台虚机进行设置。使用以下示例命令为名为 L2Host 的虚机启用虚机扩展开放。

```
PS C:\> Set-VMProcessor -VMName L2Host -ExposeVirtualizationExtensions $true
```

（5）这台虚机的动态内存一定要关闭，关闭虚机动态内存后就可以开启虚机，进而在虚机里添加 Hyper-V 角色并创建嵌套虚机了。

（6）到了这一步还没有完全配置好嵌套虚拟化主机，为了实现第一层和第二层（虚机里启用）Hyper-V 虚拟交换机成功路由数据包，我们还需要将嵌套虚机化主机的网卡（第一层虚拟交换机）配置为启用 MAC 地址欺骗；如果因为策略不能启用 MAC 地址欺骗，可以使用 NAT 作为备用方案，在嵌套虚拟化主机里使用如下示例命令新建类型为内部的虚拟交换机，并新建 NAT 规则，在规则里指定 NAT 内部 IP 子网。

```
PS C:\> New-VMSwitch -Name L2Switch -SwitchType Internal
PS C:\> New-NetNat -Name LocalNAT -InternalIPInterfaceAddressPrefix "172.1
0.10.0/24"
```

（7）在嵌套虚机里分配 IP 地址。

6.5　微软容器概述

6.5.1　微软容器与 Docker

当前微软尚未具备自己完整的 Docker 组件，比如 Docker 引擎和 Docker 客户端，因此微软的 Docker 战略是与 Docker 紧密合作打造一个跨平台的 Docker 生态，而近期的重点在于发展 Windows 与 Docker 集成的升级和改善。首先，微软可以利用现有的技术提供容器宿主——Windows Server 和虚拟化环境，微软和 Docker 合作探索 Docker 系统统一管理工具。比如在 Windows 中引入 Docker Tool，将 Docker 的命令接口移植到 Windows，我们可使用相同的客户端管理 Windows Containers 以及 Hyper-V Containers；除此以外，我们还可以从 Windows 上管理运行在 Red Hat 服务器上的 Linux 容器，以及从 Linux 或者 OS X 上管理微软容器。DockerCLI 和 DockerTool 也被植入到了 PowerShell，所以除了 DockerCLI 和 DockerTool，我们还可以 PowerShell 环境管理 Windows 容器和 Hyper-V 容器，如图 6-13 所示。但是要注意的是，虽然管理工具已经统一，但在 Windows 里创建的容器无法跨系统移植，同样，Linux 创建的容器也无法移植到 Windows。

在开发层面，微软的 Visual Studio 也集成了 Docker 开发环境，我们可以在 Visual Studio 中创建容器并部署到 Docker 环境中进行调试。Visual Studio Code 提供 Docker 插件实现跨平台 Docker File 和 Docker Compose File 的编写和其他高级功能。

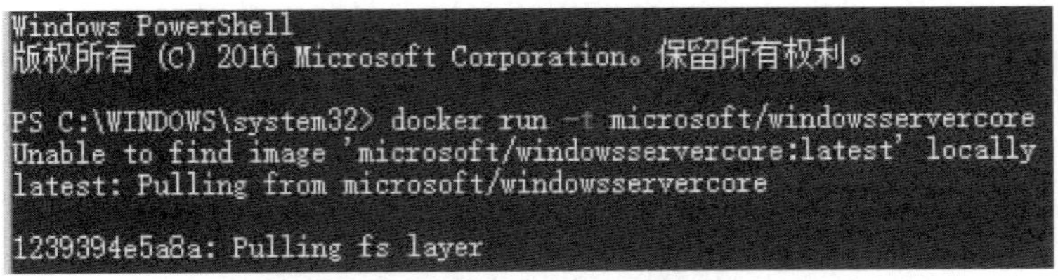

图 6-13　Docker 管理工具集成到 PowerShell

就数据中心层面而言，在公有云方面，微软在 Microsoft Azure 里提供了 Azure Market Place、可信任镜像仓库以及 Docker 引擎帮助用户构建容器数据中心；在私有云方面，和 Azure 一脉相承的 Azure Stack 在发布后也提供相同的技术帮助企业构建自有容器数据中心。不论是公有云还是私有云，都可以让用户使用现有基础结构和 Docker 软件设施快速构建容器数据中心。

6.5.2　微软容器类别

微软容器分为两种，一种是 Windows Server 容器，另一种是 Hyper-V 容器。两者的结构如图 6-14 所示，各自的特性简述如下。

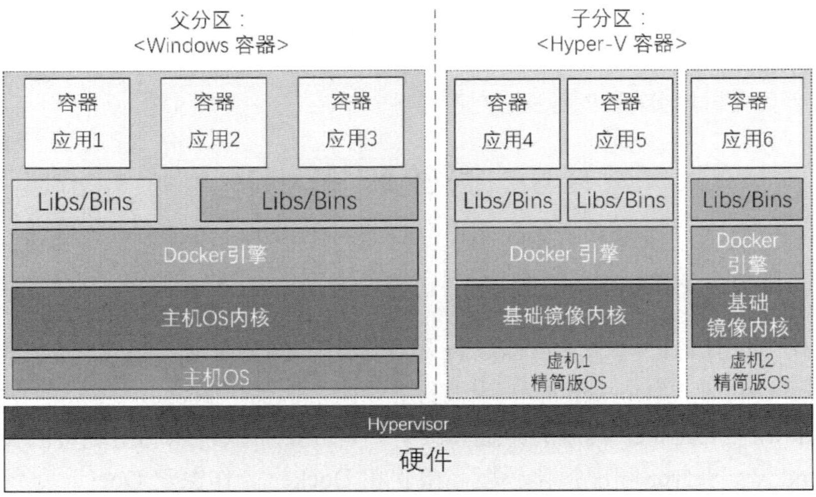

图 6-14　Windows 容器和 Hyper-V 容器结构

- **Windows 容器**。Windows 容器和 Linux 容器一样，多个 Windows 容器相互隔离，共享 Windows 主机操作系统，每一个容器中的应用运行在自己的用户模式下。需要注意的是 Windows 容器共享同一个 Windows 操作系统内核，无法提供高级别容器内部的安全隔离，更加适用于容器应用之间互相信任的环境，比如企业内部；当容器应用之间不能互相信任时，并不推荐将多个容器应用运行在同一个 Windows 系统内，比如多租户环境。
- **Hyper-V 容器**。为了提供更好的隔离机制和进一步解开应用和物理机资源的耦合，微软在 Windows Server 2016 /Windows 10 引入了 Hyper-V 容器。Hyper-V 容器保证不同的容器之间运行的代码可与外界隔离，使用镜像部署 Hyper-V 类型的容器时自动创建 Hyper-V 虚机，Hyper-V 容器运行的虚机系统是经过优化和精简的，因此我们更倾向于命名为 Hyper-V 容器。在 Hyper-V 虚机内部的容器堆栈和 Windows 容器是一样的。因为 Hyper-V 容器是以虚机为基础，所以容器之间通过虚机不同的系统进行内核级隔离，但启动速度比 Windows 容器要慢。

从两者结构图很容易观察到，Hyper-V 容器相对 Windows 容器多加了一层隔离，这一层隔离可以运用到一些相对对安全要求较高的场景，比如测试环境和生产环境容器应用间隔离，多租户之间的容器应用隔离等。在物理机上切分出多个虚机，每个虚机可以运行同等安全要求的容器。

6.5.3　Windows 容器镜像

就像模具能够批量生产配件一样，容器镜像可用于流水线式地部署容器应用。容器镜像可分为两个部分——容器系统镜像和容器应用镜像，应用镜像依赖于系统镜像，系统镜像是应用镜像的宿主，如图 6-15 所示。从系统占用资源最小化的目标出发，微软目前提供了两个相对轻量级的操作系统镜像——Windows Server Core 和 Nano Server，轻量级的系统是容器运行的最佳环境，应用镜像可以使用其中之一也可以同时使用二者。

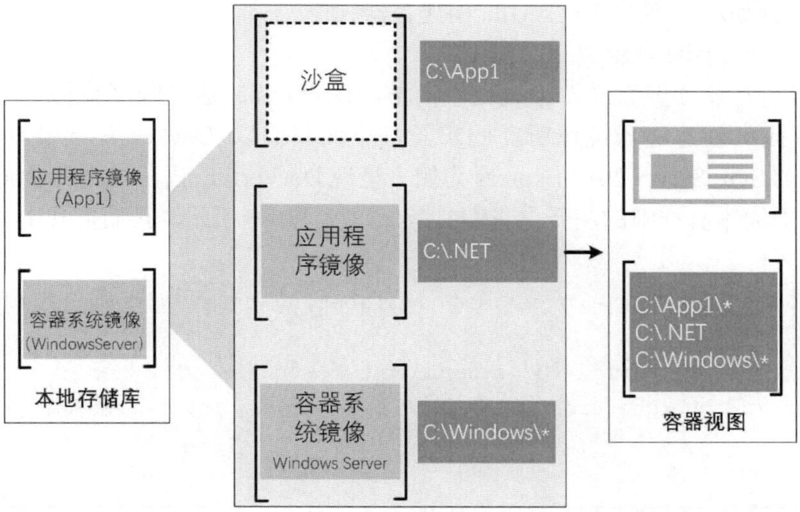

图 6-15　Windows 容器镜像大体框架

我们可以通过 DockerFile 创建容器镜像并将其保存在本地 Registry（存储库）上，也可以从 Docker Hub 上下载已有容器镜像，本地 Registry 创建的容器镜像也可以上传到 Docker Hub。目前微软在积极地为 Docker Hub 共享基础系统、中间件以及应用镜像，我们可以使用 docker search 微软公司命令将 Docker Hub 里面有关微软的 Repositary 检索出来。在使用 docker run image 时，Docker 引擎会先从本地 Registry 检索镜像，如果本地 Registry 没有镜像，则会从 Docker Hub 下载镜像。在从 Docker Hub 中提取已有的应用容器镜像之前需要安装 Windows Server Core 或 Nano Server 基本操作系统镜像。

需要注意的是，并不是所有的 Windows 主机操作系统都可以使用以上两种基础镜像，主机操作系统和基础镜像的兼容性矩阵如表 6-1 所示。

表 6-1 主机操作系统和基础镜像的兼容性矩阵

主机操作系统	Windows Server 容器	Hyper-V 容器
Windows Server 2016 图形界面	Server Core/Nano Server	Server Core/Nano Server
Windows Server 2016 Core	Server Core/Nano Server	Server Core/Nano Server
Windows Server 2016 Nano	Nano Server	Server Core/Nano Server
Windows 10 周年纪念版	不可用	Server Core/Nano Server

6.5.4 Windows 容器文件

Docker 引擎内置的工具可实现自动和手动创建容器镜像，完成容器镜像的创建有两个关键的组件——Dockerfile 以及 docker build 命令。两者简介如下。

- Dockerfile。Dockerfile 类似于软件开发平台，用于制作容器镜像，dockerfile 包含创建新容器镜像所需指令的文本文件，这些指令包括对将用作基础的现有镜像的标识、在镜像创建过程中要运行的命令以及部署容器镜像的新实例时要运行的命令。接下来会详细介绍。
- Docker build。使用 Dockerfile 构建容器。

6.5.4.1 Dockerfile 命令

Dockerfile 逻辑比较直观，形式比较简洁，Dockerfile 通过顺序执行一系列的指令为 Docker 引擎提供创建容器镜像所需的步骤，下面我们以 Docker Hub 上的微软公司的 repository 里的 SQL Server 2014 Express 为例来呈现 Dockerfile 语法规则和 Dockerfile 指令。dockerfile 里面通常有详细的注释供我们参考，如以下示例所示，我们把其中的指令用粗体显示出来。

```
# mssql server 2014 express image listening on static port 1433
#
# Note: This dockerfile is based on Buc Rogers' work here:
# https://github.com/brogersyh/Dockerfiles-for-windows/tree/master/sqlexpre
ss
#
# .NET 3.5 required for SQL Server
FROM Microsoft /dotnet35

# maintainer for image metadata
MAINTAINER Perry Skountrianos

# set environment variables
ENV sql_express_download_url "https://download. Microsoft.com/download/1/5/
6/156992E6-F7C7-4E55-833D-249BD2348138/ENU/x64/SQLEXPR_x64_ENU.exe"
ENV sa_password _
ENV attach_dbs "[]"

# make install files accessible
COPY . /
```

```
WORKDIR /

# download and install Microsoft SQL 2014 Express Edition in one step
RUN powershell -Command (New-Object
System.Net.WebClient).DownloadFile('%sql_express_download_url%',
'sqlexpress.exe') && /sqlexpress.exe /qs /x:setup && /setup/setup.exe /q
/ACTION=Install /INSTANCENAME=SQLEXPRESS /FEATURES=SQLEngine
/UPDATEENABLED=0 /SQLSVCACCOUNT="NT AUTHORITY\System"
/SQLSYSADMINACCOUNTS="BUILTIN\ADMINISTRATORS" /TCPENABLED=1 /NPENABLED=0
/IACCEPTSQLSERVERLICENSETERMS && del /F /Q sqlexpress.exe && rd /q /s setup

RUN powershell -Command \
      set-strictmode -version latest ; \
      stop-service MSSQL`$SQLEXPRESS ; \
      set-itemproperty -path 'HKLM:\software\ Microsoft \ Microsoft sql
server\mssql12.SQLEXPRESS\mssqlserver\supersocketnetlib\tcp\ipall' -name
tcpdynamicports -value '' ; \
      set-itemproperty -path 'HKLM:\software\ Microsoft \ Microsoft sql
server\mssql12.SQLEXPRESS\mssqlserver\supersocketnetlib\tcp\ipall' -name
tcpport -value 1433 ; \
      set-itemproperty -path 'HKLM:\software\ Microsoft \ Microsoft sql
server\mssql12.SQLEXPRESS\mssqlserver\' -name LoginMode -value 2 ;

CMD powershell ./start -sa_password %sa_password% -attach_dbs \"%attach_dbs%\"
-Verbose
```

Dockerfile 包含的指令和意义如下。

- FROM。FROM 指令在新镜像创建过程中获取容器镜像。例如使用指令 FROM nanoserver 时所得到的镜像派生自 Nano Server 基本操作系统镜像并具有对其的依赖关系。如果 Docker 生成过程的宿主系统本地不存在指定的镜像，Docker 引擎将尝试从公有或私有镜像仓库里下载相应的镜像。FROM 的格式通常为 From <Image>，如示例中使用 FROM 微软公司/dotnet35。
- RUN。RUN 指令指定要运行的或被捕获到新容器镜像中的命令，包括安装软件、创建文件和目录，以及创建环境配置等。格式通常为 RUN ["<executable", "<param 1>", "<param 2>"]，以上示例中包含了两个 RUN 指令完成的 SQL Server 2014 Express 的安装。
- COPY。COPY 指令将新文件和目录复制到容器的文件系统，COPY 有两种格式，一种是 COPY <source> <destination>，另一种是 COPY ["<source>" "<destination>"]。需要注意的是，在 Windows 上目标格式必须使用正斜杠，例如 COPY file01 /folder1/。
- WORKDIR。该指令为其他 Dockerfile 指令（如 RUN、CMD）设置一个工作目录，并且还设置用于运行容器镜像实例的工作目录。通常的格式为 WORKDIR <path to working directory>。
- ADD。ADD 指令与 COPY 指令非常类似，但 ADD 比 COPY 包含更多的功能，除了将文件从主机复制到容器镜像，ADD 指令还可以从 URL 远程位置复制文件。

ADD 也有两种格式，一种是 ADD <source> <destination>，另一种是 ADD ["<source>" "<destination>"]。需要注意的是，在 Windows 上目标格式必须使用正斜杠，例如 ADD file01 /folder1/。

- **CMD**。CMD 指令是设置部署容器镜像的实例时要运行的默认命令。例如容器将承载 NGINX Web 服务器，CMD 可能包括用于启动 Web 服务器的指令，如 nginx.exe。如果 Dockerfile 中指定了多个 CMD 指令，只会计算最后一个指令。不同的命令 CMD 针对使用的格式也不同：如果是可执行文件，使用 CMD ["executable","param1","param2"]的格式；如果是 Shell 命令，则使用 CMD <command> param1 param2。需要注意的是，CMD 和 RUN 不一样，RUN 指令后面运行命令并提交结果，而 CMD 在构建容器镜像时不执行任何命令，而是起到为镜像指定必要的命令的作用。在 Windows 上，在 CMD 指令中指定的文件路径必须使用正斜杠或已转义的反斜杠\\，例如 CMD ["c:\\Apache24\\bin\\httpd.exe", "-w"]。
- **Escape Character**。Escape Character 即转义字符，在许多情况下，Dockerfile 指令需要跨多个行，此时可通过转义字符完成，如示例所示。转义字符包括了反斜杠\和反撇号`,默认情况下，Dockerfile 转义字符使用反斜杠\，由于 Windows 文件路径分隔符也是反斜杠，为避免混淆，我们可使用分析程序指令更改默认转义字符，使用#escape=`将反斜杠\转换为`。
- **PowerShell**。当前 Windows Dockerfile 里面有两种 Shell 可用——命令提示符和 PowerShell，在 Dockerfile 构建容器镜像时，我们可使用 RUN 指令在 Dockerfile 中运行 Powershell 命令，比如 RUN powershell-command Write-Host default。此外 PowerShell 可以实现 REST 调用，并且在 dockerfile 里使用 PowerShell 脚本，比如 RUN powershell.exe-executionpolicy Unrestricted-force C:\Test\script.ps1。

6.5.4.2　Docker Build

创建 Dockerfile 并将其保存到磁盘后，即可运行 docker build 以创建新映像。docker build 命令采用几个可选参数和指向 Dockerfile 的路径。通常的格式是 docker build [OPTIONS] PATH，比如 docker build-t dotnet。

6.5.5　Windows 容器网络

6.5.5.1　容器网络驱动类别

Hyper-V 虚拟机可以通过虚拟交换机实现多个虚机连接和通信，同时具备 TRUNK 模式，可实现虚拟交换机兼容多个 VLAN 网络，使用网络虚拟化 Overlay 技术实现用户自定义网络，以及使用 ACL 机制对虚机使用虚拟端口进行访问控制。在一个宿主系统上同时运行多用户容器应用时，同样需要类似于虚拟交换机的共享和隔离及控制能力。其实在 Windows Server 里的每个容器也有一个虚拟网卡，这个虚拟网卡同样连接到虚拟交换机，实现容器网络的通信。每个 Windows Server 和 Hyper-V 容器均具有网络隔离舱，容器的网络适配器安装在各自的网络隔离舱。不同的是，Windows Server 容器使用主机虚拟网卡连接到虚拟交换机，而 Hyper-V 容器使用合成虚机网卡连接到虚拟交换机（普通 Hyper-V 虚机无法使用 Hyper-V 容器的虚拟网卡）。

Windows 容器支持以下 4 种不同的网络驱动程序或模式。

- NAT。第一次运行 dockerd 服务时 Docker 引擎默认创建一个 NAT 网络并设置好容器所用的 NAT 内部子网，每个容器终结点会分配一个内部子网的 IP 地址。我们可以使用如下示例 PowerShell 命令查看默认的 NAT 网络，WinNAT 限制每台容器宿主机只能创建一个 NAT 网络。

```
PS C:\> Get-Conainernetwork
Name    ID                                      Subnet            Mode
----    ----------------                        -----             ----
nat     9fdd1040-fa53-453f-b78e-097907f63bf5    {172.16.0.0/12}   nat
```

- Transparent。容器终结点不需要通过 NAT 而是直接接到物理网络，因此可使用外部 DHCP 服务器静态或动态分配来自物理网络的 IP 地址。
- L2Bridge。容器终结点与容器主机位于同一 IP 子网，必须从与容器主机相同的子网里静态分配 IP 地址，由于做了二层地址转换，主机上的所有容器都将具有相同的 MAC 地址；L2Bridge 容器网络适用于 Windows Server SDN 网络虚拟化环境。
- L2tunnel。集成在微软云平台里，比如 Microsoft Azure Stack；L2Bridge 容器网络适用于 Windows Server SDN 网络虚拟化环境。

那么主机间的容器与容器，不同主机上容器到容器，容器到外部（物理）网络如何通信呢？我们可参考表 6-2 和表 6-3。

表 6-2 同 1 台容器宿主之上的容器

	容器之间通信	容器与外部通信
NAT	通过 Hyper-V 虚拟交换机桥接通信	通过 WinNAT 路由
Transparent	同上	直接访问物理网络
L2Bridge	同上	通过 MAC 地址转换访问物理网络

表 6-3 不同容器宿主之上的容器

	容器之间通信	容器与外部通信
NAT	必须引用外部容器主机的 IP 和端口；通过 WinNAT 路由	必须引用外部主机； 通过 WinNAT 路由
Transparent	必须直接引用容器 IP 终结点	直接访问物理网络
L2Bridge	同上	通过 MAC 地址转换直接访问物理网络

6.5.5.2 创建容器网络

- NAT 网络。Windows Docker 引擎使用子网 172.16.0.0/12 创建默认“NAT”网络。Windows 容器主机上只允许创建一个 NAT 网络。如果要将修改默认 NAT 子网需要更改 Docker 配置文件 daemon.json（位于%ProgramData%\Docker\config\路径，如果不存在需要自行创建），执行如下两个配置之一即可。
- 使用"fixed-cidr": "< IP Prefix > / Mask"选项创建默认 NAT 网络并指定 IP 前缀和匹配项。
- 使用"bridge": "none"留空网络创建，用户可以通过 docker network create-d 命令使用任意驱动程序创建自定义网络。

需要注意的是，在执行网络配置之前必须停止 Docker 服务，并删除任何预先存在的 NAT 网络，然后再启动 Docker 服务，可使用如下示例命令删除 NAT 网络。

```
PS C:\> Stop-Service docker
PS C:\> Get-Conainernetwork | Remove-Conainernetwork

...Edit the daemon.json file...

PS C:\> Start-Service docker
```

接下来，如果在 daemon.json 文件配置了 "fixed-cidr"，此时 Docker 引擎将创建一个用户定义的 NAT 网络，并指定自定义 IP 前缀和掩码；如果添加了"bridge:none"选项，则需要使用 docker network create-d 命令手动创建网络，如下示例命令所示。

```
PS C:\> docker network create -d nat --subnet=10.16.1.0/24
--gateway=10.16.1.254 ContainerNatNet
```

默认情况下，容器终结点将连接到默认 NAT 网络，如果默认 NAT 网络不存在或者处于其他目的，需要将容器终结点连接到其他网络（比如 Transparent 或者 L2Bridge 网络），可以使用 docker run-it --network=ContainerNatNet <image> <cmd>命令来指定容器网络。

配置好容器 NAT 基础网络且容器终结点获得 IP 地址后，若要访问容器内运行的应用程序，则需要在容器主机和容器终结点之间创建端口映射。必须在容器处于创建时间或停止状态时指定这些映射。比如我们要将容器宿主机的 TCP 8080 端口映射给 IIS 容器应用，可使用如下示例命令执行，"："前的端口号是容器宿主机的端口号，后面则是容器的端口号。

```
PS C:\> docker run -it -p 8080:8080 iis <cmd>
```

容器支持动态端口映射，我们可以使用 docker run -P 为容器在宿主机上随机选择一个临时端口，-P（大写）代表"—publish—all"，如下示例命令可为 IIS 容器分配随机端口。

```
PS C:\> docker run -it -P iis <cmd>
```

- **Transparent 网络**。我们可以直接使用驱动程序名称"Transparent"创建容器网络，使用-d 指定驱动程序，如下示例所示。

```
PS C:\> docker network create -d transparent TransparentNet
```

如果容器主机是虚机，同时使用 DHCP 为容器分配 IP 地址，则必须在虚拟机网络适配器上启用 MAC 地址欺骗，否则会由于该虚机因具有多个 MAC 地址而导致 Hyper-V 主机阻止容器网络流量。虚机虚拟网卡 MAC 地址欺骗配置详见 5.1.6.1 节，这里不再赘述。

我们可在一台容器宿主机上创建多个 Transparent 模式的容器网络，如果希望创建多个透明网络，则必须为每个 Transparent 模式的容器网络指定 Hyper-V 虚拟交换机所绑定的网络适配器（通常为物理网卡，除非使用了嵌套虚拟化），如下示例命令展示了新建第二个 Transparent 模式的容器网络和名为 Ethernet 5（已经配置为 Hyper-V 交换机）关联，其中-o 参数用于 Transparent 模式的容器网络关联网卡，-o 是--opt 的缩写，用来设定驱动器特定选项。

```
PS C:\> docker network create -d transparent -o com.docker.network.
windowsshim.interface="Ethernet 5" TransparentNet2
```

如果具备 DHCP 动态分配 IP 地址，则 Transparent 模式的容器网络不需要在创建时指定 IP 地址和网关；但是如果是静态分配 IP 地址，则在创建 Transparent 模式的容器网络时需要指定和容器宿主机同样的 IP 地址和网关，如下示例命令所示。

```
PS C:\> docker network create -d transparent --subnet=10.16.2.0/24
--gateway=10.16.2.254 TransparentNet3
```

配置好了静态 IP 地址的容器网络后，我们可以使用如下示例命令进一步为容器应用指定 IP 地址。在运行容器时由于容器终结点拥有对物理网络的直接访问权限，不需要再额外指定端口映射。

```
PS C:\> docker run -it --network=TransparentNet3 --ip 10.16.2.8 <image> <cmd>
```

- **L2Bridge 网络**。和 NAT 以及 transparent 模式一样，如果要使用 L2 桥接网络模式，可使用驱动程序名称为“l2bridge”的模板创建容器网络，L2Bridge 模式的网络必须指定对应于物理网络的子网和网关。如下示例命令所示。

```
PS C:\> docker network create -d l2bridge --subnet=10.100.12.0/24
--gateway=10.100.12.254 BridgeNet
```

6.5.6　Windows 容器资源管理

在使用 docker run 运行容器应用时，我们可以进一步定义容器应用使用的资源，包括 CPU、内存、网络和存储等传统操作系统里常见的资源。

首先我们看看 docker run CPU 相关资源的管理，表 6-4 所示为 docker run 对 CPU 资源管理的标识和赋值类型。

表 6-4　　docker run 对 CPU 资源管理的标识和赋值类型

标识（Flag）	赋值类型
--cpu-percent	整数
--cpu-period	整数
--cpu-quota	整数
--cpu-shares (-c)	整数
--cpuset-cpus	字符串
--cpuset-mems	字符串

每个标识的意义如下。

- **--cpu-percent**。Windows 容器独有的标识，给容器应用分配 CPU 时间百分比。
- **--cpu-period**。CPU Completely Fair Scheduler（CFS）周期，周期为 100 毫秒。
- **--cpu-quota**。限制容器所能使用的 CPU 配额。--cpu-quota 和--cpu-period 结合起来使用，比如将--cpu-quota 设置为 50 毫秒，而将--cpu-period 设置为 100 毫秒，那么容器应用限制使用 1 个 CPU 50 毫秒的时间；将--cpu-quota 设置为 400 毫秒，而将--cpu-period 设置为 200 毫秒，那么容器应用限制使用 2 个 CPU 各 200 毫秒的时间。
- **--cpu-shares (-c)**。默认所有的容器 CPU 使用权重是一样的，--cpu-shares(-c)可以设置 CPU 利用率权重，权重默认为 1024，如要将权重设置为 3 则为 3072。如果设置选项为 0，则系统会忽略该选项并且使用默认值 1024。--cpu-shares 值为一个相对值，实际 CPU 利用率则取决于系统上运行容器的数量，就像切蛋糕。比如有 5 个容器应用，其中 3 个设置为 1024，两个设置为 2048，那么 3 个容器应用的 CPU 为 14.28%，其余两个为 28.57%。

- --cpuset-cpus。允许执行容器应用的 CPU 核，也即将 CPU 核绑定到容器应用，比如将 CPU0 和 CPU1 绑定给容器应用。
- --cpuset-mems。在具备 NUMA 节点的服务器上允许执行容器应用的 NUMA 内存节点。

表 6-5 所示为 docker run 对存储资源管理的标识和赋值类型。

表 6-5　　docker run 对存储资源管理的标识和赋值类型

标识（Flag）	赋值类型
--device-read-bps	值
--device-read-iops	值
--device-write-bps	值
--device-write-iops	值
--io-maxbandwidth	字符串
--io-maxiops	整数

每个标识的意义如下。

- --device-read-bps。限制容器应用读存储速率（bit/s）。
- --device-read-iops。限制容器应用读存储 IOPS。
- --device-write-bps。限制容器应用写存储速率（bit/s）。
- --device-write-iops。限制容器应用写存储 IOPS。
- --io-maxbandwidth。这个标识是 Windows 容器独有的，限制容器应用访问存储的最大 IO 带宽。
- --io-maxiops。这个标识是 Windows 容器独有的，限制容器应用访问存储的最大 IOPS。

表 6-6 所示为 docker run 对内存资源管理的标识和赋值类型。

表 6-6　　docker run 对内存资源管理的标识和赋值类型

标识（Flag）	赋值类型
--memory（-m）	字符串
--memory-reservation	字符串
--memory-swap	字符串
--memory-swappiness	整数

每个标识的意义如下。

- --memory（-m）。限制容器应用内存。
- --memory-reservation。容器应用内存软限制。
- --memory-swap。限制容器应用使用的虚拟内存——swap 空间，虚拟内存大小等于物理内存加上 swap 空间，如果设置为-1 则表示不限制 swap 大小。
- --memory-swappiness。调节容器可以交换的匿名内存页的比例，从 0 到 100，设置为 0 标识关闭交换匿名内存页，设置为 100 表示交换所有匿名内存页。

6.5.7　Windows 数据卷

我们在配置 Hyper-V 虚机时（比如为 Linux 虚机安装 LIS）讲到需要在主机和虚机之间共享文件，共享文件的方式有很多种，比如 SMB 共享、通过 DVD 挂载 ISO、利用 WinSCP 工具等。同样，我们在创建容器时需要在容器宿主机和容器之间、容器和容器之间共享文件，因此我们需要提供容器宿主机和容器都可见的数据卷；除此之外，我们可能还需要创建新的数据目录，或将现有的目录添加到容器中。这一节里我们将简单介绍如何为容器添加数据卷以及检查和删除数据卷。

- **创建新的数据卷**。我们可以使用 docker run 命令的-v 参数（--volume，用于绑定卷）创建新的数据卷，默认情况下，新的数据卷存储于容器宿主机上的“C:\ProgramData\Docker\volumes”路径下。可以使用如下示例命令创建一个名为 containerv 的数据卷。

```
PS C:\> docker run -it -v c:\containerv windowsservercore cmd
```

- **装载已有目录**。除了创建新的数据卷之外，我们要在容器主机和容器之间共享文件时也可通过使用 docker run 命令的-v 参数来实现。主机目录中所有的文件可在容器中使用，当把容器中产生的文件保存于该卷时，我们也可以直接从主机访问和使用这些文件。将同一目录装载到多个容器上则可以实现容器间共享数据。以下示例将源目录 c:\dbscript 装载到容器后表示为 c:\dbshell。

```
PS C:\> docker run -it -v c:\dbscript:c:\dbshell windowsservercore cmd
```

- **装载单个文件**。单个文件不能被装载到 Windows 容器，只能对文件所在的文件夹进行装载。
- **装载整个卷**。我们可以把整个卷装载到容器，但是一旦装载整个卷后，该卷里面的目录就无法再次被装载。我们可以使用如下示例命令将卷装载到容器。

```
PS C:\> docker run -it -v d: windowsservercore cmd
```

- **数据卷容器**。如果我们要从其他容器中复制卷到新的容器，可以使用 docker run 中的--volum--from 将运行着的容器的卷继承过来。我们可以使用如下示例命令将数据卷装载到名为 aspnet 的容器。

```
PS C:\> docker run -it --volumes-from aspnet windowsservercore cmd
```

在装载完数据卷后，我们要查看装载是否成功，可以使用 docker inspect 命令进行检查。

6.6　Windows 容器隔离浅谈

我们在谈到虚拟化和容器的差异时反复提及隔离和安全性的不同，在同一台宿主机上创建多个容器时，容器间的隔离程度直接关乎容器之间的安全性。下面我们简单介绍 Windows 容器的隔离。我们知道 Linux 内核提供了 Linux 容器所需的 UTS（主机名和域名）、IPC、PID、网络、挂载点（文件系统）和用户（组）6 种隔离技术，Windows 同样提供了 Windows 容器所需的隔离技术，Windows 提供的隔离技术和 Linux 非常类似，简介如下。

- **文件系统**。运行多个容器的容器主机系统里是一个完整的文件系统，但该文件系统实际上和普通的系统有很大的区别，因为容器主机系统分为只读层（在 Linux 容器里称之为 rootfs）和可读写层。只读层和可读写层文件系统的关联我们可以借助虚机虚拟硬盘的父盘和差异盘来理解（当然两者的运作机制是不同的，本书引用差异虚机硬盘仅为了达到帮助理解容器文件系统隔离的目的），多个差异盘共享同一个父盘，父盘通常是只读的，而读写和变更都发生在差异盘；同样的原理，rootfs 是只读系统文件，各个容器的文件工作在可读写层文件系统。在 Windows 容器镜像里，上层的沙盒层（sandbox）是可读写的，为容器所用，而其他层则是只读的文件系统为不同容器共享。我们回看图 6-15 可知 OS 层和中间层都是只读的，而顶层的沙盒层则可读写。
- **IPC 隔离**。Windows Container 也采用和 Linux 相似的 IPC 隔离机制，实际上是利用了众所周知的 Windows 会话隔离机制（第 5 章会话虚拟化中的 RemoteApp 就是采用的会话隔离技术）。从 Windows Vista 开始，Windows 开始采用会话隔离技术对系统会话进行隔离，Windows 系统的服务和进程会占用原来的控制台会话（会话 0），而后续的用户会依次使用会话 1、会话 2 等。不同会话里拥有不同的对象命名空间，例如不同容器，有自己独立的 BaseNamedObjects 目录，包含事件、互斥信号和内存段等对象。这样不同容器在同一个 Windows 主机上访问同一个命名对象时，就不会导致冲突。
- **网络隔离**。网络隔离是容器隔离的基础，只有在容器应用具有各自的网络时，我们在访问容器应用时才可以将不同的访问点（通常理解为主机名+域名）解析为容器应用各自的网络，否则如果容器应用共享容器宿主机的网络，势必造成应用访问紊乱或者不可达；网络隔离和主机名隔离配对实现容器访问隔离，容器网络隔离依靠不同类别的容器网络驱动实现，容器网络驱动我们已在 6.5.5.1 节详细介绍，这里不再赘述。
- **PID 隔离**。在 Linux 容器里，容器里的 PID 有自己的独立命名空间，在 Windows 容器中我们通过 Tasklist 命令确认不同的容器的命名空间时会发现 CSRSS、Lsass、SVCHOST 等系统进程的 PID 都有所不同，可见命名空间彼此之间是完全隔离的。
- **用户（组）隔离**。Windows 和 Linux 容器一样具有原生的用户（组）隔离能力，容器宿主机上有多个账号时，在容器层面该账号可以让容器里的进程以管理员/root 身份运行，但是在容器宿主机系统该账户实际上仅仅是个普通用户。用户（组）权限在各个容器之间控制得很好，不会出现权限互窜的现象。
- **主机名和域名隔离**。在同一台 Windows 容器运行多个容器应用时，往往要求每个容器应用的访问点不冲突，所以每个容器要具有自己的计算机名和域名，于是就要求容器宿主具备主机名和域名隔离能力。如此一来，让容器达到类似于虚拟机之间主机名和域名完全隔离的效果。

6.7 在 Windows Server 上安装 Docker

下面我们简单介绍如何在 Windows Server 2016 服务器上安装 Windows 容器和 Docker 引擎及客户端，以及如何获取系统容器镜像和容器镜像，并通过 docker run 运行容器。

6.7.1　安装 Docker 引擎和客户端

在安装 Windows 容器之前，我们先要启用 Windows Server 2016 容器角色，这个角色和 Windows Server 2016 其他角色一样，可以通过图 6-16 所示的 Windows Server 标准 PowerShell 命令或者服务器管理器向导安装。

图 6-16　安装 Windows 容器功能

通过以下示例 PowerShell 命令将包含了 Docker 引擎和客户端程序的 zip 文件下载到本地临时文件夹。

```
PS C:\> Invoke-WebRequest "https://download.docker.com/components/engine/windows-server/cs-1.12/docker.zip"-OutFile "$env:TEMP\docker-1.12.0.zip" -UseBasicParsing
```

下载完毕，将 zip 文件解压到指定的文件夹，以下示例命令将 zip 文件解压到 programfiles 文件夹，如图 6-17 所示。

```
PS C:\> Expand-Archive -Path "$env:TEMP\docker-1.12.0.zip" -DestinationPath
$env:ProgramFiles
```

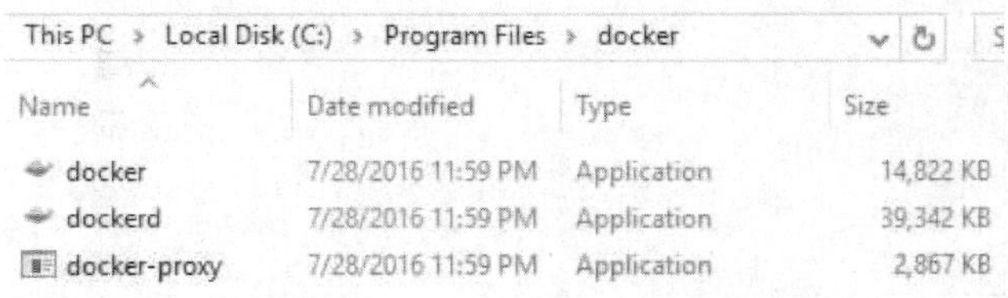

图 6-17　Docker 应用程序

然后将 Docker 目录添加到系统路径。

```
PS C:\> [Environment]::SetEnvironmentVariable("Path", $env:Path +
";C:\Program Files\Docker", [EnvironmentVariableTarget]::Machine)
```

在 Windows Server 注册 Docker 引擎服务并启动该服务。

```
PS C:\> & $env:ProgramFiles\docker\dockerd.exe --register-service
PS C:\> Start-Service docker
```

注册并启动 Docker 引擎服务后，打开 Windows Server 2016 的服务管理控制台可以看到 Docker Engine 服务正在运行，如图 6-18 所示。

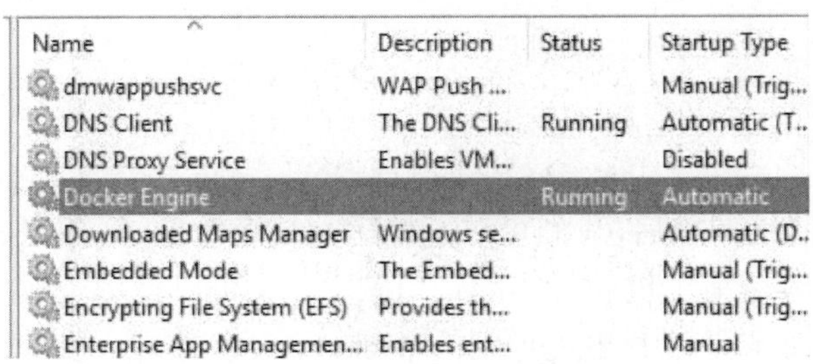

图 6-18　Docker 服务

6.7.2　获取容器镜像

接下来我们获取基本操作系统镜像，保证当前 Windows Server 可以访问镜像库的 Web 地址。我们示例将从 docker hub 公共镜像库中（https://hub.docker.com）获取 windowsservercore 操作系统镜像，使用 docker pull <image>命令即可。

```
PS C:\> docker pull Microsoft /windowsservercore
PS C:\> docker pull images
REPOSITORY                     TAG       IMAGE ID       CREATED       SIZE
Microsoft/windowsservercore    latest    02cb7f65d61b   8 weeks ago   7.764 GB
```

等待下载完镜像后，我们使用 docker images 查看下载的镜像的基本信息。

6.7.3　简单示例容器

有了基本操作系统镜像以后，可以开始下载应用镜像了，我们可以通过 docker search 后面加上 Repository 命令来搜索这个 Repository 里面的容器镜像。搜索结果中将包含 nanoserver 和 windowsservercore 这两个容器基础操作系统镜像，如图 6-19 所示。

```
PS C:\> docker search Microsoft
```

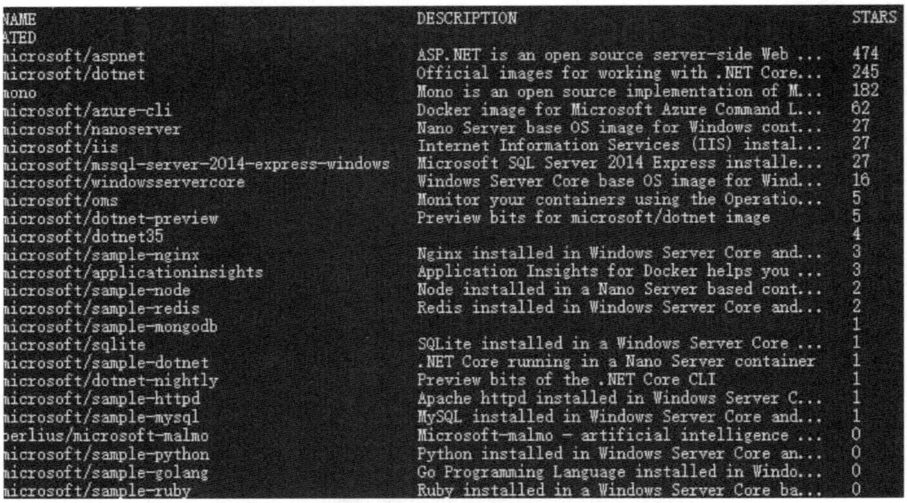

```
NAME                                        DESCRIPTION                                       STARS
ATED
microsoft/aspnet                            ASP.NET is an open source server-side Web ...    474
microsoft/dotnet                            Official images for working with .NET Core...    245
mono                                        Mono is an open source implementation of M...    182
microsoft/azure-cli                         Docker image for Microsoft Azure Command L...    62
microsoft/nanoserver                        Nano Server base OS image for Windows cont...    27
microsoft/iis                               Internet Information Services (IIS) instal...    27
microsoft/mssql-server-2014-express-windows Microsoft SQL Server 2014 Express installe...    27
microsoft/windowsservercore                 Windows Server Core base OS image for Wind...    16
microsoft/oms                               Monitor your containers using the Operatio...    5
microsoft/dotnet-preview                    Preview bits for microsoft/dotnet image          5
microsoft/dotnet35                                                                           4
microsoft/sample-nginx                      Nginx installed in Windows Server Core and...    3
microsoft/applicationinsights               Application Insights for Docker helps you ...    3
microsoft/sample-node                       Node installed in a Nano Server based cont...    2
microsoft/sample-redis                      Redis installed in Windows Server Core and...    2
microsoft/sample-mongodb                                                                     1
microsoft/sqlite                            SQLite installed in a Windows Server Core ...    1
microsoft/sample-dotnet                     .NET Core running in a Nano Server container     1
microsoft/dotnet-nightly                    Preview bits of the .NET Core CLI                1
microsoft/sample-httpd                      Apache httpd installed in Windows Server C...    1
microsoft/sample-mysql                      MySQL installed in Windows Server Core and...    1
berlius/microsoft-malmo                     Microsoft-malmo - artificial intelligence ...    0
microsoft/sample-python                     Python installed in Windows Server Core an...    0
microsoft/sample-golang                     Go Programming Language installed in Windo...    0
microsoft/sample-ruby                       Ruby installed in a Windows Server Core ba...    0
```

图 6-19　微软 Repository 中的 Docker 镜像

我们选择将 IIS 容器镜像进行部署，所以先将该镜像下载下来，并通过 docker images 查看下载情况。

```
PS C:\> docker pull Microsoft /iis
PS C:\> docker images
REPOSITORY                     TAG       IMAGE ID       CREATED        SIZE
Microsoft/windowsservercore    latest    02cb7f65d61b   8 weeks ago    7.764 GB
Microsoft/iis                  latest    accd044753c1   11 days ago    7.964GB
```

有了 IIS 应用容器镜像以后，我们可以开始运行这个镜像了，按照之前介绍的 docker run 命令运行镜像，设置容器宿主机和容器的端口映射，也可以使用资源控制参数分配 CPU 和内存以及磁盘资源；如果要配置更为详细的 docker run 参数，可以使用 docker run --help 检索更多的参数和用法。

```
PS C:\> docker run -d -p 80:80 Microsoft /iis:windowsservercore ping -t localhost
```

输入 docker ps 查看容器详细信息。

```
PS C:\> docker ps
CONTAINER ID      IMAGE                COMMAND              CREATED
0eff466ecc0b       Microsoft /iis      "ping -t localhost"  About an hour ago
STATUS            PORTS                NAME
Up about an hour  0.0.0.0:80->80/tcp iiscontainer
```

找一台同一网络中的电脑，输入容器的 IP 地址，可看到运行在 Windows 容器中的 IIS 应用，如图 6-20 所示。

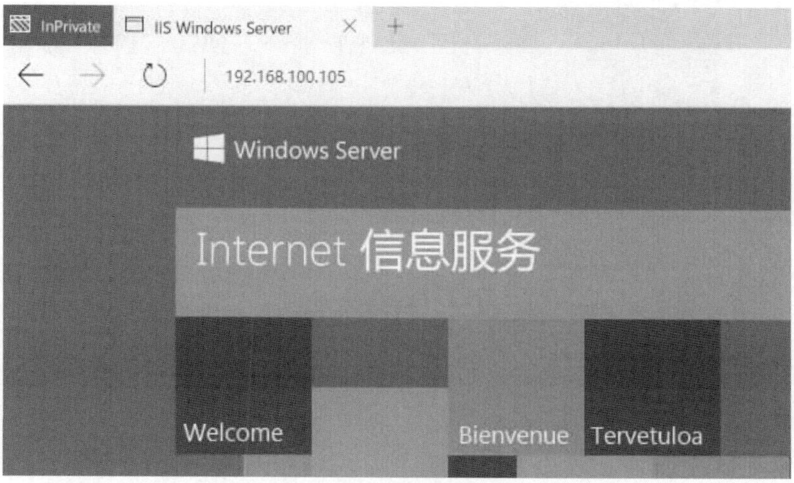

图 6-20　示例 IIS 容器应用

6.8　Windows 10 与 Docker 集成

我们也可以在 Windows 10 上安装 Docker 服务，要求运行 Windows 10 的电脑具备虚拟化支持的 CPU 硬件，因为我们在配置 Docker 服务器时要用到虚机。Windows 10 上有两种安装 Docker 的方法，一种是通过 6.7 节介绍的和 Windows Server 同样的安装配置方式，一种是通过 Docker.com 提供的 Docker for Windows 安装程序进行安装。注意从 Docker.com 下载的 Docker 程序当前只能支持 Windows 10 操作系统。

6.8.1　在 Windows 10 上安装 Docker

第一步我们像安装其他应用一样双击打开 Docker 的安装向导，如图 6-21 所示。

安装向导请求启用 Hyper-V，如图 6-22 所示，Docker 安装向导会自行启用 Windows 10 上的 Hyper-V 并重启和配置好 Docker 所需的 NAT 模式网络。

等待 Docker 安装完毕，我们打开 Windows 10 上的 Hyper-V 管理控制台，此时我们可以看到一台正在运行的 Linux 虚机，如图 6-23 所示，这台虚机将支持 Docker 引擎。

同时我们打开 Windows 10 的服务管理控制台，可看到正在运行的 Docker for Windows Service 服务，如图 6-24 所示，这个服务即是 Docker 引擎所需的服务。

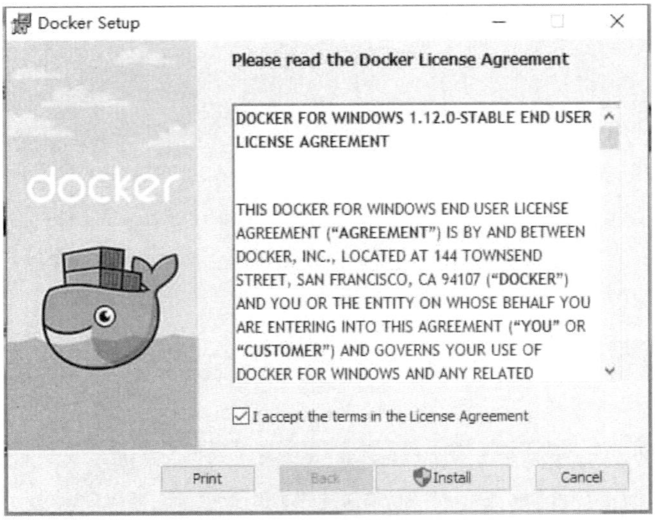

图 6-21　Windows 10 安装 Docker 向导

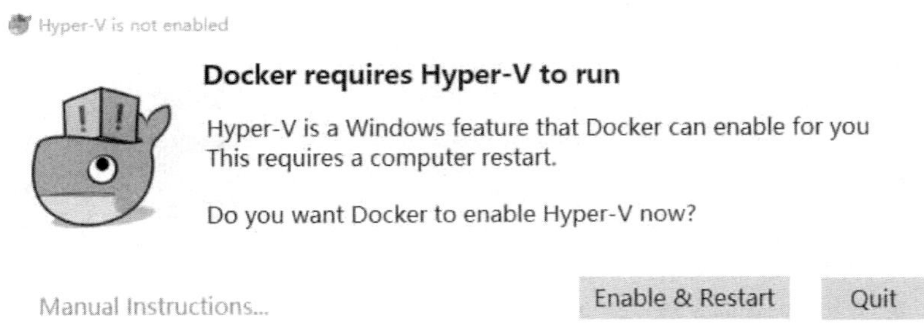

图 6-22　启用 Hyper-V 角色

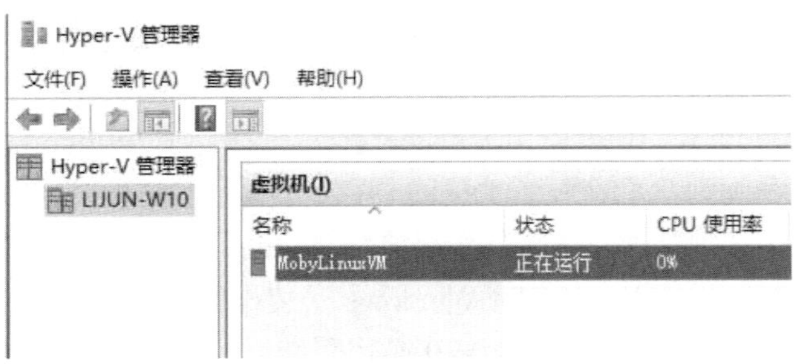

图 6-23　Docker 服务器虚机

图 6-24　Docker for Windows 10 服务

6.8.2　检查 Docker 管理命令

在安装完毕后，dockercli 也集成到了 PowerShell 模块里，接下来我们通过 docker --version，docker-compose--version 命令检查一下是否可以在 PowerShell 里运行 Docker 管理命令。

```
PS C:\> docker --version
Docker version 1.12.0, build 8eab29e, experimental

PS C:\> docker-compose --version
docker-compose version 1.8.0, build d988a55

PS C:\ > docker-machine --version
docker-machine version 0.8.0, build b85aac1
```

检查 Docker 版本号时会同时输出服务器端和客户端的版本信息，如下示例所示。

```
PS C:\> docker version

Client:
Version:          1.12.0
API version:      1.24
Go version:       go1.6.3
Git commit:       8eab29e
Built:            Thu Jul 28 21:15:28 2016
OS/Arch:          windows/amd64

Server:
Version:          1.12.0
API version:      1.24
Go version:       go1.6.3
Git commit:       8eab29e
Built:            Thu Jul 28 21:15:28 2016
OS/Arch:          linux/amd64
```

6.8.3　简单示例容器

最后，我们将用两个小示例容器应用来结束 Windows Docker 章节。

第一个示例应用我们使用 docker run 命令下载并同时安装 Ubuntu Bash shell 容器，在运行 docker run 命令时 Docker 会先从本地镜像库里寻找 Ubuntu bash 镜像，因为本地不具备 Ubuntu bash 容器镜像，所以 Docker 先从 docker hub 上 pull 镜像到本地，然后自动解压缩并运行 Ubuntu bash 容器。

```
PS C:\> docker run -it ubuntu bash
```

等待安装结束，我们可以在 PowerShell 窗口上像在 Linux 终端一样运行 ubuntu bash 命令，比如 ls、cd、chomod、mkdir 等命令，如图 6-25 所示。

第二个小应用使用 docker run 命令下载并同时安装 nginx 示例容器，示例如图 6-26 所示。在运行 docker run 命令时 Docker 会先从本地镜像库里寻找 nginx 镜像，因为本地不具备 nginx 容器镜像，所以 Docker 先从 docker hub 上 pull 镜像到本地，然后自动解压缩并运行 nginx 容器。

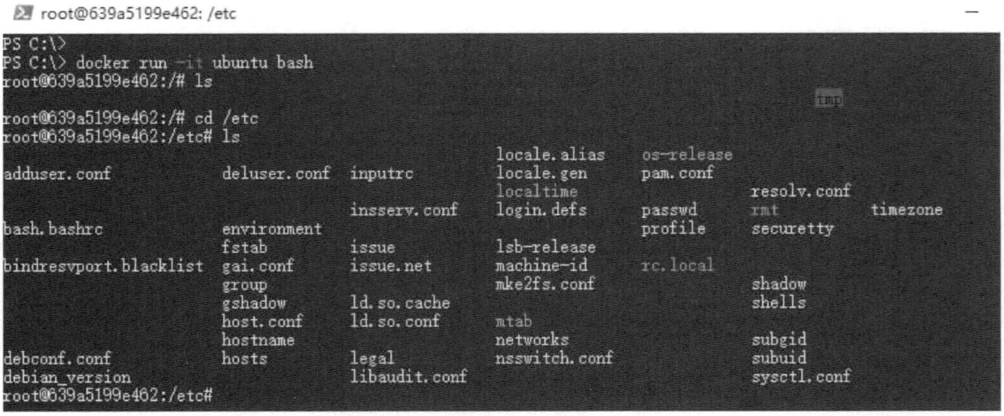

图 6-25　示例 Ubuntu bash 容器

图 6-26　安装 nginx 示例容器

等待下载和运行完毕，我们在本地浏览器打开 http://localhost，可看到这个示例容器应用已经部署完毕且可以使用了，如图 6-27 所示。

图 6-27　示例 nginx 容器

使用 docker ps 命令查看容器具体信息，如下示例所示。

```
PS C:\> docker ps
CONTAINER ID  IMAGE  COMMAND       CREATED    PORTS             NAMES
d1befa82920a  nginx  "nginx-g      5 Minutes  0.0.0.0:80->80    webserv
                     'daemon off"  ago        /tcp              er
```

同时我们可以通过 docker 命令启停容器 web 应用，如下示例所示。

```
PS C:\> docker stop webserver
webserver

PS C:\> docker start webserver
webserver
```

第 7 章　SDDC 实践与案例浅析

第 7 章作为收尾内容，我们将挑选数据中心设计的几个关键点进行扼要介绍，并就 SDDC 如何为传统数据中心建设锦上添花进行讲解，包括 SDDC 辅助其他技术给数据中心基础结构带来经济性；SDDC 辅助实现数据中心故障域的建设；SDDC 辅助实现数据中心网络的优化和建设，各占用一个小节。

最后两节对两个具有代表性的微软 SDDC 实际案例进行分析，一个是创新型 IDC，一个是企业混合云案例，两个案例介绍各占一个小节，在介绍过程中我们通过裁剪过的拓扑视图对案例涉及的结构进行介绍。

7.1　SDDC 与数据中心基础设计浅谈

数据中心建设必须拟定好周全计划，准备好基础设施和 IT 硬件，同时，在数据中心设计中借助新的 SDDC 所定义的模型可让数据中心成本更低、更灵活、更简单。

数据中心设计是个百科全书，一个数据中心大概分为 3 个部分：基础设施、IT 软硬件以及配套设施。基础设施包括机房建筑构造、机柜、机房布线、电力设施、UPS 系统、给排水系统、冷却系统、消防系统等，基础设施的冗余和质量直接决定了数据中心的可靠程度，基础设施既可以遵循所设计的机房数据中心要求（Uptime Institute 将数据中心基础设施分为 Tier 1～Tier 4 共 4 个等级），也可以遵循电子信息系统机房设计规范进行建设。我们摘选电子信息系统机房设计规范的大纲并简单谈一谈。

- 机房位置及设备布置：机房选址、机房组成和设备布置。
- 环境要求：温湿度计空气含尘量，噪声、电池干扰、振动和静电。
- 建筑结构：建筑结构的基本要求、人/物出入口，防火疏散及房屋装修。
- 空气调节：负荷计算、气流组织、系统设计和设备选择。
- 电气：配电、照明、静电防护、防雷。
- 电磁屏蔽：结构形式和屏蔽件。
- 机房布线：布线要求。
- 监控与安全规范：环境和环境监控系统，安防系统。
- 给水排水：基本规范和管道铺设。
- 消防：消防和安全措施。

Uptime Institute 将数据中心基础设施定义为 4 个等级，其可用性目标分别如下，可以参考其详细参数。

- Tier 1：可用性 99.671%，年平均故障时间 28.8 小时。

- Tier 2：可用性 99.741%，年平均故障时间 22 小时。
- Tier 3：可用性 99.982%，年平均故障时间 1.6 小时。
- Tier 4：可用性 99.995%，年平均故障时间 0.4 小时。

对于上了规模的数据中心，除了关注数据中心的规范等级以外，设施经济学也是个重要的课题，在数据中心里，设施经济学主要来自电力设施、冷却设施等基础设施，以及 IT 设施和安全设施等。在电力设施确定的情况下，数据中心能耗是个持续性而且可预测的投入，我们往往通过提高 IT 设施的工作效率和改进冷却设施来降低数据中心能耗。在提高 IT 设施工作效率方面，我们可部署耐高温的服务器设备减少对机房温控的依赖，通过 Windows Server SDDC 里面的虚拟化、SDS、SDN 等技术在完成同等规模计算、存储和网络能力的同时大幅减少 IT 硬件单元数量。不少数据中心基础设施解决方案提供商也在同时努力实现绿色数据中心目标，如通过水冷或者风冷这些经济的制冷方式和精确制冷设计对数据中心机房进行高效的温控。如施耐德 APC 系统通过水冷/风冷和行级空调（InRow）降温。行级空调使用水冷和风冷技术，将空调内嵌于机柜间采用平送风的方式精确降温，行级空调的圆形出风口呈竖状排列，对于高密度数据中心来说，服务器的降温非常高效，改善了下送风冷热不均的不足，如图 7-1 所示。行级空调所在的机柜设计成前端冷风和后端热风隔离的样式来阻止冷暖风混合，这种机柜设计进一步提高降温效率，除了行级空调，机柜的温度探头可以实时反馈不同位置的温度并进行送风量及温度的反馈调节。这种冷却设施经济学通过降低数据中心 PUE 达到控制成本的目标。

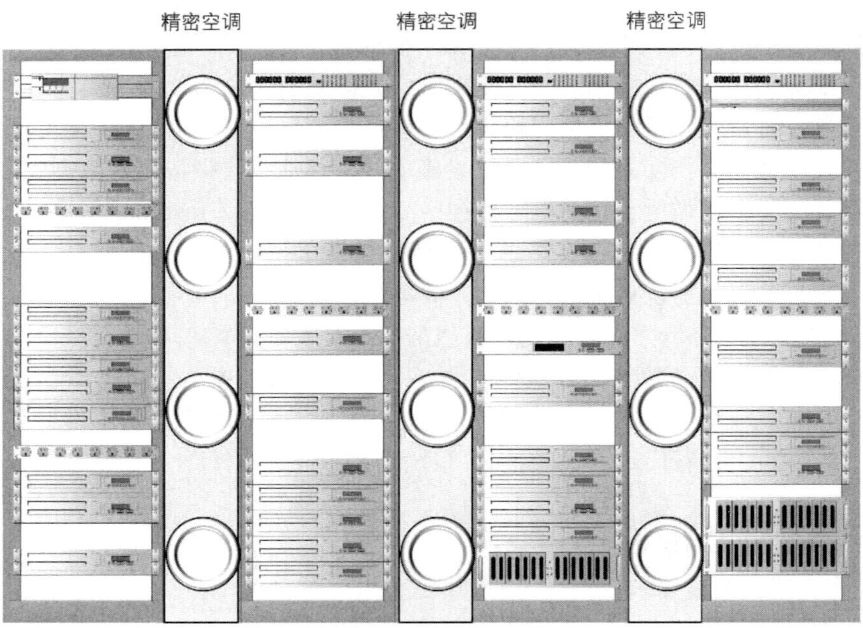

图 7-1 行级空调

除此之外，我们还可以借助施耐德 DCIM 数据中心管理系统来打破物理基础设施与 IT 基础设施之间的信息鸿沟，结合虚拟化、Intel Virtual Gateway 等技术，在保证可靠的前提下，最大化节省能源。例如关键应用可以根据业务变化在不同物理区域进行动态迁移，并自动调整空调风力来节约能耗；跟踪服务器电源使用情况，识别并释放“搁浅容量”，使数据中心使用容量接近设计容量以降低 PUE 等。通过此种信息互通，结合施耐德智能的物理基础设施，可以使数据中心在全生命周期内取得高效和可用性的完美平衡。

总之，数据中心机房设计非常重要，机房在不断走近绿色环保这一目标的道路上，除了基础设施的发力，SDDC 同样发挥着不可忽略的作用。

7.2　SDDC 与数据中心故障域浅谈

在 3.2.2 节里我们谈及了故障域，数据中心的故障域就是不同的基础承载设施和 IT 设备。数据中心是一个复合资源的堆积，包括环境资源、电力资源和 IT 资源，每一种资源的可用性不同程度决定着整体或者关联资源的可用性，每一种资源都可能形成一个故障域。人们在大量的数据中心建设的过程中累积了丰富的机房故障和事故管理经验，值得我们借鉴和学习。我们主要浅谈一下数据中心机房故障域的分类以及如何降低故障域的影响。机房环境资源是第一个故障域，从机房环境资源角度来说，数据中心机房建筑环境的质量决定着整个机房的耐损性，如房屋是否坚固，承重是否达标等；机房环境资源的配套决定着机房的抗灾和抗干扰性，如人为或者自然灾害导致的安全隐患——漏水、起火、雷电、地震等。为了降低机房环境故障域的影响，我们可以引进同城或者异地容灾方案。在 Windows Server SDDC 技术体系里，我们既可以使用 SDS 的存储复制技术从底层实现数据的容灾，也可以使用 Hyper-V 复制技术从上层实现虚机的容灾。

然而，一个经过严格设计、规划和实施的机房，环境资源故障率通常都很小，所以接着我们要考虑电路故障域，机房环境对于电力资源的依赖程度就像人离不开空气，甚至更甚，可以通过电路冗余的方法解决电力故障域的影响，比如接入两路由不同供电系统输送的互不影响的市电，两路市电分别来自不同配电站的电源供给，在不具备两路市电的情况下，可以使用柴油发电机组备用供电。在微软昆西第二代数据中心里，即引进了柴油发电机组。当然，谈到电力就不得不提到 UPS，通常大家都认为 UPS 是电力冗余的途径，严格意义上来说，UPS 更像一个临时蓄水池，主要起到缓解电力故障的作用，UPS 自身能通过双路市电实现并机冗余。双路市电、发电机组和 UPS 可以打出 1×2、1+1、1+1+1 等不同的“组合拳”为不同的 SLA 要求的数据中心消除电力故障域的影响。

机柜和机柜配件作为服务器的承载设施，也是数据中心需要考虑的故障域之一，机柜衔接机房基础设施和 IT 设施，机柜自身和配件的故障率很小，因此机柜故障域的影响相对较小。在机柜级别的故障域里，我们可以刻意将不同的设备分开放置于不同的机柜，我们可使用 Windows Server SDDC 软件定义高可用实现机柜级别的故障域配置。

基础设施层面的故障域主要由硬件提供，而 IT 设施层面大都由硬件和软件共同实现，比如存储和路径冗余、网络设备的高可用通常由网络硬件高可用机制实现，而计算、数据和应用往往通过软件实现，硬件和软件定义的高可用二者的关系并非非此即彼，而是共同存在的，形成互补。但是在 Windows Server SDDC 时代，软件定义的范畴拓宽了，比如我们可以使用 SDDC 里面的群集技术定义计算、数据库和应用资源的高可用；使用群集定义 SDS 的存储控制器高可用；使用 Hyper-V 复制实现远程容灾，实现和底层存储异地容灾同样的效果；使用软件负载均衡（Soft Load Balancer，简称为 SLB）技术达到和硬件负载均衡器同样的可用性，等等，所以 SDDC 在数据中心减少故障域影响方面起到的作用越来越明显。

7.3　SDDC 与数据中心网络浅谈

在大型数据中心里，我们可以看到拧成一股股的网线纵横交错，宛如一股股水流在线槽里流动，又如瀑布一般倾泻到各个机柜。随着服务器越来越多，这些线束越来越大，所需要的接入、汇聚交换设备也随着增多，对组网的方式要求也越来越高，同时对设计思路提出了更高的挑战。Windows Server SDDC 的虚拟化 Hyper-V 网络完成了网络改造的第一步，改造后，在处理同样数据量的情况下，网络硬件设备数量和网络数量大大减少。同时，网络硬件厂家也致力于大中型数据中心新型组网方式的设计和大量网络设备管理的简化，达到无缝扩展和网络策略的统一。比如，Spine-Leaf 网络结构（叶脊结构）作为一种逐渐被人们所熟悉的新型的组网方式，改变了传统组网的不足。传统网络层次化结构包含了 3 个网络层：核心层、汇聚层和接入层，而 Spine-Leaf 结构只有两层：Spine 层（充当核心层）和 Leaf 层（充当接入层）。Leaf 层的交换机连接到所有的 Spine 交换机，但是 Leaf 交换机之间互相不连接，如图 7-2 所示。在数据中心里，日益高速的连接要求在传统三层网络结构里有潜在的性能衰减和传输阻塞问题，叶脊网络拓扑结构能很好地解决东西网络流量的传输瓶颈，而且提供了高度的扩展性，不仅适用于大中型数据中心，即使在小型数据中心，Spine-Leaf 网络结构同样适用。

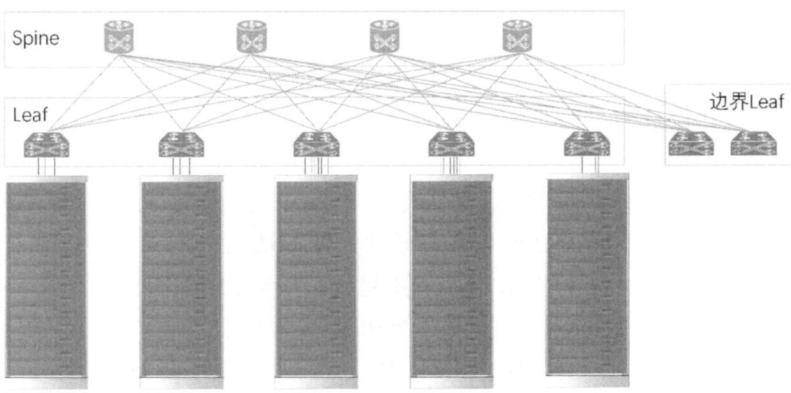

图 7-2　Spine-Leaf 网络结构

除了硬件范围组网方式之外，Windows Server SDDC 的重头戏 SDN 引入了 Overlay 技术和 NFV 技术从另外一个层面实现了数据中心网络的新型组网方式和大量网络设备管理的简化，做到了网络策略的统一和无缝的扩展。Windows Server SDDC 还包含一些轻量级 SDN 技术，比如 Windows Server 网卡组合、虚机网络 QoS、SR-IOV、SMB 多通道等覆盖在数据中心的各个层面，辅助实现较为完整的 SDDC。

7.4　基于微软 SDDC 构建全新 IDC

IDC 数据中心算是云计算数据中心的原型，在笔者看来，IDC 是一个整合的优势资源，并以服务的方式和共享的模式重新分配资源，电信运营商整合高速骨干网络和带宽，以及计算资源，而企业自建的 IDC 机房整合 IT 服务能力、网络资源和 IT 基础设备。IDC 经历过规模的横向发展和纵向发展，纵向发展指的是客户数量不断扩大，计算量不停增长，网络结构日益复杂，数据量不断增加，为了满足这些增长的需求，人们不断向 IDC 数据中心填设备；横向发展指的是 IDC 不再满足于提供基础计算服务，服务目录不断丰富，包括 CDN 服务、邮件系统、关系数据库服务、Web 应用服务、域名服务等。在牢固的基础服务之上，IDC 通过提供增值服务的模式引导了另一个爆发期，正处于方兴未艾的阶段，然而 IDC 服务始终限定在一个有限的半径里，突破的步伐缓慢，我们暂且把这一代的 IDC 定义为 IDC 1.0，IDC 1.0 面临着同质化越来越严重的局面，同时面临着数据中心复杂数据、网络和系统的维护问题。人们对海量的计算能力、更全面的服务、更快速的服务以及节能环保的需求催生了 IDC 2.0，以微软、亚马逊和谷歌为代表的公有云可以看作 IDC 2.0，云计算依托 IDC 高速稳定的资源，IDC 借云计算来进行颠覆式的革新，提高数据中心利用率并降低数据中心能耗。公有云提供的计算是海量的而且能近乎无限扩展，提供的服务横跨 IAAS、PAAS 和 SAAS 达到百余种，公有云对雨后春笋般的服务和海量的数据应对自如。公有云数据中心提供更高的 SLA 等级和更低的 PUE，更为关键的是，软件定义技术在公有云数据中心里使用得越来越广泛。

我们拿一个中小规模传统 IDC 向全新 IDC 转型的客户案例进行简单分析。这是一家中小规模的通信公司，持有 ISP、ICP 和 IDC 资质，按照 B+级标准建设并拥有超过 1000 个机柜容量，该公司是经国家电信主管部门核准的增值电信业务运营商，同时也是 CNNIC 授权 IP 地址分配联盟成员，依靠和国家骨干互联网联接的网络接入和先进的网络运营系统优势，一度为客户提供了很高质量的互联网宽带接入、域名服务和主机托管服务。在这家公司发展 IDC 基础业务的同时，业界也在悄然发生变化，数据在不断增长，企业信息化步伐加快，云计算逐渐落地生根，这家公司为了摆脱同质化，开始寻找差异化的路线，他们在当前业务基础上逐步完善细分行业以贴近不同行业客户的需求。在扩展业务期间，他们和微软及其他软件提供商深度合作探索新的 IDC 模式，经过几年的努力引进了 Web 服务、邮箱租赁服务和配套的邮箱加速服务等。在虚拟化刚进入市场不久，他们就开始尝试微软 Hyper-V 服务器虚拟机技术，将传统的物理机托管代之以虚机租赁。虚拟化通过提高单位计算密度遏制了过快的机柜占用，并且在使用了几年虚拟化技术后，单位计算能力的软硬件投入减少的同时，电耗也明显降低，值得一提的是虚拟化带来了更高冗余结构。从 2009 年到 2012 年，他们已经具备了 10 个超过 20 个节点的 Windows Server 2012（R2）群集，新老业务已经有约 1/4 部署在虚拟机上并在不断将物理机向虚机迁移。该公司 IDC 数据中心具备完整的基础硬件冗余系统，但是随着业务不断扩展，底层数据存储容量越来越大，业务的多样性对存储提出了不同的性能要求，该公司只能应付式地尝试各种不同的存储，NAS、IP SAN 和 FC SAN 存储。虽然有几种不同类型的存储，但是不同性能和容量要求的应用还是混合存储在不同的存储里。公司不得不采取“人海战术”来面对存储的复杂性以及庞大数量的服务器和系统设备的管理。

2014 年，该公司在数据中心尝试采用微软最新的 SDDC 模型进行设计，图 7-3 所示为 SDDC 设计的原型（这是最基本的结构，侧重展现 SDDC 几个模块，实际环境比这个结构要复杂）。在设计方案中，使用微软 System Center 和 Windows Azue Pack 做云平台基础管理，实现 SDDC 管理平面，其他模块简介如下。

- **SDS 存储**。底层存储使用了基于 JBOD 的 SDS 存储，并采用双存储控制器高可用和 4 个 60 槽位的 JBOD 结构，每个 JBOD 里包含若干 SAS SSD 和若干 10K 和 15K 的 SAS HDD 硬盘。在初期选择了部分硬盘构建一个带 JBOD 存储箱级别冗余的存储池，这个存储池里创建了带分层的存储空间和不带分层的存储空间，使用双重镜像布局，存储池始终保留一定的剩余空间，不分配给任何存储，仅用于实现硬盘故障后自动数据重构。同时，在存储空间构成的 CSV 上构建 SOFS SMB 存储，按照业务的需求将不同的性能和容量等级的 SMB 存储分配给不同的已有的和新建的 Windows Server Hyper-V 群集。后期完全可以按照需求在线扩展既有存储池和存储空间的大小，也可以创建新的存储池和存储空间以适应更高数据可用性要求，比如创建基于 JBOD 存储箱冗余和三重镜像的存储空间。在存储池容量不够时，可以通过增加 JBOD 或者串联来纵向扩展容量，每个 SOFS 群集能支持 4 个存储池，每个存储池多达 80 块硬盘，仅考虑容量的话，一个 SOFS 群集存储裸容量可达到 PB 级别。而为了解决过大 I/O 可能造成的潜在瓶颈，存储控制服务器和 JBOD 之间使用 12Gbit/s 的 SAS 线连接，存储控制服务器和 Hyper-V 服务器使用支持 RDMA 的万兆网卡，中间通过万兆网线和万兆交换机互联，同时，为存储控制服务器和 Hyper-V 服务器之间的 SMB 网络启用了 SMB 多通道。而为了实现更大量的存储，还可以创建多个 SOFS 群集，这些群集提供不同等级的存储，而这些 SDS 存储群集完全可以在 Windows Server 集中服务器管理器或者 SCVMM 里统一进行管理和配置。当然，在虚机层面，该公司还依据行业标准和收费标准制定不同的虚机虚拟硬盘 QoS 策略。
- **SDN 网络**。在网络设计中，物理基础网络逐渐摒弃了接入—汇聚—核心的传统结构，转而使用更加简化和易于扩展的网络结构。在云平台里也有两层灵活的网络，一层是 Underlay 基础网络，包括服务器管理网络、存储网络和备份网络，服务器管理网络和备份网络使用千兆网卡和网卡组合技术，存储网络使用万兆网络和 SMB 多通道技术。另外一层是虚拟层网络，虚拟层网络又划分为两种，一种是传统的基于 VLAN 隔离的虚拟化网络，用于云平台物理主机群集网络，管理虚机接入和该公司自己的 IT 系统以及传统的租赁服务。另外一种是 HNV Overlay 网络，这些网络完全由该 IDC 公司的租户在 Windows Azure Pack 平台申请并自行定义虚拟子网。该公司在虚机里细分了更多的虚机网络策略以满足不同的要求，比如为不同虚机设置不同等级的网络 QoS，为 VIP 客户启用 VMQ，SR-IOV 以及视情况启用虚机网络巨型帧等策略。当然，还要提到一点，因为使用了 SMB 构成的 SDS 存储，Hyper-V 宿主机和存储控制服务器之间的存储网络和其他的物理和虚机网络是独立开来的。
- **计算**。计算资源包含了 4 类。一类是整个平台管理所用的管理虚机；一类是 IDC 自己的 IT 系统所用的虚机；第三类是用来支撑传统业务的虚机，比如主机空间和邮箱服务等；第四类是租户基于模板自助创建的虚机，这一类虚机就是我们常说的 IAAS 服务。这些 IAAS 虚机不仅有 Windows Server 系统，还有 Linux 系统，运行各种各样的应用，其中的 Windows Server 大都使用第二代虚机，并启用 NUMA 拓扑映射加速虚机内存访问速度。虚机所运行的物理机并没有整合在 64 节点的群集里，分开为多个二十几节点的群集，群集使用的存储也按照不同的性能和容量进行匹配，每个群集放置按照不同的应用类型或者重要等级划分的虚机。这样做的意义在于使管理变得更加有层次，而不是大杂烩式的管理。通常每个群集都会预留与 1～2 个物理节点相当的计算能力的计算资源，保证在群集节点出现长时间故障时群集有足够的计算资源用于虚机的实时迁移，也即我们在设计中常用的 N:1 或者 N:2 理念。虚机通常只有在节点处于维护期才需要实时迁移，而且实时迁移发生在群集内并保持存储不变，在某些情况下，虚机因为需要更高的计算能力或者更快的存储 I/O 时，也可以借助跨群集迁移技术和实时存储迁移技术为虚机动态调整计算资源。

- **冗余**。该 IDC 公司数据中心基础设施按照 B+级别的要求进行构建，在系统层面使用软件定义的高可用方案将整个数据中心从下往上的冗余度配置得非常完整。部署于一个数据中心的各种冗余措施足够应对大部分的故障，而更高冗余级别的数据中心要求具有灾备数据中心，而且灾备数据中心和主数据中心等级要一致。仅仅有相同硬件设施冗余等级的双数据中心还只是第一步，达到应用的高度冗余才是最后的目标。达到应用的异地容灾有很多方式，有基于网络实现的，有基于存储实现的，基于网络和存储实现的成本相对较高。该 IDC 公司除了有 B+级别的主数据中心，还具备一个位于同城的 A 级数据中心用于灾备，但是出于成本的考虑，仅仅将一些重要业务通过存储灾备技术实现了异地灾备，而且是同步和异步混合的结构。在探索经济的异地容灾方案时，考虑到微软 Windows Server Hyper-V 复制能实现上层的异地冗余，该公司将部分受支持的虚机通过 Hyper-V 复制实现部分虚机的异地灾备。

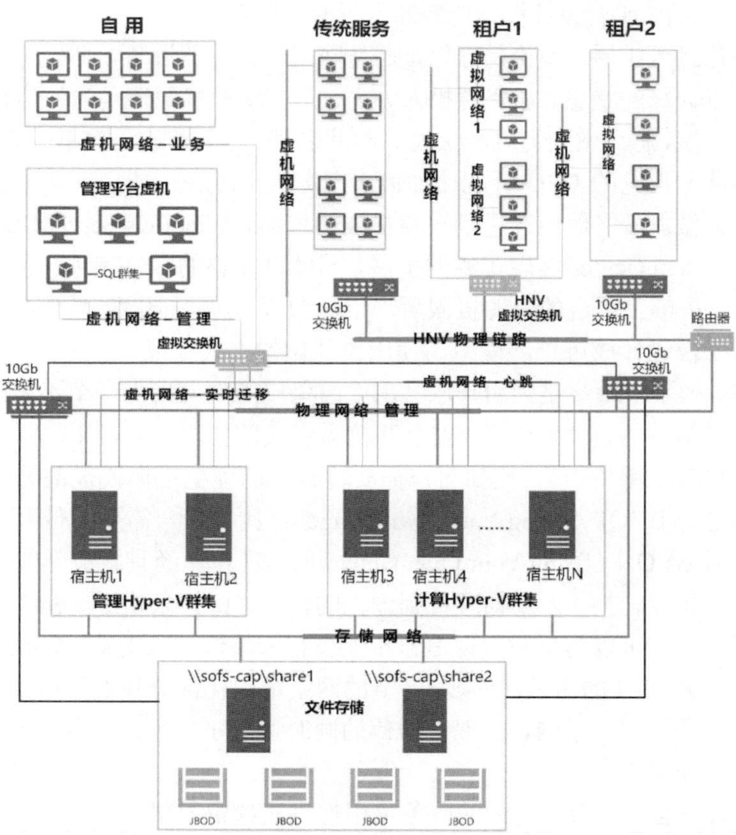

图 7-3　客户 SDDC 架构简单原型

7.5 基于微软 SDDC 构建混合云

除了以上 IDC 客户的案例，我们还有一批受益者——企业客户，作为信息技术的消费方，企业 IT 历来是信息技术的推进力量。我们选择的第二个案例和一般企业信息部门有点儿不同，这家公司的信息部一开始是公司的一级部门，具有完善的信息系统以支持公司的业务，也有一批技术和架构骨干，经验丰富，服务能力一流。但是信息部门始终是公司的花钱部门，公司也希望信息部门借助自身的 IT 服务能力“走出去”，创造利润，看到这里，相信你一定猜到了后续的发展，没错，该公司的信息部门成立了一家下属公司，一方面负责公司的信息系统开发、建设、升级和运维；一方面负责为其他企业提供专业的 IT 信息服务。该公司自建了一个略有规模的数据中心，目前还有部分未利用资源和空间，同时，他们还有很大的 Internet 带宽，加上他们专业的 IT 服务水平，让他们拥有了较高的起点。因此该信息公司决定从云计算入手，就像 Amazon 云计算起源的故事一样，他们最初的目标是搭建类似于 AWS 或者 Azure 的云平台，以服务的方式提供 IT 资源。虽然他们自己的数据中心已经实现了虚拟化并具备了云计算的雏形，但是要实现公有云还是有许多需要学习的，在他们看来，复制现有公有云厂家的技术和学习完善的运维及运营体系是一条不错的捷径。微软作为一家既能提供私有云和公有云，又可以实现混合云的公司，所倡导的发展方向非常切合该信息公司的发展路径，可在忽略规模的情况下将一些良好的设计和技术复制到自己的云平台。经过多轮探讨和交流，该公司的云平台设计框架已经基本成型，纲要如下。

- **资源池化且可扩展**。不论是存储，还是网络和计算资源量，都处于一个不可预估至少是难以计算的状态。在资源投入方面，是先囤积资源还是先按需扩展？如果先选择按需扩展，怎么做到无缝和快速？除此之外，在资源使用效率方面也要加以考虑，如我们前面谈论的 CPU 分配比如何平衡虚机密度和性能，存储 I/O 和容量的有效分配怎么做。最终他们选择了按需扩展的思路，Windows Server SDDC 实现资源的池化，System Center 实现资源的扩展，辅助以完整的容量规划、容量预测和容量扩增计划，了解云平台的资源极限所形成的短板，尽可能将孤岛资源整合起来，并同时将云平台设计成可扩展模型，使用自动化的方式实现。
- **多租户**。云平台最终是为租户服务的，而租户需求又处于一个不可预估的状态。除了要满足基本的自助、隔离、安全和按需定义的要求以外，还需要允许租户一定程度地“自带干粮生产”，比如租户需要将自己的虚机镜像模板部署在公有云平台，我们称之为 BYOI（Bring Your Own Image）；比如租户需要自带网络到公有云，我们称之为 BYON（Bring Your Own Network）。现在已经具备成熟的技术实现不同虚机格式的相互转换，以及物理机到虚机的转换，比如微软 System Center 和 Double-Take 等产品，可以为租户实现 BYOI 上公有云提供技术支持。Windows Server 很好地解决了 BYON 的需求，在第 4.4 节的网络虚拟化部分我们了解到，不同的租户可以使用完全相同的子网，在保证通信的同时避免了冲突，所以租户自带的 Network 完全开放和自由。
- **可用性和安全**。一个共有云的服务可用性直接决定了服务的质量，共有云需要有全面的冗余措施，包括我们常提到的数据中心硬件设施的冗余，存储、系统和应用同样需要具备冗余措施，Windows Server SDDC 包括了软件定义的存储和系统的高可用以及跨站点的虚机冗余，和其他高可用和冗余方案结合来完善数据中心全面的高可用和冗余。除此以外，安全也是间接影响云服务质量的因素，历来备受云服务提供商和最终租户的关注，因此需要有全方位的安全保护，从 DDOS 攻击、内网安全、系统安全和数据安全等方面一一完善。

- **混合型**。对于每一个用户来说，混合型部署是一个进可攻退可守的结构，也就是鸡蛋不放在一个篮子的意思。站在租户的角度，我们在讨论微软混合型时曾也提到最佳的结构是高度混合云，但是受到网络环境的限制，退而求其次的中度混合云也能满足租户的大部分需求。中度混合云要求租户私有云和公有云拥有一致的框架和技术，实现跨混合云的统一管理，并借助网络达到私有云和公有云之间的数据和消息的交换。站在云服务提供商的角度来看，除了要有多租户的结构，还需要为租户提供 S2S VPN 连接的机制。

一个简单的混合云设计原型如图 7-4 所示（这是最基本的结构，侧重展现 SDDC 几个模块和 HNV 网关，实际环境比这个结构要复杂），因为使用的都是微软 Windows ServerSDDC 技术，所以这个架构和 7.4 节案例的结构大致相同，所不同的是我们忽略其他

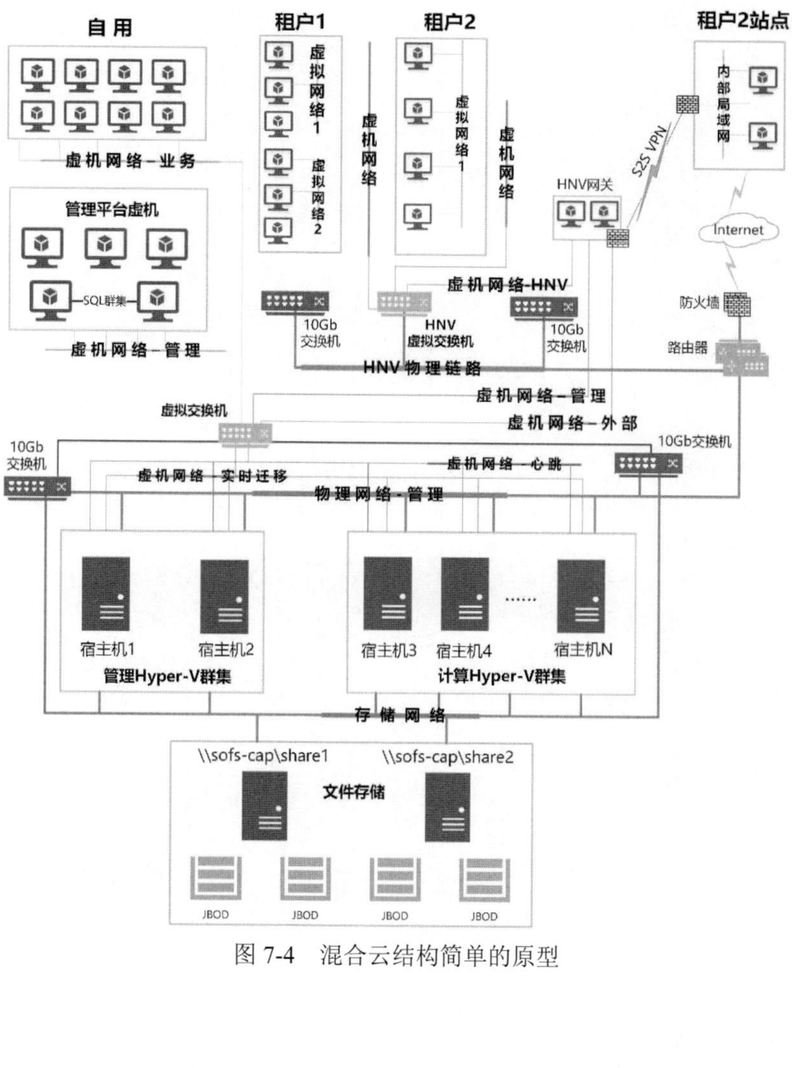

图 7-4　混合云结构简单的原型

部分着重讲混合云结构和之前的结构的区别，混合云引进了 HNV 网关和 S2S VPN 技术，HNV 网关群集的网络由三只脚组成，三只脚分别连接外部公有网络、HNV 网络和基础管理网络，公共网络实现租户虚机访问 Internet 和客户 S2S VPN；无论使用 NVGRE 还是 VXLAN，CA 数据包的封装和拆封都是在 HNV 虚拟交换机上完成，HNV 网关的 HNV 网络用于封装 CA 的 PA 网络数据的转发和路由。通常，为了实现多租户的隔离和性能要求，建议 HNV 网络使用单独的虚拟交换机甚至单独的物理链路和物理交换机设备。所以，在公有云供应商的网络环境里存在基础结构网络和租户网络，租户网络开放给租户定义，即使以后租户越来越多，在网络虚拟化结构下也完全不用担心租户和租户之间的虚拟网络有冲突。S2S VPN 技术也实现了租户将自己数据中心和公有云平台的网络对接，为实现中度混合云做好基础准备。

异步社区
人民邮电出版社
www.epubit.com.cn

欢迎来到异步社区！

异步社区的来历

异步社区（www.epubit.com.cn）是人民邮电出版社旗下IT专业图书旗舰社区，于2015年8月上线运营。

异步社区依托于人民邮电出版社20余年的IT专业优质出版资源和编辑策划团队，打造传统出版与电子出版和自出版结合、纸质书与电子书结合、传统印刷与POD按需印刷结合的出版平台，提供最新技术资讯，为作者和读者打造交流互动的平台。

社区里都有什么？

购买图书

我们出版的图书涵盖主流IT技术，在编程语言、Web技术、数据科学等领域有众多经典畅销图书。社区现已上线图书1000余种，电子书400多种，部分新书实现纸书、电子书同步出版。我们还会定期发布新书书讯。

下载资源

社区内提供随书附赠的资源，如书中的案例或程序源代码。

另外，社区还提供了大量的免费电子书，只要注册成为社区用户就可以免费下载。

与作译者互动

很多图书的作译者已经入驻社区，您可以关注他们，咨询技术问题；可以阅读不断更新的技术文章，听作译者和编辑畅聊好书背后有趣的故事；还可以参与社区的作者访谈栏目，向您关注的作者提出采访题目。

灵活优惠的购书

您可以方便地下单购买纸质图书或电子图书，纸质图书直接从人民邮电出版社书库发货，电子书提供多种阅读格式。

对于重磅新书，社区提供预售和新书首发服务，用户可以第一时间买到心仪的新书。

用户帐户中的积分可以用于购书优惠。100积分=1元，购买图书时，在 0 使用积分 里填入可使用的积分数值，即可扣减相应金额。